COMMITTEE ON CONCRETE DAMS

COMITÉ DES BARRAGES EN BÉTON

(1991–2008)

Chairman/Président	
USA/Etats-Unis	J.R. GRAHAM (1992–1997)
USA/Etats-Unis/Canada/Canada	R.G. CHARLWOOD (SINCE 1998)
Vice Chairman/Vice-Président	
France/France	J. LAUNAY (SINCE 1998)
Members/Membres	
Australia/Australie	M. PEGG (TO 1996)
	B. FORBES (SINCE 1997)
Austria/Autriche	H. HUBER (1996–2000)
	G. HEIGARTH (2001)
	W. PICHLER (SINCE 2002)
Brazil/Brésil	F.R. ANDRIOLO (TO 2001)
	J. MARQUES FILHO (SINCE 2002)
Canada/Canada	R.G. CHARLWOOD (1996–2006)
	P. KO (SINCE 2007)
China/Chine	SHEN CONGGANG (TO 1998)
	JIA JINSHENG (SINCE 1999)
Croatia/Croatie	V. UKRAINCZYK (TO 2006)
France/France	J. LAUNAY (TO 1999)
	M. GUERINET (SINCE 2000)
Great Britain/Grande-Bretagne	M.R.H. DUNSTAN
India/Inde	B.J. PARMAR
Iran/Iran	M.E. OMRAN (TO 1997)
	A.A. RAMAZANIANPOUR (1998–2006)
	M. R. JABAROOTI (SINCE 2007)
Italy/Italie	P. BERTACCHI (TO 1995)
	M. BERRA (SINCE 1996)
Japan/Japon	S. NAGATAKI (TO 1997)
	O. ARAI (1998–2002)
	T. UESAKA (SINCE 2002)
Norway/Norvège	O.J. BERTHELSEN
Portugal/Portugal	A. CAMELO
Russia/Russie	A.D. OSIPOV (TO 2000)
	G. KOSTYRYA (SINCE 2000)
South Africa/Afrique du Sud	J. KROON (TO 2004)
	J. GERINGER (SINCE 2005)
Spain/Espagne	J.M. GAZTANAGA (TO 1999)
	J. BUIL SANZ (SINCE 2000)
Sweden/Suède	J. ALEMO (TO 2006)
	T EKSTROM (SINCE 2007)
Switzerland/Suisse	H. KREUZER (TO 2007)
	M. CONRAD (SINCE 2007)
USA/Etats-Unis	V. ZIPPARRO (1999–2000)
	G. MASS (2001)
	R.G. CHARLWOOD (SINCE 2002)

SOMMAIRE

CONTENTS

TABLE DES MATIERES

TABLE OF CONTENTS

TABLEAUX & FIGURES

TABLEAUX

TABLES & FIGURES

TABLES

FIGURES

FIGURES

REMERCIEMENTS

Le présent Bulletin a été rédigé sous les auspices du Comité ICOLD des barrages en béton. Il a été initié sous la présidence de J.R. Graham (Etats-Unis) et achevé sous la présidence de R.G. Charlwood (Etats-Unis/Canada).

L'auteur principal de ce Bulletin était initialement P. Bertacchi (Italie), puis, depuis 1996, M. Berra (Italie) qui a élaboré et complété le document.

H. Kreuzer (Suisse) a apporté une aide précieuse dans la révision et la correction du rapport.

L'équipe initiale de rédaction comprenait P. Bertacchi, M. Berra, G. Ferrara & P. Morabito (Italie), V. Ukrainczyk (Croatie), R. Charlwood (Canada), M. Machado (Portugal), J. Alemo (Suède) et T. Liu (USA).

Le Bulletin final a été rédigé comme suit :

La Section 1 – Introduction, a été préparée par P. Bertacchi et M. Berra (Italie).

La Section 2 – Propriétés de résistance, a été initialement rédigée par V. Ukrainczuk (Croatie) puis remaniée par H. Kreuzer (Suisse) avec des contributions de M. Berra (Italie) sur les mesures sonores.

La Section 3 – Les propriétés élastiques, a été initialement rédigée par R. Charlwood (Etats-Unis/Canada) et complétée ensuite par M. Berra (Italie) avec les apports de H. Kreuzer et M. Conrad (Suisse) et J. Buil Sanz (Espagne).

La Section 4 – Les propriétés de fluage, a été rédigée par T.C. Liu (USA) et complétée par des contributions de M. Berra (Italie) et H. Kreuzer (Suisse).

La Section 5 – Le retrait, a été rédigé par M. Berra (Italie).

La Section 6 – Les propriétés thermiques, a été rédigée par P. Morabito (Italie) et complétée par des contributions de M. Berra (Italie) et H. Kreuzer (Suisse).

La Section 7 – La perméabilité à l'eau, a été initialement rédigée par J. Alemo (Suède) puis remaniée par T. Ekstrom (Suède) avec les contributions de H. Kreuzer (Suisse) et M. Berra (Italie).

La Section 8 – La résistance au gel a été rédigée par M. Berra (Italie) avec des apports de H. Kreuzer (Suisse)

ACKNOWLEDGEMENTS

This Bulletin was drafted under the auspices of the ICOLD Committee on Concrete Dams. The Bulletin was initiated under the Committee Chairmanship of J.R. Graham (USA) and completed under the Chairmanship of R.G. Charlwood (USA/Canada).

The lead author of the Bulletin initially was P. Bertacchi (Italy) and since 1996 has been M. Berra (Italy) who has developed and completed the document.

H. Kreuzer (Switzerland) provided a precious assistance in reviewing and editing.

The initial drafting team included P. Bertacchi, M. Berra, G. Ferrara & P. Morabito (Italy), V. Ukrainczyk (Croatia), R. Charlwood (Canada), M. Machado (Portugal), J. Alemo (Sweden) and T. Liu (USA).

The final Bulletin was drafted as follows:

Section 1 – Introduction, was prepared by P. Bertacchi and M. Berra (Italy).

Section 2 – Strength Properties, was initially drafted by V. Ukrainczuk (Croatia) and subsequently redrafted by H. Kreuzer (Switzerland) with inputs regarding sonic measurements from M. Berra (Italy).

Section 3 – Elastic Properties, was initially drafted by R. Charlwood (USA/Canada) and subsequently completed by M. Berra (Italy) with inputs from H. Kreuzer and M. Conrad (Switzerland) and J. Buil Sanz (Spain).

Section 4 – Creep Properties, was drafted by T.C. Liu (USA) and completed with contributions from M. Berra (Italy) and H. Kreuzer (Switzerland).

Section 5 – Shrinkage, was drafted by M. Berra (Italy).

Section 6 – Thermal Properties, was drafted by P. Morabito (Italy) and completed with contributions of M. Berra (Italy) and H. Kreuzer (Switzerland).

Section 7 – Water Permeability, was initially drafted by J. Alemo (Sweden) and subsequently redrafted by T. Ekstrom (Sweden) with contributions from H. Kreuzer (Switzerland) and M. Berra (Italy).

Section 8 – Frost Resistance, was drafted by M. Berra (Italy) with inputs from H. Kreuzer (Switzerland).

AVANT PROPOS

En 1991, la Commission internationale des grands barrages (ICOLD) a décidé que son Comité technique des barrages en béton, alors présidé par JR Graham (USA), puis par RG Charlwood (Canada/Etats-Unis), entreprenne l'élaboration d'un rapport détaillé sur les propriétés physiques du béton des barrages. Un sous-comité du Comité d"ICOLD sur le béton des barrages, présidé d'abord par P. Bertacchi (Italie) puis par M. Berra (Italie), a préparé le présent Bulletin.

L'objectif du présent Bulletin est de fournir un traité exhaustif sur les propriétés physiques du béton conventionnel des barrages, pour rafraîchir les informations partielles contenues dans certains numéros obsolètes du Bulletin d'ICOLD, rendre compte des nouvelles approches et examiner certaines propriétés importantes non incluses dans les Bulletins précédents. Le présent document remplace les numéros suivants du Bulletin ICOLD : n° 15 (Résistance des bétons au gel -1960) and n° 26 (Méthodes pour déterminer les effets du retrait, du fluage et de la température sur les bétons des grands barrages -1976).

Le corps du présent Bulletin aborde les propriétés physiques du béton de masse le plus utilisé dans la conception et les analyses des barrages de béton et appartenant structures. Il s'agit des propriétés de résistance, élastiques, de fluage, de retrait et des propriétés thermiques, de la perméabilité et de la résistance au gel.

La portée du Bulletin est de montrer, pour chaque propriété examinée, le comportement caractéristique, les facteurs qui l'influencent, les méthodes de détermination expérimentale, et, enfin, et ce n'est pas le moins important, les méthodes d'introduction des propriétés dans des modèles mathématiques à utiliser tant pour la conception que pour l'observation.

Ce Bulletin n'aborde pas spécifiquement les propriétés du béton des barrages en béton compacté qui sont en partie traitées dans le Bulletin n° 75 – Béton compacté au rouleau pour barrages-poids - Technique actuelle et dans le Bulletin n° 126 Barrages en béton compacté au rouleau - Technique actuelle et exemples. Ce thème spécifique peut faire ultérieurement l'objet d'un autre Bulletin.

Robin G. Charlwood
Président
Comité des Barrages en Béton

FOREWORD

In 1991, the International Commission on Large Dams (ICOLD) directed that its Technical Committee on Concrete for Dams, then under the Chairmanship of J.R. Graham (USA), and subsequently under the Chairmanship, of R.G. Charlwood (CANADA/USA), to undertake the preparation of a comprehensive report on the physical properties of concrete in dams. A sub-Committee of the ICOLD Committee on Concrete for Dams, chaired initially by P. Bertacchi (Italy) and subsequently M. Berra (Italy), prepared this Bulletin.

The purpose of this Bulletin is to provide a comprehensive treatise on the physical properties of hardened conventional concrete for dams, refreshing the partial information contained in some out-of-date ICOLD Bulletins, giving an account of new approaches and examining also some important properties not included in the previous Bulletins. This document supersedes the ICOLD Bulletins: n° 15 (Frost resistance of concrete -1960) and n° 26 (Methods of determining effects on shrinkage, creep and temperature on concrete for large dams -1976).

The main body of this Bulletin addresses the physical properties of the mass concrete used most frequently in design and analyses of concrete dams and appurtenant structures. These include strength, elastic, creep, shrinkage and thermal properties, permeability, and frost resistance.

The scope of the Bulletin is, for each property considered, to show typical behaviour, factors influencing it, methods for experimental determination, and, last but not least, methods to introduce the properties in mathematical models to be utilized both for design and observation.

This Bulletin does not specifically address the properties of hardened concrete of Roller Compacted Concrete (RCC) dams which are partially dealt in the Bulletin n° 75 – Roller Compacted Concrete for Gravity Dams and in Bulletin n° 126 Roller-Compacted Concrete Dams. This specific topic may be the subject of a separate Bulletin at a later date. During the course of preparation of this Bulletin material was collected and drafted on the topics of the application of fracture mechanics to concrete dams and also on the increasingly important issue of expansion of concrete dams due to chemical reactions. These two topics are proposed to be the subjects of separate new bulletins in the future.

Robin G. Charlwood
Chairman
Committee on Concrete Dams

January

1. INTRODUCTION

1.1. OBJECTIF DU BULLETIN

L'objectif du présent Bulletin est de fournir un traité unique, complet et actualisé sur les propriétés physiques du béton conventionnel des barrages, en rappelant les informations partielles et dépassées contenues dans certains bulletins ICOLD, et en donnant un aperçu de nouvelles approches et en examinant aussi certaines propriétés importantes qui ne figurent pas dans les bulletins antérieurs.

Ce nouveau document remplace en particulier les numéros obsolètes des bulletins ICOLD suivants : n° 15 (Résistance des bétons au gel - 1960) et n° 26 (Méthodes pour déterminer les effets du retrait, du fluage et de la température sur les bétons des grands barrages - 1976).

Le présent bulletin traite des propriétés physiques fondamentales du béton de masse utilisé le plus souvent dans la conception et l'analyse des barrages en béton et des structures associées et ouvrages annexes. Ces propriétés comprennent notamment la résistance, les propriétés élastiques, le fluage, le retrait de séchage, les propriétés thermiques, la perméabilité à l'eau et la durabilité.

Il est entendu que le béton de masse représente le béton intact à l'intérieur de la masse du barrage et non le barrage en béton de masse plus général qui comprend aussi les éléments et les défauts de la structure (Fig. 1.1). En fait, le béton de masse peut être considéré comme "exempt de défaut" tandis que les ouvrages en béton de masse, comme les barrages, comportent souvent des éléments et des défauts de structure dus à l'homme comme par exemple les joints de construction et de contraction, les interfaces avec d'autres matériaux (lames d'étanchéité, produits d'étanchéité injectés), les drains ou des cavités comme les fissures ou nids d'abeille, ce que le présent bulletin ne traite pas volontairement.

Par ailleurs, ce bulletin n'aborde pas de manière spécifique les propriétés des barrages en béton compacté au rouleau (BCR) qui sont partiellement traitées dans le Bulletin n°75 – Béton compacté au rouleau pour barrages-poids - Technique actuelle et dans le récent Bulletin n°126 (Barrages en béton compacté au rouleau - Technique actuelle et exemples).

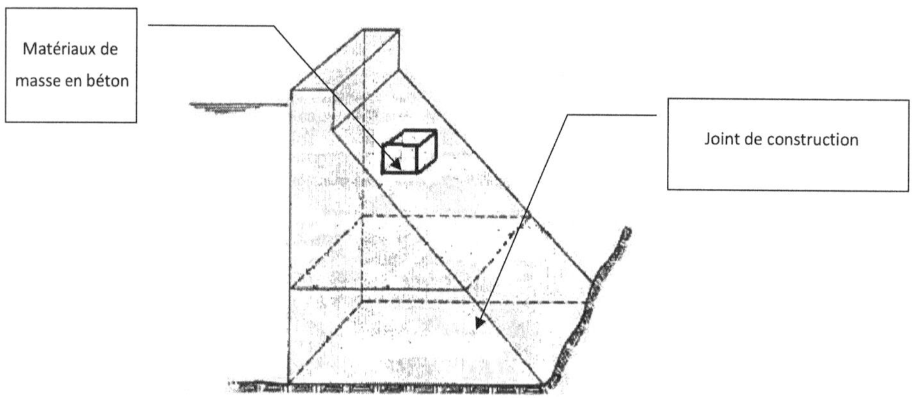

Fig. 1.1
Béton de masse dans un barrage en béton

1. INTRODUCTION

1.1. PURPOSE OF THE BULLETIN

The purpose of this Bulletin is to provide a unique, comprehensive and update treatise on the physical properties of hardened conventional concrete for dams, refreshing the partial information contained in some out-of-date ICOLD Bulletins, giving an account of new approaches and examining also some important properties not included in the previous Bulletins.

In particular this new document serves to supersede the following out-of-date ICOLD Bulletins: n° 15 (Frost resistance of concrete - 1960) and n° 26 (Methods of determining effects on shrinkage, creep and temperature on concrete for large dams - 1976).

This Bulletin addresses the physical fundamental properties of the mass concrete material used most frequently in design and analyses of concrete dams and appurtenant structures. These include strength, elastic properties, creep, drying shrinkage and thermal properties, water permeability, and durability.

It is understood that mass concrete material represents the intact concrete inside the mass of the dam and not the more general mass concrete dam that include also structural components and imperfections (Fig. 1.1). In fact, mass concrete material can be thought of as "defect-free" whereas mass concrete structures, such as dams, often have manmade structural components and imperfections as for example construction and contraction joints, interfaces with other materials (e.g. waterstops, injected sealing materials), drains or have cavities like cracks or honey combs. This Bulletin does not intentionally deal with them.

Furthermore, this Bulletin does not specifically address the properties of Roller Compacted Concrete (RCC) dams which are partially dealt in the Bulletin n° 75 – Roller Compacted Concrete for Gravity Dams and in the recent Bulletin n° 126 (Roller-Compacted Concrete Dams – State of the art and case histories).

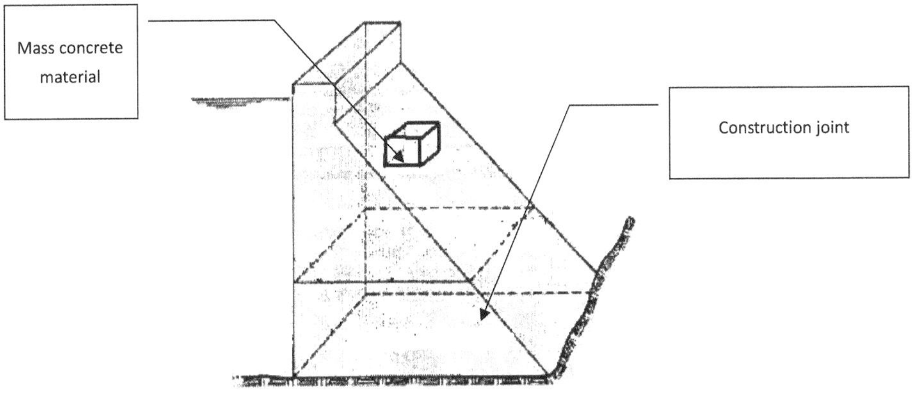

Fig. 1.1
Mass concrete material in a concrete dam

Les propriétés du béton frais ne sont pas prises en considération. Les réactions chimiques et la résistance à la fissuration sont également délibérément exclues puisqu'elles sont déjà examinées en détail dans d'autres bulletins ICOLD récents (n° 71 - Béton de barrages exposé aux eaux agressives - Recommandations; n° 79 - Alcali-réaction dans les barrages en béton - Aperçu général et recommandations; n° 93 - Vieillissement des barrages et ouvrages annexes; Bulletin n°107 - Barrages en béton - Contrôle et traitement des fissures). La résistance du béton à l'érosion est largement abordée dans le Rapport ACI 210 R-93 "Erosion of concrete in hydraulic structures".

L'application de la mécanique de la rupture aux barrages en béton ainsi que le problème de plus en plus important de la dilatation des barrages en béton due aux réactions chimiques, notamment les réactions alcalis-granulats, sont des thèmes proposés pour de futurs numéros.

1.2. PORTÉE DU BULLETIN

Pour chaque propriété considérée, le Bulletin porte sur le comportement caractéristique du béton de barrage, les facteurs qui l'influencent, les méthodes de détermination expérimentale, et, enfin, et ce n'est pas moins important, les méthodes d'introduction des propriétés dans des modèles mathématiques utilisables aussi bien pour la conception que pour l'analyse en retour.

1.3. LIEN AVEC DES NUMÉROS ANTÉRIEURS

Il existe des différences importantes d'objectif et d'approche entre les bulletins antérieurs et celui-ci:

Le bulletin n° 15 " Résistance des bétons au gel " (1960) est réellement dépassé. Il contient les résultats obtenus dans différents laboratoires il y a plus de 40 ans. L'influence de la composition chimique du ciment sur la résistance au gel avait été soulignée ; le mécanisme de rupture due au gel de l'eau dans les capillaires, l'influence du degré de saturation, de la teneur en air et du facteur d'espacement n'ont pas été pris en compte.

Le bulletin n° 26 " Méthodes pour déterminer les effets du retrait, du fluage et de la température sur les bétons des grands barrages " (1976) traitait principalement des conséquences sur la structure provoquée par le retrait, le fluage et la température, aussi bien du point de vue de la conception que de l'observation de barrages. Une première partie contenant ces aspects généraux a été sauvegardée, actualisée et présentée à titre de considérations générales ; la longue liste d'articles a été omise et remplacée par une autre plus récente.

1.4. DÉFINITIONS

Le terme "béton durci" réfère aux propriétés du béton juste après la prise initiale du ciment. Les propriétés physiques du béton doivent être abordées de façon évolutive, l'évolution d'une propriété démarrant en fait dès la prise initiale et dépendant de l'âge et des conditions de la cure (température, humidité, etc.). Dans certains cas un "âge équivalent" pourrait être défini pour représenter la "maturité" d'un béton.

Les conditions standards de durcissement sont nécessaires à des fins de comparaison, mais ne reflètent pas une situation réelle de la maturité. En analysant une situation de contrainte particulière à un âge donné, nous devons savoir comment les propriétés concernées se sont développées jusqu'à ce moment et dans cet état de durcissement spécifique.

L'adjectif "conventionnel" est ajouté au "béton durci" uniquement pour différencier du béton compacté au rouleau qui peut nécessiter un traitement distinct à certains égards.

The properties of fresh concrete are not considered. Chemical reactions and cracking resistance are also intentionally excluded since they are already extensively treated in other recent ICOLD Bulletins (n° 71 - Exposure of dam concrete to special aggressive waters; n° 79 - Alkali-Aggregate Reaction in concrete dams; n° 93 - Ageing of dams and appurtenant works; Bulletin n° 107 - Control and treatment of cracks in concrete dams). The concrete erosion resistance is extensively dealt with in the ACI Report 210 R-93 "Erosion of concrete in hydraulic structures".

The topics of the application of fracture mechanics to concrete dams and also the increasingly important issue of expansion of concrete dams due to chemical reactions, including alkali-aggregate reactions, are proposed to be the subjects of separate new bulletins in the future.

1.2. SCOPE

The scope of the Bulletin is, for each property considered, to show typical behaviour, factors influencing it, methods for experimental determination, and, last but not least, methods to introduce the properties in mathematical models to be utilized both for design and back analysis.

1.3. RELATIONSHIP TO EARLIER BULLETINS

There are significant differences in objective and approach between the previous Bulletins and this new one:

Bulletin n° 15 "Frost resistance of concrete" (1960) is really outdated. It contains the results obtained in different laboratories more than 40 years ago. The influence of chemical composition of cement on frost resistance was emphasized; the disruption mechanism due to freezing of the water in the capillaries, the influence of the degree of saturation, of the air content and of the spacing factor were not considered.

Bulletin n° 26 "Methods of determining effects on shrinkage, creep and temperature on concrete for large dams" (1976) was focused mainly at the consequence on the structure, caused by shrinkage, creep and temperature, both from point of view of design and observation of dams. A first part containing these general aspects has been saved, updated and introduced as general considerations; the long list of papers has been omitted and substituted with a more recent one.

1.4. DEFINITIONS

The term "hardened concrete" refers to the properties of the concrete, starting just after initial set of cement. The physical properties of concrete must be addressed in a developing sense, the evolution of a property in fact starts from initial set and depends on age and on curing conditions (temperature, humidity etc.). In some cases, an "equivalent age" could be defined to represent the "maturity" of a concrete.

Standard curing conditions are necessary for comparative reference, but don't represent a realistic situation of maturity. When analysing a particular stress situation at a specific age, we must know how the concerned properties have been developed up to that time and in that specific curing condition.

The adjective "conventional" is added to "hardened concrete" just to differentiate from roller compacted concrete that may need a separate treatment in some respects.

1.5. CONTENU DU BULLETIN

Les propriétés physiques du béton durci conventionnel des barrages ont été abordées dans sept chapitres traitant de tous les paramètres techniques fréquemment utilisés (résistances, propriétés élastiques, fluage, retrait de séchage, propriétés thermiques, perméabilité à l'eau, durabilité et résistance au gel).

De manière générale, chaque chapitre est structuré de la manière suivante :

- Définition de la propriété;
- Comportement typique, juste après la construction ou pendant la durée de vie normale du barrage, tel que rapporté par l'expérience acquise;
- Facteurs qui influent sur la propriété comme les composants et la composition du béton, le temps, les processus physiques et chimiques liés au vieillissement, la température, l'humidité, les contraintes, etc. Effets escomptés sur la propriété;
- Méthodes de détermination expérimentale de la propriété, en laboratoire et in situ;
- Transfert des paramètres acquis du béton de masse à utiliser dans des modèles mathématiques, dans l'étape de la conception, pour le comportement global du barrage en béton de masse.

Le thème, le(s) principal(aux) auteurs(s) et le contenu de chaque chapitre et annexe sont comme suit:

- **Les propriétés de résistance (Section 2)**

La résistance du béton est définie comme la contrainte maximale enregistrée pendant l'essai de résistance d'échantillons effectué jusqu'à la rupture. Le type de chargement suscite différents types de résistance : les résistances de compression-traction cisaillement sont d'une importance capitale, tant pour les chargements statiques que dynamiques (tremblement de terre).

Pour les barrages en général, il existe des exigences de résistance du béton pour atteindre une haute maturité et une dispersion assez élevée des valeurs de résistance par rapport à des ouvrages de génie civil ordinaires.

De nouvelles techniques d'essai tirant parti des connaissances en mécanique de la rupture pourraient fournir les informations les plus utiles sur le comportement contrainte-déformation post-pic, à la fois sous des conditions de traction uniaxiale et biaxiale et de contraintes de compression. Elles n'ont cependant pas été abordées et pourraient faire l'objet dans l'avenir d'un autre numéro plus complet du bulletin.

- **Les propriétés élastiques (Section 3)**

Le comportement contrainte-déformation du béton est assez complexe et a été théoriquement caractérisé de différentes façons. Toutefois, pour la plupart des applications habituelles, le modèle classique constitutif le plus simple, sur la base de l'élasticité linéaire d'un matériau homogène isotrope, peut être utilisé. Les deux paramètres de modules statiques d'élasticité (E) et du coefficient de Poisson (ν) ont été examinés par rapport aux principaux facteurs qui les affectent et aux corrélations proposées avec la résistance à la compression. Des modules dynamiques d'élasticité par des techniques non destructrices sont présentés et utilisés pour évaluer les propriétés élastiques et déterminer la qualité et l'intégrité du béton. Enfin, l'importance des propriétés élastiques pour le comportement d'un barrage et l'utilisation des propriétés élastiques dans les modèles mathématiques pour l'analyse structurelle du barrage sont traitées.

1.5. CONTENT OF THE BULLETIN

The physical properties of hardened conventional concrete for dams have been addressed in seven Chapters dealing with all frequently used engineering parameters (strengths, elastic properties, creep, drying shrinkage, thermal properties, water permeability, durability and frost resistance).

The structure of each chapter is generally as follows:

- Definition of the property;
- Typical behaviour, just after construction or during the normal service life of the dam, as reported by the experience acquired;
- Factors influencing the property, such as: components and composition of the concrete, time, ageing related to physical and chemical processes, temperature, humidity, stresses, etc. Expected effects on the property;
- Methods for experimental determination of the property, both in laboratory and in situ;
- Transfer of acquired parameters of the mass concrete material to be utilised in mathematical models, in the design phase, for the total behaviour of the mass concrete dam.

The subject, principal author(s) and content of each Chapter and Appendix are as follows:

- **Strength properties (Section 2)**

Concrete strength is defined as the maximum stress recorded during the load testing of specimens carried out to failure. The type of loading excites different types of strength: compressive-tensile-shear strengths are of main importance, both for static and dynamic (earthquake) loading.

Typically for dams are strength requirements at high maturity and the rather high scatter of strength values as compared to common civil structures.

New testing techniques taking advantage of knowledge in fracture mechanics could provide most valuable information about post-peak stress-strain behaviour, both under uniaxial and biaxial tensile and compressive stress conditions. However, they are not here addressed and could be the subject of another more extensive bulletin in the future.

- **Elastic Properties (Section 3)**

The stress-strain concrete behaviour is quite complex, and it was variously theoretically characterised. However, for most of usual applications the classic and simplest constitutive model, based on linear elasticity in an isotropic homogeneous material, can be used. The two parameters of Static Modulus of Elasticity (E) and Poisson's ratio (ν) have been examined with reference to the main factors affecting them and to the proposed correlation with the compressive strength. Dynamic Modulus of Elasticity through nondestructive techniques are presented and used both to evaluate the elastic properties and to determine the concrete quality and integrity. Finally, the significance of elastic properties on dam behaviour and the use of elastic properties in mathematical models for dam structural analysis are treated.

- **Les propriétés de fluage (Section 4)**

Le fluage est la déformation liée au temps due à une charge maintenue constante. Il est généralement admis que le fluage du béton est un phénomène rhéologique lié à la structure similaire au gel de la pâte de ciment ; la déformation par fluage peut également s'expliquer en partie par la déformation viscoélastique de la pâte de ciment et le transfert progressif de la charge de la pâte de ciment aux granulats. Les propriétés de fluage sont particulièrement importantes pour comprendre le mécanisme conduisant à la prévision de la fissuration thermique éventuelle du béton de masse : l'utilisation la plus intensive des données de fluage réside dans l'analyse de la contrainte thermique pour les barrages en béton.

- **Le retrait de séchage (Section 5)**

Les variations de volume du béton peuvent être causées par des processus mécaniques, physiques et chimiques : dans ce chapitre, seules les variations de volume dues aux variations d'humidité du béton et le retrait au séchage consécutif sont traités. L'effet du retrait de séchage du béton des grands barrages est examiné : il diminue rapidement avec l'épaisseur et devient négligeable à une distance d'environ 0,50 m.

- **Les propriétés thermiques (Section 6)**

La température a un effet très important sur les barrages en béton. Deux phénomènes distincts sont envisagés:

* l'hydratation du ciment qui provoque une augmentation de la température pendant la phase de durcissement du béton ;

* la variation de la température ambiante dans les conditions normales d'exploitation.

Dans les deux cas, l'analyse de la distribution de température dans le barrage et des contraintes induites nécessite des données sur la conductivité, la diffusivité, la chaleur spécifique et le coefficient de dilatation thermique.

- **La perméabilité à l'eau (Section 7)**

L'écoulement de l'eau ou l'humidité dans un barrage en béton peut avoir des effets sur son comportement général et surtout sur sa durabilité. Les coefficients de perméabilité et d'humidité peuvent être estimés par des méthodes d'essai appropriées. En outre, des modèles décrivant la mobilité de l'eau dans un matériau poreux comme le béton ont été développés au fil des ans et sont brièvement présentés.

- **La résistance au gel (Section 8)**

La détérioration du béton d'un barrage peut être attribuée à une série de causes chimiques et physiques (internes et externes). Le gel et le dégel sont les attaques physiques externes les plus courantes. Les conditions d'exposition externe et la qualité du béton ont une importance capitale car elles déterminent la résistance du béton aux cycles de gel-dégel. Les principaux tests pour évaluer la résistance au gel sont pris en considération pour prévenir ce phénomène et des examens diagnostics spécifiques sont suggérés pour l'identifier dans les barrages en béton touchés par les effets du gel auxquels il faut remédier.

- **Creep properties (Section 4)**

Creep is time-dependent deformation due to sustained load. It is generally accepted that concrete creep is a rheological phenomenon associated with the gel-like structure of the cement paste; creep deformation can also be explained partly in terms of viscoelastic deformation of the cement paste and to the gradual transfer of load from cement paste to aggregate. Creep properties are of particular relevance to understand the mechanism leading to the prediction of potential thermal cracking of mass concrete: the most extensive use of creep data is in thermal stress analysis for concrete dams.

- **Drying Shrinkage (Section 5)**

Volume changes in concrete can be caused by mechanical, physical and chemical processes: in this Chapter only volume changes due to the moisture variations in concrete and the consequent drying shrinkage are dealt with. The effect of drying shrinkage of concrete in large dams is discussed: it reduces rapidly with the thickness and become negligible at a depth of about 0.50 m.

- **Thermal properties (Section 6)**

Temperature has a very important effect on concrete dams. Two distinct phenomena are considered:

* the hydration of the cement which causes an increase of temperature during the hardening phase of concrete;

* the environmental variation of temperature under the normal service conditions.

In both cases the analysis of the temperature distribution in the dam and of the consequent induced stresses need data on the conductivity and diffusivity, specific heat and coefficient of thermal expansion.

- **Water Permeability (Section 7)**

The flow of water or moisture through a concrete dam can affect its general performance and particularly its durability. Permeability and moisture coefficients can be estimated through suitable test methods. Furthermore, models describing the mobility of water in a porous material such as concrete have been developed through the years and briefly presented.

- **Frost resistance (Section 8)**

The deterioration of the concrete in a dam can be ascribed to a series of chemical and physical causes (both internal and external). Freezing and thawing is the most common external physical attack. External exposure conditions and concrete quality are of main importance as they determine the resistance of concrete to freezing and thawing cycles. Main test to evaluate the frost resistance are considered to prevent the phenomenon and specific diagnostic investigations are suggested to identify it in frost affected concrete dams to be repaired.

2. LES PROPRIÉTÉS DE RÉSISTANCE

2.1. GÉNÉRAL

La résistance est le paramètre le plus souvent pris en considération dans la conception des nouveaux barrages et la surveillance des barrages existants.

Les types de résistance importants pour les barrages sont la compression, ainsi que plusieurs types de résistance à la traction et au cisaillement. Cela correspond à des combinaisons courantes de chargement qui donnent lieu à différents modes de rupture possibles. C'est donc la résistance appropriée du matériau qui empêche un mode de rupture particulier de se produire.

Les facteurs influant sur la résistance sont les composants du béton, les conditions d'essai, la cure, les effets du vieillissement et de la taille des granulats.

La résistance du béton est testée sur de petites éprouvettes dans des conditions contrôlées en laboratoire ; le béton de barrage est exposé à plus de variables. Il est impératif de corréler les deux conditions par un raisonnement inductif rigoureux fondé sur des données spécifiques au projet.

Il est peut-être regrettable qu'il soit devenu courant d'associer principalement la sécurité de la structure à la compression, même si aucun barrage ne s'est jamais rompu à cause de contraintes de compression excessives. Cependant, la résistance à la compression est facile à tester et facile à surveiller. L'utilisation de la compression comme principal indicateur de résistance est également validée par l'hypothèse courante qu'améliorer la résistance à la compression permettra ainsi d'améliorer d'autres paramètres du béton aussi bien sous charge statique que dynamique. Une telle hypothèse générale peut induire en erreur, le béton à haute résistance pouvant par exemple connaître une capacité moindre de déformation ultime et entraîner ainsi un début de fissuration. La présente section mettra donc également l'accent sur les questions où d'autres critères que ceux de la résistance à la compression sont importants.

La résistance n'est pas un paramètre déterministe, mais un paramètre aléatoire. L'essai standard respecte ce fait physique ; les références aux résultats des essais ne le font pas de la même manière. La présente section vise donc à souligner l'importance d'inclure la dispersion (écart type, coefficient de variation, limites de fiabilité) en tant que partie intégrante des rapports sur la résistance du béton.

2.2. ÉSSAIS SUR BÉTON

2.2.1. Essais de résistance du béton de nouveaux barrages

2.2.1.1. Essais par étapes

Pour de nouveaux barrages, les essais se font par étapes, en composant avec l'augmentation du niveau des connaissances souhaitables sur les paramètres matériels. Trois étapes sont courantes en ce qui concerne les essais sur béton lors des phases finales du projet :

- ÉTAPE I : des programmes d'essais préliminaires pour réduire le nombre de sources des composés du béton (zones d'emprunt pour les granulats, mélange pour le ciment). Cette étape de l'essai est destinée à fixer des limites pour la formulation des mélanges et sera utilisée comme repère pour les étapes suivantes des essais.

  L'approche est destinée aux essais simples sur les principaux paramètres de résistance pour les examiner et les comparer aux valeurs tirées de la littérature.

2. STRENGTH PROPERTIES

2.1. GENERAL

Strength is the most commonly considered parameter in structural design of new dams and for monitoring of existing dams.

Types of strength important for dams are compression, several types of tension and shear strength. This corresponds to common loading combinations which give rise to different modes of possible failure. It is then the relevant material strength, which counteracts a specific failure mode to happen.

Factors influencing strength are the concrete constituents, the test conditions, curing, the effects of ageing and size effects.

Concrete strength is tested on small specimens under controlled laboratory conditions; concrete in the dam is exposed to more variables. Correlating the two conditions by sound inductive reasoning based on project-specific data is imperative.

It is perhaps unfortunate that it has become the custom to relate structural safety mainly on compression although no dam ever failed by excessive compressive stresses. However, compressive strength is easy to test and easy to monitor. The use of compression as the predominant strength indicator is also supported by the common assumption that improving compressive strength will improve other concrete parameters as well, both under static and dynamic loading. Such a general assumption may be misleading as, for example, high strength concrete may experience less ultimate strain capacity and thus lead to earlier incipient cracking. This Section will therefore also focus on issues where other than compressive strength criteria are of importance.

Strength is not a deterministic but a random parameter. Standard testing does respect this physical fact; references to test results not in the same manner. This Section therefore tries to emphasize the importance to include scatter (standard deviation, coefficient of variation, confidence limits) as an integral part of reports on concrete strength.

2.2. CONCRETE TESTING

2.2.1. Testing of concrete strength for new dams

2.2.1.1. Testing in stages

Testing for new dams is done in stages, coping with the increasing level of desired knowledge about material parameters. Three stages are common for concrete testing during final project phases:

- STAGE I: preliminary testing programs to curtail several potential sources of constituents (borrow areas for aggregates, blending for cementitious material). This test stage is intended to set limits for design mixes and will be used as a guideline for the subsequent test stages.

  The approach is for simple tests about main strength parameters with values from the literature for review and comparison.

- ÉTAPE II : le principal programme d'essai avant de démarrer la construction a pour objet d'affiner les résultats de L'ÉTAPE I avec les granulats et le ciment destinés à être utilisés pour la construction.

- ÉTAPE III : contrôle de la qualité pendant la construction.

L'analyse d'échantillons de béton pendant la phase de construction est nécessaire pour vérifier les résultats en matière de résistance par rapport au cahier des charges, afin de s'assurer que la qualité du matériau utilisé dans le produit final (corps du barrage par exemple) est comparable aux hypothèses de conception et donc acceptable.

Il est évident que dans toute approche sécuritaire les niveaux d'incertitude peuvent être considérablement réduits si les résultats des essais sont fiables et suffisants. Ainsi, les essais préalables à la construction ne sont pas seulement une question de sécurité, mais aussi une question économique. Il est en effet rarement avantageux d'écourter les programmes préalables à la construction pour des raisons de coûts.

Les essais sur le béton de barrages existants seront examinés au Paragraphe 3.2.2.

2.2.1.2. Programme d'essais

L'ensemble général des programmes d'essais comprend la variation des plus importants composants du béton et peut être regroupé en plusieurs parties :

- Variation de la teneur en ciment/matériau à base de ciment

- Variation du type de matériau à bas de ciment et de son mélange

- Variation de la zone d'emprunt

- Variation de la granulométrie de l'agrégat et influence du criblage par voie humide

- Examen de la teneur minimale en matériau cimentaire

- Recherches avec différents adjuvants pour étudier les rapports eau-ciment requis et la maniabilité

- Essais spéciaux au besoin. Exemples : ressuage, réaction alcali-granulat (AAR), essais de fendage par coin, propriétés dynamiques, fluage

Un seul composé sera changé à la fois et son influence sur les propriétés du béton frais et durci sera analysée. Les résultats doivent permettre :

- D'obtenir les valeurs de résistance nécessaires aux analyses statiques et dynamiques de la stabilité

- D'évaluer la teneur maximale du mélange en matériaux (pouzzolane, cendre volante, etc.)

- D'obtenir une maniabilité et une perméabilité satisfaisantes

- D'évaluer les avantages des adjuvants

Le Tableau 2.1 montre un exemple d'ÉTAPE II du programme d'essais pour les propriétés du béton durci.

- STAGE II: main testing program before construction commences to refine the results of STAGE I with aggregates and cementitious material which are expected to be used for construction

- STAGE III: quality control during construction.

Testing samples of concrete during construction phase is necessary for controlling the strength results with contract specifications, to be sure that quality of material used in final product (for example, dam body) is comparable with design assumptions and acceptable.

It is evident that uncertainty levels of any applied conservatism can be reduced drastically if reliable and sufficient test results are available. Thus, pre-construction testing in not only a safety but also an economic issue. It is rarely a benefit to curtail pre-construction programs for economic reasons.

Concrete testing of existing dams will be discussed in Section 3.2.2.

2.2.1.2. Testing program

The general set-up of test programs comprises the variation of the most significant concrete constituents and may be grouped in several parts:

- Variation of cement content/content of cementitious material

- Variation of type of cementitious material and its blending

- Variation of borrow area

- Variation of aggregate grading and influence of wet screening

- Investigation about minimum content of cementitious material

- Investigations with different admixtures to investigate required water-cement ratios and workability

- Special testing, as required. Examples are bleeding, Alkali-Aggregate Reaction (AAR), wedge splitting tests, dynamic properties, creep.

Only one component shall be changed at the time and its influence on fresh and hardened concrete properties being tested. The results should allow the following:

- Obtain required strength values to satisfy the result of the static/dynamic stress/ stability analysis

- Assess the maximum content of blended material (pozzolans, fly ash etc.)

- Obtain satisfactory workability and permeability

- Assess the benefit of admixtures.

Table 2.1 shows an example of a STAGE II test program for hardened concrete properties.

Table 2.1
Exemple de programme d'essais pour les propriétés du béton durci

Mass Concrete Testing		Summary of Investigations on Hardened Concrete										
Part	Variation of Components	Density	Compressive Strength [days]					Flex. Strength		Permeability	Freezing and	Comments
			7	28	90	180	360[1)]	28	90		Thawing [2)]	
1	Variation of cement content											Constant: aggregate source, grading curve and MSA, air entraining agent, workability (W/C ratio is then a result of acceptable workability). Pre-testing with different admixtures
	150 kg/m3	•	•	•	•	•	•		•			
	175 kg/m3	•	•	•	•	•	•		•			
	200kg/m3	•	•	•	•	•	•	•	•	•	•	
	225kg/m3	•	•	•	•	•	•	•	•	•	•	
2a	Variation of cement type (if an option)											
	175 kg/m3	•	•	•	•	•	•	•	•			
	225kg/m3	•	•	•	•	•	•	•	•	•	•	
2b	Variation of blending (cement+puzzolans, fly											
	120+30=150 kg/m3	•	•	•	•	•	•		•			can replace Part 1 if the use of blended material is preferable from the onset
	100+50=150 kg/m3	•	•	•	•	•	•		•			
	160+40=200kg/m3	•	•	•	•	•	•	•	•	•	•	
	140+60=200kg/m3	•	•	•	•	•	•	•	•	•	•	
3	Variation of borrow area											
	150 kg/m3	•	•	•	•	•	•					e.g. quarried aggregates vs. river deposits
	225kg/m3	•	•	•	•	•	•	•	•	•	•	
4	Minimum content of cementitious material [3)]											
	100+30=130 kg/m3	•	•	•	•	•	•	•	•			
	75+75=150 kg/m3	•	•	•	•	•	•	•	•			
5	Facing concrete: 250kg/m3 [4)]											
	borrow area 1	•	•	•	•	•	•	•	•	•	•	
	borrow area 2	•	•	•	•	•	•	•	•	•	•	

Comments: The table is an example. The scope depends on the variables under discussion. Important is that pre-construction testing is done well ahead of construction to profit from the knowledge of strength development with time and thus prepare a reliable mix design.
1)nominal strength for large dams can be extended to the age of 1 year. Therefore this strength value migth support to reduce cement content
2) as a measure for general durability for facing concrete also at sites without temperatures below zero.

En mettant en place des programmes d'essai, tout chercheur doit être suffisamment ouvert pour faire une analyse critique des besoins : quel est l'impact d'un paramètre donné du béton sur les coûts et la sécurité ? – et définir en conséquence la portée du programme. Il n'est pas raisonnable de mettre en place des essais pour des paramètres d'importance marginale simplement parce qu'ils sont nécessaires pour effectuer une analyse ou qu'il est courant de tester ces paramètres.

Prenons un exemple. Le module d'élasticité du béton, E est une valeur qui (a) a une faible variabilité, et (b) est à peine plus importante pour le niveau de contrainte dans un barrage. Même dans les barrages-voûtes fortement sollicités, une modification de E par des multiples de sa valeur de base entraînera une modification proportionnellement mineure des contraintes. Pourquoi donc se concentrer sur les essais pour obtenir E ? La littérature fournit suffisamment de valeurs et de moyens pour prédire les modules fiables [2.1].

La fiabilité de la sécurité de la structure repose sur l'obtention d'une résistance satisfaisante du barrage en rapport avec les résultats des essais de laboratoire. C'est la relation entre ces deux valeurs qui mérite une attention toute particulière.

2.2.1.3. Tailles de l'échantillon

La taille maximale des granulats (MSA) concerne typiquement la taille des éprouvettes couramment utilisées pour les essais de résistance. Il faut particulièrement veiller à ce que les valeurs de résistance ne soient pas biaisées.

Dans l'essai standard de résistance à la compression, des cylindres, des cubes ou des prismes brisés en deux par les essais de résistance à la flexion sont utilisés. La taille courante du cylindre est de Φ = 150 mm x h =300 mm du cube de 300 mm et du prisme de 75 x 75 x 300 mm.

Table 2.1
Example of test Program for hardened concrete properties

Mass Concrete Testing		Summary of Investigations on Hardened Concrete										Comments
Part	Variation of Components	Density	Compressive Strength [days]					Flex. Strength		Permeability	Freezing and Thawing [2)]	
			7	28	90	180	360 [1)]	28	90			
1	Variation of cement content											Constant: aggregate source, grading curve and MSA, air entraining agent, workability (W/C ratio is then a result of acceptable workability). Pre-testing with different admixtures
	150 kg/m3	•	•	•	•	•	•		•			
	175 kg/m3	•	•	•	•	•	•		•			
	200kg/m3	•	•	•	•	•	•	•	•	•	•	
	225kg/m3	•	•	•	•	•	•	•	•	•	•	
2a	Variation of cement type (if an option)											
	175 kg/m3	•	•	•	•	•	•	•	•			
	225kg/m3	•	•	•	•	•	•	•	•	•	•	
2b	Variation of blending (cement+puzzolans, fly											
	120+30=150 kg/m3	•	•	•	•	•	•		•			can replace Part 1 if the use of blended material is preferable from the onset
	100+50=150 kg/m3	•	•	•	•	•	•		•			
	160+40=200kg/m3	•	•	•	•	•	•	•	•	•	•	
	140+60=200kg/m3	•	•	•	•	•	•	•	•	•	•	
3	Variation of borrow area											
	150 kg/m3	•	•	•	•	•	•					e.g. quarried aggregates vs. river deposits
	225kg/m3	•	•	•	•	•	•	•	•	•	•	
4	Minimum content of cementitious material [3)]											
	100+30=130 kg/m3	•	•	•	•	•	•	•	•			
	75+75=150 kg/m3	•	•	•	•	•	•	•	•			
5	Facing concrete: 250kg/m3 [4)]											
	borrow area 1	•	•	•	•	•	•	•	•	•	•	
	borrow area 2	•	•	•	•	•	•	•	•	•	•	

Comments: The table is an example. The scope depends on the variables under discussion. Important is that pre-construction testing is done well ahead of construction to profit from the knowledge of strength development with time and thus prepare a reliable mix design.
1)nominal strength for large dams can be extended to the age of 1 year. Therefore this strength value migth support to reduce cement content
2) as a measure for general durability for facing concrete also at sites without temperatures below zero.

When setting up test programs any investigator should be flexible enough to scrutinize his/her needs: what is the impact of a particular concrete parameter on costs and safety? - and to define the scope of the program accordingly. It is not reasonable to set up tests for parameters of marginal significance just because they are needed for analysis, or it is common practice to test them.

Let's take an example. The modulus of elasticity of concrete, E, is a value which (a) has a low variability, and (b) is only marginally important for the stress level in a dam. Even in highly stressed arch dams, a change of E by multiples of its base value will cause a proportionally minor change in stresses. So, why then concentrate on tests to obtain E? The literature provides ample values and ways to predict reliable moduli [2.1].

Reliability on structural safety depends on obtaining satisfactory strength in the dam relating it to laboratory test results. It is the relation between these two values, which merits particular attention.

2.2.1.3. Sample Sizes

Typical for dam concrete is the large Maximum Size Aggregate (MSA) with respect to commonly used sample sizes for strength testing. The ensuing bias of strength values has to be given special attention.

Standard test for compressive strength uses cylinders, cubes or the broken halves of prism from flexural strength testing. Common cylinder sizes are 150x300mm (Φ=150 mm and h=300 mm), 300mm cubes and 75x75x300mm prisms.

En Autriche, la taille de l'échantillon pour la résistance à la compression est un cube de 30 cm et pour les essais de flexion et de traction un prisme de 20 x 20 x 60 cm est utilisé.

Des tailles d'échantillons plus petites que celles mentionnées ci-dessus aboutiraient à une influence indue des tailles des grands granulats sur le résultat de l'essai. Le Tableau. 2.2 énumère certains facteurs de conversion pour les tailles d'échantillons couramment utilisées dans les essais du béton de barrage [2.2] [2.3].

Table 2.2
Facteurs de conversion pour différentes tailles d'échantillons

Reference sample size: 30cm cubes=100%			
Conversion to other sizes		Relative strength	Ref.
Size	*Conversion formula for MPa*	%	
20cm cubes	$f_{20}=1.1\ f_{30}$	110	
15x30cm (6"x12") cylinders	$f_{15/30}=0.8\ f_{30}$	80	ISO 2736
15x30cm (6"x12") cylinders	$f_{15/30}=0.98.(f_{30}-5.2)$	78 to 83 1)	[2]
30x45cm (12"x18") cylinders	$f_{30/45}=0.91.(f_{30}-3.6)$	78 to 82 1)	
	1) for a range of 25 to 35 MPa with lower relative strength for the lower absolute compressive strength		
Reference sample size: 6"x12"cylinder (15x30cm)=100%			
3"x6" cylinder	$f_{3/6}=1.06.f_{6/12}$	106	
8"x16"cylinder	$f_{8/16}=0.96\ .f_{6/12}$	96	
12"x24" cylinder	$f_{12/24}=0.91.f_{6/12}$	91	[2.3]
18"x36" cylinder	$f_{18/36}=0.86.f_{6/12}$	86	

Le rapport couramment requis entre la plus petite dimension de l'éprouvette et la taille maximale des granulats (MSA) dépassant 3 s'applique aussi au béton de masse avec des granulats de grande taille.

En Suisse, des cubes de 40 cm, sciés ensuite en 8 cubes de 20 cm, ont été utilisés dans certains essais pour le béton de barrage, ce qui est très significatif. Cela permet en effet d'utiliser la totalité du mélange et offre l'avantage d'obtenir 8 échantillons pour la principale valeur de résistance de la totalité du mélange et les variations d'un échantillon à l'autres sont petites. Cela élimine la conversion du criblage par voie humide en totalité du mélange. Il s'agit toutefois d'une procédure plus complexe

L'utilisation des cubes offre l'avantage qu'aucun broyage ni recouvrement de la surface n'est nécessaire et que la dispersion des valeurs de résistance mécanique est généralement inférieure en raison de moins d'imperfections dans la production de cubes.

Les avantages et les inconvénients des cylindres par rapport aux cubes sont largement discutés dans la littérature. Les cubes sont généralement utilisés en Europe continentale (excepté la France) et au Royaume-Uni. Ils sont plus faciles à tester parce qu'ils ne nécessitent ni recouvrement ni broyage. Un autre avantage est que les cubes peuvent être analysés parallèlement et perpendiculairement à la direction de l'écoulement pour indiquer toute différence due à cette direction.

En revanche, les cylindres sont généralement préférés dans la recherche parce qu'ils représentent mieux la résistance réelle en raison d'une influence moindre des singularités des sollicitations à partir des surfaces de l'échantillon. Les cylindres sont la forme d'éprouvette la plus courante utilisée aux Etats-Unis, en France, au Canada, au Japon, en Amérique du Sud et en Australie.

In Austria samples sizes for compressive strength are 30 cm cubes and for flexural and pure tensile testing 20x20x60cm prisms are used.

Smaller samples sizes than mentioned above would result in unduly influence of the large aggregate sizes on the test result. Table 2.2 lists some conversion factors for common sample sizes used for dam concrete testing [2.2] [2.3].

Table 2.2

Conversion factors for different sample sizes

Reference sample size: 30cm cubes=100%			
Conversion to other sizes		Relative strength	Ref.
Size	*Conversion formula for MPa*	*%*	
20cm cubes	$f_{20}=1.1\ f_{30}$	110	ISO 2736
15x30cm (6"x12") cylinders	$f_{15/30}=0.8\ f_{30}$	80	ISO 2736
15x30cm (6"x12") cylinders	$f_{15/30}=0.98.(f_{30}-5.2)$	78 to 83 1)	[2]
30x45cm (12"x18") cylinders	$f_{30/45}=0.91.(f_{30}-3.6)$	78 to 82 1)	[2]
	1) for a range of 25 to 35 MPa with lower relative strength for the lower absolute compressive strength		
Reference sample size: 6"x12"cylinder (15x30cm)=100%			
3"x6" cylinder	$f_{3/6}=1.06.f_{6/12}$	106	[2.3]
8"x16"cylinder	$f_{8/16}=0.96\ .f_{6/12}$	96	[2.3]
12"x24" cylinder	$f_{12/24}=0.91.f_{6/12}$	91	[2.3]
18"x36" cylinder	$f_{18/36}=0.86.f_{6/12}$	86	[2.3]

The commonly required ratio between smaller dimension of the specimen and maximum size aggregate (MSA) in excess of 3 also applies for mass concrete with large size aggregates.

In Switzerland some testing for dam concrete used 40 cm cubes which are then sawed into 8 cubes with size of 20 cm for testing. This is considered as very meaningful. It allows using the full mix and has the advantage to get 8 specimens for the mean strength value of the full mix and the sample-to sample scatter is small. It eliminates the conversion from wet-screened to full mix. However, it is a more cumbersome procedure.

The use of cubes has the advantage that no grinding and capping of the surfaces is necessary and that the scatter in strength values is generally less due to less imperfections in the production of cubes.

Benefits and shortcomings of cylinders vs. cubes are widely discussed in the literature. Cubes are generally used in Continental Europe (except France) and UK. They are easier to test because they need no capping or grinding. Another advantage is that cubes can be tested parallel and perpendicular to the direction of casting to indicate any difference due to casting direction.

On the other hand, cylinders are generally preferred in research because they better represent true strength due to less influence of stress singularities from sample surfaces. Cylinders are the common sample form in the US, France, Canada, Japan, Latin America and Australia.

2.2.1.4. *Criblage par voie humide*

Le criblage par voie humide est une mesure courante pour surmonter les écarts entre un mélange avec une granulométrie maximale et les dimensions des tailles courantes des éprouvettes [2.4]. Le béton avec des agrégats criblés par voie humide requiert des facteurs de conversion pour évaluer la résistance de la totalité du mélange. Le Bureau of Reclamation dans sa Désignation 33 indique des facteurs de conversion pour le criblage par voie humide entre 38 mm et 150 mm selon l'âge. Le Tableau 2.4 affiche un éventail de rapports de résistance à la compression pour deux types de béton, les valeurs les plus faibles pour le béton avec granulométrie recomposée et les valeurs les plus élevées pour le béton à granulométrie non recomposée [2.4].

Table 2.3
Rapport de la resistance à la compression entre la totalité du mélange et le mélange criblé par voie humide [2.4].

Age au moment des essais des échantillons de criblage par voie humide en jours	**Rapport de la résistance à la compression de la totalité du mélange (150 mm)/ mélange criblé par voie humide (38 mm)**
28	0.7 à 0.8
90	0.65 à 0.75
180	0.65 à 0.77

Les résultats des essais de criblage par voie humide en laboratoire ne sont par conséquent pas classiques.

Des résultats similaires sont obtenus par la recherche portugaise avec une plus grande dispersion des résultats des essais à cause de la comparaison des cylindres de la totalité du mélange avec les cubes confectionnés avec des agrégats criblés par voie humide [2.5].

Il est recommandé de procéder à des essais de corrélation entre la résistance du béton criblé par voie humide testé à 28 jours et les éprouvettes de l'essai contenant le béton pleine masse dans le cadre de L'ÉTAPE II du programme d'essais (paragraphe 2.2.1.1). Toutefois, si le chantier est bien équipé pour des essais à grande échelle, il peut être possible de réaliser ces essais également sur le site (ÉTAPE III).

2.2.2. *Essais de résistance du béton de barrages existants*

2.2.2.1. *Général*

Les essais de résistance du béton de vieux barrages en cours d'exploitation peuvent avoir plusieurs objectifs, dont notamment :

- évaluer le gain en résistance à des âges supérieurs à celui de l'échantillon des essais de laboratoire.
- comparer la résistance en laboratoire à la résistance in-situ.
- évaluer la perte de résistance due au vieillissement ou à l'altération chimique (attaque de sulfates) ou la perte de la concentration d'efforts dans certaines parties du barrage démontrées par des fissures ou des mouvements instables
- évaluer le fluage à long terme.

Les essais se font généralement par des méthodes non destructrices ou par carottage. Cette dernière méthode est la plus communément utilisée.

2.2.1.4. *Wet screening*

Wet screening is a common measure to overcome the discrepancy between a mix with full MSA and dimensions of common sample sizes [2.4]. Wet screened concrete needs conversion factors in order to assess the full-mix strength. The US Bureau of Reclamation in its Designation 33 reports conversion factors for wet screening of the 38 mm to 150 mm sizes which are depending on age. Table 2.3 reports a range of compressive strength ratio for two types of concrete, the lower values for blended and the higher values for unblended cement [2.4].

Table 2.3
Compressive strength ratio between full and wet – screened mix [2.4].

Age at testing the wet-screened samples in days	**Compressive strength ratio full mix (150 mm)/ wet-screened mix (38 mm)**
28	0.7 to 0.8
90	0.65 to 0.75
180	0.65 to 0.77

Results from wet-screened laboratory testing are therefore non-conservative.

Similar results are obtained by Portuguese research with a larger scatter of test results due to comparing full mix cylinders with wet-screened cubes [2.5].

Correlation tests between the strength of wet screened concrete tested at 28 days and test specimens containing the full mass concrete are recommended to be part of a STAGE II testing program (section 3.2.1.1). However, if the site is well equipped for large-scale tests, it may be possible to do it also on site (STAGE III).

2.2.2. Testing of concrete strength in existing dams

2.2.2.1. *General*

Testing of concrete strength on aged dams during operation may have several objectives. Among those are:

- to evaluate strength gain at ages in excess of sample age in laboratory testing
- to compare laboratory strength with in-situ strength
- to evaluate loss of strength from ageing, or chemical alteration (AAR or sulphate attack), or loss by stress concentrations in certain parts of the dam, demonstrated by unstable cracking or movements.
- to evaluate long-term creep.

Testing is generally either by non-destructive methods or by core drilling. The latter is more commonly used.

Les essais de carottage pour les barrages fortement sollicités sont justifiés. Il faut prendre en considération les nombreuses différences entre les conditions de laboratoire et de terrain : vibrations différentes, taille différente de l'échantillon et de la MSA (taille maximale des granulats), état de chargement différent (sans contrainte par rapport à un chargement multiaxial), différents états de la contrainte initiale et cure différente. Il n'est donc pas surprenant que la résistance en laboratoire soit différente de la résistance de la structure existante. Cela doit être reconnu. L'essentiel est d'être vigilant et d'interpréter raisonnablement ces différences.

La vaste expérience française est résumée dans un rapport exhaustif du LERM [2.6]. Un bon résumé d'Adam Neville concernant l'extraction de carottes et les essais figure également dans [2.7].

2.2.2.2. Méthodes semi-destructives ou non-destructives

Il existe un large éventail de méthodes semi-destructives ou non-destructives d'essais de résistance du béton in situ : marteau de Schmidt, mesure de la vitesse des pulsations soniques ou ultra-soniques à travers le béton, essais d'arrachement classique et essais de pénétration [2.8].

Les méthodes des ondes sonores non-destructives (sismiques) peuvent être utilisées pour des recherches en vue d'établir un diagnostic sur le béton de barrages existants. Elles sont basées sur le principe selon lequel les caractéristiques des signaux sonores impulsifs transmis dans le béton peuvent être liées aux propriétés élastiques et à la solidité du béton lui-même. Dans la pratique, des trains d'ondes élastiques, avec des fréquences de 5-30 kHz sont générés et reçus par des transducteurs électroacoustiques spéciaux situés à l'intérieur ou à la surface du barrage. L'examen implique la prise de mesures sonores le long des forages et de mesures directes de la vitesse entre les surfaces ou paires de trous adjacents. Il est possible, par des techniques de tomographie, d'obtenir une carte détaillée des vitesses de l'onde élastique à l'intérieur des sections du barrage et d'évaluer les caractéristiques dynamiques élastiques et du degré d'intégrité du béton localement. Cette technique est largement utilisée en Italie et plusieurs barrages en béton ont été vérifiés au moyen de la tomographie sonore [2.9].

Il est également possible d'obtenir une corrélation entre la vitesse et la résistance du béton. Mais cette corrélation doit être fondée, pour chaque barrage examiné, sur les essais traditionnels destructifs de béton sur des échantillons prélevés dans la structure. Une carte détaillée de la résistance du béton peut être établie dans ce cas (Fig. 2.1).

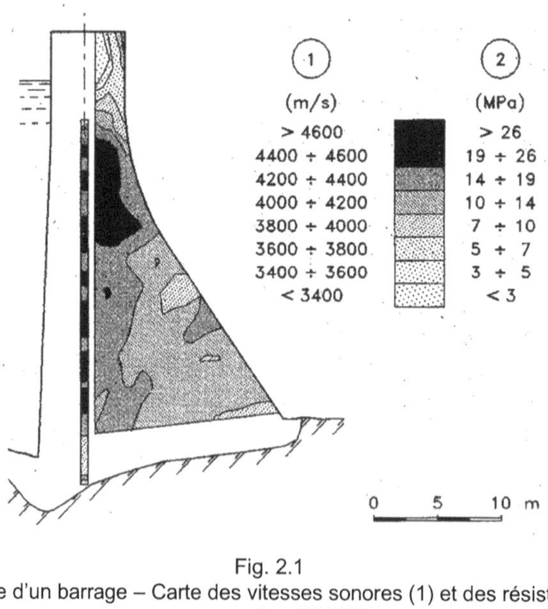

Fig. 2.1
Tomographie sonore d'un barrage – Carte des vitesses sonores (1) et des résistances du béton en compression (2) [2.9]

Core testing for highly stressed dams is justified. Consider the many differences between laboratory and field conditions: different compaction, different sample size and MSA (Maximum Size of Aggregate), different state of loading (stress free vs. multiaxial), different initial stress implications and different curing. It is therefore not surprising that laboratory strength is different than strength in the completed structure. This must be accepted. What is essential is to be aware and interpret these differences reasonably.

The extensive French experience is summarized in a comprehensive report by LERM [2.6]. A fine summary of implications with core extraction and testing is also reported in [2.7] by Adam Neville.

2.2.2.2. Semi-destructive or non-destructive methods

There is a whole range of semi-destructive or non-destructive methods of testing concrete strength in situ, e.g. with rebound hammer, measuring the velocity of sonic or ultrasonic pulses through concrete, pull-out tests, break-off tests and penetration tests [2.8].

Non-destructive sonic methods can be used for diagnostic investigations on concrete in existing dams. They are based on the principle that the characteristics of the impulsive sonic signal transmitted across the concrete can be related to the elastic properties and soundness of concrete itself. In practice trains of elastic waves, with frequencies of 5-30 kHz are generated and received by special electro-acoustic transducers located inside or on the surface of the dam. The investigation involves taking sonic logging measurements along boreholes and direct velocity measurements between pairs of adjacent holes or surfaces. By means of tomography techniques it is possible to obtain a detailed map of elastic wave velocities inside the sections of the dam and to evaluate the elastic dynamic characteristics and locally the state of integrity of the concrete. In Italy this technique is widely used, and several concrete dams have been checked by means of the sonic tomography [2.9].

It is also possible to obtain a correlation between velocity and concrete strength. But it should be based, for each dam investigated, on traditional destructive compressive tests on samples cored from the structure. In this case a detailed map of concrete strength can be derived (Fig. 2.1).

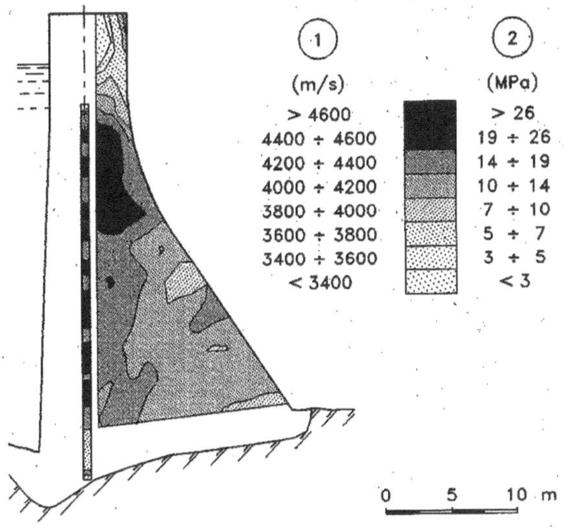

Fig. 2.1
Sonic tomography of a dam – Map for sonic velocities (1) and for concrete compression strengths (2) [2.9].

2.2.2.3. *Rapport entre le diamètre et la taille maximale des granulats*

Similaire à la condition pour les cylindres d'essai en laboratoire, le rapport entre le diamètre de la carotte et la taille maximale des granulats (MSA) devrait être proche de 3 [2.10]. Des carottes de 200 à 300 mm, forées dans les galeries ou les surfaces en aval du barrage sont généralement utilisées, les carottes de 200 mm étant réservées seulement aux plus petits granulats, de moins de 80 mm. Des carottes inférieures à 200 mm ne doivent en aucun cas être utilisées.

Lorsque le rapport souhaité de 3 n'est pas maintenu, le nombre d'échantillons pour calculer une résistance moyenne doit être augmenté.

Une fois le prélèvement effectué, il est utile de repérer les emplacements entre les ronds à béton des galeries du barrage déjà au cours de la construction.

2.2.2.4. *Rapport longueur-diamètre*

La résistance à partir des carottes dépend du rapport longueur-diamètre (l/d). Les cylindres standards ont un rapport longueur-diamètre de 2. Cependant, les carottes prélevées sur les barrages sont parfois difficiles à extraire avec ce rapport. Les facteurs de conversion doivent alors s'appliquer pour évaluer l'influence de la longueur diamètre:

Les facteurs de conversion comme le proposent l'ASTM et les Normes britanniques figurent dans le Tableau 2.4 ci-après.

Table 2.4
Les facteurs de conversion proposés par la norme ASTM et les normes britanniques

Rapport l/d	**ASTM C42(1990)**	**BS 1881**
2.00	1.00	1.00
1.75	0.98	0.98
1.50	0.96	0.96
1.25	0.93	0.94
1.00	0.87	0.92

La comparaison des facteurs de correction au titre des faibles rapports longueur/diamètre entre ces deux normes indique déjà que pour les rapports longueur/diamètre proches de l'unité, l'incertitude des prévisions de la résistance augmente rapidement. Cela fait l'objet d'un examen approfondi dans [2.10]. Il est donc recommandé de ne pas utiliser de cylindres d'une longueur/diamètre <1,5.

2.2.2.5. *Taille des carottes*

Une autre influence vient de la taille de la carotte si les diamètres de sondage sont inférieurs à 300 mm. Cela n'est pas recommandé pour le béton de barrage même si des forages de plus petit diamètre sont parfois utilisés à cause de l'absence de matériel.

2.2.2.3. *Ratio between core diameter and MSA*

Similar to the condition for laboratory test cylinders, the ratio between core diameter and MSA (Maximum Size of Aggregate) should be close to 3 [2.10]. 200 to 300 mm cores are generally used drilled from dam galleries or downstream surfaces, with the 200 mm cores only for smaller MSA, say less than 80 mm. Smaller than 200 mm cores should not be used in any case.

When the desired ratio of 3 in not maintained, the number of samples for calculating a mean strength should be increased.

When core drilling is known to be done it is useful to mark locations between reinforcing bars in the dam galleries already during construction.

2.2.2.4. *Length-to-diameter ratio*

Strength from cores depends on the length-to-diameter ratio (l/d). Standard cylinders have a length-to diameter ratio of 2. However, cores from dams are occasionally difficult to extract with this ratio. Conversion factors have then to applied for assessing the length-to-diameter influence:

Conversion factors as suggested by ASTM and British Standards are (Table 2.4).

Table 2.4
Conversion factors suggested by ASTM and British Standards

l/d-ratio	**ASTM C42(1990)**	**BS 1881**
2.00	1.00	1.00
1.75	0.98	0.98
1.50	0.96	0.96
1.25	0.93	0.94
1.00	0.87	0.92

Already the comparison of correction factors for low l/d ratios between these two standards indicate that for l/d-ratios approaching unity the uncertainty of strength prediction increases rapidly. This is further researched in [2.10]. Thus, it is recommended not to use cylinders with l/d<1.5.

2.2.2.5. *Core size*

Another influence comes from the core size if smaller than 300 mm drillholes are used. This is not recommended for dam concrete although sometimes smaller diameter holes are used because of lack of equipment.

Le diamètre de la carotte a une incidence importante sur la résistance. Plus la taille de la carotte est grande, plus la résistance à la compression est élevée [2.11]. Par exemple, réduire le diamètre de 150 mm à 75 mm entraînerait une réduction de 50% de la résistance testée (résultats dans [2.11] pour un béton avec 19 mm de taille maximale de granulat). La raison en est que l'épaisseur de la zone près de paroi, affectée par le procédé de forage, est constante et devient donc de plus en plus influente avec des carottes de petit diamètre[1]. Il est par conséquent raisonnablement difficile de tirer des conclusions sur la résistance réelle de l'échantillon d'une carotte de petit diamètre à cause de l'influence conjointe du petit diamètre de la carotte et de la structure hétérogène du béton dominée par la présence ou non de gros granulats dans la carotte.

2.2.2.6. Résistance des carottes vs. résistance en laboratoire

Il est intéressant de comparer la résistance à la compression en laboratoire à celle des carottes. Un échantillon avec les mêmes caractéristiques géométriques et de maturité extrait d'un ouvrage a généralement une résistance plus faible qu'un échantillon de béton fabriqué et durci en laboratoire (10 à 30%). En outre, la déviation est plus grande. La gamme de 10 à 30% ci-dessus dépend beaucoup de la qualité du forage, de la cure et de l'âge.

Ces influences sont corroborées par une observation intéressante comparant des séries d'essais de laboratoire et de terrain effectués sur le barrage de Shasta aux États- Unis [2.3] (Fig. 2.2). Les deux séries ont des pentes différentes indiquant la superposition de deux influences, à savoir (a) la baisse connue du taux du gain de résistance avec l'âge (démontrée ici par l'inflexion à 90 jours), et (b) l'influence des carottes durcies sur le terrain avec moins de gain à un âge élevé et que l'on pourrait obtenir des résultats des essais de laboratoire.

Cependant, il y a de rares cas où la relation inverse est trouvée dans le béton des barrages, c'est-à-dire que la résistance de la carotte est plus élevée que celle en laboratoire. Il est signalé que cette relation inverse résulte du béton ayant subi trop de vibrations, avec un ressuage excessif de l'eau de gâchage, ce qui réduit alors le rapport eau/ciment et entraîne une plus grande résistance de la carotte. Une autre raison est due au fait que les carottes sèches (pas même séchées au four) démontrent une plus grande résistance que les carottes de béton humide à cause de l'influence de la pression interstitielle. Ainsi, si les carottes sont extraites en dehors de la zone saturée en amont d'un barrage, des valeurs de résistance plus élevées de 10 à 15% peuvent être attendues. La différence de résistance à l'état sec/humide est ensuite modifiée par l'influence d'un effet d'échelle, c'est-à-dire que l'effet d'échelle est plus grand dans les petites carottes que dans les grandes.

---

[1] Ce résultat semble contredire la relation inverse entre le diamètre du cylindre de l'essai et la résistance comme le montre le Tableau. 2.2. Mais, contrairement aux cylindres moulés, l'influence des effets de surface (particulièrement les perturbations de l'adhérence dues au découpage à travers les gros granulats) régit la baisse de résistance avec l'augmentation du diamètre de la carotte.

The core diameter has a significant effect on strength. The larger the size of the core, the higher is the compressive strength [2.11]. For example, reducing the diameter from 150 mm to 75 mm would result in a 50% reduction of tested strength (results in [2.11] from a 19 mm MSA concrete). The reason is that the thickness of the surface zone, disturbed from the drilling process, is constant and thus becomes increasingly influential at small core diameters[1]. It is therefore difficult to conclude reasonably on the real strength from small diameter core sampling because of the joint influence of the small core diameter and the heterogeneous concrete structure dominated by the presence or not of coarse aggregates in the core.

2.2.2.6. Core vs. laboratory strength

Of interest is to compare laboratory compressive strength with strength from cores. A specimen of the same geometrical characteristics and maturity drilled from a structure has generally a lower strength than laboratory made and cured concrete specimen (10 to 30%). Moreover, the scatter is larger. The above range of 10 to 30% very much depends on quality of drilling, curing and age.

These influences are corroborated by an interesting observation comparing laboratory with field test series form Shasta Dam, USA [2.3] (Fig. 2.2). The two series have different gradients indicating the superposition of two influences, namely (a) the known decreasing rate in gain of strength with increasing age (here demonstrated by the kink at 90 days), and (b) the influence of field-cured cores with less gain at high ages as one would obtain from laboratory test results.

However, there are rare test cases, where the reverse relation, i.e. core strength higher than laboratory strength, is found for dam concrete. It is reported that such reverse relations result from over vibrated concrete, with excessive bleeding of mixing water, which then reduces the w/c ratio leading to higher core strength. Another reason has its origin in the fact that dry cores (not even oven dried) show higher strength than cores from wet concrete due to the influence of pore pressure. Thus, if cores are extracted outside the saturated upstream zone of a dam, 10 to 15% higher strength values might be expected. The difference in dry/wet strength has then to be modified by the influence of a scale effect, i.e. the scale effect is larger in small than in large cores.

[1] This finding seems to contradict the inverse relation between diameter of test cylinder and strength as shown in Table 2.2. But, unlike molded cylinders, the influence of skin effects (particularly the disturbed bonding by cutting through coarse aggregates) governs the strength reduction with decreasing core diameter.

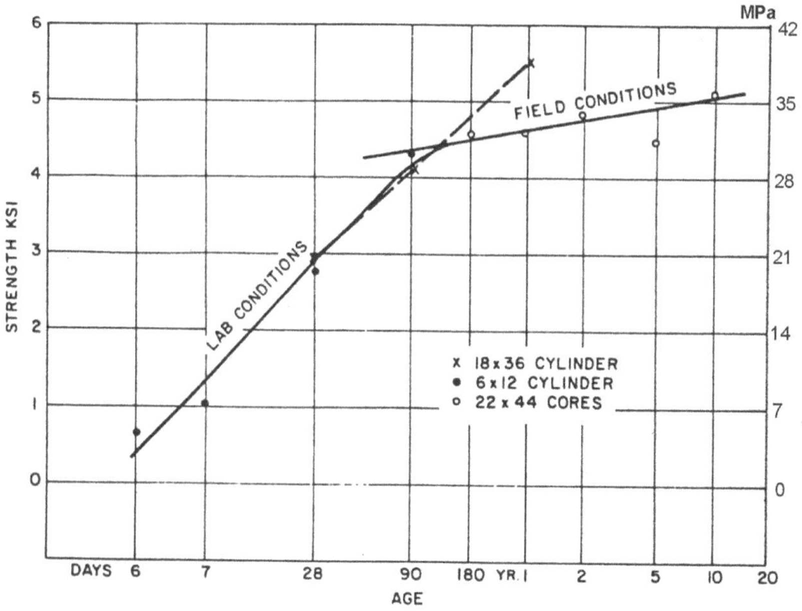

Fig. 2.2
Développement de la résistance à la compression : l'échantillonnage de laboratoire par rapport à l'échantillonnage de terrain [2.3]

Un autre facteur contribuant à la différence entre la résistance de la carotte extraite dans le barrage et celle mesurée en laboratoire est la relaxation de l'état de contrainte multiaxiale, après le carottage. Cela peut être particulièrement influant dans le béton endommagé par réaction alcali-granulat (RAG), où une matrice endommagée peut se développer et donc réduire la résistance de base.

La dichotomie ci-dessus amène à recommander les carottes de béton de barrage en règle générale et non pas seulement si les essais de laboratoire ne sont pas satisfaisants, du moins pour les grands barrages très fortement sollicités. L'utilisation de valeurs de résistance des carottes dans une analyse en retour fournirait des marges de sécurité plus fiables. Toutefois, il convient de mentionner que la vérification de la résistance à la compression des carottes prélevées dans des barrages ne peut réussir que si l'extraction est effectuée avec beaucoup de soin, si la cure est correctement faite et si les conditions préalables aux essais sont représentatives et interprétées de façon réaliste. Sinon, la résistance de la carotte a tendance à être anormalement basse.

La norme ASTM C42 [2.12] et la NE 12504 [2.13] peuvent être utilisées comme références pour le carottage. Il en est de même pour la norme ACI 318 qui précise que pour un cylindre de béton qui a subi une cure in situ la résistance devrait atteindre au moins 85% de celle du cylindre qui a subi une cure en laboratoire [2.14]. La norme ACI 318 définit deux conditions de maturation in situ selon l'état prévu de la structure : l'un est le séchage à l'air, l'autre le trempage des éprouvettes. Pour le béton de barrage, le trempage est plus approprié pour un béton saturé et il doit être suffisamment long pour éliminer les gradients d'humidité de l'échantillon (en limitant l'influence de la pression interstitielle de l'eau). Si le béton à tester est supposé être dans un état sec constant, les carottes ne devraient donc pas être mouillées. Cela est important à cause de la différence de la résistance de la carotte à la compression entre les 2 méthodes de maturation qui peut être de 20 à 35%, la plus grande des deux valeurs étant pour l'air séché [2.15].

D'autres résultats d'essais comparatifs du béton structurel (28 jours) montrent des valeurs de résistance comprises entre 90% à 76% pour la carotte par rapport à la résistance en laboratoire [2.16]. Le pourcentage dépend du niveau de contrainte : il passe de près de 100% pour un béton à faible résistance (~20 MPa) à 70% pour un béton à résistance élevée (~60 MPa) [2.17].

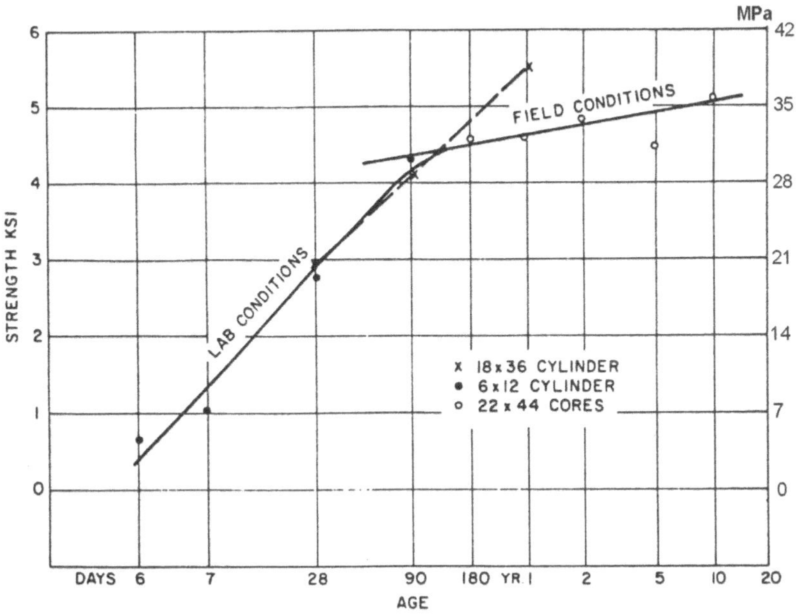

Fig. 2.2
Development of compressive strength: laboratory vs. field sampling [2.3]

Another factor contributing to the difference between core and laboratory strength is the relief of the multiaxial stress condition after coring. This can be particularly influential in Alkali-Aggregate Reaction (AAR)-damaged concrete, where a damaged matrix can expand and thus reduce core strength.

The above dichotomy leads recommending to core dam concrete as a rule and not only if unsatisfactory laboratory tests are obtained, at least for large, highly stressed dams. Using cored strength values in a back-analysis would provide more reliable safety margins. However, it should be mentioned that checking the compressive strength from drilled dam cores is only successful if drilling is done with much care, if curing is done properly, and if pre-test conditions are representative and realistically interpreted. Otherwise, the core strength tends to be unrealistically low.

ASTM C 42 [2.12] and EN 12504 [2.13] can be used as a reference for drilled cores. So can ACI 318, which stipulates that field-cured test cylinders should achieve at least 85% of the strength from laboratory-cured cylinders [2.14]. ACI 318 defines two field curing conditions depending on the expected condition in the structure: one is air drying, the other soaking of the specimens. For dam concrete, soaking is more appropriate for a saturated concrete mass, and it should be long enough to eliminate moisture gradients in the sample (curbing the influence of pore water pressure). If the concrete to be tested is assumed to be in a steady-state dry condition, then the cores should not be wet-cured. This is important because the difference in compressive core strength between the 2 curing methods can be 20 to 35%, with the air dried being the larger of the two values [2.15].

Other comparative test results for structural concrete (28 days) demonstrate 90% to 76% for core as compared to laboratory strength [2.16]. Percentages depend on stress level: it decreases from close to 100% for low strength (~20 MPa) to 70% for high strength concrete (~60 MPa) [2.17].

2.2.3. Age nominal de la résistance du béton

Dans les grands ouvrages hydrauliques, les éléments de structure sont rarement tenus de supporter des contraintes importantes à un âge précoce. Sauf circonstances exceptionnelles, le Comité recommande un âge de plus de 180 jours comme base pour évaluer la résistance caractéristique. Cette dernière est définie dans le paragraphe suivant 2.2.5.

Il est tout à fait- prudent d'évaluer les marges de sécurité de la résistance à 28 ou même 90 jours comme cela est parfois spécifié pour le béton de barrage. Pour la plupart des barrages, au moins 180 jours semblent raisonnables. ACI 207 signale que la résistance théorique concerne des âges allant de 90 jours jusqu'à deux ans parfois [2.20]. En Californie l'âge de 365 jours est également accepté [2.19].

Compte tenu du développement continu de la résistance au-delà de 90 jours, en particulier lorsque des pouzzolanes sont utilisés, les facteurs de corrélation à 365 jours peuvent varier comme l'indiquent le Tab. 2.5. et la Fig. 2.3 [2.20].

Table 2.5
Gain de résistance à la compression avec l'âge [2.20]

[2.20].

Dam/Country	**Year**	**Blending[1)]**			**Mean compressive strength [MPa]**		**Strength ratio**
		OPC	**Pozzolan**	**Quantity**	90 days	365 days	365/90
Dworshak/USA	1972	II	fly ash	25%	14.0	21.4	1.53
Glen Canyon/USA	1963	II	Pumicite	34%	33.8	47.0	1.39
Las Portas/Spain	1974		fly ash	22.5-30%	45.0	58.8	1.31
Valparaiso/Spain	1988		fly ash	25-30%	28.6	30.4	1.06
Llauset/Spain			fly ash	25%	31.3	42.3	1.35
Flaming Gorge/USA	1962	II	calc. shale	34%	24.1	32.3	1.34
Puylaurent/France	1995	CEM III	fly ash	40%	24.5	32	1.31
Hoover/USA	1935	IV	none		22.8	29.6	1.30
Libby/USA	1972	II	fly ash	25%	17.0	22.0	1.29
Baserca/Spain			fly ash	25%	29.8	37.6	1.26
Yellowtail/USA	1965	II	fly ash	30%	31.6	38.9	1.23
Katse/Lesotho	1995	II	fly ash	30%	36.2	42.2	1.17
Grand Coulee/USA	1942	II + IV	none		35.6	41.3	1.16
Sambuco/Switzerland	1954	II	none		21.7	24.4	1.12
Morrow Point/USA	1967	II	none		41.1	46.1	1.12
Val Gallina/Italy	1950	IP	pozzolan	33%	47.7	52.7	1.10
Schlegeis/Austria	1971	CEM III			20.5	27	1.32
Grand Dixence/Switzerland	1955	IV	none		26.5	28.9	1.09

Legend:
[1)] none..... Ordinary Portland cement (OPC) only, of indicated ASTM or CEM type
quantity is % of total cementitious material.
The mean strength values are generally from construction and the mean of a large sample population.

2.2.3. *Nominal age of concrete strength*

In large hydraulic structures, structural elements are rarely required to withstand substantial stress at early age. Unless unusual circumstances prevail, the Committee recommends an age in excess of 180 days as basis for evaluating the characteristic strength. This last one is defined in the following section 3.2.5.

It is utterly conservative to use 28 or even 90 days for assessing strength safety margins, as occasionally specified for dam concrete. For most dams at least 180 days seem reasonable. ACI 207 reports that design strength is on ages between 90 days and sometimes up to two years [2.18]. In California 1 year is accepted too [2.19].

Accounting for the continued strength development beyond 90 days, especially where pozzolans are applied, the correlation factors at 1 year may range as shown on Table 2.5 and Fig. 2.3 from [2.20].

Table 2.5
Gain on compressive strength with age [2.20].

[2.20].

Dam/Country	Year	Blending[1)]			Mean compressive strength [MPa]		Strength ratio
		OPC	Pozzolan	Quantity	90 days	365 days	365/90
Dworshak/USA	1972	II	fly ash	25%	14.0	21.4	1.53
Glen Canyon/USA	1963	II	Pumicite	34%	33.8	47.0	1.39
Las Portas/Spain	1974		fly ash	22.5-30%	45.0	58.8	1.31
Valparaiso/Spain	1988		fly ash	25-30%	28.6	30.4	1.06
Llauset/Spain			fly ash	25%	31.3	42.3	1.35
Flaming Gorge/USA	1962	II	calc. shale	34%	24.1	32.3	1.34
Puylaurent/France	1995	CEM III	fly ash	40%	24.5	32	1.31
Hoover/USA	1935	IV	none		22.8	29.6	1.30
Libby/USA	1972	II	fly ash	25%	17.0	22.0	1.29
Baserca/Spain			fly ash	25%	29.8	37.6	1.26
Yellowtail/USA	1965	II	fly ash	30%	31.6	38.9	1.23
Katse/Lesotho	1995	II	fly ash	30%	36.2	42.2	1.17
Grand Coulee/USA	1942	II + IV	none		35.6	41.3	1.16
Sambuco/Switzerland	1954	II	none		21.7	24.4	1.12
Morrow Point/USA	1967	II	none		41.1	46.1	1.12
Val Gallina/Italy	1950	IP	pozzolan	33%	47.7	52.7	1.10
Schlegeis/Austria	1971	CEM III			20.5	27	1.32
Grand Dixence/Switzerland	1955	IV	none		26.5	28.9	1.09

Legend:
1) none..... Ordinary Portland cement (OPC) only, of indicated ASTM or CEM type
quantity is % of total cementitious material.
The mean strength values are generally from construction and the mean of a large sample population.

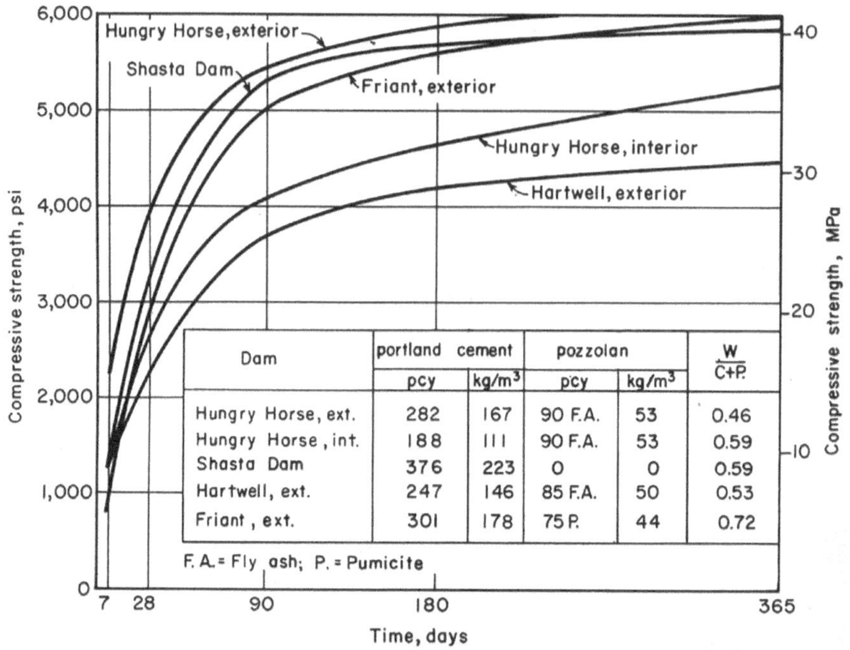

Fig. 2.3
Gain de résistance à la compression avec l'âge [2.20].

Le Tableau 2.6 montre la résistance à long terme des carottes de barrages autrichiens :

Table 2.6
La résistance à long terme des carottes des barrages autrichiens [2.21]

Barrage	**Age des carottes en années**	**Résistance des carottes (ϕ 200 mm) [MPa]**	***Résistance du cube de 90 jours [MPa]***
Schlegeis	12	32.0	20.0
Drossen	26	40.3	20.4
Mooser	26	41.1	20.4
Limberg	32	44.5	31.0

En ce qui concerne les barrages italiens, les rapports entre la résistance à 90 et 180 jours sont les plus facilement accessibles. Certains figurent dans le Tableau 2.7 ci-après:

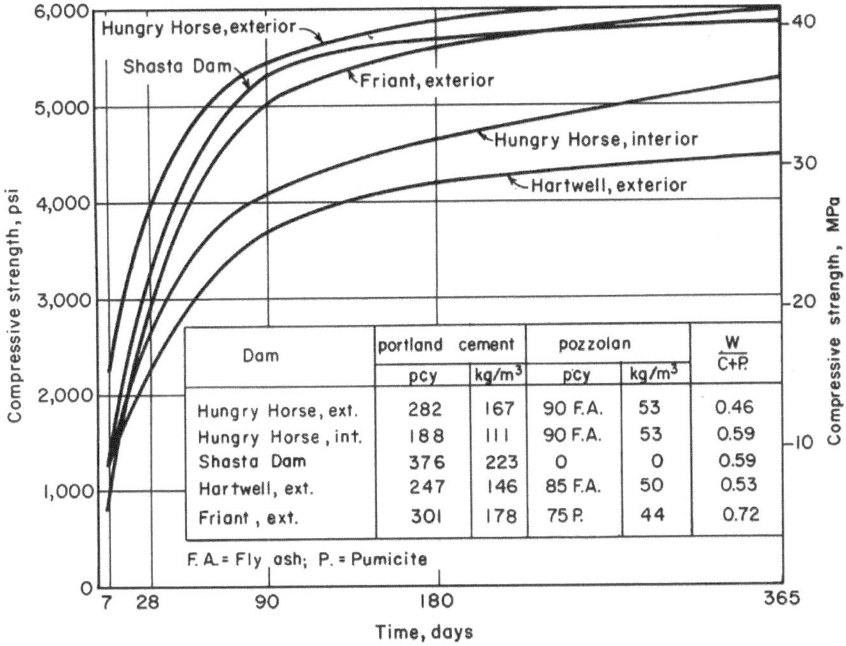

Fig. 2.3
Gain of compressive strength with age [2.20].

Table 2.6 shows long-term core strengths from Austrian dams:

Table 2.6
Core strength from Austrian dams [2.21]

Dam	**Age of core in years**	**Core strength (ϕ 200 mm) [MPa]**	**90 day's cube strength [MPa]**
Schlegeis	12	32.0	20.0
Drossen	26	40.3	20.4
Mooser	26	41.1	20.4
Limberg	32	44.5	31.0

From Italian dams, more readily available [2.22] are ratios between 90- and 180-days strength. Some are reported on Table 2.7:

Table 2.7
La résistance à long terme des carottes des barrages italiens [2.22]

Barrage	Résistance à 90 jours [MPa]	Résistance à 180 jours [MPa]	Rapport résistance 180/90
Cignana n.1	15,2	16,2	1,06
Suviana	13,6	14,5	1,06
Goillet	15,7	20,3	1,29
Santa Giustina	44,1	46,6	1,06
Pian Telessio	28,7	30,4	1,06
Campo Moro n.1	37,3	40,8	1,09
Valle di Lei	41,7	44,2	1,06

2.2.4. *Matériel d'essai*

Le type de presse d'essai peut avoir un effet sur les résultats obtenus. Ces machines sont classées comme rigides et moins rigides en fonction de la façon dont la tête de la machine suit la déformation de l'éprouvette. Dans une machine rigide, la tête a des difficultés à suivre les déformations rapides tandis que dans une machine moins rigide, elle suivra immédiatement. La conséquence en est que l'énergie stockée dans une machine moins rigide est libérée et agit sur l'éprouvette lorsqu'elle commence à se rompre. Cette énergie supplémentaire provoquera une plus grande propagation de la fissure et donnera une rupture à des charges inférieures à celles d'une machine rigide. Dans un diagramme contrainte-déformation cela donnera un pic de contrainte plus faible pour une machine moins rigide par rapport à une machine rigide.

La fourchette de chargement de la machine d'essai ne doit pas dépasser 90% de la capacité maximale appliquée durant le test de vérification. En outre, pour améliorer la fiabilité des valeurs mesurées, un niveau minimum de 20% est préférable, comme par exemple celui fixé par les normes industrielles japonaises (JIS). Pendant l'essai, la charge à la compression induit des déformations latérales à la traction aussi bien dans les plateaux en acier que dans l'éprouvette de béton, à cause de l'effet de Poisson. Le décalage entre les modules élastiques de l'acier et du béton et la friction entre les deux entraînent des forces latérales de retenue dans le béton près du plateau. L'éprouvette de béton est donc localement dans un état de contrainte triaxiale, ce qui induit un effet sur la résistance. Cet effet est plus important pour les cubes et plus faible pour les cylindres ou prismes.

La plupart des presses d'essai de compression dans les laboratoires de chantier présentent un frottement entre l'éprouvette et le plateau. Cela restreint la dilatation latérale finale de l'extrémité des éprouvettes et introduit des contraintes de cisaillement qui se traduisent par un mode de rupture de type cisaillement. Cet effet final se traduit par une résistance supérieure à celle des éprouvettes exposées à une pure compression (mode de rupture de type fissures parallèles). L'effet est plus prononcé pour les éprouvettes ayant des rapports longueur/diamètre plus faibles et c'est aussi la raison pour laquelle la résistance du cube est supérieure à celle du cylindre.

Les presses d'essais doivent donc induire une faible résistance de frottement entre le plateau et l'éprouvette.

2.2.5. *Évaluation des essais de résistance*

Les paramètres de résistance d'un matériau composite comme le béton ne peuvent jamais être définis sans incertitude. La résistance suit une distribution statistique et n'est pas une valeur déterministe. Les facteurs qui contribuent à la variabilité sont les constituants du béton, la production, les essais et le vieillissement.

Table 2.7
Core strength from Italian dams [2.22]

Dam	Strength 90 days [MPa]	Strength 180 days [MPa]	Strength ratio 180/90
Cignana n.1	15,2	16,2	1,06
Suviana	13,6	14,5	1,06
Goillet	15,7	20,3	1,29
Santa Giustina	44,1	46,6	1,06
Pian Telessio	28,7	30,4	1,06
Campo Moro n.1	37,3	40,8	1,09
Valle di Lei	41,7	44,2	1,06

2.2.4. *Test Equipment*

The type of the testing machine (press) may have an effect on the obtained results. These machines are classified as hard (rigid) and soft (less rigid) depending how the head of the machine is following the deformation of the specimen. In a hard machine the head has difficulties to follow rapid deformations; in a soft machine it will follow without delay. The consequence is that in a soft machine the energy stored in the machine is released and acts on the specimen when it starts to fail. This additional energy will cause more extensive crack propagation and indicate failure at lower loads than with a hard machine. In a stress-strain diagram this will result in lower peak stress for a soft as compared to a hard machine.

Loading range of the testing machine shall not exceed 90 % of the maximum range capacity applied during the verification test. Furthermore, in order to improve the reliability of measured values a minimum level of 20% is preferable, as for example set by the Japanese Industrial Standards (JIS). During the test, the compressive load induces lateral tensile strains in both, the steel platens and the concrete specimen, due to Poisson effect. The mismatch between the elastic modules of steel and concrete and the friction between the two, results in lateral restraint forces in the concrete near the platen. The concrete specimen is therefore locally in a triaxial stress state, with the consequent effect on strength. This effect is larger for cubes and smaller for cylinders or prisms.

Most compressive test machines in field laboratories are not free from friction between specimen and platen. This restrains the lateral end-expansion of the specimens and introduces shear stresses, demonstrated by a shear-type failure pattern. This end-effect results in a higher strength than for specimen which are exposed to pure compression (failure pattern ≈ parallel cracks). The effect is more pronounced for specimens with lower l/d-ratios, and it is also the reason why cube strength is higher than cylinder strength.

Test machines should therefore be low in frictional resistance between platen and specimen.

2.2.5. *Evaluation of Strength Testing*

Strength parameters of a composite material like concrete can never be defined without uncertainty. Strength follows a statistical distribution and is not a deterministic value. The factors contributing to variability are concrete constituents, production, testing, and ageing.

La littérature relative aux essais de béton a donc mis au point une série de théories et de méthodes pour évaluer la dispersion des résultats d'essais et leur application au béton des barrages. Ils ne sont pas abordés ici. Le lecteur est invité à consulter les nombreuses publications, dont le Concrete Manual du Bureau of Reclamation [2.4], la norme ACI 214 [2.23], les normes ISO correspondantes 2859 [2.24], 3951 [2.25] et 5479 [2.26], CEB – FIP Model Code [2.27] et la référence [2.28].

Quelques particularités sur les essais de béton des barrages sont ajoutées.

- La première est liée au gain de résistance avec l'âge. Comme mentionné précédemment, en ce qui concerne les barrages, l'âge caractéristique devrait être de 180 jours ou d'un an s'agissant des barrages plus grands. Cela signifie que les données de résistance d'un an doivent être disponibles au moment où démarre la mise en place du béton. Or ce n'est pas toujours possible pour sortir de l'impasse, il est souvent décidé de prendre la résistance à 28/90 jours comme résistance caractéristique ou d'extrapoler prudemment ces données de première résistance. Dans la plupart des cas, ces décisions aboutissent à une teneur en ciment excessive, ce qui n'est pas économique et ce qui a pour effet secondaire de contribuer à des conditions thermiques défavorables. La solution évidente est bien entendu de démarrer tôt les essais de béton. Toutefois, cela nécessite une discipline de planification, ce qui n'est souvent pas le cas car les constituants du béton final sont inconnus.

  Cependant, l'âge caractéristique doit toujours être lié au barrage examiné, en tenant compte de l'échelle de la structure ainsi que du temps de construction et de la durée de vie.

  Le présent Bulletin a pour but d'encourager les professionnels des barrages à voir aussi le problème d'un point de vue plus pragmatique. La recherche, les données publiées provenant d'études de cas et la série préliminaire comme la formulation du mélange final du barrage concerné fournissent un grand nombre de valeurs avec une augmentation de la résistance pour apprécier l'amélioration de la résistance jusqu'à l'âge de la résistance caractéristique. Un tel jugement doit certes être accompagné par une évaluation des conséquences d'un écart prévu entre la résistance caractéristique évaluée et celle mesurée plus tard : Que se passe-t-il si la résistance requise n'est pas respectée ? Les coefficients de sécurité prévus (FS) sont-ils encore acceptables ? Mais FS = 3 n'est-il pas juste un nombre choisi arbitrairement et FS = 2,8 également acceptable ? Une redistribution locale des contraintes peut-elle être supposée bénéfique pour atténuer une marge de sécurité manquante ? De combien est le gain de résistance entre un an et l'âge où les contraintes calculées se produisent vraiment, par exemple, lors de températures extrêmes, d'inondations ou d'un séisme ?

  Dans de nombreux cas, la résistance limite n'est pas la compression mais un cisaillement ou une traction, la plupart du temps le long de zones localisées. La résistance au cisaillement/à la traction est généralement considérée comme un pourcentage de la résistance à la compression, non mesuré comme tel. Ce pourcentage est hautement spéculatif (en particulier pour le chargement dynamique) et incertain avec un même ordre de grandeur qu'avec les hypothèses d'un gain de résistance spécifique entre 90 jours et un an.

  Tout cela signifie que l'appréciation technique et l'examen par les pairs, basés sur des données de plus en plus nombreuses, sont souvent un moyen de justifier l'acceptation des incertitudes. Cela peut être bénéfique pour la rentabilité et la sécurité. Le raccourci de solutions prudentes immédiates n'est pas nécessairement le seul moyen sûr d'y aboutir.

- L'évaluation des données de résistance, qui sont les critères de conception les plus courants, est basée sur la formule suivante [2.23]:

$$f_m = f_c + k.\sigma$$

f_m la résistance moyenne requise pour laquelle le mélange doit être formulé

f_c la résistance caractéristique (résistance théorique spécifiée pour satisfaire les normes de sécurité requises par rapport aux contraintes)

The literature of concrete testing has therefore developed a host of theories and methodologies to evaluate scatter of test results and its application for dam concrete. They are not discussed here. The reader is encouraged to consult the numerous publications, among them the Bureau's of Reclamation Concrete Manual [2.4], ACI 214 [2.23], the corresponding ISO Standards 2859 [2.24], 3951 [2.25] and 5479 [2.26], CEB – FIP Model Code [2.27] and reference [2.28].

Some particularities with respect to dam concrete testing are added.

- One is related to the strength gain with age. As mentioned, for dams the characteristic age should be 180 days or, for larger dams (longer construction), one year. This means that one-year strength data should be available when concrete placement starts. This is not always possible. In order to overcome the impasse, it is often decided to take 28/90 day as characteristic strength or to conservatively extrapolate these early strength data. In most cases, such decisions lead to excessive cement content, which is uneconomic and, as aside effect, contributes to unfavourable thermal conditions. Of course, the obvious remedy is to start early with concrete testing. However, this needs planning, discipline and is often not done because of unknown final concrete constituents.

- However, the characteristic age have to be always related to the specific dam under examination, taking into account the scale of the structure and the times of construction and service life.

  This Bulletin would like to encourage the dam profession to also view the problem from a more pragmatic standpoint. Research published data from case histories, and preliminary series with similar than the final mix design from the dam in question provide a host of strength-gain values to judge strength gain up to the age of the characteristic strength. Certainly, such a judgement has to be accompanied by assessing the consequences of an anticipated error between assessed and later measured characteristic strength: What, if the required strength is not met? Are the stipulated factors of safety (FS) still acceptable? But: isn't FS=3 just an arbitrary chosen number and FS=2.8 also acceptable? Can a local redistribution of stresses be assumed beneficial in mitigating a lacking safety margin? How much is the gain of strength between one year and the age when the calculated stresses are really occurred, e.g. during extreme temperatures, floods or an earthquake?

  In many cases the limiting strength is not compression but shear or tension, mostly along local zones, and shear/tensile strength is generally taken as a percentage of compressive strength, not measured per se. This percentage is highly speculative (particularly for dynamic loading) and uncertain in a similar order of magnitude than speculating a particular strength gain between 90 days and one year.

  What this all means is that engineering judgement and peer review, based on an increasing data-base, often is a remedy to justify acceptance of uncertainties. This can be beneficial for economy and safety. The shortcut of immediate conservative solutions is not necessarily the only safe way to go.

- Evaluating strength data, the most common design criterion, is based on the following formula [2.23]:

$$f_m = f_c + k.\sigma$$

f_m the mean required strength for which the mix has to be designed

f_c the characteristic strength (specified design strength to meet required safety against stresses)

k un facteur dérivé de la distribution de la résistance présumée qui dépend du nombre d'essais stipulés (fractile) pour être inférieur au niveau de f_c, et du nombre d'essais effectués.

σ écart type de la série des essais de résistance

Le facteur-k est dérivé des fractiles d'une distribution normale. Les valeurs k couramment utilisées (pour un nombre élevé d'essais, généralement $n \geq 30$) figurent dans le Tableau 2.8.

Table 2.8
Examples de valeurs k

Pourcentage des essais en dehors des limites ± k.σ	**Pourcentage des essais n'atteignant pas (fractile en %)**	**Chances des essais d'être en dessous de la limite inférieure**	**k**
20	10	1 in 10	1.28
10	5	1 in 20	1.65
5	2.5	1 in 40	1.96
2	1	1 in 100	2.33

En comparant la résistance en laboratoire à celle des carottes, le choix de k doit être différent pour les deux types d'essais en raison de la variabilité inhérente plus grande du dernier. La procédure doit également être adaptée, dans le cas de l'évaluation de la résistance du béton des carottes des ouvrages existants.

- Pour une évaluation statistique, les distributions limitées ou réduites (au lieu d'une distribution normale non limitée) constituent en fait le bon choix, car elles représentent de manière plus réaliste l'éparpillement statistique. Même si la plupart des codes se réfèrent encore à des distributions normales [2.29], il y a une tendance au changement, l'influence sur les indices de fiabilité et donc sur les facteurs de sécurité, étant considérable [2.30].

- Les comptes rendus et l'archivage des résultats des essais sont essentiels. Les barrages peuvent montrer des signes de désordres plusieurs années et décennies après la construction. Ensuite, le recours aux documents relatifs aux essais, tombé dans l'oubli, devrait permettre de trouver des informations sur les conditions d'essai, les sources des constituants, les détails de la formulation du mélange, le nombre d'échantillons, la variabilité des résultats des essais, etc.

2.2.6. Incertitude liée aux procédures d'essai

Comme mentionné précédemment, en mettant en place les programmes d'essai, il faut d'abord évaluer l'impact d'un paramètre sur la sécurité et le coût de ces essais, puis décider ensuite si l'essai est significatif ou s'il suffit de compter sur des valeurs publiées.

Il en va de même pour la décision sur l'impact des paramètres compliqués à tester ou qui ne sont généralement pas du tout testés même si leur influence sur la résistance est importante.

Un exemple en est le rapport eau-ciment. Pour de bonnes raisons, en matière de béton de masse, les essais sur le terrain ne mesurent pas le rapport eau-ciment. Cela est regrettable car son action sur l'écart type de résistance à la compression est considérable (Fig. 2.4) et si elle était mesurée, l'éparpillement des données sur la résistance de compression pourrait certainement être réduite [2.31].

k a factor derived from the assumed strength distribution which depends on a stipulated proportion of tests (fractile) to fall below the level of f_c, and on the number of tests carried out.

σ standard deviation of strength test series

The k-factor is derived from fractiles of a normal distribution. Commonly used k values (for high number of tests, generally $n \geq 30$) are reported in Table 2.8.

Table 2.8
Examples of k values

Percentage of tests falling outside the limits ± k.σ	**Percentage of tests falling below fc (fractile in %)**	**Chances of tests falling below the lower limit**	**k**
20	10	1 in 10	1.28
10	5	1 in 20	1.65
5	2.5	1 in 40	1.96
2	1	1 in 100	2.33

When comparing laboratory with core strength, the choice of k should be different for both types of tests because of the larger inherent variability of the latter. The procedure has also to be adapted, in the case of concrete strength evaluation from cores of existing structures.

- For statistical evaluation bounded or curtailed distributions (instead of an unbounded Normal distribution) are actually the correct choice because they represent more realistically the physics of statistical scatter. Although most codes still refer to Normal distributions there is a tendency for a change [2.29] as the influence on reliability indices, and thus on safety factors, is considerable [2.30].

- Reporting and archiving of test results is essential. Dams may show signs of distress years and decades after construction. Then, resorting to test documents, fallen into oblivion, should succeed to finding information about test conditions, sources of constituents, details of the mix design, number of samples, the variability of test results and the like.

2.2.6. Generic Uncertainty in Test Procedures

As mentioned previously, in setting up test programs one needs to first assess the impact of a parameter on safety and its costs of testing and then decide if testing is meaningful or if it suffices to rely on published values.

In a similar way goes the decision about the impact of parameters, which are cumbersome to be tested or which are commonly not tested at all although their influence of strength is significant.

An example is the water-cement ratio (w/c ratio). In mass concrete field testing the w/c ratio is, for good reasons, not measured. This is unfortunate, because its share on the standard deviation for compressive strength is considerable (Fig. 24) and, were it measured, the scatter of compressive strength could certainly be reduced [2.31].

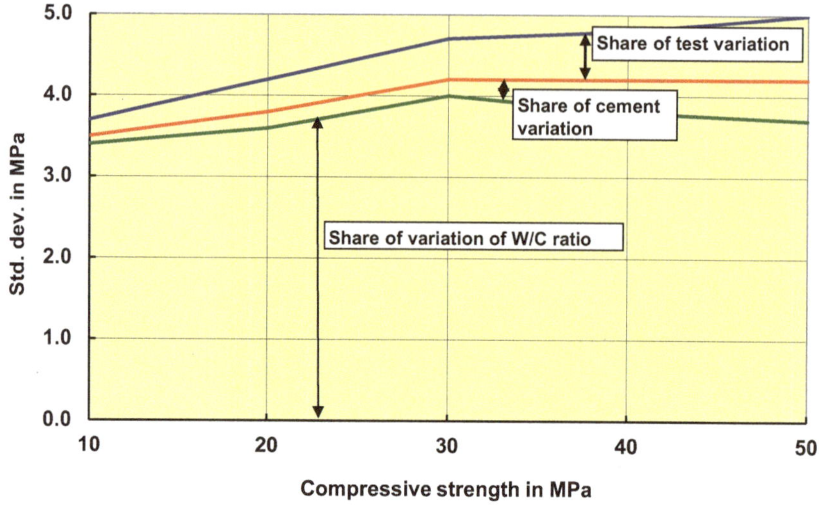

Fig. 2.4
Écart type lors des essais de résistance à la compression : en haut sans le rapport eau-ciment et en bas avec le rapport eau-ciment [2.31]

Il y a ensuite la dichotomie des essais simples à répétabilité élevée par rapport aux essais complexes de haute fiabilité. Les premiers sont limités dans l'efficacité statistique qui diminue avec l'augmentation de la taille de l'échantillon (Fig. 2.5), les seconds sont délicats à exécuter et à évaluer.

Un exemple est la décision d'évaluer la résistance à la traction à partir de formules reliant la résistance à la traction à la résistance à la compression, ou de compter sur les essais plus délicats de la (pure) résistance à la traction. Ces derniers, s'ils sont minutieusement effectués, se rapprochent beaucoup plus de la réalité, mais avec l'obstacle d'une dispersion élevée si n est petit. Le conflit découle ici du fait d'avoir soit à traiter avec une incertitude élevée la valeur moyenne (évaluation basée sur une formule), soit avec une forte dispersion autour d'une moyenne plus fiable (essai de traction) Certes, ce dernier est préférable. Il est donc suggéré d'inclure les essais de traction dans les spécifications techniques.

Tout cela signifie que la véritable résistance du barrage est une variable aléatoire influencée par de nombreux facteurs et conditions d'essais. Toute valeur de la résistance testée doit donc être reconnue comme une estimation interprétée de la véritable résistance inconnue.

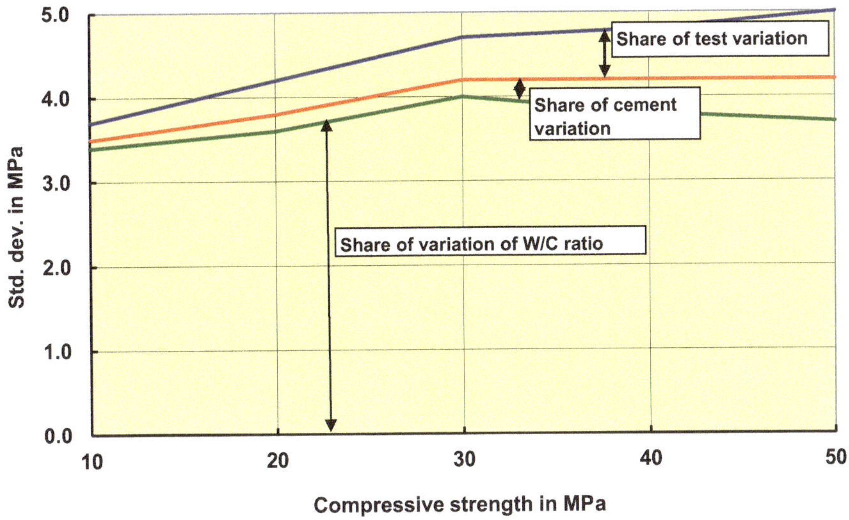

Fig. 2.4
Shares of standard deviation during testing of compressive strength: above without and below with control of w/c ratio [2.31]

Then, there is the dichotomy of simple tests with high repeatability as against complicated tests with high dependability. The first have their limitations in the declining statistical effectiveness with increasing sample size (Fig. 2.5), the second are delicate to execute and evaluate.

An example is the decision either to assess tensile strength from formulas relating tensile to compressive strength or to rely on the more delicate (pure) tensile strength testing. The latter, if carefully executed more closely approaches reality, however, with the impediment of high scatter if n is small. Here, the conflict ensues either having to deal with a high uncertainty of the mean value (formula-based assessment) or with a high scatter around a more reliable mean (tensile testing). Certainly, the latter is preferable. It is therefore suggested to incorporate tensile testing in the technical specifications.

What this all means is that the true strength in the dam is a random variable affected by many influencing factors, conditions and testing traditions. Any tested strength value has therefore to be recognized as an interpreted estimate of the unknown true strength.

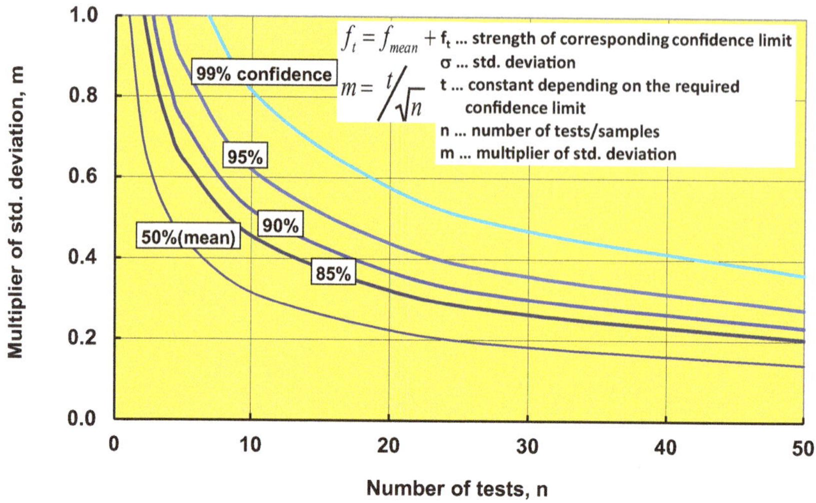

Fig. 2.5
Réduction de l'incertitude avec des nombres croissants d'échantillonnage (inversement proportionnel à √n)

2.3. RÉSISTANCE À LA COMPRESSION

La résistance à la compression est la propriété prédominante du béton de masse de barrage. Les barrages en béton sont en effet conçus pour porter des contraintes de compression et minimiser les tensions. Comme on le verra ci-après, la résistance à la compression est influencée par une multitude de conditions du béton frais, de sa mise en place et de sa maturation.

2.3.1. Effets de la porosité et du rapport eau/ciment sur la résistance du béton

La résistance du béton ordinaire est régie par la porosité de la pâte de ciment qui à son tour dépend du rapport eau/ciment et du degré d'hydratation. C'est surtout la porosité de la zone de transition entre la pâte de ciment et les granulats qui influe sur la résistance car cette zone (environ 50 µm de large) est le lien le plus faible de la matrice, vu que c'est là que commence la fissuration. La porosité et le degré d'hydratation sont fondamentalement liés à la résistance du béton, mais ne sont pas faciles à mesurer. Pour les applications techniques pratiques, ces paramètres sont par conséquent remplacés par le rapport libre eau/ciment et l'âge du béton en les associant pour mesurer la résistance. Les liens classiques entre les rapports eau/ciment à 28 jours selon plusieurs formules théoriques et évaluations empiriques sont présentés dans la Fig. 2.6.

Pour le béton de barrage, les rapports eau/ciment sont rarement spécifiés et sont surtout déterminés expérimentalement pour obtenir une maniabilité satisfaisante. Dans ce contexte, il est plus avantageux de réduire le rapport eau/ciment en utilisant des adjuvants réducteurs d'eau ou plastifiants. Les courbes de la Fig. 2.6 peuvent être interprétées dans ce sens : la gamme avec les plus faibles rapports eau/ciment concerne surtout le béton des barrages les plus récents où les adjuvants sont plus largement utilisés, tandis que les rapports eau/ciment plus élevés sont typiques des barrages anciens où les mélanges sont limités à un seul agent entraîneur d'air.

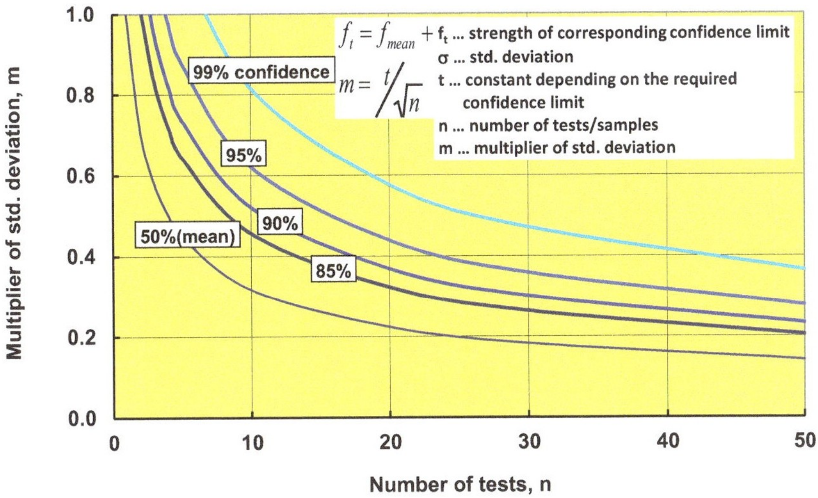

Fig. 2.5
Reduction of uncertainty with increasing numbers of sampling (inverse proportional to √n)

2.3. COMPRESSIVE STRENGTH

Compressive strength is the predominant property for dam concrete. Concrete dams are designed to carry compressive stresses and to minimize tensile stresses. As discussed in the following, compressive strength is influenced by a wealth of conditions of fresh concrete, its placement and curing.

2.3.1. Effects of porosity and w/c-ratio on concrete strength

The strength of ordinary concrete is governed by the porosity of the cement paste, which in turn depends on the water/cement ratio and on the degree of hydration. It is primarily the porosity of the transition zone between the cement paste and the aggregate, which influences strength, because this zone (about 50 μm wide) is the weakest link in the matrix, as cracking initiates within it. Porosity and degree of hydration have a fundamental relation to strength of concrete, but they are not easy to measure. Hence, for practical engineering applications, these parameters are replaced by the free water/cement ratio and the age of concrete when relating them to strength measurement. Typical relations between the water/cement ratios for an age of 28 days, using several theoretical formula and empirical evaluations are shown in Fig. 2.6.

For dam concrete w/c ratios are rarely specified and are predominantly determined experimentally to achieve satisfactory workability. In this context, advantage is taken to reduce the w/c-ratio by the use of water-reducing and plasticizing admixtures. The curves in Fig. 2.6 can be interpreted in this sense: the range with lower w/c ratios is mainly for concrete in more recent dams where admixtures are more widely used, whereby the higher w/c ratios are typical for older dams where admixtures are limited to an air entraining agent.

Il faut reconnaître l'effet bénéfique des agents réducteurs d'eau, plastifiants ou superplastifiants comme moyen potentiel pour réduire la teneur en eau du mélange. Diminuer la teneur en eau offre plusieurs avantages. Outre l'objectif premier d'une résistance plus élevée (à teneur égale en ciment), ces agents ont une perméabilité réduite et donc une durabilité plus élevée (une porosité moindre de la pâte de ciment hydraté), un retrait moindre et par conséquent une moindre fissuration au retrait et, si de la glace est utilisée pour le refroidissement, une température maximale réduite et donc une fissuration thermique moindre.

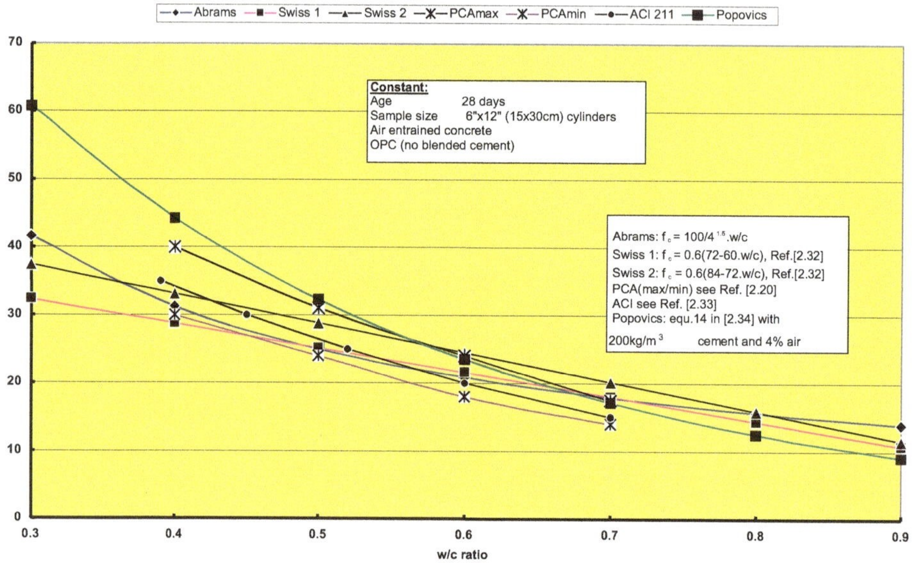

Fig. 2.6
Résistance à la compression vs rapport eau/ciment.

En ce qui concerne le dénominateur du rapport eau/ciment, l'utilisation du terme "rapport eau/ ciment (E/MC)" est désormais pratique courante ; il s'agit certes d'un terme maladroit, cependant approprié car il permet de veiller à ce que le dénominateur inclue aussi tous les ingrédients cimentaires comme les cendres volantes, le laitier, les pouzzolanes, etc. qui contribuent au développement de la résistance avec le ciment Portland ordinaire (OPC).

Les normes françaises utilisent l'expression "liant équivalent" et fournissent même un coefficient de prise en compte du ciment qui prend en considération la part de la participation de la résistance des ingrédients cimentaires (au moyen de l'indice d'activité des pouzzolanes par exemple) [2.35].

2.3.2. Effets de la dimension maximale des granulats (MSA)

Pour le béton de masse au cœur de l'ouvrage, une granulométrie maximale de 120 mm à 150 mm est communément utilisée (80 mm pour les barrages plus âgés). Des dimensions supérieures ou inférieures font figure d'exception pour les grands barrages.

Cet éventail plutôt étroit est le résultat d'une longue expérience pour réduire la teneur en ciment et obtenir une bonne maniabilité. Plus la taille des granulats est grande, moins il faut de ciment pour un volume de béton donné afin de produire la pâte de ciment nécessaire pour couvrir la surface des granulats.

One needs to recognise the beneficial effect of water-reducing, plasticizing or superplasticizing agents as a potential means to reduce the water content in the mix. To lower the water content has several advantages. Besides the basic goal of higher strength (at equal content of cementitious material), these are a reduced permeability and thus higher durability (less porosity of the hydrated cement paste), less shrinkage and thus less shrinkage cracking and, if ice is used for cooling, a reduced peak temperature and thus less thermal cracking.

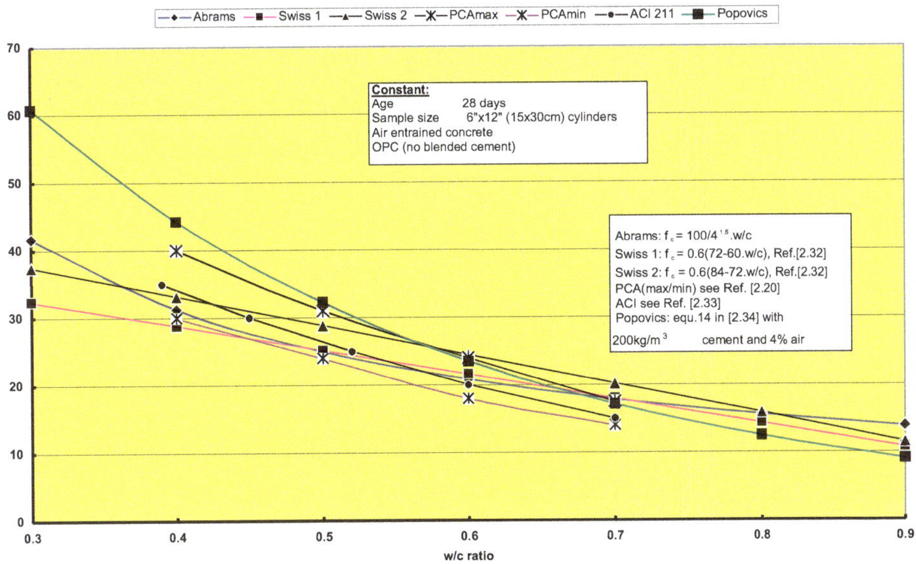

Fig. 2.6
Compressive Strength vs water/cement ratio.

With respect to the denominator of the w/c-ratio, it is now common practice to use the term "water-cementitious material ratio, (w/cm)", a clumsy term, however appropriate because it makes sure that the denominator also includes all cementitious ingredients such as fly ash, slag, pozzolans, or the like, which participate in strength development together with Ordinary Portland Cement OPC.

French standards use the expression "liant équivalent" and even provide a factored coefficient for "cm" which considers the amount of strength participation of cementitious ingredients (e.g. by means of its pozzolanic activity index) [2.35].

2.3.2. Effects of maximum size of aggregate (MSA)

For the main mass of interior concrete, a MSA between 120 mm and 150 mm is commonly used (80 mm for older dams). Larger or lower sizes are the exception for large dams.

This rather small range is the result of a long-lasting experience balancing to reduce cement content and to achieve a good workability. The larger the aggregate size the less cement is required for a given volume of concrete to produce enough cement paste necessary to cover the aggregate surface.

Pour obtenir la plus grande efficacité du ciment, une dimension maximale optimale pour chaque niveau de résistance à la compression doit être obtenue avec une dimension maximale donnée et une teneur en ciment donnée, comme le montre la Fig. 2.7 Les résultats figurant dans [2.36] proviennent de la série d'essais réalisés par le Bureau of Reclamation (Etats-Unis) sur les barrages de Grand Coulee et de Clear Creek. Pour les barrages modernes, cependant, seul le tiers inférieur de la Fig. 2.7 s'applique car la teneur en ciment dépasse rarement 250 kg/m^3 par exemple. Compte tenu des faibles pentes des courbes de la partie inférieure de la Fig. 2.7 et de la grande dispersion de la série d'essais (non présentée ici) du Bureau of Reclamation, les relations affichées peuvent différer d'un barrage à l'autre. D'autres études confirment ces faibles pentes avec des teneurs en ciment inférieures à 250 kg/m^3 [2.37].

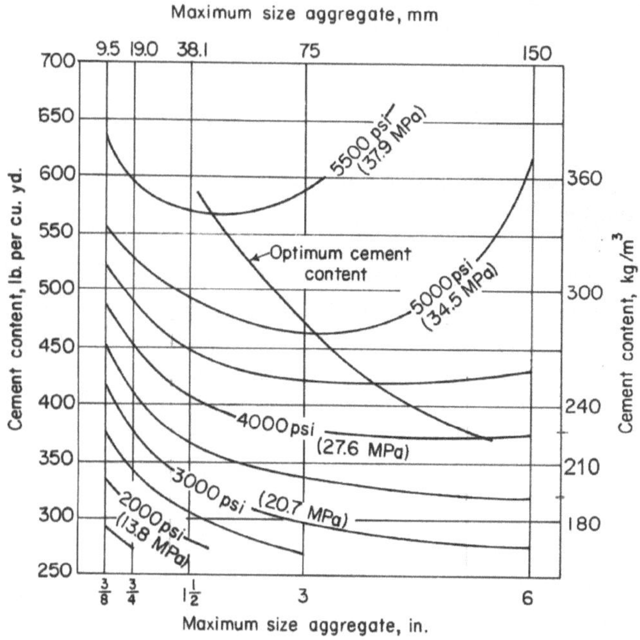

Fig. 2.7
Effet de la taille maximale des granulats sur la teneur en ciment [2.36]

2.3.3. *Effets des propriétés des granulats*

La résistance à la compression est régie par la résistance des granulats et de leurs besoins en eau pour une maniabilité satisfaisante. Cette influence peut être grande.

Voici un exemple : réduire la dimension maximale des granulats de 6" à 3" pour une teneur en ciment de 200 kg/m^3 réduirait – d'après la Fig. 2.7 – la résistance de près de 5 MPa. La différence entre le grès et le calcaire des granulats peut être du même ordre, même plus, comme le montrent les exemples de la Fig. 2.8.

Du fait que les granulats de nature moins courante sont utilisés plus fréquemment aujourd'hui, par exemple pour les petits barrages poids avec un faible niveau de contrainte, connaître l'influence de la qualité des granulats devient de plus en plus important.

To achieve the greatest cement efficiency, an optimum maximum size for each compressive strength level has to be obtained with a given MSA and cement content, as shown in Fig. 2.7. The results in [2.36] are from test series for Grand Coulee and Clear Creek dams by the Bureau of Reclamation (USA). For modern dams, however, only the lower third of Fig. 2.7 is applicable because cement content rarely exceeds, say, 250 kg/m³. Given the low gradient of the curves in the lower part of Fig. 2.7 and the large scatter band of the Bureau's test series (not shown), the shown relations may differ from dam to dam. Other investigations confirm the low gradients for cement contents below 250 kg/m³ [2.37].

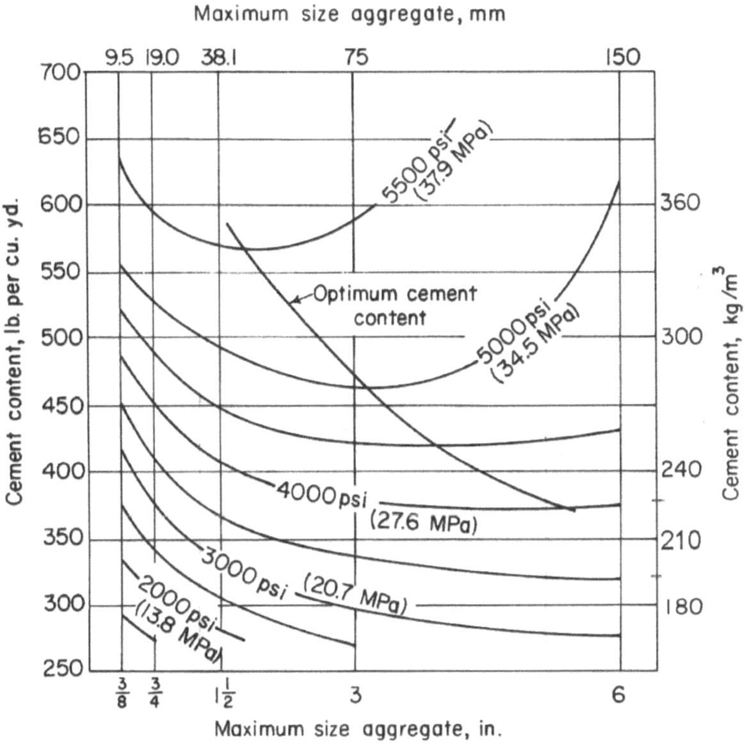

Fig. 2.7
Effect on maximum size aggregates on cement content [2.36]

2.3.3. *Effects of aggregate properties*

Compressive strength is governed by the strength of the aggregates and their water requirement for satisfactory workability. This influence can be large.

Let's take an example: reducing the MSA from 6" to 3" for a 200 kg/m³ cement content would – according to Fig. 2.7 - reduce the strength by roughly 5 MPa. The difference between, say sandstone and limestone as source of aggregates can be in the same range, even more, as shown in the examples of Fig. 2.8.

Due to the fact that aggregates of marginal qualification are used now more frequently, e.g. for small gravity dams with a low stress level, to know the influence of aggregate quality becomes increasingly important.

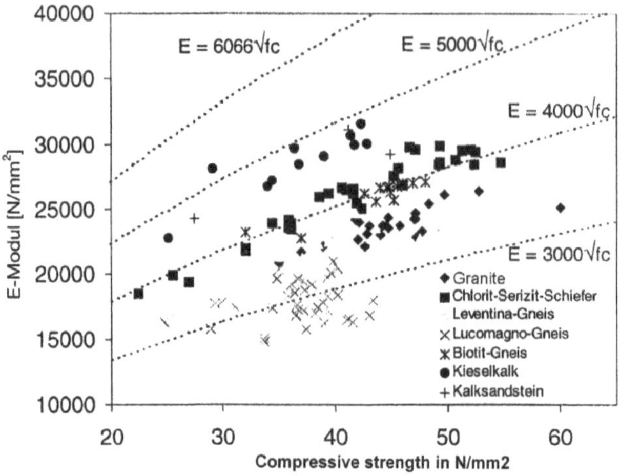

Fig. 2.8
Résistance à la compression vs type de granulats [2.38]

Un vaste programme d'essais des paramètres globaux ainsi que du béton est essentiel pour l'acceptation des granulats de nature moins courante.

Une nature courante et nocive de granulats est constituée par les schistes, c'est-à-dire des roches avec une teneur élevée en mica. Dans l'expérience autrichienne, la teneur de la portion sable en schiste (0 à 4mm) doit rester faible, disons moins de 5 %. Des expériences ont montré qu'une augmentation de 10% du schiste dans le sable nécessite une augmentation de 0,05 dans le rapport E/C pour une maniabilité égale qui, à son tour, réduit la résistance à la compression de 12%. Les granulats, d'une teneur de 15% en schiste pour le béton du barrage Kölnbrein, ont entraîné une baisse de 18% de la résistance à la compression par rapport aux granulats sans schiste [2.39].

2.3.4. Effets de la cure

Nous devons faire ici la distinction entre la maturation des éprouvettes d'essai et la maturation pendant la construction du barrage.

La maturation des éprouvettes lors de l'essai est bien définie par les normes, comme ACI 308 [2.40] ou [2.4]. Compte tenu des nombreux facteurs qui influent sur les résultats de la résistance, le strict respect de la cure tel que stipulé dans les méthodes d'essai normalisées est obligatoire pour ne pas ajouter une autre source d'incertitude.

La maturation sur le site est malheureusement souvent moins prise au sérieux que la maturation en laboratoire.

Dans les projets de grands barrages, il est essentiel que l'entrepreneur fournisse un produit assez uniforme avec une résistance précise avec une dispersion raisonnable confirmée par des essais périodiques. Toutefois, dès que le produit de ce processus mécanique quitte le mélangeur et est mis en place, sa qualité et son uniformité risquent d'être altérées par une maturation déficiente qui demande beaucoup de travail et peut donc faire l'objet d'une certaine négligence. Les surfaces sèches des barrages et des plots de béton sont courantes sur les sites de construction et même si des dispositifs simples de diffusion d'eau (comme les tuyaux perforés) sont faciles à installer et à utiliser. Il s'agit d'une simple question de discipline et de supervision sur le chantier pour surmonter facilement ce problème.

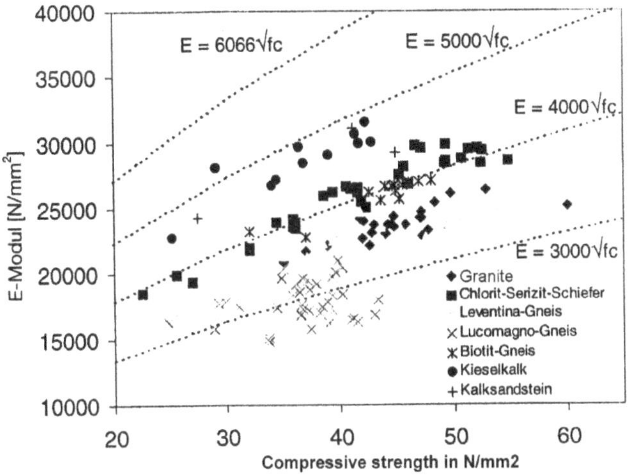

Fig. 2.8
Compressive strength vs type of aggregates [2.38]

Essential for the acceptance of marginal aggregates is an extensive test program of both the aggregate parameters and then the concrete.

A common detrimental constituent in the aggregates is schist, i.e. rocks with high mica content. Austrian experience is that the content of schist in the sand fraction (0 to 4mm) should be kept low, say less than 5 %. Experiments demonstrated that an increase of schist by 10% in the sand required an increase of 0.05 in the w/c-ratio for equal workability which, in turn, reduced the compressive strength by 12%. Aggregates with 15% content of schist for the concrete of the Kölnbrein dam resulted in an 18% decrease of compressive strength as compared to aggregates free of schist [2.39].

2.3.4. Effects of curing

Here we have to distinguish between curing of test specimens and curing during dam construction.

Curing of test specimens is well defined in standards, e.g. in ACI 308 [2.40] or [2.4]. Given the many factors influencing strength results, strict adherence to curing as stipulated in standardized test methods is mandatory in order not to add another source of uncertainty.

Curing at site is unfortunately often taken less seriously than laboratory curing.

It is essential for large dam projects that the contractor provides a fairly uniform product with a specified strength of reasonable scatter as confirmed by periodic testing. However, as soon as the product of this mechanized process leaves the mixer and is placed, its stipulated quality and uniformity is at risk being impaired by deficient curing, which is still labour intensive and therefore prone to lack of care. Dry dam and block surfaces are a common view at construction sites although simple sprinkler devices (such as hoses with holes) are easy to install and to operate. It is a pure matter of discipline and site supervision to overcome this simple problem.

Les conditions de la maturation sont abordées dans les Bulletins ICOLD n° 47 (Quality Control of Concrete), n° 76 (Conventional Methods in Dam Construction) et un récent Bulletin en cours de publication "The Specification and Quality Control of Concrete for Dams". La présente section ne couvre cependant que certains aspects complémentaires au contenu de ces deux Bulletins.

L'interruption de la maturation aura de grandes incidences sur le développement de la résistance à la compression, comme l'indiquent les résultats des essais de la Fig. 2.9 (de [2.4] et [2.41]). Ces essais montrent une maturation inadéquate du béton, généralement causée par une humidification intermittente ou aucune humidification des surfaces de reprise de bétonnage et des plots.

La référence [2.41] indique des résultats des essais sur des cylindres de 100 x 200 mm comparant:

- l'exposition aux conditions environnementales (23,0°C + 40% d'humidité relative) pendant 1 journée et maturation en salle de brouillard pendant les 7 jours suivants (23,0°C + 95% humidité relative),

- l'exposition aux conditions environnementales (sans exposition en salle de brouillard).

La perte de résistance à la compression à 28 jours pour 7 types de béton (avec du ciment Portland ordinaire et des ciments mélangés) entre les deux conditions de maturation était de 10% à 40%, la perte la plus élevée concernant le béton mélangé (cendre volante).

On pourrait affirmer aujourd'hui que pour le béton de barrage une telle perte de résistance est moins importante que pour le béton de structure en raison de son impact limité sur une grande masse. Toutefois, il est important de savoir que l'impact d'une maturation inadéquate touche le barrage au niveau des joints, qui constituent des points de faiblesse. Une perte de résistance à la compression signifie également une perte de résistance au cisaillement et à la traction au niveau des joints de reprise de bétonnage. Ces derniers sont des discontinuités de la masse de béton qui sont exposés à une grande différence de température, enclins à la fissuration thermique et occasionnellement aussi exposés aux sous-pressions. Par conséquent, une perte de résistance à cet endroit particulier peut être particulièrement néfaste pour l'intégrité de la structure et l'étanchéité à l'eau.

Pour le barrage de Zillergründl en Autriche, un constituant de cure a été pulvérisé avec succès sur les surfaces de reprise de bétonnage, immédiatement après le bétonnage, ou après avoir retiré le coffrage. Cela renforce aussi l'adhésion entre les levées.

Curing requirements are treated in ICOLD Bulletins n° 47 (Quality Control of Concrete), n° 76 (Conventional Methods in Dam Construction) and a recent Bulletin under publication on "The Specification and Quality Control of Concrete for Dams". This Section therefore only covers some additional aspects to what is said in the above two Bulletins.

Interrupted curing will largely affect the compressive strength development as indicated by the test results of Fig. 2.9 (from [2.4] and [2.41]). Such test would seem to simulate inadequate dam curing, generally caused by intermittent or no moistening of lift and block surfaces.

Reference [2.41] reports of test results on 100x200mm cylinders comparing:

- exposure to environmental conditions (23,0°C+40% RH) for 1 day and fog room curing for 7 days thereafter (23,0°C+95% RH), and

- exposure to environmental conditions throughout (no fog room exposure).

The loss of 28-days compressive strength for 7 types of concrete (with Ordinary Portland Cement and blended cements) between the two curing conditions was between 10% and 40%, the higher loss being for blended (fly ash) concrete.

One may argue that for dam concrete such a loss of strength is less significant than for structural concrete due to its limited impact on a large mass. However, what counts is that the impact of inadequate curing hits the dam at the joints, its weakest links. A loss of compressive strength also means a loss of shear and tensile strength at lift joints. Lift joints are discontinuities in the concrete mass, and they are exposed to high temperature difference, prone to thermal cracking, and occasionally also exposed to uplift. Therefore, a loss of strength at this particular location can be particularly detrimental for structural integrity and water tightness.

For the Zillergründl dam in Austria, a curing compound was successfully sprayed on the lift surfaces, immediately after pouring, or after removing the formwork. This also enhances adhesion between lifts.

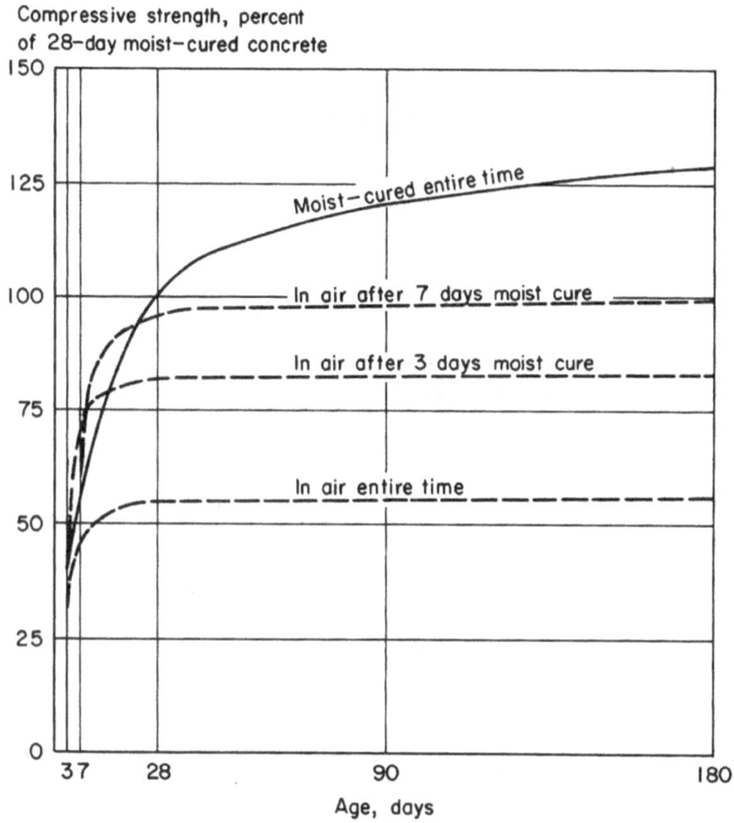

Fig. 2.9
Développement de la résistance à la compression à différentes conditions de maturation [2.4]

2.3.5. Effet des adjuvants minéraux et des ciments mélangés

Le mélange du ciment Portland ordinaire (OPC) avec des pouzzolanes, des cendres volantes ou des scories et autres adjuvants minéraux est très courant pour le béton des barrages grâce à ses avantages économiques et en matière de rendement.

La quantité des proportions du mélange diffère largement. Elle est essentiellement régie par des aspects économiques et par la mesure dans laquelle les matériaux mélangés peuvent contribuer au développement de la résistance. Le Tab. 2.9 présente des exemples de barrages où des mélanges de ciments sont utilisés.

À part l'aspect économique, les principaux avantages des mélanges sont une chaleur réduite de l'hydratation, une meilleure maniabilité due à la fine gradation et le risque réduit d'alcali-réaction (AAR). L'inconvénient du développement plus lent de résistance précoce n'est pas essentiel pour le béton de barrage, notamment parce que cette résistance est récupérée à des âges plus tardifs.

Un autre avantage est lié à la teneur accrue de la pâte lors de l'utilisation de pouzzolanes ou d'autres additifs à grain fin. Cela augmente la capacité de déformation plastique avec l'avantage de déformation accrue en traction. Cela est toutefois plus prononcé si les pouzzolanes naturelles sont broyées avec le clinker du ciment Portland et non si les deux composés sont mélangés sur le chantier.

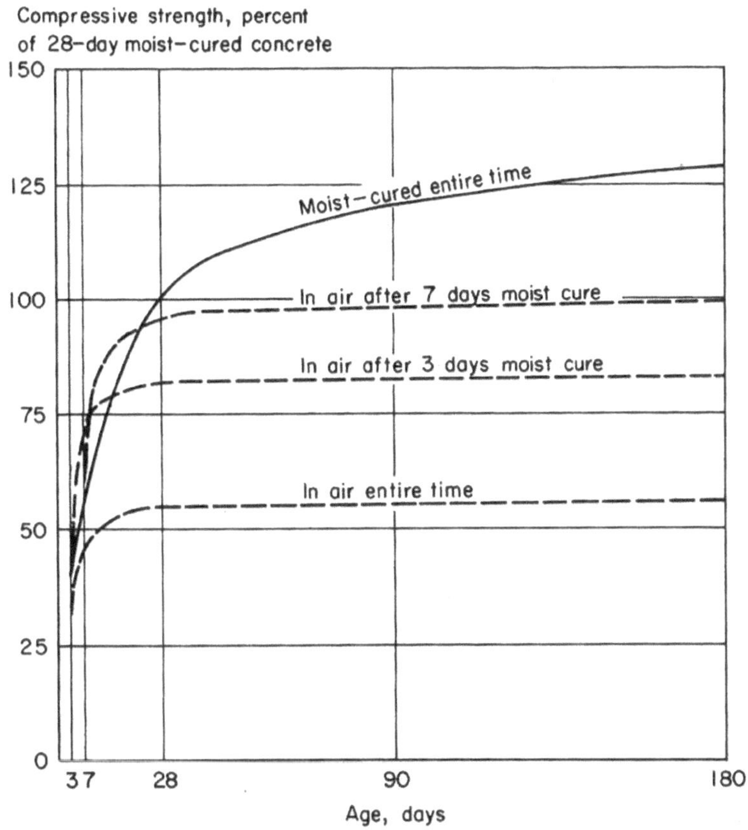

Fig. 2.9
Compressive strength development for different conditions of curing [2.4]

2.3.5. *Effect of mineral admixtures and blended cements*

Blending of Ordinary Portland Cement (OPC) with pozzolans, fly ash or slag and other mineral admixtures are very common for dam concrete because of their generally economic and performance advantages.

The amount of blending proportions differs largely. It is mainly governed by economic aspects and by the extent to which the blended material is able to contribute to strength development. Table 2.9 lists examples of dams with use of blended cement.

Apart from economy, the main benefit from blending is a reduced heat of hydration, improved workability due to the finer gradation, and the reduced risk for Alkali-Aggregate Reaction (AAR). The disadvantage of slower early strength development is not essential for dam concrete, particularly as this strength is recuperated at later ages.

Another advantage comes from the increased paste content when using pozzolans or other fine-grained additions. This increases the capacity for plastic deformation with the advantage of increased tensile strain. This is, however, more pronounced if intergrinding the natural pozzolans with Portland cement clinker and not mixing the two compounds at the site.

Table 2.9
Utilisation de ciments mélangés dans quelques barrages

Dam/Country	Type of dam	Concrete volume	Content of cementitious material for interior concrete	Type of blended material	Blending
		10^3 m^3	kg/m3		%
ZillergrÝndl/Austria	arch	1'400	170	fly ash	33
Katse/Lesotho	arch		180	fly ash	30 to 50
Luminei/Italy	arch	100	270	pozzolans	25
Cancano II/Italy	gravity	520	240	pozzolans	37
Vajont/Italy	arch	265	250	pozzolans	35
Tagokura/Japan	gravity	1'950	140	fly ash	25
Hitotsuse/Japan	arch	560	215	fly ash	30
Itaipu/Brazil	buttress	12'000	130	fly ash	23
Francisco Morazan/Honduras	arch	1'510	150-180	pozzolans	25
Hungry Horse/USA	arch-gravity	2'350	165	fly ash	55
Monticello/USA	arch-gravity	248	170	calcinated diatom. clay	25
Yellowtail/USA	arch-gravity	1'340	177	fly ash	28
Longyangxia/China	gravity	1'587	160	fly ash	30
Ankang/China	gravity	3'250	130-155	fly ash	30 to 55
Ertan/China	arch-gravity	4'100	174	fly ash	30
Puylaurent/France	arch	85	250	fly ash	40
Pieve di Cadore/Italy	arch-gravity	377	200	pozzolans	25
Valle di Lei/Switzerland	arch	862	230	pozzolans	35 to 37
Baserca/Spain	arch	238	200	fly ash	25
Llauset/Spain	arch	211	200	fly ash	25
Las Portas/Spain	arch	641	200	fly ash	22.5 to 30
Alcantara/Spain	buttress	950	250	pozzolans	30
Cedillo/Spain	gravity	800	225	pozzolans	30

Les ciments mélangés doivent faire l'objet d'autres essais car (a) les propriétés des pouzzolanes peuvent très largement varier et (b) la quantité des matériaux mélangés doit être optimisée en ce qui concerne la résistance et la durabilité. La Fig. 2.10 [2.42]montre un exemple d'une série d'essais ayant abouti au choix de 30% de cendres volantes pour ce béton particulier de barrage.

En outre, l'utilisation de mélanges de ciments réduit la chaleur d'hydratation.

2.3.6. Effet de charge prolongée

Dans un essai normalisé, la résistance à la compression est déterminée sous charge en quelques minutes. Au fur et à mesure que l'intervalle de minutes augmente, des résistances plus faibles que dans le cas de l'essai normalisé sont enregistrées. Si en revanche, le chargement est appliqué plus rapidement, une résistance plus élevée est enregistrée. Le diagramme de Rüsch bien connu de la Fig. 2.11 démontre ce phénomène de façon impressionnante [2.43].

Sous de faibles taux de chargement, le fluage intervient. Il aplanit la courbe contrainte déformation, mais seulement à un degré de chargement qui ne dépasse pas 70 à 80 % de la résistance à court terme. Le processus de fissuration lors du chargement explique ce comportement. L'endommagement du béton se traduit par la formation de fissures, soit avec un arrêt de leur évolution (fissuration stable pour de faibles niveaux de contrainte), soit par une poursuite de leur évolution (propagation de fissures instables pour des niveaux élevés de contrainte).

Table 2.9
Use of blended cements in selective dams

Dam/Country	Type of dam	Concrete volume	Content of cementitious material for interior concrete	Type of blended material	Blending
		10^3 m^3	kg/m3		%
ZillergrŸndl/Austria	arch	1'400	170	fly ash	33
Katse/Lesotho	arch		180	fly ash	30 to 50
Luminei/Italy	arch	100	270	pozzolans	25
Cancano II/Italy	gravity	520	240	pozzolans	37
Vajont/Italy	arch	265	250	pozzolans	35
Tagokura/Japan	gravity	1'950	140	fly ash	25
Hitotsuse/Japan	arch	560	215	fly ash	30
Itaipu/Brazil	buttress	12'000	130	fly ash	23
Francisco Morazan/Honduras	arch	1'510	150-180	pozzolans	25
Hungry Horse/USA	arch-gravity	2'350	165	fly ash	55
Monticello/USA	arch-gravity	248	170	calcinated diatom. clay	25
Yellowtail/USA	arch-gravity	1'340	177	fly ash	28
Longyangxia/China	gravity	1'587	160	fly ash	30
Ankang/China	gravity	3'250	130-155	fly ash	30 to 55
Ertan/China	arch-gravity	4'100	174	fly ash	30
Puylaurent/France	arch	85	250	fly ash	40
Pieve di Cadore/Italy	arch-gravity	377	200	pozzolans	25
Valle di Lei/Switzerland	arch	862	230	pozzolans	35 to 37
Baserca/Spain	arch	238	200	fly ash	25
Llauset/Spain	arch	211	200	fly ash	25
Las Portas/Spain	arch	641	200	fly ash	22.5 to 30
Alcantara/Spain	buttress	950	250	pozzolans	30
Cedillo/Spain	gravity	800	225	pozzolans	30

Blended cements need more testing (a) because of the properties of pozzolans may vary widely and (b) because the quantity of blended materials has to be optimized with respect to strength and durability. Fig. 2.10 [2.42] shows an example of a test series resulting in the choice of 30% fly ash for this particular dam concrete.

Furthermore using blended cements reduces the heat of hydration.

2.3.6. Effect of sustained loading

In a standard test, the compressive strength is determined at loading in the range of minutes. As this range of minute increases, lower strengths are recorded than in the case of standard test. If, on the other hand, the load is applied more rapidly, a higher strength is recorded. The well-known Rüsch-diagram in Fig. 2.11 demonstrates this phenomenon impressively [2.43].

Under the low rates of loading, creep occurs. It flattens the stress-strain curve, however only at a degree of loading, which does not exceed 70 to 80 % of the short-term strength. The process of cracking during loading explains this behaviour. The breakdown of concrete consists in the formation of cracks, either their extension with arrest (stable cracking at low stress levels), or their extension without arrest (unstable crack propagation at high stress levels).

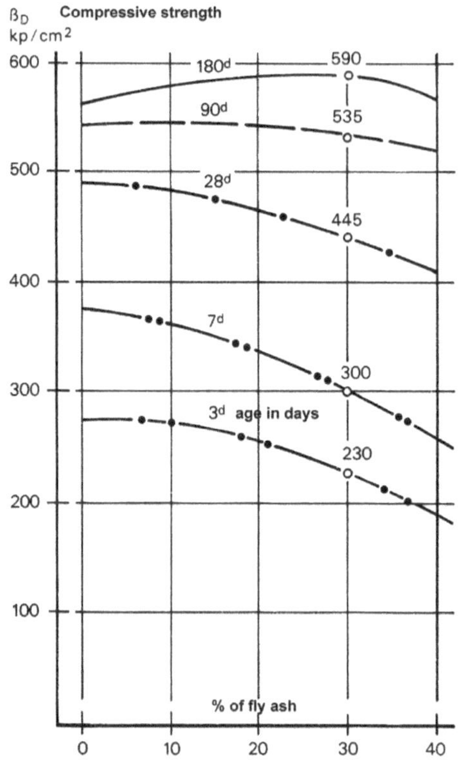

Fig. 2.10
Essais avec des teneurs variables en cendre volante [2.42].

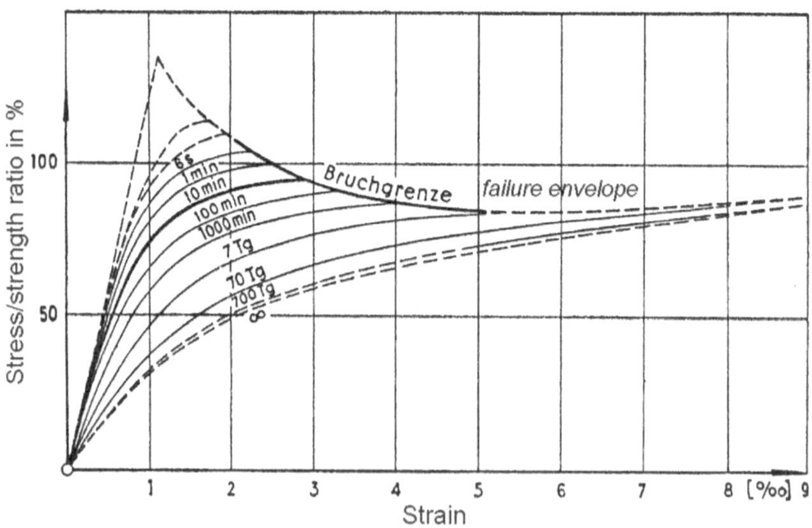

Fig. 2.11
Influence du chargement prolongé sur la déformation selon Rüsch [2.43]

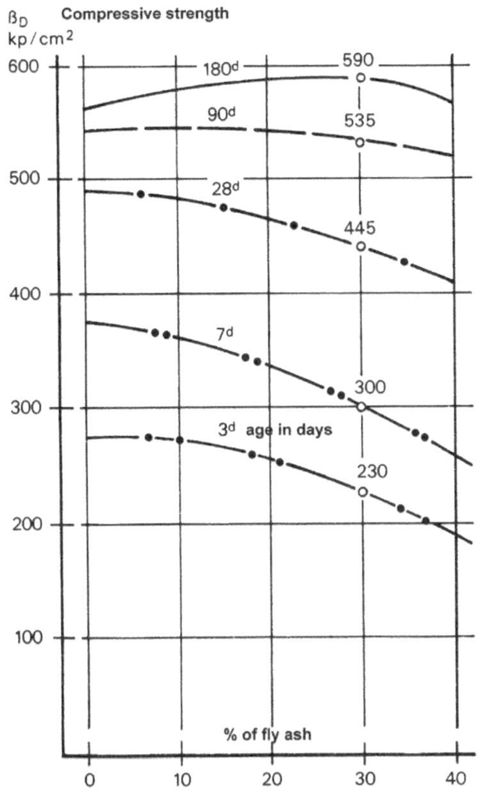

Fig. 2.10
Trial tests with variable contents of fly ash [2.42].

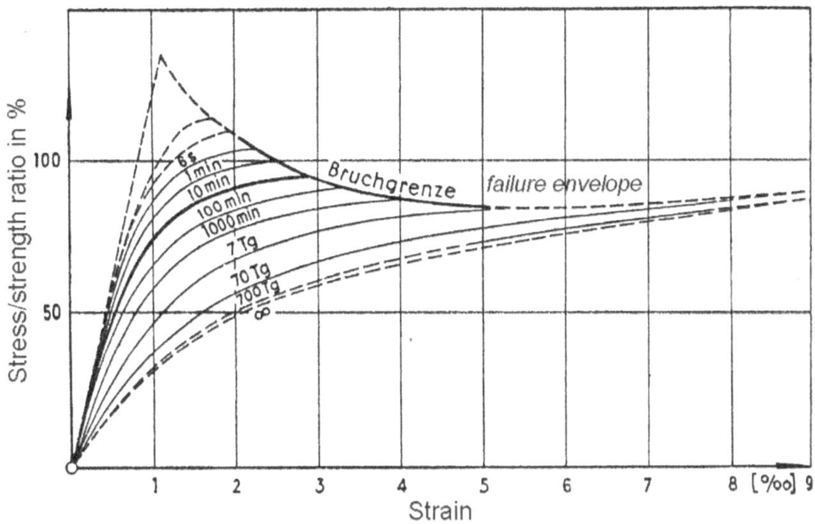

Fig. 2.11
Influence of sustained loading on strain according to Rüsch [2.43].

Dans les barrages, les cycles de chargement dépendent principalement de la variation du niveau du réservoir et des cycles annuels de température. Ces cycles sont extrêmement lents par rapport au chargement couramment utilisé en laboratoire avec des taux de 0,15 à 0,4 MPa/s. Par ailleurs, ils sont appliqués à une structure préalablement chargée sous son propre poids. Peu de résultats de laboratoire sont disponibles pour ce type de chargement.

À cet égard, l'observation d'une déformation ultime accrue en traction à des taux de chargement courants dans le cas des barrages est intéressante (voir paragraphe 2.4).

2.3.7. Domaine de contrainte multiaxiale à la compression dans un barrage

En règle générale, le béton des barrages est sollicité multiaxialement. Pour des raisons évidentes, il n'est pas courant de tester le béton de barrage sous des conditions biaxiales ou même triaxiales et les résultats des essais uniaxiaux sont utilisés comme paramètres de résistance. Il s'agit là d'une approche acceptable tant que des enveloppes de résistance biaxiale sont utilisées pour évaluer la sécurité des domaines de contrainte à la compression du barrage. En d'autres termes, les résultats des essais uniaxiaux figurent au coin à droite de la courbe enveloppe de la résistance choisie. Ces enveloppes proviennent de la littérature ; La Fig. 2.12 en est un exemple [2.44]. D'autres exemples figurent dans [2.45] et [2.46]. Il serait tout à fait prudent d'utiliser seulement les valeurs uniaxiales de résistance à la compression pour des évaluations de la sécurité.

Compression-Compression $$\left(\frac{\sigma_1}{f_{cu}} + \frac{\sigma_2}{f_{cu}}\right)^2 + \frac{\sigma_1}{f_{cu}} + 3.65\frac{\sigma_2}{f_{cu}} = 0$$

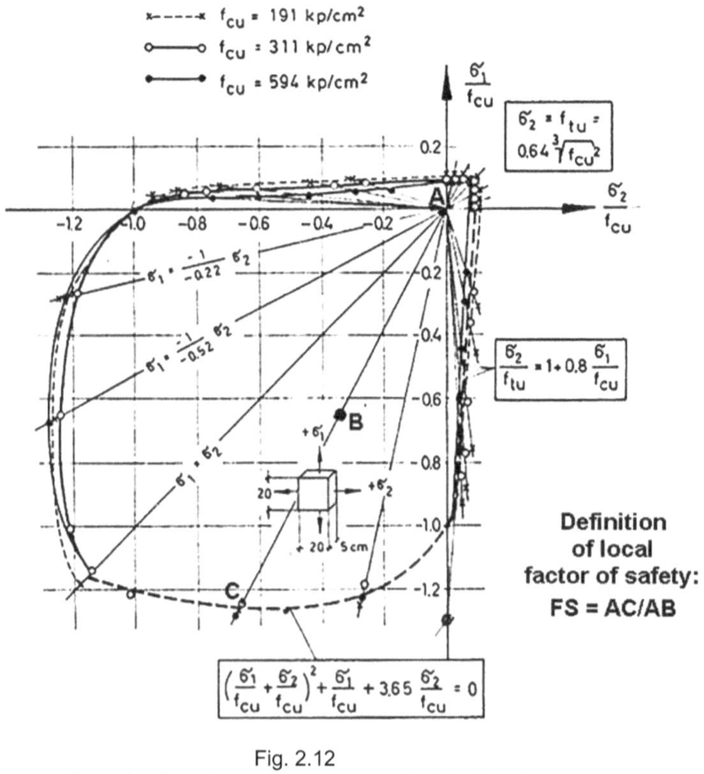

Fig. 2.12
Exemple d'enveloppe de résistance biaxiale [2.44]

In dams, loading cycles are mainly depending on variation of the reservoir level and on annual temperature cycles. These cycles are extremely slow as compared to common laboratory loading with rates of 0.15 to 0.4 MPa/s. Moreover, they are applied to a structure pre-loaded due to self-weight. For this kind of loading there are little laboratory results available.

Interesting, in this respect, is the observation of increased ultimate tensile strain at loading rates which are common for dams (see Section 2.4).

2.3.7. *Multiaxial compressive stress domain in a dam*

Generally concrete in dams is stressed multiaxially. Because of obvious reasons, it is not common to test dam concrete under biaxial or even triaxial conditions and uniaxial test results are used as strength parameters. This is an acceptable approach as long as biaxial strength envelopes are used for safety evaluations of compressive stress domains in the dam. In other words, the results of uniaxial testing enter as corner point in the chosen strength envelope. Such envelopes exist from the literature; Fig. 2.12 is an example [2.44]. Other examples are given in [2.45] and [2.46]. It would be utterly conservative to use uniaxial compressive strength values alone for safety evaluations.

Compression-Compression $$\left(\frac{\sigma_1}{f_{cu}} + \frac{\sigma_2}{f_{cu}}\right)^2 + \frac{\sigma_1}{f_{cu}} + 3.65\frac{\sigma_2}{f_{cu}} = 0$$

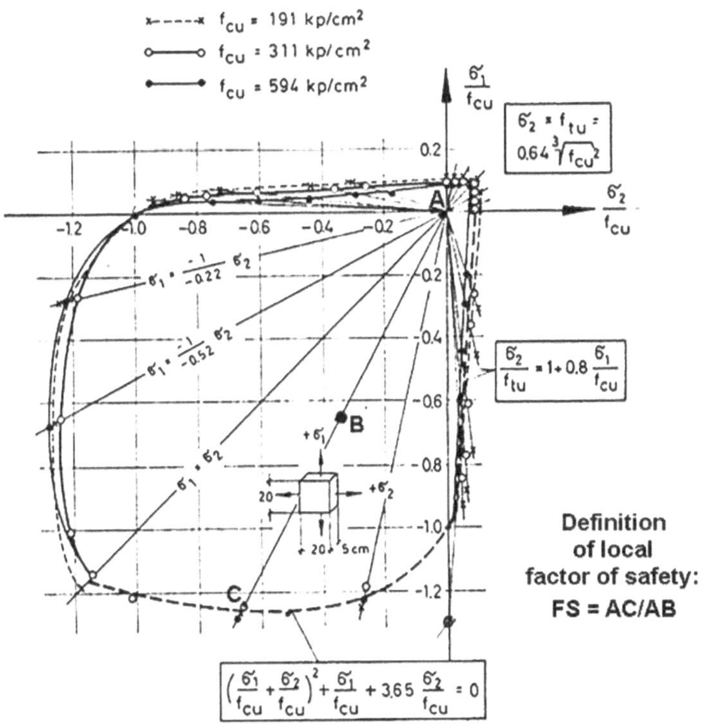

Fig. 2.12
Example for biaxial strength envelope [2.44]

2.4. RESISTANCE A LA TRACTION

Un facteur important et essentiel de la sécurité des barrages en béton est la résistance à la traction, tant sous chargement statique que sismique. La résistance à la traction est couramment testée de 3 manières : traction directe (pure), traction par flexion (également appelée module de rupture) et traction par fendage (essai brésilien). Un essai basé sur la mécanique de rupture a été récemment introduit, l'essai de fendage par traction, qui fournit les renseignements les plus utiles sur les chargements du béton sous résistance à la traction.

Malgré son importance, il est rare que la traction soit testée et évaluée aussi systématiquement que la compression. Il est courant de lier la résistance à la traction à la résistance à la compression comme le montre l'exemple de la Fig. 2.13 (à partir de [2.47]).

Les paragraphes suivants tentent de décrire les pratiques courantes et les tendances qui tiennent compte de la résistance à la traction.

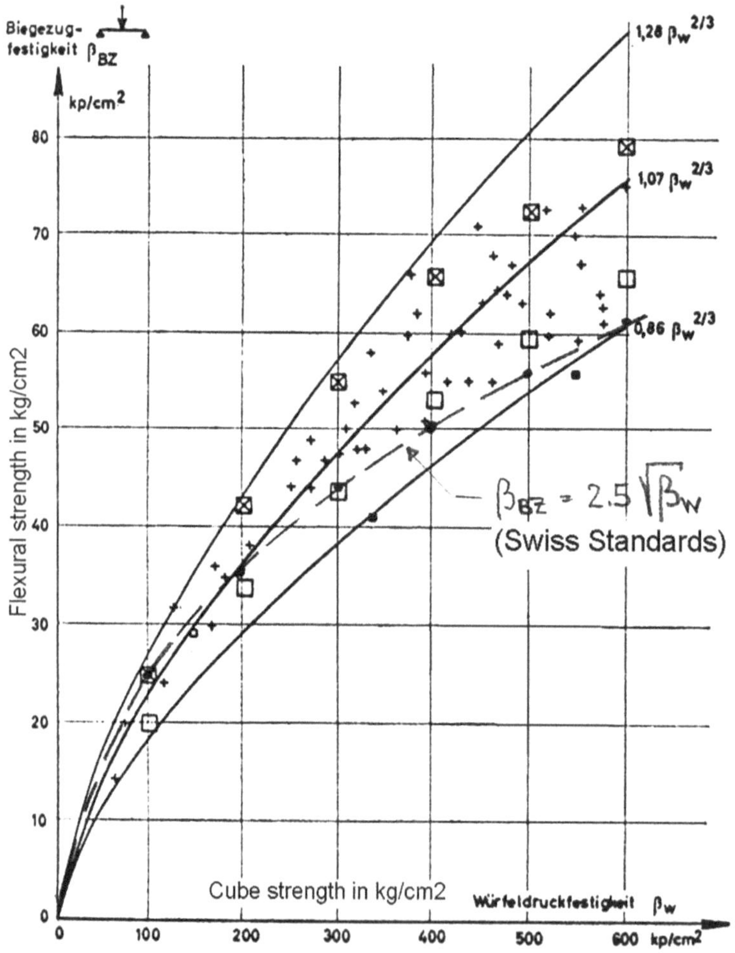

Fig. 2.13
Résistance à la compression vs résistance à la flexion [2.47][1]

[1] Multiplier les coefficients des formules β_{BZ}- par 0,464 pour obtenir les coefficients de MPa

2.4. TENSILE STRENGTH

A critical and important factor in the safety of concrete dams is the tensile strength, both under static and seismic loading. Tensile strength is commonly and basically tested in 3 ways: direct (pure) tension, flexural tension (also termed modulus of rupture) and splitting tension (Brazilian test). Recently a test based on fracture mechanics has been introduced, the wedge splitting test, that provides most valuable information about concrete loading under tensile stress.

In spite of the significance of tension, it is not common to test and evaluate it as consistently as compression. It is common to relate tensile to compressive strength as shown by the example of Fig. 2.13 (from [2.47]).

The following sections try to outline common practices and trends to account for tensile strength.

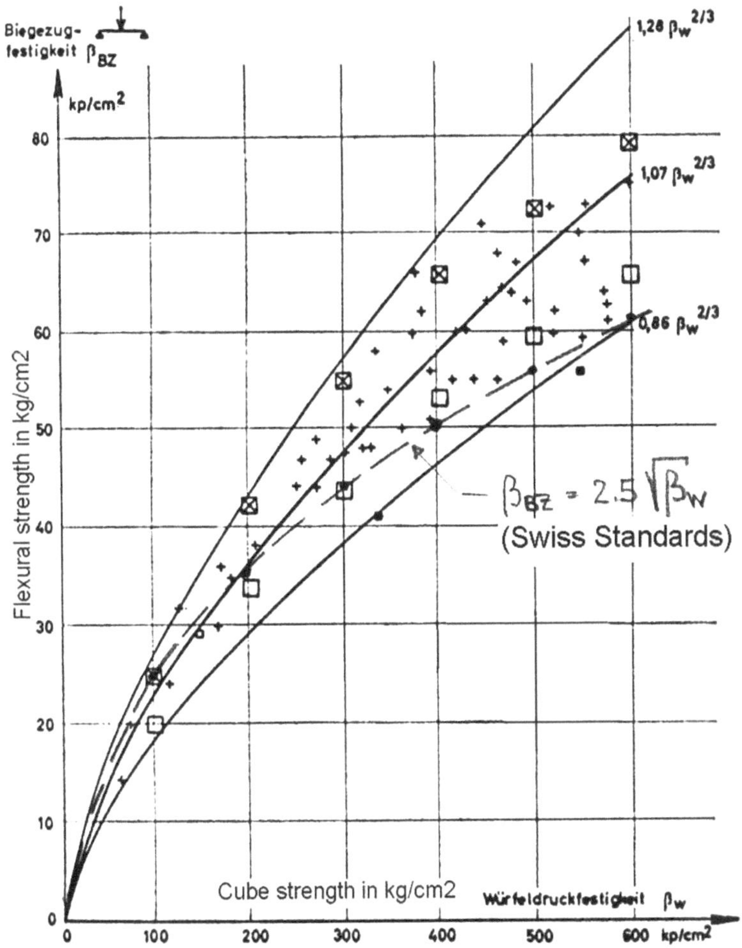

Fig. 2.13
Compressive vs flexural strength [2.47][1]

[1] multiply the coefficients of the β_{BZ}-formulas by 0.464 to obtain coefficients for MPa.

2.4.1. *Chargement en traction des barrages*

Quel type de résistance à la traction sera employé pour simuler les conditions réelles du barrage ? La traction directe, le module de rupture, la résistance au fendage ou le résultat des essais de fendage ?

Le choix devrait porter sur le mode de rupture escompté et n'est donc pas unique. D'aucuns ont fait valoir que le module de rupture donne des valeurs qui peuvent être directement utilisées pour ajuster les résultats de l'analyse par éléments finis [2.3]. Par ailleurs, les essais de fendage sont les plus faciles à manipuler et un grand nombre de ces essais simples fournirait également une valeur un peu plus fiable de cette variable aléatoire.

Toutefois, à un niveau localisé (conditions des extrémités de la fissure), il est proposé que la fissuration type due au chargement statique, par exemple au pied amont des barrages-poids et des barrages-voûtes, suive davantage les conditions en laboratoire de la traction directe.

Il faut donc en déduire que, pour les parties du barrage où des tractions sont attendues, une attention plus particulière doit être apportée :

- À la capacité de relier toute valeur de résistance à la traction au mode de fissuration correspondant dans la partie donnée du barrage
- Au type d'analyse menée pour laquelle la résistance à la traction doit être spécifiée (voir paragraphe 2.4.8)

2.4.2. *Type d'essais de traction*

Nonobstant ce qui précède, les essais de traction sur le site peuvent être limités à l'évaluation de la résistance à la flexion, de préférence sur des prismes de 300 x 300 x 900 mm, avec les résultats de l'essai de fendage comme un type d'essai redondant. Ces essais nécessitent un criblage par voie humide des grandes fractions à la taille d'un grain, ce qui permet de respecter le rapport entre la taille de l'échantillon et la granulométrie maximale, voir paragraphe 2.2.1. La résistance de la totalité du mélange de l'essai de flexion affichera une valeur plus grande de résistance élastique (module d'élasticité plus faible) à cause de la prise en compte de l'emboîtement des granulats. Pour établir un lien entre la résistance à la flexion et la résistance à la traction directe, cette dernière doit être soit tirée de la documentation, soit testée dans des laboratoires spécialisés.

Le Tableau 2.10 affiche quelques suggestions pour les essais de résistance à la traction

Table 2.10
Essais de résistance statique à la traction

Symbole	Type de résistance à la traction	Norme (exemple)	Taille de l'échantillon de l'essai normalisé	Taille d'échantillon recommandée pour le béton de barrage	Observations
f_t	Traction directe	RILEM CPC 27	variable	-	À tester seulement en laboratoire spécialisé
f_r	Résistance à la flexion (module de rupture)	ASTM 78 BS 1881 DIN 1048	152x152x508mm 150x150x750mm 150x150x700mm	200x200x600mm ou 300x300x900mm	
f_{sp}	Résistance	ASTM 496 BS 1881 DIN 1048	Variable Variable Cyl. 150x300mm	Carotte prélevée ϕ = 75 to 100mm	À l'emplacement choisi selon les impératifs de

2.4.1. *Tensile loading in the dam*

Which type of tensile strength shall be employed for simulating the real conditions in the dam? Is it direct tension, is it the modulus of rupture, is it splitting strength or is it the result from wedge splitting testing?

The choice should relate to the anticipated mode of failure and is therefore not unique. It has been argued that the modulus of rupture gives values that can be directly used for matching the results of finite element analysis [2.3]. On the other hand, splitting tests are the easiest to handle and a large number of these simple test would also provide a somewhat more reliable value of this random variable.

However, on a localized level (conditions at the crack tip), it is suggested that typical cracking due to static loading, e.g. at the upstream toes of gravity and arch dams, rather follows the laboratory condition of direct tension.

From the above, a more specific consideration for parts of the dam under tensile stress is warranted and attention should be paid to the following:

- The ability to relate any value of tensile strength to the corresponding mode of cracking in the given part of the dam
- The type of analysis being conducted for which the tensile strength is to be specified (see Section 2.4.8)

2.4.2. *Type of tensile testing*

Notwithstanding the above, tensile testing at site may be restricted to evaluating the flexural strength, preferably on 300x300x900 mm prisms, with splitting test results as a redundant type of test. Such testing needs wet screening of the large fractions down to a grain size, which allows to respect the ratio between sample size and MSA, see Section 3.2.1. The full mix of the flexural test will exhibit a more elastic strength value (lower modulus of elasticity) because of accounting for aggregate interlock. In order to relate the flexural to the direct tensile strength, the latter should be either taken from the literature or tested in specialised laboratories.

Table 2.10 lists some suggestions for tensile strength testing.

Table 2.10
Static tensile strength testing

Symbol	**Type of tensile strength**	**Standard (example)**	**Sample size of standard test**	**Sample size recommended for dam concrete**	**Comments**
f_t	Direct tension	RILEM CPC 27	variable	-	Only to be tested in specialized laboratories
f_r	Flexural strength (modulus of rupture)	ASTM 78 BS 1881 DIN 1048	152x152x508mm 150x150x750mm 150x150x700mm	200x200x600mm or 300x300x900mm	
f_{sp}	Splitting strength	ASTM 496 BS 1881 DIN 1048	Variable Variable Cyl. 150x300mm	Drilled core ϕ = 75 to 100mm	At selective location as dictated by design or monitoring demands

Les essais de traction montrent une dispersion élevée, les contraintes initiales pouvant avoir déjà altéré l'éventuelle résistance à la traction du béton avant même que la charge externe ne commence à agir. Les contraintes initiales sont celles du retrait de séchage (provoquant une contrainte de traction) et de la relaxation due au fluage viscoélastique (soulageant les contraintes de retrait), Fig. 2.14 [2.48]. La superposition de ces effets détermine si oui ou non les contraintes de traction entraîneront une fissuration. Ils sont aussi à l'origine de la dispersion élevée des essais de traction in-situ.

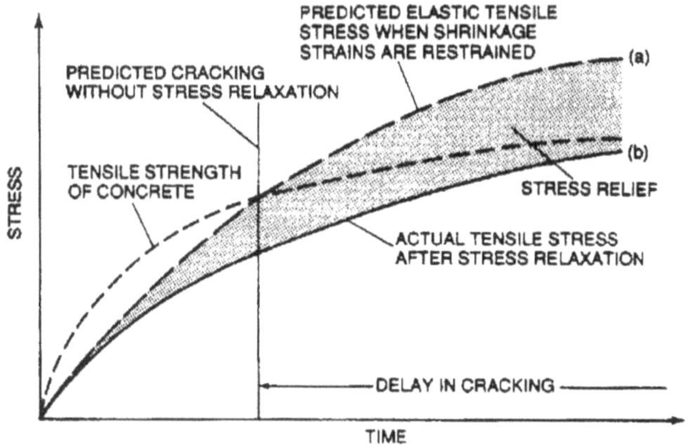

Fig. 2.14
Influence du retrait et du fluage sur la résistance à la traction [2.48].

Parmi les types d'essais de résistance à la traction, l'essai de fendage fournit de meilleures informations, car il donne un résultat historique de la déformation (énergie de rupture, courbe d'adoucissement de la déformation) au lieu d'une seule valeur de résistance. Il permet également de tirer des conclusions de l'observation des moitiés brisées de l'éprouvette. Cela est particulièrement intéressant pour estimer les conséquences de la fissuration en traction dans les barrages. La contrainte de traction post-pic ne conduit pas nécessairement à la désintégration du béton et donc pas à la rupture. Cela est très bien démontré par les essais de fendage et peut contribuer précieusement à l'analyse dynamique non linéaire (paramètres des dommages).

Au vu des incertitudes et arguments exposés ci-dessus, il est recommandé de réfléchir soigneusement avant de sélectionner les critères de résistance à la traction.

2.4.3. Ratios de résistance à la traction

Comme ce qui a été dit pour la relation entre la résistance à la compression en laboratoire et in situ (carotte), pour la traction, plusieurs facteurs doivent être interprétés judicieusement avant de tirer des conclusions. J. Raphaël signale que de grandes différences de résistance à la traction entre les échantillons de laboratoire et de terrain proviennent de leur historique de maturation [2.49]. Le séchage entre le prélèvement (forage de la carotte) et l'essai explique les différences de résistance qui est jusqu'à 50% inférieure à la résistance à la traction des carottes.

De multiples séries d'essais ont comparé la résistance à la traction à la résistance à la compression (dans les mêmes types d'éprouvettes) débouchant sur des facteurs de conversion. Certains de ces résultats figurent dans le Tableau 2.11.

Tensile testing show high scatter as initial stresses might have already impaired the concrete's tensile strength potential even before the external load starts to act. Initial stresses are those from drying shrinkage (causing a tensile stress) and from relaxation due to viscoelastic creep (relieving shrinkage stresses), Fig. 2.14 [2.48]. The superposition of these effects determine weather or not tensile stresses will result in cracking. They are also the reason for high scatter of tensile in-situ testing.

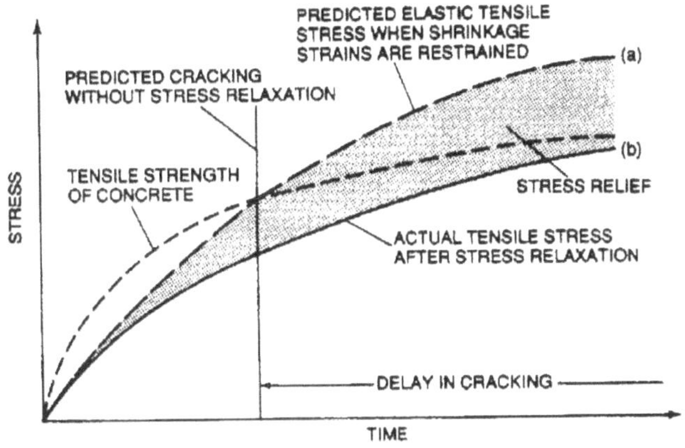

Fig. 2.14
Influence of shrinkage and creep on tensile strength [2.48].

Among the types of testing tensile strength, the wedge splitting test renders an enhanced level of information as it gives a strain history result (fracture energy, strain softening curve) instead of only a single strength value. It also allows gaining conclusions from observing the broken halves of the specimen. This is of particular interest for judging the consequences of tensile cracking in dams. Post-peak tensile strain not necessarily leads to disintegration of the concrete and thus not to failure. This is beautifully demonstrated by wedge splitting tests and can be a valuable input for nonlinear dynamic analysis (damage parameters).

In view of the above arguments and uncertainties it is recommended that careful thought be given before finally selecting tensile strength criteria.

2.4.3. Tensile strength ratios

Similar to what was said for the relation between laboratory and field compressive (core) strength, there are several factors for tension which need to be interpreted wisely before drawing conclusions. J. Raphael reports that large differences in tensile strength between laboratory and field specimens stems from its curing history [2.49]. Drying out between removal (drilling the core) and testing explains the differences of up to 50% lower tensile strength for cores.

A multitude of test series have compared tensile with compressive strength (at the same types of specimens) resulting in conversion factors. Some of these results are given in Table 2.11.

Table 2.11

Conversion de la résistance de traction à la compression

No.	Type of strength test	Type of specimens	Conversion to compressive strength f_c after Hellmann [2.46] c in $f_i = c.f_c^{2/3}$ [kg/cm²]			Other relations (all in kg/cm²)	
I			min.	average	max.	Source	Formula
1	Flexural: center point load	prisms 10cm high and several lengths	0.86	1.07	1.28	Swiss standard SIA 162	f_1 = (2.5 to 3.0).Ãf̧
2	Flexural; third-point load	as above	0.76	0.98	1.2	Emosson dam	f_2 = 2.0.Ãfc
		10x10x40cm				A.A.Khan et al. [2.50]	$f_2 = 0.86.f_c^{2/3}$
		15x15x53cm cyl.				Raphael [2.49]	$f_2 = 0.95.f_c^{2/3}$
3	Splitting (Brazilian)	6"x12" (15x30cm) cyl.	0.48	0.5	0.7		
4	Pure tension	cyl. 15x30 and 15x25cm; prisms 5x20x20, 9x15x60cm	0.36[1)]	0.52[1)]	0.68[1)]	Raphael [2.49]	$f_4 = 0.7.f_c^{2/3}$
						Kupfer-Gerstle [2.44]	$f_4 = 0.64.f_c^{2/3}$

1) somewhat too low because of including tests by Gonnerman and Shuman (1928)
Multiplier of c for transformation kg/cm2 to MPa: 0.464 in 2/3exp.formulas   10kg/cm² = 1 MPa
f_c is 28 days 20cm cube strength throughout all relations

2.4.4. *Effet de taille*

L'effet de taille est mis en évidence à travers la comparaison des éléments structurels géométriquement similaires de tailles variables. Les résultats de la mécanique de rupture indiquent que cet effet ne peut être négligé lorsque l'on compare la résistance à la traction en laboratoire et celle escomptée dans la structure [2.51].

Il faut rappeler ici que l'effet de taille dépend du type d'essai et du taux de chargement, c'est-à-dire qu'il est différent pour la résistance directe, de flexion et de fendage et aussi différent pour le chargement statique et dynamique. Il est donc proposé d'utiliser une résistance à la traction dite apparente pour les évaluations de la sécurité des zones de traction du barrage [2.52] [2.53].

2.4.5. *Capacité de déformation de traction des barrages*

C'est en fait la capacité de déformation en traction (plutôt que la contrainte de traction), qui présente un intérêt pour le contrôle de la fissuration des barrages. La différence est fondamentale, car seule la déformation (contrairement à la contrainte) dépend du taux du chargement de traction. Dans ce domaine, la recherche indique que de faibles taux de chargement, tels qu'ils sont induits par les variations du réservoir ou de la température, peuvent augmenter la capacité de déformation d'un facteur de 1,1 à 2,1 en ce qui concerne les taux de chargement en laboratoire [2.54].

À cet égard, l'observation des barrages autrichiens est intéressante, où est signalée une capacité de contrainte de traction beaucoup plus élevée par rapport aux résultats des essais de laboratoire, due à un lent chargement cyclique du réservoir (Fig. 2.15). Ce phénomène va à l'encontre de l'argument parfois avancé selon lequel une teneur supérieure en ciment soulage la fissuration. Cette argumentation est discutable.

Table 2.11
Conversion tensile to compressive strength

No.	Type of strength test	Type of specimens	Conversion to compressive strength f_c after Hellmann [2.46] c in $f_i = c.f_c^{2/3}$ [kg/cm²]			Other relations (all in kg/cm²)	
I			min.	average	max.	Source	Formula
1	Flexural: center point load	prisms 10cm high and several lengths	0.86	1.07	1.28	Swiss standard SIA 162	f_1 = (2.5 to 3.0).Ãf꜀
2	Flexural; third-point load	as above	0.76	0.98	1.2	Emosson dam	f_2 = 2.0.Ãfc
		10x10x40cm				A.A.Khan et al. [2.50]	$f_2 = 0.86.f_c^{2/3}$
		15x15x53cm cyl.				Raphael [2.49]	$f_2 = 0.95.f_c^{2/3}$
3	Splitting (Brazilian)	6"x12" (15x30cm) cyl.	0.48	0.5	0.7		
4	Pure tension	cyl. 15x30 and 15x25cm; prisms 5x20x20, 9x15x60cm	0.36[1)]	0.52[1)]	0.68[1)]	Raphael [2.49]	$f_4 = 0.7.f_c^{2/3}$
						Kupfer-Gerstle [2.44]	$f_4 = 0.64.f_c^{2/3}$

1) somewhat too low because of including tests by Gonnerman and Shuman (1928)
Multiplier of c for transformation kg/cm2 to MPa: 0.464 in 2/3exp.formulas 10kg/cm² = 1 MPa
f_c is 28 days 20cm cube strength throughout all relations

2.4.4. *Size effect*

The size effect is made evident through comparison of geometrically similar structural elements of variable sizes. Results from fracture mechanics indicate that it cannot be discarded when comparing laboratory tensile strength with the one expected in the structure [2.51].

Here it should only be mentioned that the size effect depends on the type of test and on the rate of loading, i.e. it is different for direct, flexural and splitting strength, and also different for static and dynamic loading. It is therefore suggested to use a so-called apparent tensile strength for safety evaluations of tensile zones in the dam [2.52] [2.53].

2.4.5. *Tensile strain capacity in dams*

It is actually the tensile strain capacity (rather than the tensile stress), which is of interest for the control of cracking in dams. The difference is basic, because only strain (unlike stress) depends on the rate of tensile loading. Research in this field indicates that slow rates of loading, such as they are induced by reservoir or temperature fluctuations, can increase the strain capacity by a factor of 1.1 to 2.1 with respect to laboratory loading rates [2.54].

Interesting in this respect is the observation on Austrian dams, as reported in [2.16], where a much higher tensile strain capacity due to slow cyclic reservoir loading is reported as compared to laboratory test results (Fig. 2.15). This phenomenon defeats the occasionally brought forward argument that a higher content of cementitious material is alleviating cracking. Such argumentation is questionable.

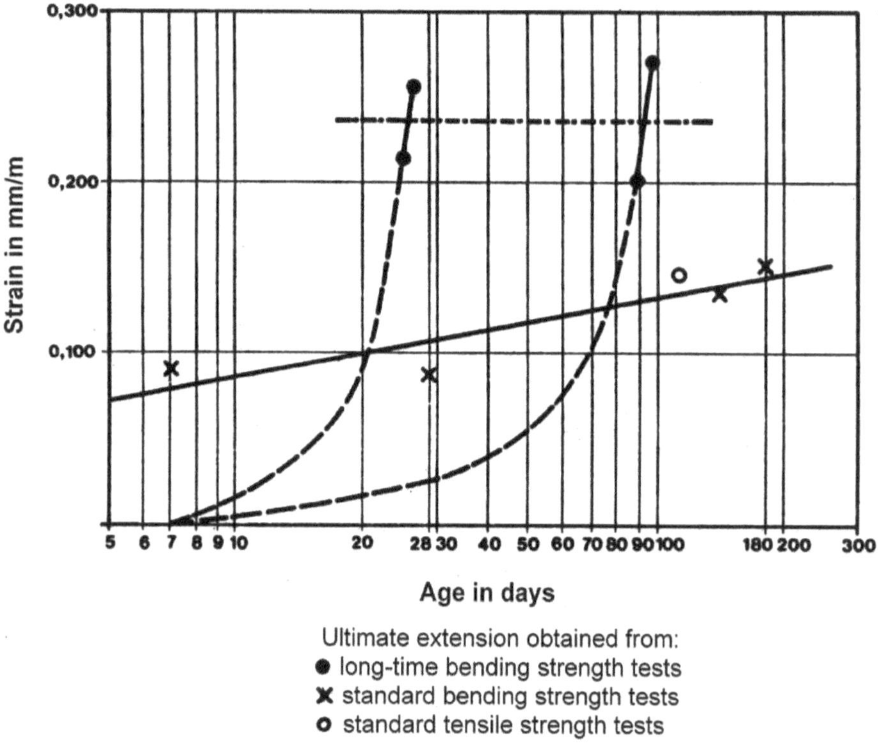

Fig. 2.15
Capacité de déformation en traction avec un taux de chargement lent [2.16]

2.4.6. Résistance à la traction au niveau des joints

La résistance limitante de traction du béton est celle qui existe aux joints de reprise de bétonnage et sur les surfaces de contact entre le barrage et ses fondations rocheuses. Même avec des efforts particuliers entrepris lors de la construction pour créer l'adhérence du béton et des surfaces de contact avec les fondations, il faut s'attendre ensuite à ce que les résistances de traction sur les surfaces de reprise de bétonnage et les contacts des fondations soient au moins 10 à 20% inférieures à la résistance correspondante intacte en traction du matériau [2.53].

Si les contraintes de traction sont verticales, une tension excessive peut alors provoquer l'ouverture des joints de reprise de bétonnage à cause de leur capacité de déformation en traction. Certains concepteurs considèrent, pour être du côté de la sécurité qu'il n'existe aucune résistance des joints à la traction (approche zéro traction) et considèrent cette condition comme sécuritaire si la fissure conséquence des contraintes de traction est stable. Cela semble être une approche raisonnable pour le chargement statique, mais trop prudente pour les charges transitoires lors des séismes et des crues.

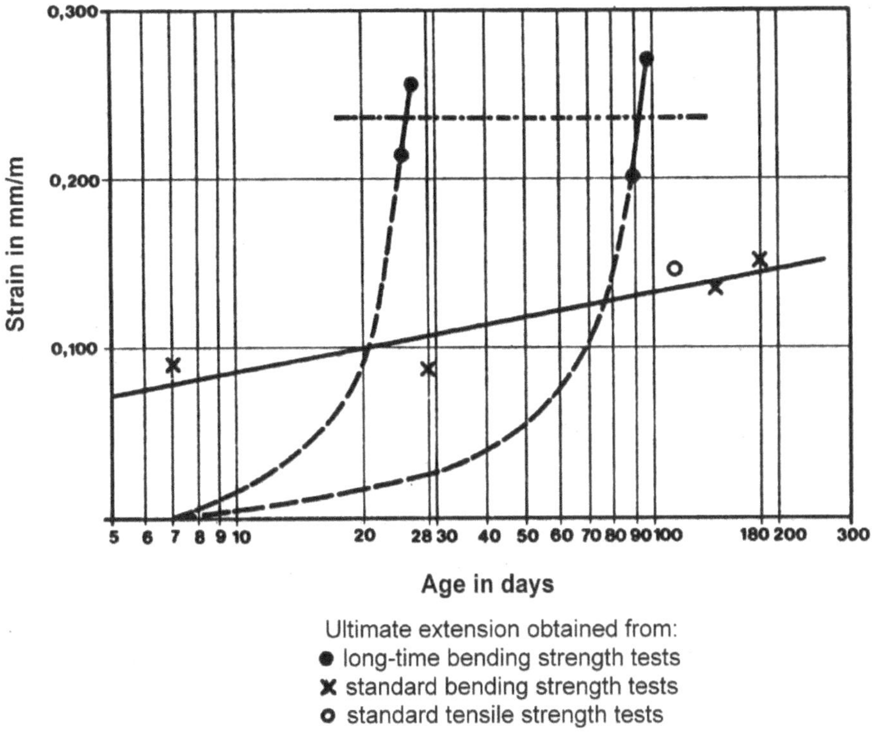

Fig. 2.15
Tensile strain capacity at slow loading rate [2.16]

2.4.6. Tensile strength at joints

The limiting tensile concrete strength is that which exists at lift joints and across the contact surfaces between the dam and its rock foundation. Even with particular efforts during construction to prepare concrete and foundation contact surfaces for bonding, tensile strengths across bonded lift surfaces and foundation contacts should be expected to be at least 10 to 20 % less than the corresponding intact tensile material strength [2.53].

If tensile stresses are vertical, then excess tension may cause opening of lift joints with their reduced tensile strain capacity. Some designers cautiously assume no tensile joint strength at all (zero tension approach) and consider a condition as being safe, if stable cracking is the consequence of tensile stresses. This seems to be a reasonable approach for static loading, however too conservative for transient earthquake and flood loads.

2.4.7. *Critères de résistance à la traction*

À l'instar de ce qui a été dit pour la résistance à la compression multiaxiale, la résistance à la traction uniaxiale peut être utilisée pour définir les coins d'une enveloppe de résistance biaxiale dans les secteurs en traction-compression (Fig. 2.12). Cependant, la dispersion des essais sur la tension-compression biaxiale est trop grande pour pouvoir obtenir une courbe enveloppe biaxiale quelque peu fiable dans ce domaine et l'utiliser pour définir la FS comme AC/AB (comme dans la Fig. 2.12). Les concepteurs utilisent d'autres critères de sécurité dès que la traction est impliquée. Ces critères comprennent des analyses de traction sans conditions de limites ou mieux limitées. Compte tenu du fait que le béton est un matériau élastique-plastique, qui démontre une marge vis-à-vis de la fissuration de traction non envisagée avec un modèle purement élastique, les modèles constitutifs de contrainte/déformation non linéaire pour le chargement élevé de contrainte de traction sont plus réalistes.

D'après les observations phénoménologiques de la présence de fissures sur des échantillons exposés à un chargement biaxial, des types de rupture idéalisée peuvent être déduits [2.55] [2.56]. Ces types dépendent du principal rapport de contrainte à l'état ultime de contraintes (point à l'enveloppe de rupture dans la Fig. 2.16) et peuvent donc être estimés à partir des résultats de l'analyse des éléments finis. Ils peuvent être qualifiés de :

1. Clivage ou traction par fendage orthogonal à la contrainte de traction (cas A)
2. Transition entre 1 et 3 (cas B et C)
3. Rupture en cisaillement ou fendage parallèle à la contrainte de traction (cas D)

À partir des résultats de l'analyse des éléments finis, on peut donc évaluer le type de résistance à la traction le plus approprié à introduire sans l'enveloppe de rupture biaxiale pour une partie spécifique du barrage. À part localement, les cas A et D de la Fig. 2.16 sont pratiquement inexistants dans les barrages.

Il existe également des résultats d'essai de fendage qui modélisent plus étroitement les conditions dans les barrages que les résultats du fendage uniaxial [2.57]. La Fig. 2.17 montre comment l'énergie de rupture (G_f) diminue dans la plage élastique et ce, à l'apparition de microfissures, G_f commence à augmenter à nouveau avant que se produise la désintégration du matériau. Cette évolution instable découle des contraintes de dilatation dans la zone du processus de rupture (pente descendante de G_f) et de l'emboîtement global (pente montante de la courbe). Il est pertinent pour les bétons de masse d'un barrage de considérer une résistance ultime du béton fissuré après le chargement post-pic.

2.4.7. *Tensile strength criteria*

Similarly, to what was said for multiaxial compressive strength considerations, uniaxial tensile strength values can be used to define the corners of a biaxial strength envelope in the tension-compression sectors (Fig. 2.12). However, the scatter of biaxial compression-tension test series is too large as to draw a somewhat reliable biaxial envelope line in this sector and to use it for defining the FS as AC/AB (as in Fig. 2.12). Designers use other safety criteria as soon as tension is involved. Such criteria comprise a no, or better limited, tension analyses. Considering the fact that concrete is an elastic-plastic material, which demonstrates a margin against tensile cracking not considered with a purely elastic model, nonlinear constitutive stress/strain models for high tensile stress loading are more realistically approaching reality.

From phenomenological observations of crack patterns on samples exposed to biaxial loading, idealized failure types can be deduced [2.55] [2.56]. These types depend on the principal stress ratio at the ultimate state of stresses (point at the failure envelope in Fig. 2.16) and can therefore be assessed from Finite Element (FE) - analysis results. They may be termed:

1. cleavage or tensile splitting orthogonal to the tensile stress (case A)
2. transition between 1 and 3 (cases B and C)
3. shear failure or splitting parallel to tensile stress (case D)

From FE-results it may therefore be assessed which type of tensile strength is most appropriate to be introduced in the biaxial failure envelope for a particular part of the dam. Other than locally, cases A and D of Fig. 2.16 are practically inexistant in dams.

There exist also biaxial test results from wedge splitting, which model the conditions in dams more closely than uniaxial wedge splitting results [2.57]. 2.17 demonstrates how the fracture energy (G_f) decreases within the elastic range and that at, the onset of microcracking, G_f starts to increase again prior to complete material disintegration. This unsteady development ensues from restraints of expansion of the fracture process zone for the descending G_f branch and from aggregate interlock for the rising branch. The relevance for dam concrete is a fringe resistance of a cracked concrete mass for post-peak loading.

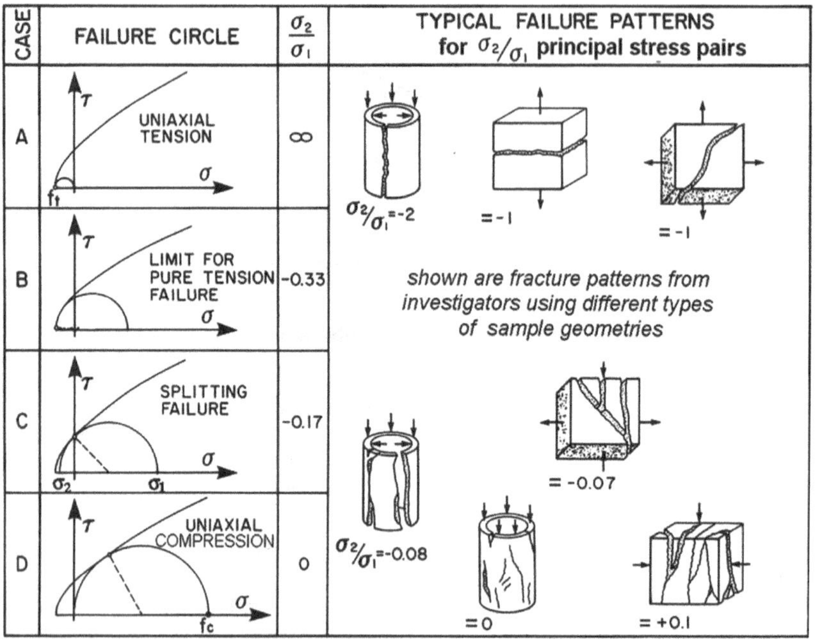

Fig. 2.16
Scenario de rupture caractéristique et représentation du cercle de Mohr correspondant [2.56]

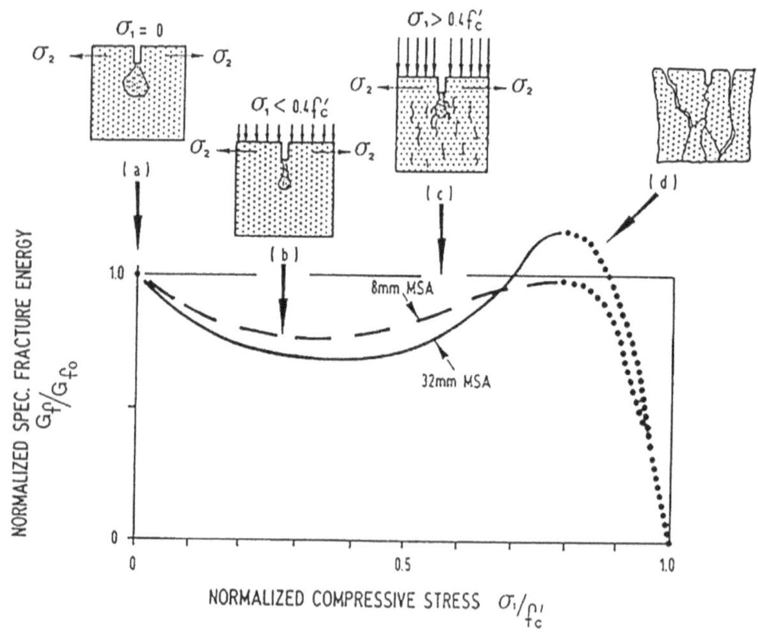

Fig. 2.17
Développement d'énergie de rupture sous chargement biaxial [2.57][1]

1 G_{10} est l'énergie de rupture sous chargement uniaxial correspondant

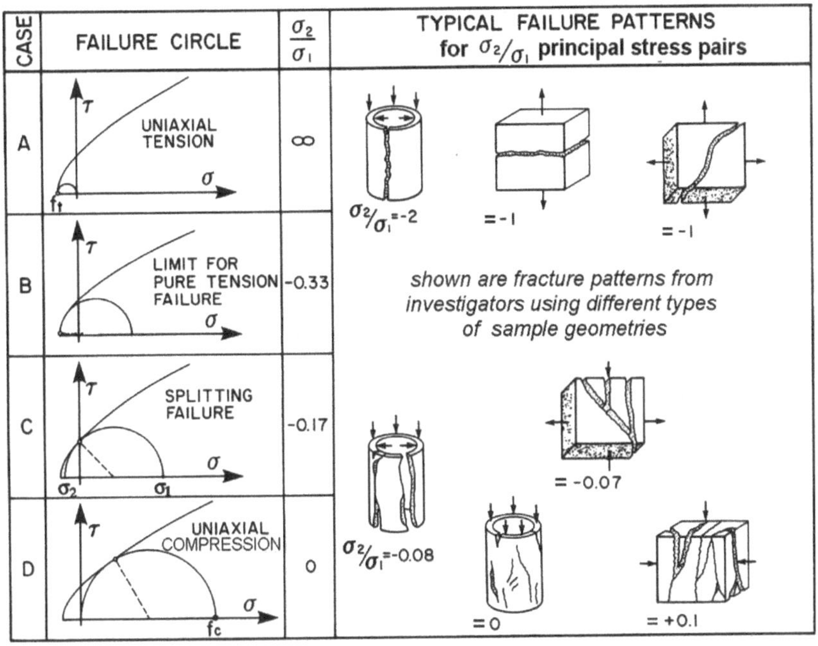

Fig. 2.16
Typical failure pattern and corresponding Mohr circle representation [2.56]

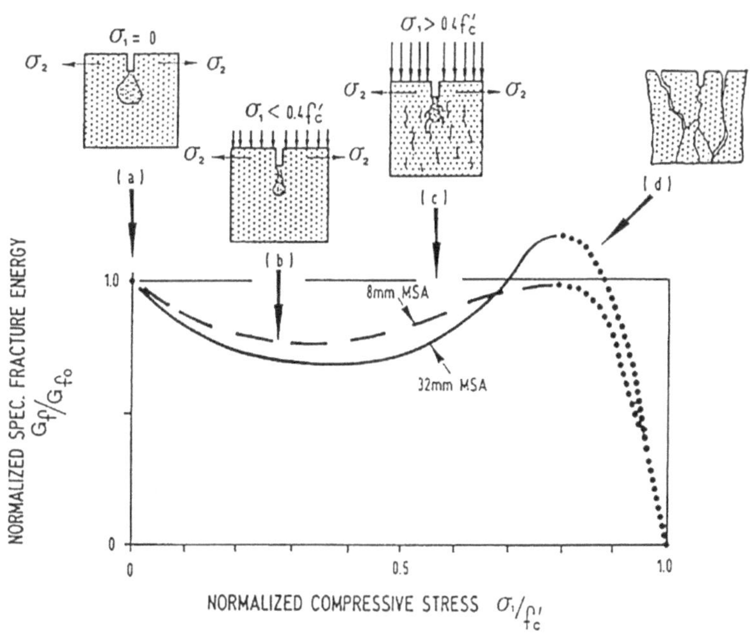

Fig. 2.17
Development of fracture energy under biaxial loading [2.57] [1]

---

[1] G_{10} is the fracture energy under corresponding uniaxial loading

2.4.8. *Utilisation de la résistance à la traction dans les modèles math*

Le développement de modèles mathématiques implique la réalisation d'essais en laboratoire pour déterminer les paramètres de résistance à utiliser dans les modélisations. Cela est particulièrement pertinent pour les paramètres de la résistance à la traction.

2.4.8.1. Analyse élastique linéaire

Dans de nombreux cas, une **analyse élastique linéaire** sera une représentation plus adéquate de la réalité. Dans ce cas, il faut tenir compte du fait qu'un essai de traction uniaxiale donnera une relation contrainte-déformation non linéaire, différente de ce qui est prévu dans le modèle. Il en est de même pour un essai de flexion : la réaction charge-déformation sera non linéaire (Fig. 2.18). Pour être cohérent avec une analyse linéaire, la différence de contrainte entre le point A (analyse linéaire) et B (résultat d'essai) doit être envisagée par des facteurs de conversion pour les rapports de contrainte AB. Ces facteurs peuvent être obtenus à partir d'essais de traction pure, de traction par flexion ou de fendage. Les facteurs entre 1.2 et 1.4 peuvent être attendus à partir des séries d'essais de traction pour les barrages de béton de masse.

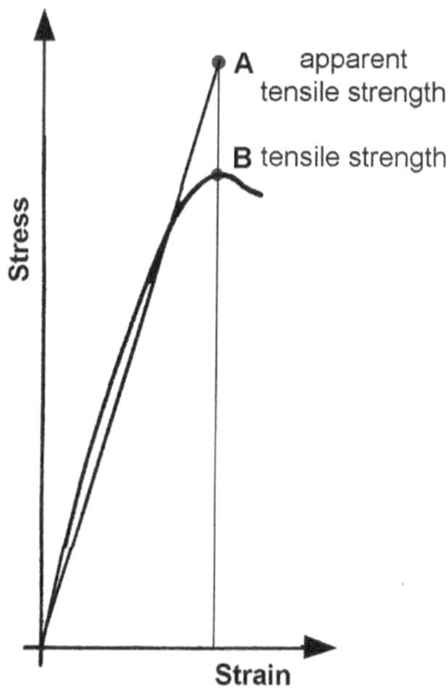

Fig. 2.18
Résistance apparente à la traction (dans une analyse linéaire) par rapport aux résultats de l'essai de traction [2.58]

2.4.8.2. Analyse non linéaire

Pour réaliser une **analyse non linéaire,** l'état actuel de la technique inclut la capacité de formuler:

- Une déformation plastique sous des contraintes de compression et de traction,
- Un adoucissement de la déformation en traction,

2.4.8. *Use of tensile strength in mathematical models*

The development of mathematical models calls for performing laboratory testing of strength parameters to be used in constitutive models. This is particularly relevant for tensile strength parameters.

2.4.8.1. *Linear elastic analysis*

In many cases a **linear-elastic stress analysis** will be a most adequate representation of reality. In this case it has to be considered that a uniaxial tension test will give a nonlinear stress-strain relationship, different to what is assumed in the model. The same is true for a flexural test: the load deflection response will be non linear (Fig. 2.18). To be consistent with a linear analysis, the stress difference between point A (linear analysis) and B (test result) has to be considered by conversion factors for the stress ratios AB. These factors can be obtained from pure tension, flexural tension tests or wedge splitting tests. Factors between 1.2 and 1.4 can be expected from tensile test series for mass concrete of dams.

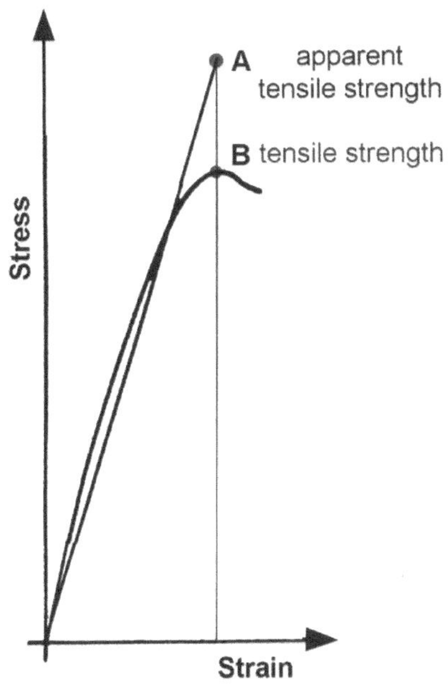

Fig. 2.18
Apparent tensile strength (in a linear analysis) compared to tensile test results [2.58]

2.4.8.2. *Nonlinear analysis*

To conduct a **nonlinear analysis,** the present state-of-the-art includes the ability to formulate:

- plastic straining under compressive and tensile states of stress,
- tensile strain softening,

- Une dégradation du matériau due à des historiques de déformation préalable,
- L'influence du fluage,
- Des solutions viscoplastiques contrainte-déformation biaxiale ou triaxiale avec des cycles pour atteindre la conversion dans des conditions de déformation plastique en fonction du temps (pour le chargement sismique).

Ici la validation de la modélisation constitutive de la résistance par le biais de données expérimentales est plus complexe et délicate. La Fig. 2.19 montre l'exemple pour valider l'adoucissement de la contrainte de traction par les moyennes des essais de fendage. La séquence des actions comprend:

1 Extraction de l'échantillon du barrage. Les diamètres standard sont de 200 mm. Plusieurs carottes doivent être extraites pour faire la moyenne des courbes d'adoucissement de la déformation. Cette dispersion peut être vaste étant donné l'influence de l'hétérogénéité entre la pâte et les grands granulats sur le mécanisme de rupture. La maturation immédiatement après l'extraction de la carotte peut influer sur le résultat. Il est suggéré de suivre les conditions de maturation des normes d'essais comme RILEM [2.59] ou ACI [2.60].

2+3 La Fig. 2.19 montre comme exemple un essai de fendage sur carotte et le diagramme d'ouverture de la fissure découlant de l'essai. Cet essai est aussi couramment réalisé sur des poutres ou des cubes [2.59].

4 La réaction post-pic du matériau doit être transférée dans un modèle constitutif par discrétisation par éléments finis. Cela signifie que l'énergie de rupture calculée et mesurée (G_f) pendant l'essai (surface sous la courbe d'adoucissement post-pic) doit être conforme. Cela nécessite la prise en considération l'effet de la taille reliant la résistance in situ à la résistance déterminée en laboratoire [2.61] et des adaptations de maillage [2.62]. Le **4** montre les contours de contrainte obtenus à partir de l'analyse des éléments finis qui correspondent le mieux à la courbe d'adoucissement expérimentalement trouvée.

5 Exemple d'une relation d'adoucissement de contrainte bilinéaire à utiliser dans un modèle basé sur la plasticité. Elle est obtenue par conformité numérique avec des données expérimentales. Le nœud indique que l'énergie est consommée par deux différents mécanismes de rupture : la partie supérieure de la courbe correspond à la microfissuration, la partie inférieure correspond au frottement et à l'imbrication des granulats de formes irrégulières.

- material degradation due to a-priori strain histories,
- influence of creep,
- viscoplastic bi- or triaxial stress-strain solutions with cycles to reach conversion at time-dependent plastic strain conditions (for seismic loading).

Here the validation of constitutive strength modelling via experimental data is more cumbersome and delicate. Fig. 2.19 shows the example for validating tensile strain softening by means of wedge splitting tests. The sequence of actions comprises:

1 Sample extraction from the dam. Standard diameters are 200mm. Several cores should be extracted to average the scatter of strain softening curves. This scatter can be large given the influence of paste-large aggregate heterogeneity on the fracture mechanism. Curing immediately after core extraction can influence the result. It is suggested to follow curing conditions of test standards such as RILEM [2.59] or ACI [2.60].

2+3 Fig. 2.19 shows a wedge splitting test on cores, as an example, and the force-crack opening diagram as the result of such a test. Equally, this test is commonly performed also on beams or cubes [2.59].

4 The post-peak response of the material has to be transferred into a constitutive model by FE-discretization. This means that the computed and measured fracture energy (G_f) during testing (surface under the post-peak softening curve) must comply. This needs consideration of the size effect relating the in-situ strength to the laboratory-determined strength [2.61], and it generally needs mesh adaptations [2.62]. Shown on **4** are stress contours obtained from FE-analysis, which best match, the experimentally found softening curve.

5 Example of a bilinear strain softening relation to be used in a plasticity-based model. It is obtained by numerical compliance to experimental data. The kink indicates that energy is consumed by two different fracture mechanisms: the upper branch of the curve is due to microcracking, the lower branch by overcoming friction and tortuosity of aggregate interlock.

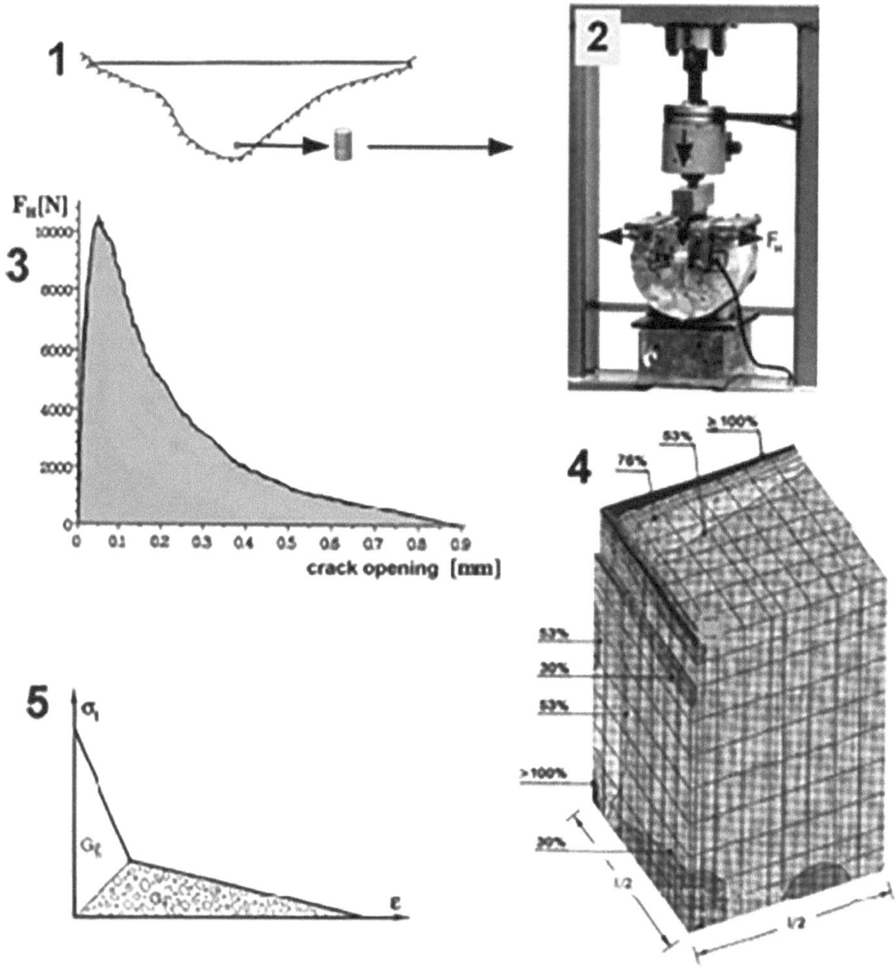

Fig. 2.19
Adoucissement de contrainte : essai de résistance en traction pour la validation des éléments finis.

1: Extraction de carotte,

2: Essai de fendage, montré ici sur une carotte, où F_H est la force de traction,

3: Courbe d'adoucissement de la contrainte de l'essai de fendage,

4: Discrétisation par éléments finis de l'échantillon de béton de l'essai, ici le quart de cube d'un essai de fendage avec certains contours de contrainte en % de la résistance à la compression uniaxiale,

5: Diagramme d'adoucissement bilinéaire qui répond le mieux à la courbe d'adoucissement mesurée à introduire dans une analyse d'éléments finis de la contrainte non linéaire, indiquant deux types de propagation de fissures : l'adoucissement de la contrainte G_{f1} due à la microfissuration et la fissuration continue de G_{f2} due au décollement des granulats [2.17].

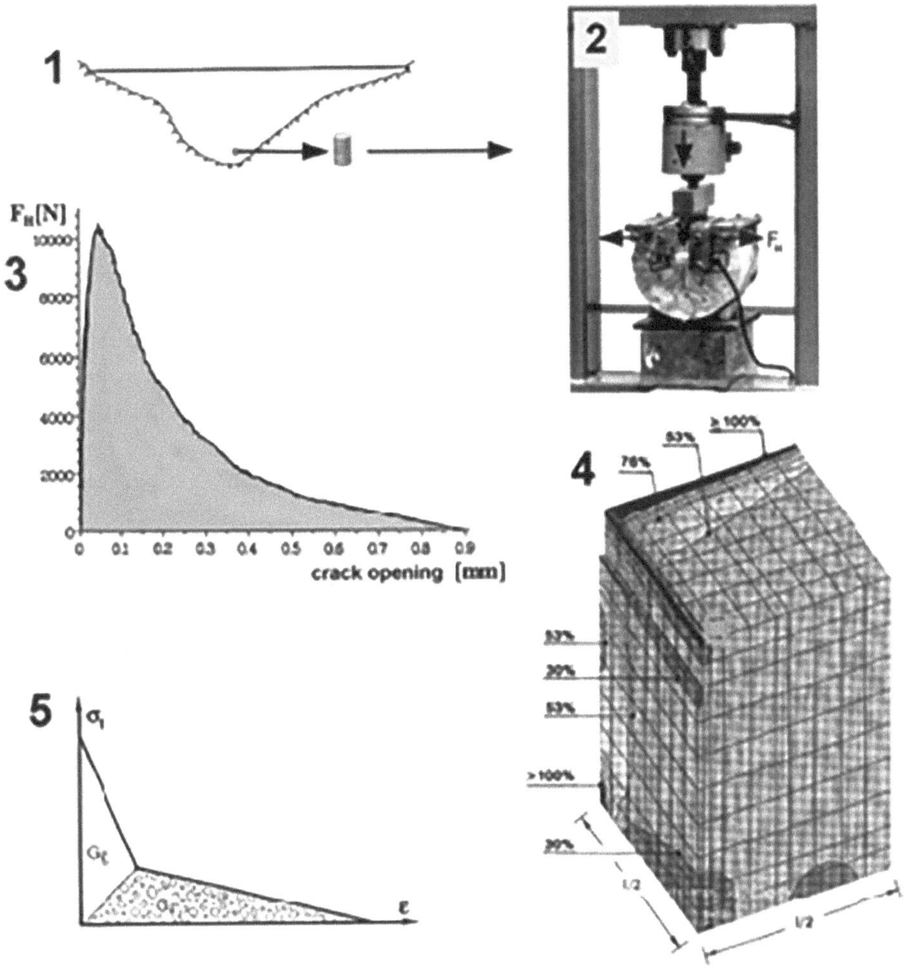

Fig. 2.19
Strain softening: tensile strength testing for FE-validation.

1: core extraction,

2: wedge splitting testing, here shown on a core, with F_H the tensile force,

3: strain softening curve from wedge splitting test,

4: FE-discretiszation of concrete test sample, here a quarter-cube of a wedge splitting test with some stress contours in % of uniaxial compressive strength,

5: bilinear softening diagram which best fits the measured softening curve for input into a nonlinear FE-stress analysis, indicating two types of crack propagation: G_{f1} strain softening due to microcracking, and G_{f2} continued cracking due to debonding of aggregate interlock [2.17].

2.5. RÉSISTANCE AU CISAILLEMENT

L'importance de la résistance au cisaillement du béton de barrage est pratiquement limitée à des discontinuités dans la masse de béton (joints, fissures) et au contact rocher-béton. La résistance au cisaillement dépend de l'adhésion entre les matériaux du substratum et le coulis (dans le cas de joints des plots injectés avec un coulis) et la cohésion des surfaces des joints de reprise de bétonnage.

La résistance au cisaillement est habituellement représentée par la relation de Mohr-Coulomb[1]

$$T = c.A + \tan\phi.N$$

où:

T = force de cisaillement,

c = cohésion de la surface de reprise intacte ou contraction de la surface des plots représentée par la clé de cisaillement, si elle existe,

A = coefficient estimant l'efficacité de la maturation des joints, de leur rugosité ou du coulis des joints,

$\tan\phi$ = coefficient de frottement,

N = force normale.

La relation Mohr-Coulomb est une présentation appropriée pour la résistance au cisaillement, puisque cette dernière est représentée par le point où l'enveloppe de rupture coupe l'axe de cisaillement vertical dans un diagramme σ-τ(contrainte cisaillement normal).

S'il y a des doutes au sujet d'un traitement efficace des joints (fissuration thermique par exemple à cause d'un manque de maturation) ou si les joints des plots ont peu ou pas de coulis, C peut être prudemment être pris égal à zéro.

La résistance au cisaillement du coulis dans les joints des plots ou au contact roche béton) dépend du rapport eau-ciment et donc de la résistance à la compression f_c. En l'absence de résultats d'essais, une valeur de cisaillement de $\tau = 0{,}15.\ f_c$ peut être retenue, τ étant le point d'intersection de l'enveloppe de rupture, comme mentionné ci-dessus.

En plus de l'enveloppe de rupture de Mohr-Coulomb, un critère de résistance au cisaillement bilinéaire est utile pour évaluer la résistance au cisaillement dans les joints des plots avec boite de cisaillement. La partie inférieure de la courbe raide du diagramme $\sigma - \tau$ concerne la résistance au cisaillement de la surface de béton brut dans les boites de cisaillement (ϕ élevé, pas de cohésion), tandis que la partie supérieure de courbe plate concerne la résistance au cisaillement de la surface des joints [valeur de ϕ plus faible et c = f [total de la surface des joints des boites de cisaillement] qui devront être cisaillés]. La partie de la courbe la plus raide correspond à la résistance du béton au cisaillement, disons τ_c =0,2. fc et la partie horizontale est fonction de la géométrie de la boite de cisaillement.

Pour le béton intact, le diagramme de rupture de Mohr enveloppe les deux cercles uniaxiaux de Mohr pour la résistance à la compression et à la traction.

La qualité de l'adhérence des surfaces des joints est généralement vérifiée par des essais de cisaillement à partir de carottes extraites des joints. Comme on peut s'y attendre, ces essais de cisaillement montrent une grande variété de valeurs de la qualité des joints entre la résistance faible au cisaillement (séparation des carottes) et la grande résistance du matériau (joints invisibles).

[1] *La terminologie courante relie la courbe enveloppe du diagramme de rupture Mohr (construit par les cercles de compression et de traction uniaxiale) tandis que le terme Coulomb se rapporte à un critère de rupture linéaire/bilinéaire*

2.5. SHEAR STRENGTH

The significance of shear strength in dam concrete is practically limited to discontinuities in the concrete mass (joints, cracks) and to the rock-concrete contact. Shear strength depends on the adhesion between the substrate material and the grout (in the case of grouted block joints), and the cohesive strength of the lift joint surfaces.

Shear strength is usually assumed to follow the Mohr-Coulomb[1] relationship

$$T = c.A + \tan\phi .N$$

where:

T = shear force,

c = cohesion of intact lift surface or contraction (block) joint surface accounting for shear key, if constructed,

A = intact area, e.g. total area times a coefficient assessing the efficiency of joint curing, roughness or joint grouting,

$\tan\phi$ = friction coefficient,

N = normal force.

The Mohr-Coulomb relationship is an appropriate presentation for shear resistance, since shearing strength is represented by the point where the failure envelope intersects the vertical shear axis in a σ-τ(normal stress-shear) diagram.

If doubts about effective joint treatment (e.g. thermal cracking due to lacking curing) or if block joints are taking no or little grout, c can conservatively be put to zero.

Shear resistance of the grout material (in block joints or at the concrete-rock contact) depends on the water-cement ratio and thus on the compressive strength f_c. In absence of test results a shear value of τ=0.15. f_c can be assumed, with τ being the intercept of the failure envelope, as mentioned above.

In addition to the Mohr-Coulomb failure envelope, a bilinear shear resistance criterion is meaningful for assessing the shear resistance in shear-keyed block joints. The lower, steeper branch in the $\sigma-\tau$ diagram is for shear resistance of the plain concrete surface within the keys (high ϕ, no cohesion), whereby the higher flatter branch is for shear resistance of the joint surface (lower ϕ and some c= f [total block joint surface to shear-keyed surface]). This implies that the steeper branch being the shear resistance of concrete, say τ_c=0.2. f_c and the flatter branch a function of the key geometry.

For intact concrete a curved Mohr rupture diagram can be assumed enveloping the two uniaxial Mohr circles for compressive and tensile strength.

Quality of bonding at joint surfaces is generally checked by shear tests from cores drilled through joints. As may be expected, such shear tests demonstrate a wide range of joint quality values between low-shear strength (core separation) and full material strength (invisible joints).

---

[1] The common terminology relates a curved envelope to the Mohr rupture diagram (constructed by the uniaxial compression and tension circles) whereby the term Coulomb relates to a linear/bilinear failure criterion

Une excellente étude du traitement des joints barrages et de leurs avantages figure dans [2.63].

Les résultats de l'essai peuvent être évalués pour donner plusieurs paramètres de résistance. La Fig. 2.20 montre le résultat d'un simple essai de cisaillement le long d'une discontinuité, fournissant:

- une valeur pic de cisa,
- une valeur résiduelle de cisaillement (d'un second essai)
- déplacement à une valeur pic de cisaillement
- degré de séparation à partir de l'inspection de la surface de cisaillement

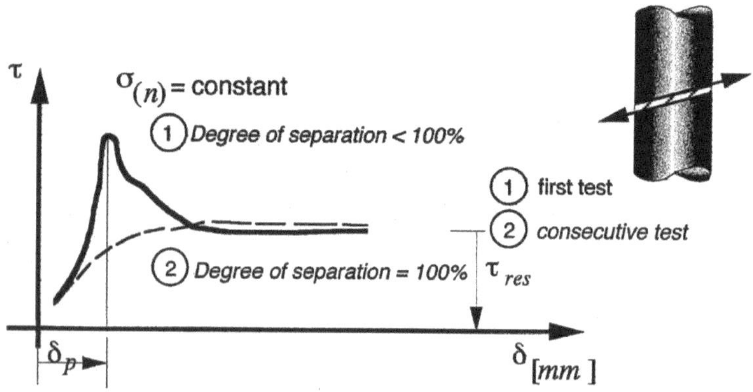

Fig. 2.20
Résultats d'essai de cisaillement sur carotte

Les résultats de ces essais de cisaillement peuvent alors être utilisés pour modéliser des enveloppes de résistance au cisaillement dans un diagramme $\sigma - \tau$ en fonction des paramètres attendus de résistance de cisaillement des joints entre plots par exemple avec un succès variable de leur injection ou des joints "froids" de construction (Fig. 2.21).

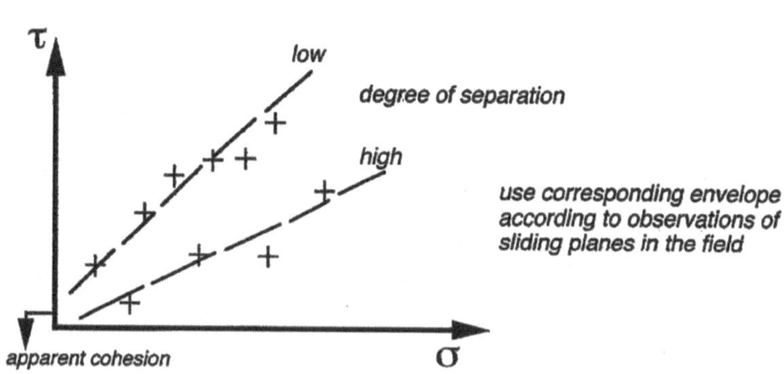

Fig. 2.21
Résultats des essais montrant la réduction des valeurs dans un diagramme de Coulomb $\sigma - \tau$

A fine survey of joint treatment in dams and their benefits are found in [2.63].

Test results can be evaluated to render several resistance parameters. Fig. 2.20 shows the result of a simple shear test along a discontinuity, providing:

- a peak shear value
- a residual shear value (from a second test),
- displacement at peak shear value, and
- degree of separation from the inspection of the shear surface.

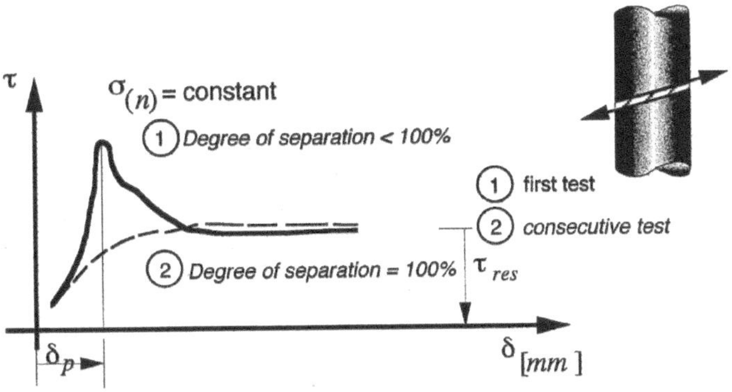

Fig. 2.20
Shear results from core testing

Such shear test results can then be used for modelling shear resistance envelopes in a $\sigma - \tau$ diagram according to the anticipated shear resistance parameters, say, of block joints with questionable grouting success or of "cold" construction joints (Fig. 2.21).

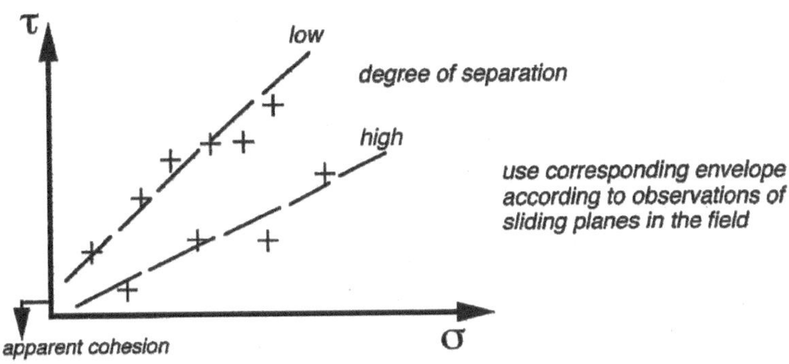

Fig. 2.21
Reduction of test data into a Coulomb $\sigma - \tau$ diagram.

2.6. RÉSISTANCE DYNAMIQUE

La présente section met l'accent sur la résistance à des taux de chargement qui sont liés à de violents séismes, par exemple à des taux de déformation de 10^{-3} to 10^{-2}/s. Les résultats correspondants de plusieurs séries d'essais sous chargement statique et dynamique sont résumés sous forme de rapports de résistance statique/dynamique dans le Tableau 2.12.

Il convient d'ajouter une mise en garde à propos de ces rapports de résistance. Ce qui n'est pas représenté explicitement dans ce tableau est la plus grande dispersion des valeurs dynamiques de résistance par rapport aux essais de résistance statique. Cela signifie que la résistance dynamique est moins fiable que la résistance statique. Cela se répercute sur la résistance dynamique prise en compte dans les analyses de sureté. Les rapports des essais expérimentaux, comme ceux du Tableau 2.12, doivent donc être soigneusement choisis (prendre les limites inférieures par exemple) lorsqu'ils sont utilisés pour évaluer les facteurs de sécurité.

Table 2.12
Exemples de rapports de ré sistance statique/dynamique

Parameter	Dyn./stat.			Comments
	max.	av./single	min.	
Young's		1.25		Bureau's of Reclamation test series, rep. in Ref. [2.64]
	1.57	1.42	1.28	Big Tujunga dam, cores drilled from the dam. 2 concrete types: 25 (1. row) ; 36 MPa strength (2. row)
	1,48	1.38	1,32	
		1.18		Crystal Springs Dam as reported by J. Raphael [2.49]
		1.15		Tests on Swiss dams, Ref. [2.65]
Compressive strength	1.60		1.00	Uniaxial loading from Ref. [2.66]
		1.50		Multiaxial loading from Ref. [2.66]
		1.20		Auburn Dam (Bureau of Reclamation)
	1.20		1.60	Ref.[2.67] for saturated dam
	1.28	1.15	1.00	Big Tujunga dam, cores drilled from the dam. 2 concrete types: 25 (1. row) and 36 MPa
	1.27	1.12	1.00	
		1.32		Crystal Springs Dam (J. Raphael) 32 MPa
Flexural strength	1.40	1.29	1.23	Ref.[2.51] with reference to size
	1.73	1.48	1.21	Bureau's extensive tests on Auburn dam (1977/78)
Splitting strength		1.31		Crystal Springs Dam as reported by J. Raphael [2.49]
		1.50		Ref. [2.68]: testing for evaluating blasting impacts: value for 20 MPa and lower value for 50MPa concrete
		1.28		
Pure tension		1.48		Santa Anita Dam as reported by J. Raphael [2.49]
		1.83		Big Tujunga Dam as reported by J. Raphael [2.49]
	1.13	1.06	1.00	Ref.[2.69] with tests on dry (1. row) and saturated Specimen (2.row)
	1.46	1.33	1.16	
	1.50	1.17	1.07	Zervreila Dam (Switzerland): cores drilled from the dam
		2.0*)		Reinhard [2.70] suggests a ratio $r = 14.fc'^{-0.57}$ respecting the dependence of r on the compressive strength. CEP has a similar proposal. *)for f_c'=30MPa

Le Bureau of Reclamation a effectué une vaste série d'essais sur les propriétés dynamiques à partir des carottes de barrages existants [2.71]. Les principaux résultats sont résumés dans le Tableau 2.13. Il s'agit de la série de données la plus complète disponible sur les rapports de résistance dynamique/statique des barrages.

2.6. DYNAMIC STRENGTH

This section concentrates on strength at loading rates which are related to strong earthquakes, e.g. at strain rates of 10^{-3} to 10^{-2} /s. Corresponding results from several test series under static and dynamic loading are summarised as static/dynamic strength ratios in Table 2.12.

A caveat needs to be added using these strength ratios. What is not shown explicitly in this Table is the larger scatter of dynamic strength values as compared to static strength testing. This means that dynamic strength is less reliable than the static strength. This has a bearing on the stipulated dynamic strength for safety analyses. Ratios from experimental tests, like those in Table 2.12, should therefore be cautiously chosen (e.g. lower bounds be taken) when using them for safety assessment.

Table 2.12
Examples for static/dynamic strength ratios

Parameter	Dyn./stat.			Comments
	max.	av./single	min.	
Young's		1.25		Bureau's of Reclamation test series, rep. in Ref. [2.64]
	1.57	1.42	1.28	Big Tujunga dam, cores drilled from the dam. 2 concrete types: 25 (1. row) ; 36 MPa strength (2. row)
	1,48	1.38	1,32	
		1.18		Crystal Springs Dam as reported by J. Raphael [2.49]
		1.15		Tests on Swiss dams, Ref. [2.65]
Compressive strength	1.60		1.00	Uniaxial loading from Ref. [2.66]
		1.50		Multiaxial loading from Ref. [2.66]
		1.20		Auburn Dam (Bureau of Reclamation)
	1.20		1.60	Ref.[2.67] for saturated dam
	1.28	1.15	1.00	Big Tujunga dam, cores drilled from the dam. 2 concrete types: 25 (1. row) and 36 MPa
	1.27	1.12	1.00	
		1.32		Crystal Springs Dam (J. Raphael) 32 MPa
Flexural strength	1.40	1.29	1.23	Ref.[2.51] with reference to size
	1.73	1.48	1.21	Bureau's extensive tests on Auburn dam (1977/78)
Splitting strength		1.31		Crystal Springs Dam as reported by J. Raphael [2.49]
		1.50		Ref. [2.68]: testing for evaluating blasting impacts: value for 20 MPa and lower value for 50MPa concrete
		1.28		
Pure tension		1.48		Santa Anita Dam as reported by J. Raphael [2.49]
		1.83		Big Tujunga Dam as reported by J. Raphael [2.49]
	1.13	1.06	1.00	Ref.[2.69] with tests on dry (1. row) and saturated Specimen (2.row)
	1.46	1.33	1.16	
	1.50	1.17	1.07	Zervreila Dam (Switzerland): cores drilled from the dam
		2.0*)		Reinhard [2.70] suggests a ratio r = $14.fc'^{-0.57}$ respecting the dependence of r on the compressive strength. CEP has a similar proposal. *)for f_c'=30MPa

The US Bureau of Reclamation performed an extensive test series for dynamic properties from cores of existing dams [2.71]. Main results are summarized in Table 2.13. This is the most complete data series available for dynamic/static strength ratios for dams.

Table 2.13
Propriétés dynamiques du béton de barrage mesurées sur carottes

Paramètre	Rapport dynamique/statique (moyenne ± coefficient de variation)	Rapport max.	Rapport min.
Compression	1.07±0.20	1.45	0.73
Young's Modulus	0.89±0.17	1.1	0.7
Déformation de rupture	0.93±0.12	1.58	0.78
Ratio de Poisson	1.09±0.29	1.69	0.69
Résistance au fendage	1.44±0.15	1.73	0.98

Les valeurs proviennent de 103 éprouvettes de 10 barrages construits entre 1916 et 1995. Les résultats des essais reflètent une grande variabilité en raison des proportions très variables des mélanges et en raison des différents degrés de saturation des éprouvettes.

Il faut bien entendu relier les résultats de ces essais à ce qui pourrait arriver dans le barrage. La marge de résistance du barrage lors de fortes secousses en raison de la capacité de déformation plastique du béton (adoucissement de contrainte) avant que la rupture ne devienne imminente n'est pas prise en compte dans les rapports de résistance obtenus en laboratoire.

On est ici confronté à deux phénomènes : l'un est la réaction du matériau pur sous chargement dynamique (obtenue à partir de petits échantillons), l'autre la réaction de la structure à grande échelle. Cela signifie que le concepteur doit pondérer la compatibilité de ces phénomènes sur le plan de la sécurité, en affinant par exemple le choix des rapports de résistance statique/dynamique avec la capacité du modèle constitutif pour envisager la marge de sécurité structurelle mentionnée ci-dessus.

2.6.1. Résistance dynamique à la compression

Il existe un certain nombre de résultats d'essais sur le rapport résistance dynamique-statique :

- Un article sur l'état de l'art figure dans [2.66]. Cette publication bien documentée conclut que le paramètre prédominant influant sur le rapport est la résistance statique à la compression (et non les proportions du mélange, le rapport eau/ciment, le type de granulats, etc.). La dispersion de l'évaluation d'une série d'une trentaine d'essais est élevée et varie entre un rapport de 1,3 et 0,9 pour les taux de déformation entre 10^{-3} et 10^{-2} /s. Pour un béton de résistance élevée celle-ci tend vers ratios plus faibles dans la gamme de déformation retenue et pour un béton de faible résistance celle-ci va tendre à des ratios plus élevés. Cela est conforme aux attentes, compte tenu de la ductilité du béton à faible résistance.

- En 1975, des essais ont été effectués pour le béton du barrage de Big Tujunga en Californie sur des carottes prélevées dans du béton de qualité différente [2.72]. Un taux de déformation de 0,04 s a été appliqué correspondant au 1/4 du cycle supposé des séismes. Les résultats de 6 essais dynamiques sont présentés dans le Tableau 2.14 suivant.

Table 2.14
Rapport entre la résistance dynamique et la résistance statique

Résistance statique (MPa)	Résistance dynamique (MPa)	Ratio
24.9	28.8	1.16
26.7	34.3	1.28
22.8	22.4	0.98
38.2	37.8	0.99
36.8	46.9	1.27
36.7	40.6	1.11

Table 2.13
Dynamic concrete properties from dam cores

Parameter	Ratio dynamic/static (mean ± coefficient of variation	Max. ratio	Min. ratio
Compression	1.07±0.20	1.45	0.73
Young's Modulus	0.89±0.17	1.1	0.7
Failure strain	0.93±0.12	1.58	0.78
Poisson ratio	1.09±0.29	1.69	0.69
Splitting strength	1.44±0.15	1.73	0.98

The values are from 103 specimens of 10 dams constructed between 1916 and 1995. The test data reflect a high variability due to the highly variable mix proportions and due to different degrees of saturation of the specimens.

Evidently, one has to link these test results to what might happen in the dam. Not considered in laboratory-obtained strength ratios is the dam's strength margin during strong shaking due to the concrete's ability of plastic straining (strain softening) before failure becomes imminent.

Here one is faced with two phenomena: one is the pure material response under dynamic loading (obtained from small samples), the other is the large-scale structural response. This means that the designer has to weight the compatibility of these phenomena on a safety outcome, e.g. by tuning the choice of static/dynamic strength ratios with the ability of the constitutive model to consider the above mentioned structural safety margin.

2.6.1. Dynamic Compressive Strength

A number of test results exist about the dynamic-to-static strength ratio:

- A state-of-the-art paper is [2.66]. This well documented publication concludes that the predominant parameter influencing the ratio is static compressive strength (and not mix proportions, w/c ratio type of aggregate etc.). Again, the scatter of evaluating some 30 test series is high and varies between a ratio of 1.3 and 0.9 for strain rates between 10^{-3} to 10^{-2} /s, with high strength concrete tending towards the lower ratios of the above range and low strength concrete towards the higher ratios. This is as expected, given the higher ductility of low strength concrete.

- In 1975 tests were performed with the concrete of Big Tujunga dam in California on cores drilled from different quality concrete [2.72]. A strain rate of 0.04s was applied corresponding to the 1/4 of the assumed earthquake cycle. The results from 6 dynamic tests are as shown in the following Table 2.14.

Table 2.14
Ratio between dynamic and static strength

Static strength (MPa)	Dynamic strength (MPa)	Ratio
24.9	28.8	1.16
26.7	34.3	1.28
22.8	22.4	0.98
38.2	37.8	0.99
36.8	46.9	1.27
36.7	40.6	1.11

Compte tenu de ces informations, l'approche prudente suggère d'utiliser un rapport proche de l'unité pour toute analyse à moins que des essais ne soient effectués pour le barrage concerné.

2.6.2. Résistance dynamique à la traction

La loi à la puissance 2/3 est communément utilisée pour la relation entre la résistance à la traction et la résistance à la compression, tant pour la charge statique que pour la charge dynamique.

La référence [2.49] utilise la même loi pour estimer la résistance dynamique à la traction, f_t,:

$f_t = 1.07.\ f_c^{2/3}$ [kg/cm^2]

$f_t = 0.5.\ f_c^{2/3}$ [MPa]

avec :

f_t résistance dynamique à la traction des essais de traction pure

f_c résistance du cylindre à la compression

La comparaison avec le Tableau 2.11 montre que cette formule suggère une augmentation de 50% de la résistance dynamique par rapport à la résistance statique.

À nouveau, ces rapports élevés doivent être utilisés avec précaution et en association avec le modèle mathématique qui sera utilisé pour l'analyse des contraintes, comme indiqué ci-dessus. Un autre facteur influant sur le rapport de résistance statique/dynamique est la résistance à la compression. Des études à l'université de Delft indiquent un rapport de résistance statique/dynamique décroissant avec un béton plus résistant et plus fragile, exprimé par la formule :

$f_t = 3.2.\ f_c^{0.1}$ [MPa]

pour un chargement sismique, voir Fig. 2.22 [2.70].

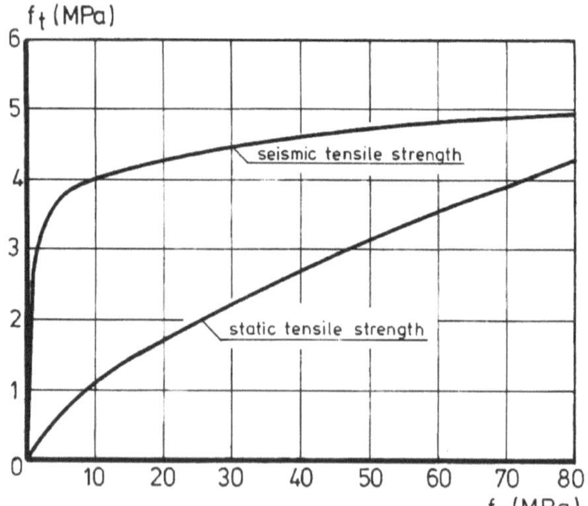

Fig. 2.22
Résistance à la traction (statique/sismique) vs. Résistance à la compression [2.70]

Given this information the a caution approach suggests using a ratio close to unity for any analytical consideration unless test are performed for the particular dam.

2.6.2. Dynamic Tensile Strength

Commonly the 2/3-power law is used for the relation between tensile and compressive strength, both for static and dynamic load.

Reference [2.49] uses the same power law for assessing dynamic tensile strength, f_t,:

$f_t = 1.07.\ f_c^{2/3}$ [kg/cm²]

$f_t = 0.5.\ f_c^{2/3}$ [MPa]

with:

f_t dynamic tensile strength from pure tension tests

f_c compressive cylinder strength

The comparison with Table 2.11 shows that this formula suggests a 50% increase of dynamic against static strength.

Again, such high ratios should be used with caution and in combination with the mathematical model to be employed for stress analysis, as mentioned earlier. Another factor influencing the static/dynamic strength ratio is compressive strength. Studies at Delft University indicate a decreasing static/dynamic strength ratio with stronger, more brittle concrete, expressed by the formula:

$f_t = 3.2.\ f_c^{0.1}$ [MPa]

for earthquake loading, see Fig. 2.22 [2.70].

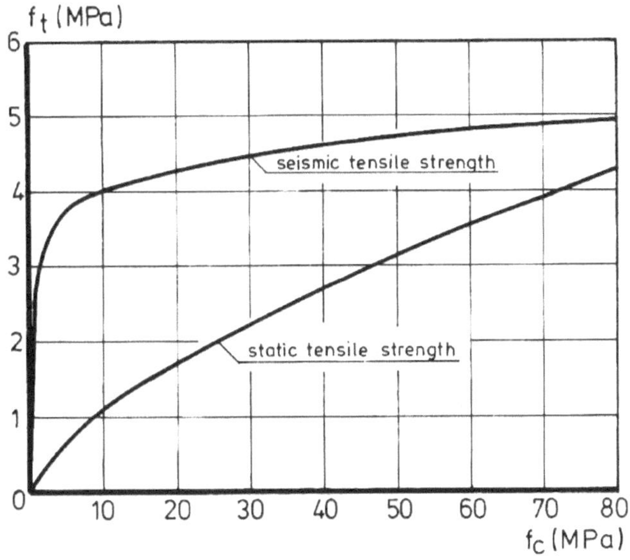

Fig. 2.22
Tensile (static/seismic) vs. compressive stren gth [2.70]

Outre la marge de résistance post-sismique mentionnée ci-dessus, la résistance dynamique à la traction est également un paramètre ambigu du matériau dès qu'elle est utilisée comme donnée d'entrée dans l'analyse des contraintes linéaires. Si une relation contrainte-déformation linéaire est utilisée sur un matériau qui se comporte effectivement de façon non linéaire lorsqu'il est fortement sollicité, l'analyse permettra ensuite de prédire la rupture avec une contrainte supérieure à la valeur de l'essai (pic de la courbe d'adoucissement de contrainte-déformation). La résistance linéaire élevée a été appelée résistance apparente à la traction [2.28].

La différence entre le pic apparent (linéaire) et non linéaire à la déformation ultime peut être considérable pour la résistance statique et dynamique à la traction. Dans [2.3] il est suggéré un rapport de 1,35 pour le chargement dynamique et pour le béton courant de barrage ($f_c \approx 20$ MPa).

L'effet du taux de déformation sur la résistance à la traction pour différents bétons, avec une taille maximale de granulats de 25 mm, est illustré par la Fig. 2.23 [2.73]. L'éventail des taux de déformation peut être très large; généralement de $\sim 10^{-2}\ s^{-1}$ pour des séismes à $\sim 10^{2}\ s^{-1}$ pour des chocs.

L'augmentation de la résistance à la traction avec une humidité relative croissante a été observée [2.74].

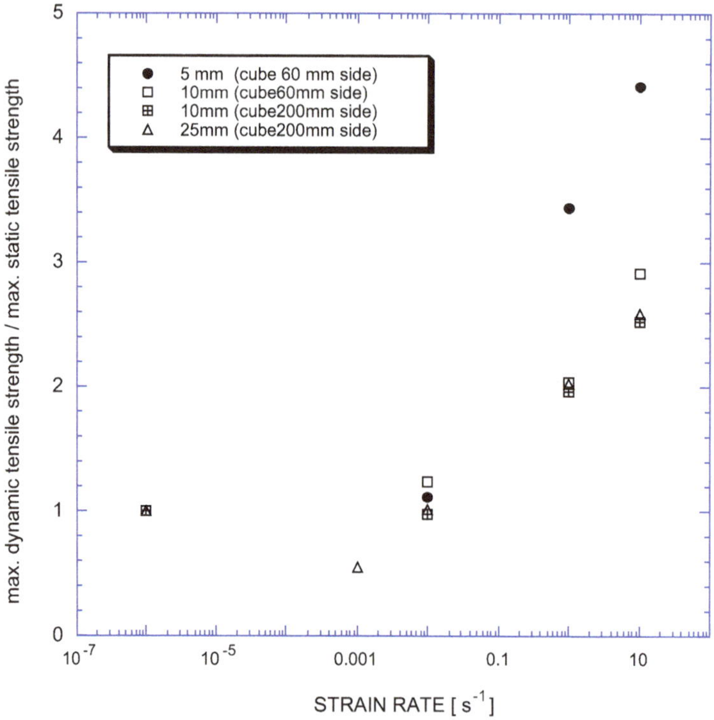

Fig. 2.23
Résistance à la traction dynamique/statique à différents taux de contrainte [2.73]

2.6.3. Résistance dynamique au cisaillement

Aucune augmentation des paramètres de cisaillement dynamique par rapport aux paramètres de cisaillement statique n'est généralement admise. Sur le plan technique, le coefficient de frottement doit être plus grand pour le chargement à court terme, ce qui conduit parfois à accepter une augmentation de 10%.

Besides the above-mentioned post-earthquake strength margin, the dynamic tensile strength is also an ambiguous material parameter as soon as it is used as input in linear stress analysis. If a linear stress-strain relation is used on a material, which actually behaves nonlinearly at high stresses, then the analysis will predict failure at a higher stress than the test value (peak of the stress-strain softening curve). The linear high strength was termed apparent tensile strength [2.58].

The difference between apparent (linear) and nonlinear peak at ultimate strain can be considerable, both for static and dynamic tensile strength. In [2.3] a ratio of 1.35 for dynamic loading and for common dam concrete ($f_c \approx 20$ MPa) is suggested.

The strain-rate effect on the tensile strength for different concretes, with maximum aggregate size up to 25 mm, is shown inFig. 2.23 [2.73]. The range of strain rates might be very large; typically, from ~ 10^{-2} s^{-1} of earthquakes to ~ 10^{2} s^{-1} of impacts.

The increase of the tensile strength with increasing relative humidity was observed [2.74].

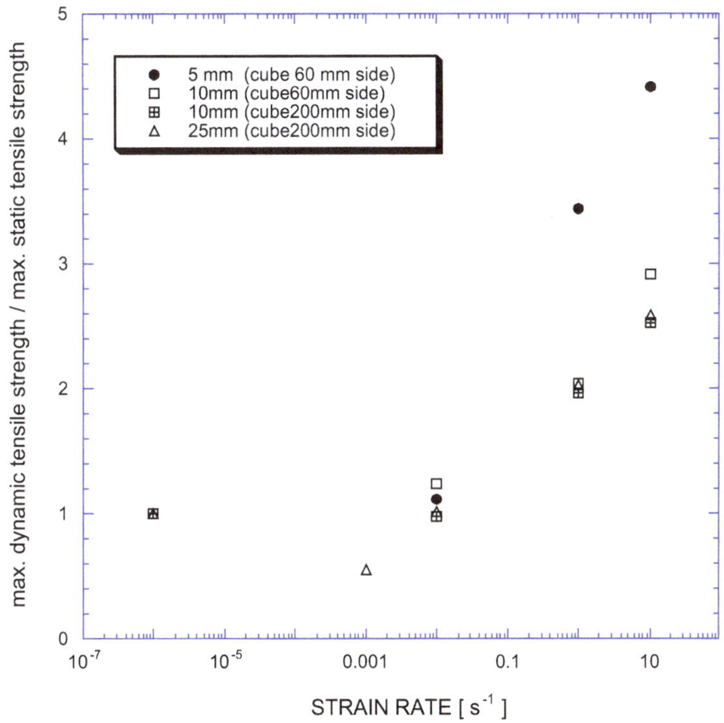

Fig. 2.23
Dynamic/static tensile strength at different strain rates [2.73]

2.6.3. Dynamic Shear Strength

No increase for dynamic as compared to static shear parameters is generally assumed. From an engineering aspect the friction coefficient should be larger for short term loading which leads occasionally to accept an increase of 10%.

2.7. RÉFÉRENCES

[2.1] Vilardell, J., Morreu, H., "Estimation of the modulus of elasticity for dam concrete", Cement and Concrete Research, Vol. 28, n°1, 93-101, 1998.

[2.2] Experience from Swiss dams: Bulletin Technique de la Suisse Romande, 1956, p.77.

[2.3] Raphael J. "The Nature of Mass Concrete in Dams", ACI SP 55-6.

[2.4] US Bureau of Reclamation: "Concrete Manual", 8th ed., J. Wiley, New York, 1981

[2.5] Soares de Pinho, J., et al. "Control of Mass Concrete for Dams: Full-mix and Wet-screened Concrete Tests", 16. ICOLD Congress Proc. Q.62, R.27, San Francisco 1988.

[2.6] LERM (Laboratoire d'études et de recherches sur les matériaux), "Contrôle des bétons durcis in situ - Etat de l'art", LERM rapport d'étude n° 01.5529.001.01.A, Arles, July 2001.

[2.7] Neville, A., "Core Tests: Easy to Perform, Not Easy to Interpret", Concrete International, American Concrete Institute (ACI), Nov. 2001, 59-68.

[2.8] American Concrete Institute, "In Place methods to Estimate Concrete Strength", ACI Manual of Concrete Practice, 228.1R, Vol. 2.

[2.9] Paolina, R., Appendino, M., Baldovin, E., Berra, M., Bianchini, Carabelli, Posta, Vielmo. I., "Deterioration problems for concrete and masonry dams in Italy", 17th ICOLD Congress, Vienna, June 1991, Q.65, R.43.

[2.10] Barlett, F. M., MacGregor, J. G., "Effect of Core-Length-to-Diameter Ratio on Concrete Core Strength", ACI Material Journal, Vol. 91, No.4, Aug. 1994, 339-348.

[2.11] Ahmed A.E. "Does Core Size Affect Strength Testing?", Concrete International, Aug. 1999, 35-39.

[2.12] ASTM C 42-99: "Standard Test Method for Obtaining and Testing Drilled Cores and Sawed Beams of Concrete", Annual Book of ASTM Standards, Section 4, Vol. 04.02

[2.13] EN 12504: "Essais pour béton dans les structures (Testing of concrete in structures)", Norme européenne, Paris, August 2000.

[2.14] American Concrete Institute, "ACI Building Code Requirements for Structural Concrete", ACI 318R-95, Part 3, Chapter 5, 1998

[2.15] Akers, D.J. "Testing practice affects concrete's perceived quality", Concrete International, April 1990, 42-45.

[2.16] Widmann, R., "How to avoid thermal cracking of mass concrete", 15th ICOLD Congress on Large Dams, Q.57, R.15, Lausanne 1985.

[2.17] Kreuzer H., Tschegg E., Wilk W., "Fracture Energy of Concrete under Biaxial Loading", Proc. of the International Conference on Dam Fracture, eds. V. Saouma, R. Dungar, M. Morris, Sep. 1991, Boulder, Colorado, 447-457.

[2.18] American Concrete Institute, "Mass Concrete", ACI Publication, 207.1R-96.

[2.19] Tuthill, L.H. et al. "Better concrete for dams: recent experiences and trends in California", 10th ICOLD Congress on Large Dams, Q.39, R.11, Montreal 1970.

[2.20] Portland Cement Association (PCA), "Concrete Information", Skokie III, USA, 1987.

[2.21] Kreuzer, H., Collected from several publications.

[2.22] ANIDEL, Le dighe di ritenuta negli impianti idroelettrici italiani, vol. 1, 1951.

[2.23] American Concrete Institute, "Recommended Practice for Evaluation of Strength Test Results of Concrete", ACI Publication, 214, Manual of Concrete Practice, Vol. 2.

[2.24] ISO 2859 - Sampling procedures for inspection by attributes.

[2.25] ISO 3951 - Sampling procedures for inspection by variables.

[2.26] ISO 5479 - Statistical interpretation of data -- Tests for departure from the normal distribution.

[2.27] Comité Euro-International du Béton (CEB): CEB-FIP Model Code, 1990.

2.7. REFERENCES

[2.1] Vilardell, J., Morreu, H., "Estimation of the modulus of elasticity for dam concrete", Cement and Concrete Research, Vol. 28, n°1, 93-101, 1998.

[2.2] Experience from Swiss dams: Bulletin Technique de la Suisse Romande, 1956, p.77.

[2.3] Raphael J. "The Nature of Mass Concrete in Dams", ACI SP 55-6.

[2.4] US Bureau of Reclamation: "Concrete Manual", 8th ed., J. Wiley, New York, 1981

[2.5] Soares de Pinho, J., et al. "Control of Mass Concrete for Dams: Full-mix and Wet-screened Concrete Tests", 16. ICOLD Congress Proc. Q.62, R.27, San Francisco 1988.

[2.6] LERM (Laboratoire d'études et de recherches sur les matériaux), "Contrôle des bétons durcis in situ - Etat de l'art", LERM rapport d'étude n° 01.5529.001.01.A, Arles, July 2001.

[2.7] Neville, A., "Core Tests: Easy to Perform, Not Easy to Interpret", Concrete International, American Concrete Institute (ACI), Nov. 2001, 59-68.

[2.8] American Concrete Institute, "In Place methods to Estimate Concrete Strength", ACI Manual of Concrete Practice, 228.1R, Vol. 2.

[2.9] Paolina, R., Appendino, M., Baldovin, E., Berra, M., Bianchini, Carabelli, Posta, Vielmo. I., "Deterioration problems for concrete and masonry dams in Italy", 17th ICOLD Congress, Vienna, June 1991, Q.65, R.43.

[2.10] Barlett, F. M., MacGregor, J. G., "Effect of Core-Length-to-Diameter Ratio on Concrete Core Strength", ACI Material Journal, Vol. 91, No.4, Aug. 1994, 339-348.

[2.11] Ahmed A.E. "Does Core Size Affect Strength Testing?", Concrete International, Aug. 1999, 35-39.

[2.12] ASTM C 42-99: "Standard Test Method for Obtaining and Testing Drilled Cores and Sawed Beams of Concrete", Annual Book of ASTM Standards, Section 4, Vol. 04.02

[2.13] EN 12504: "Essais pour béton dans les structures (Testing of concrete in structures)", Norme européenne, Paris, August 2000.

[2.14] American Concrete Institute, "ACI Building Code Requirements for Structural Concrete", ACI 318R-95, Part 3, Chapter 5, 1998

[2.15] Akers, D.J. "Testing practice affects concrete's perceived quality", Concrete International, April 1990, 42-45.

[2.16] Widmann, R., "How to avoid thermal cracking of mass concrete", 15th ICOLD Congress on Large Dams, Q.57, R.15, Lausanne 1985.

[2.17] Kreuzer H., Tschegg E., Wilk W., "Fracture Energy of Concrete under Biaxial Loading", Proc. of the International Conference on Dam Fracture, eds. V. Saouma, R. Dungar, M. Morris, Sep. 1991, Boulder, Colorado, 447-457.

[2.18] American Concrete Institute, "Mass Concrete", ACI Publication, 207.1R-96.

[2.19] Tuthill, L.H. et al. "Better concrete for dams: recent experiences and trends in California", 10th ICOLD Congress on Large Dams, Q.39, R.11, Montreal 1970.

[2.20] Portland Cement Association (PCA), "Concrete Information", Skokie III, USA, 1987.

[2.21] Kreuzer, H., Collected from several publications.

[2.22] ANIDEL, Le dighe di ritenuta negli impianti idroelettrici italiani, vol. 1, 1951.

[2.23] American Concrete Institute, "Recommended Practice for Evaluation of Strength Test Results of Concrete", ACI Publication, 214, Manual of Concrete Practice, Vol. 2.

[2.24] ISO 2859 - Sampling procedures for inspection by attributes.

[2.25] ISO 3951 - Sampling procedures for inspection by variables.

[2.26] ISO 5479 - Statistical interpretation of data -- Tests for departure from the normal distribution.

[2.27] Comité Euro-International du Béton (CEB): CEB-FIP Model Code, 1990.

[2.28] Lambotte H., Morreu H., "Controle de la qualité du béton chantier et en usine", C.S.T.C.-Revue No. 3, Sept. 1979.

[2.29] Lombardi G. "Distributions a double borne logarithmique", 16th ICOLD Congress, Proc. Vol.5, San Francisco, 1988.

[2.30] Kreuzer H., Bury K. "The effect of distribution bounds on dam safety evaluation", International Workshop on Dam Safety Evaluation, Grindelwald April 1993, Vol.3, 49-54.

[2.31] Rüsch, H., Rackwitz, R. (1969), "Statistische Analyse der Betonfestigkeit" (Statistical Analysis of Concrete Strength), Deutscher Ausschuss für Stalbeton, Heft 206, W. Ernst, Berlin.

[2.32] Swiss Committee on Dams, "Concrete of Swiss dams", edited to the 20th ICOLD congress, Beijing, September 2000.

[2.33] American Concrete Institute, "Standard Practice for Selecting Proportions for Normal, Heavyweight and Mass Concrete, ACI 211.1-91 (Re-approved 2002).

[2.34] Popovics S., "Analysis of the concrete strength vs water/cement ratio relationship", ACI Material Journal. September – October 1990, 512 – 529.

[2.35] AFNOR Association Française de Normalisation: "Béton prêt à l'emploi", XP P 18-305, August 1996

[2.36] Higginson., E.C., et al., "Maximum size of aggregates affects strength of concrete", Civil Engineering, Nov. 1963

[2.37] Gordon, W.W., Gillespie, H.A., "Variables in Concrete Aggregates and Portland Cement Paste with influence on Strength of Concrete", Journal of ACI, Aug. 1963, 1429

[2.38] Leemann, A., et al., "Gebrochene Zuschlagstoffe" [Crushed Aggregates], Schweizer Ingenieur und Architekt (SIA), Nr. 24, June 1999, 532-536.

[2.39] Huber,H., "Die Kölnbreinsperre – Neue Wege in der Technik des Massenbetons" [Kölnbrein Arch Dam – Recent Developments in Mass Concrete Technology], Beton & Stahlbeton, Heft 5, 1979.

[2.40] American Concrete Institute, "Standard Practice for Curing Concrete", ACI Manual of Concrete Practice, 308 -92, Vol. 2, 1998.

[2.41] Haque, M.N., "Give it a week: 7 day initial curing", ACI Concrete International, Sep. 1998.

[2.42] Huber, H., "Neue Wege in der Technik des Massenbetons" [New developments in mass concrete technology], SIKA Information, No.3, Dec. 1977.

[2.43] Rüsch, H., "Der Einfluss der Deformationseigenschaften des Betons auf den Spannungszustand (the influence of deformation properties on the state of stress in concrete)", *Schweizerische Bauzeitung*, Jg. 77, Heft 9, Febr. 1959

[2.44] Kupfer, H.B., Gerstle, K.H., "Behaviour of Concrete under Biaxial Stress" Journal of Engineering mechanics Div., ASCE, Vol. 99, n° EM4, Paper 9917, Aug. 1973, 853-866.

[2.45] Bertacchi, P., Bellotti, R., "Experimental research on deformation and failure of concrete under triaxial loads", Colloque Rilem, Cannes, 4-6 October 1972.

[2.46] Berra, M., Fatticcioni, A., Ferrara, G., "Triaxial behaviour of concretes of different weights" Int. Conf. on concrete under multiaxial conditions, Toulouse, 22-24 May 1984.

[2.47] Hellmann, H.G., "Beziehung zwischen Zug-und Druckfestigkeit des Betons", Beton, 2-69, 1969, 68-70.

[2.48] Metha, P.K., "Durability – Critical Issue for the future", ACI Concrete International, July 1997.

[2.49] Raphael J. "Tensile Strength of Concrete", ACI Journal, March, April 1984, 158-165.

[2.50] Khan A., et. al., "Tensile strength of low, medium and high strength concrete at early ages", ACI Material Journal Sep./Oct. 1996, 487-493.

[2.51] Bazant, P., Gettu, R., "Rate Effect and Load Relaxation in Static Fracture of Concrete" ACI Material Journal, Vol. 89, n°5, Sept.-Oct. 1992, 456-468.

[2.52] Dungar, R., Kreuzer, H., "Apparent tensile strength for arch dam design: a review for rate, size and strength dependency" Dam Engineering, Vol. III, Issue 3, Aug. 1992.

[2.28] Lambotte H., Morreu H., “Controle de la qualité du béton chantier et en usine”, C.S.T.C.-Revue No. 3, Sept. 1979.

[2.29] Lombardi G. “Distributions a double borne logarithmique”, 16th ICOLD Congress, Proc. Vol.5, San Francisco, 1988.

[2.30] Kreuzer H., Bury K. “The effect of distribution bounds on dam safety evaluation”, International Workshop on Dam Safety Evaluation, Grindelwald April 1993, Vol.3, 49-54.

[2.31] Rüsch, H., Rackwitz, R. (1969), “Statistische Analyse der Betonfestigkeit” (Statistical Analysis of Concrete Strength), Deutscher Ausschuss für Stalbeton, Heft 206, W. Ernst, Berlin.

[2.32] Swiss Committee on Dams, “Concrete of Swiss dams”, edited to the 20th ICOLD congress, Beijing, September 2000.

[2.33] American Concrete Institute, “Standard Practice for Selecting Proportions for Normal, Heavyweight and Mass Concrete, ACI 211.1-91 (Re-approved 2002).

[2.34] Popovics S., “Analysis of the concrete strength vs water/cement ratio relationship”, ACI Material Journal. September – October 1990, 512 – 529.

[2.35] AFNOR Association Française de Normalisation: “Béton prêt à l'emploi”, XP P 18-305, August 1996

[2.36] Higginson., E.C., et al., “Maximum size of aggregates affects strength of concrete”, Civil Engineering, Nov. 1963

[2.37] Gordon, W.W., Gillespie, H.A., “Variables in Concrete Aggregates and Portland Cement Paste with influence on Strength of Concrete”, Journal of ACI, Aug. 1963, 1429

[2.38] Leemann, A., et al., “Gebrochene Zuschlagstoffe” [Crushed Aggregates], Schweizer Ingenieur und Architekt (SIA), Nr. 24, June 1999, 532-536.

[2.39] Huber,H., “Die Kölnbreinsperre – Neue Wege in der Technik des Massenbetons” [Kölnbrein Arch Dam – Recent Developments in Mass Concrete Technology], Beton & Stahlbeton, Heft 5, 1979.

[2.40] American Concrete Institute, “Standard Practice for Curing Concrete”, ACI Manual of Concrete Practice, 308 -92, Vol. 2, 1998.

[2.41] Haque, M.N., “Give it a week: 7 day initial curing”, ACI Concrete International, Sep. 1998.

[2.42] Huber, H., “Neue Wege in der Technik des Massenbetons” [New developments in mass concrete technology], SIKA Information, No.3, Dec. 1977.

[2.43] Rüsch, H., “Der Einfluss der Deformationseigenschaften des Betons auf den Spannungszustand (the influence of deformation properties on the state of stress in concrete)”, *Schweizerische Bauzeitung*, Jg. 77, Heft 9, Febr. 1959

[2.44] Kupfer, H.B., Gerstle, K.H., “Behaviour of Concrete under Biaxial Stress” Journal of Engineering mechanics Div., ASCE, Vol. 99, n° EM4, Paper 9917, Aug. 1973, 853-866.

[2.45] Bertacchi, P., Bellotti, R., “Experimental research on deformation and failure of concrete under triaxial loads”, Colloque Rilem, Cannes, 4-6 October 1972.

[2.46] Berra, M., Fatticcioni, A., Ferrara, G., “Triaxial behaviour of concretes of different weights” Int. Conf. on concrete under multiaxial conditions, Toulouse, 22-24 May 1984.

[2.47] Hellmann, H.G., “Beziehung zwischen Zug-und Druckfestigkeit des Betons”, Beton, 2-69, 1969, 68-70.

[2.48] Metha, P.K., “Durability – Critical Issue for the future”, ACI Concrete International, July 1997.

[2.49] Raphael J. “Tensile Strength of Concrete”, ACI Journal, March, April 1984, 158-165.

[2.50] Khan A., et. al., “Tensile strength of low, medium and high strength concrete at early ages”, ACI Material Journal Sep./Oct. 1996, 487-493.

[2.51] Bazant, P., Gettu, R., “Rate Effect and Load Relaxation in Static Fracture of Concrete” ACI Material Journal, Vol. 89, n°5, Sept.-Oct. 1992, 456-468.

[2.52] Dungar, R., Kreuzer, H., “Apparent tensile strength for arch dam design: a review for rate, size and strength dependency” Dam Engineering, Vol. III, Issue 3, Aug. 1992.

[2.53] The National Academy of Sciences, "Earthquake Engineering for Concrete Dams: Design, Performance, and Research Needs", Commission on Engineering and Technical Systems, USA, 1991.

[2.54] Liu, T.C., Mc Donald, J.M., "Prediction of tensile strain capacity of mass concrete", Journal ACI, 75, n° 5, 1978.

[2.55] Newman, K., Newman, J.B., "Failures theories and design criteria for plain concrete", Proc. of the Southampton 1969 Civil Engineering Materials Conference, ed. M. Teeni, 1971.

[2.56] Kreuzer, H., Bury, K., "Reliability analysis of the Mohr failure criterion", Journal of Engineering Mechanics, Vol. 115, n°3, ASCE, 1989.

[2.57] Tschegg, E. et al. "Fracture in concrete under biaxial loading – numerical evaluation of wedge splitting test results", Proc. of the Conference on Fracture mechanics of Concrete Structures, Z.B. Bazant ed., FramCos 1, Breckenridge 1992, Esevier Applied Science, London, 455-460.

[2.58] Dungar, R., "El Cajon Hydroelectric Powerplant, Arch Dam Final Design, Static and Dynamic Stress Analysis, May 1981 (unpublished). See also comment to this reference in [2.3].

[2.59] RILEM Report 5, "Fracture mechanics test methods of concrete", edt. S.P. Shah and A. Carpinteri, Chapman & Hall, 1989.

[2.60] ACI 446.3R-97, "Finite Element analysis of fracture in concrete structures", American Concrete Institute, Manual of Concrete Practice, Part 4, 1998.

[2.61] Bazant, z.P., He, S., Plesha, M.A.,Gettu, r., Rowlands, R.E., "Rate and size effect in concrete fracture: implications for dams", Dam Fracture, Proc. of International Conference, Boulder CO, Sept. 1991.

[2.62] Gunn, R.M., "Non-linear design and safety analysis of ach dams using damage mechanics", Hydropower & Dams, Issue 3, 2001.

[2.63] Pacelli, W. A. et al., "Treatment and performance of construction joints in concrete dams", Waterpower & Dam Construction, Nov. 1993.

[2.64] Tarbox G. et al. "Seismic Analysis of Concrete Dams", 13 ICOLD Congress Proc. Q.51 R.12, New Dehli 1979.

[2.65] Brühwiler E., "Fracture Mechanics of Dam Concrete Subjected to Quasi-static and Seismic Loading Conditions", Ph.D. Thesis no. 739, Ecole Polytechnique Federale de Lausanne, 1988.

[2.66] Bischoff, P.H., Perry, S.H., "Compressive behavior of concrete at high strain rates", RILEM Materials and Structures, 1991, 24.

[2.67] Hatano T. "Aseismic design criteria for arch dams in Japan", 9. ICOLD Congress Proc. Q.35 R.1, Istanbul 1967.

[2.68] Harris, D.W. et al., "Dynamic Properties of Mass Concrete Obtained from Dam Cores", ACI Materials Journal, Vol. 97, No.3, May-June 2000.

[2.69] Saucier K.L., Carpenter L. "Dynamic Properties of Mass Concrete", ASTM STP 654, 1978, 163-178.

[2.70] Discussion by H.W. Reinhard and others included in ACI Jan.-Febr. 1995, 94-98. In Ref. [2.3].

[2.71] Bureau of Reclamation (Mohorovic, C. Harris D.W. Dolen T.P.), "Dynamic Properties of Mass Concrete Obtained from Dam Cores" Dam safety Office, 1999.

[2.72] Lindvall, Richter & Ass., "Final Report for Investigations of the Big Tujunga Dam", Los Angeles 1975 (unpublished).

[2.73] Berra, M., Albertini, Cadoni, Labibes, Giangrasso, "High strain-rate tensile concrete behaviour", Magazine of Concrete Research, Vol. 52 – n°5 – Oct. 2000 – pp. 365-370.

[2.74] Berra, M., Albertini, Cadoni, Labibes, Giangrasso, " Strain-rate effect on the tensile behaviour of concrete at different relative humidity levels ", RILEM Materials and Structures, Vol.34 - n° 235 - January-February 2001 - pp. 21 – 26.

[2.53] The National Academy of Sciences, "Earthquake Engineering for Concrete Dams: Design, Performance, and Research Needs", Commission on Engineering and Technical Systems, USA, 1991.

[2.54] Liu, T.C., Mc Donald, J.M., "Prediction of tensile strain capacity of mass concrete", Journal ACI, 75, n° 5, 1978.

[2.55] Newman, K., Newman, J.B., "Failures theories and design criteria for plain concrete", Proc. of the Southampton 1969 Civil Engineering Materials Conference, ed. M. Teeni, 1971.

[2.56] Kreuzer, H., Bury, K., "Reliability analysis of the Mohr failure criterion", Journal of Engineering Mechanics, Vol. 115, n°3, ASCE, 1989.

[2.57] Tschegg, E. et al. "Fracture in concrete under biaxial loading – numerical evaluation of wedge splitting test results", Proc. of the Conference on Fracture mechanics of Concrete Structures, Z.B. Bazant ed., FramCos 1, Breckenridge 1992, Esevier Applied Science, London, 455-460.

[2.58] Dungar, R., "El Cajon Hydroelectric Powerplant, Arch Dam Final Design, Static and Dynamic Stress Analysis, May 1981 (unpublished). See also comment to this reference in [2.3].

[2.59] RILEM Report 5, "Fracture mechanics test methods of concrete", edt. S.P. Shah and A. Carpinteri, Chapman & Hall, 1989.

[2.60] ACI 446.3R-97, "Finite Element analysis of fracture in concrete structures", American Concrete Institute, Manual of Concrete Practice, Part 4, 1998.

[2.61] Bazant, z.P., He, S., Plesha, M.A.,Gettu, r., Rowlands, R.E., "Rate and size effect in concrete fracture: implications for dams", Dam Fracture, Proc. of International Conference, Boulder CO, Sept. 1991.

[2.62] Gunn, R.M., "Non-linear design and safety analysis of ach dams using damage mechanics", Hydropower & Dams, Issue 3, 2001.

[2.63] Pacelli, W. A. et al., "Treatment and performance of construction joints in concrete dams", Waterpower & Dam Construction, Nov. 1993.

[2.64] Tarbox G. et al. "Seismic Analysis of Concrete Dams", 13 ICOLD Congress Proc. Q.51 R.12, New Dehli 1979.

[2.65] Brühwiler E., "Fracture Mechanics of Dam Concrete Subjected to Quasi-static and Seismic Loading Conditions", Ph.D. Thesis no. 739, Ecole Polytechnique Federale de Lausanne, 1988.

[2.66] Bischoff, P.H., Perry, S.H., "Compressive behavior of concrete at high strain rates", RILEM Materials and Structures, 1991, 24.

[2.67] Hatano T. "Aseismic design criteria for arch dams in Japan", 9. ICOLD Congress Proc. Q.35 R.1, Istanbul 1967.

[2.68] Harris, D.W. et al., "Dynamic Properties of Mass Concrete Obtained from Dam Cores", ACI Materials Journal, Vol. 97, No.3, May-June 2000.

[2.69] Saucier K.L., Carpenter L. "Dynamic Properties of Mass Concrete", ASTM STP 654, 1978, 163-178.

[2.70] Discussion by H.W. Reinhard and others included in ACI Jan.-Febr. 1995, 94-98. In Ref. [2.3]

[2.71] Bureau of Reclamation (Mohorovic, C. Harris D.W. Dolen T.P.), "Dynamic Properties of Mass Concrete Obtained from Dam Cores" Dam safety Office, 1999.

[2.72] Lindvall, Richter & Ass., "Final Report for Investigations of the Big Tujunga Dam", Los Angeles 1975 (unpublished).

[2.73] Berra, M., Albertini, Cadoni, Labibes, Giangrasso, "High strain-rate tensile concrete behaviour", Magazine of Concrete Research, Vol. 52 – n°5 – Oct. 2000 – pp. 365-370.

[2.74] Berra, M., Albertini, Cadoni, Labibes, Giangrasso, " Strain-rate effect on the tensile behaviour of concrete at different relative humidity levels ", RILEM Materials and Structures, Vol.34 - n° 235 - January-February 2001 - pp. 21 – 26.

3. LES PROPRIÉTÉS ELASTIQUES

3.1. GENERAL

Les caractéristiques élastiques d'un matériau définissent comment ce matériau se déforme lorsque diverses charges lui sont appliquées. Les propriétés élastiques permettent de mesurer la rigidité d'un matériau. Le béton présente une courbe contrainte-déformation non linéaire, mais peut, dans une certaine mesure, être considéré comme un matériau élastique (Fig. 3.1).

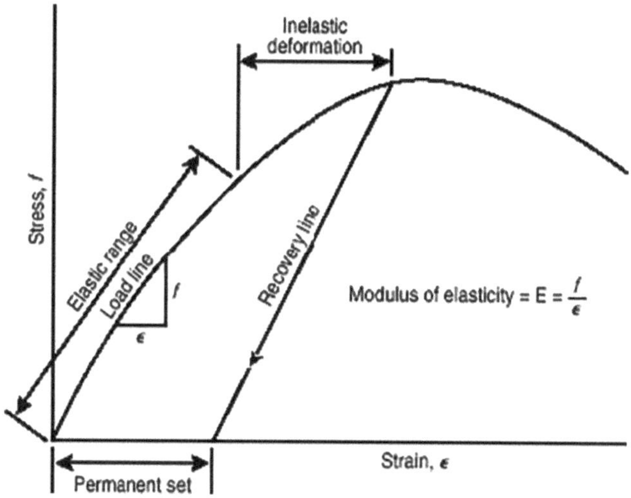

Fig. 3.1
Courbe générale contrainte-déformation du béton [3.1]

Avant d'examiner les propriétés élastiques du béton, il est utile de présenter un bref résumé des autres modèles de comportement qui ont été utilisés pour déterminer la réaction contrainte-déformation des structures en béton.

Sur le plan théorique le comportement du béton est caractérisé comme "élastique", "viscoélastique", "élasto-plastique", "poroplastique" ou autrement en fonction du modèle de comportement supposé "élastique" (voir par exemple [3.1], Timoshenko et Goodier [3.2].

Par définition, le comportement élastique a comme propriété que les déformations apparaissent et disparaissent immédiatement avec l'application et la suppression de la contrainte. Le comportement élastique n'implique pas une relation linéaire contrainte déformation. Dans les modèles élastiques non-linéaires, les propriétés élastiques peuvent varier en fonction du niveau de contrainte ou d'autres paramètres influant sur le comportement. En ce qui concerne le comportement "viscoélastique", certains (par exemple Neville et al. [3.3]) considèrent que la déformation dépend du temps comme le fluage. Les modèles rhéologiques viscoélastiques des matériaux sont appliqués au béton lorsque les contraintes sont relativement faibles, ce qui est similaire aux domaines d'application de modèles de matériaux élastiques linéaires. A des niveaux de contrainte plus élevés, le comportement du béton lié au temps est non-linéaire. Le fluage du béton est examiné plus en détail dans la Section 4. Le comportement "élastoplastique" (voir par exemple, Bangesh [3.4] et Chen [3.5]) comprend des déformations permanentes et une règle associée d'écoulement plastique. Le comportement "poroplastique" (voir par exemple Fauchet et al. [3.6]) prend en compte les effets de la pression du fluide dans les espaces interstitiels d'un matériau élastique-plastique.

3. ELASTIC PROPERTIES

3.1. GENERAL

The elastic characteristics of a material define how the material will deform when various loads are applied. Elastic properties provide a measure of the stiffness of a material. Concrete has a non-linear stress-strain curve, however to a certain degree it may be considered an elastic material (Fig. 3.1).

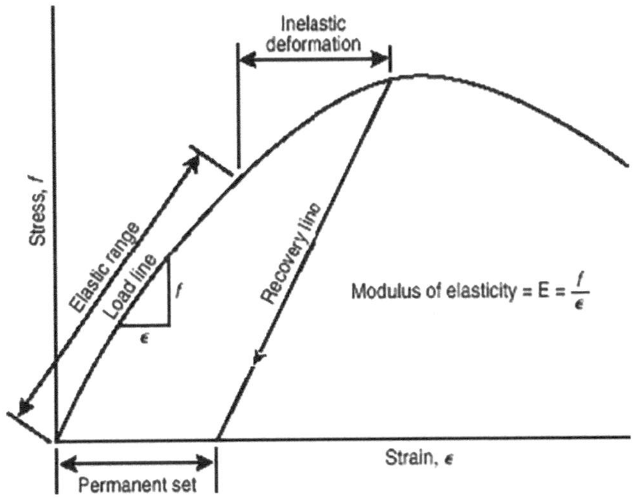

Fig. 3.1
Generalized stress-strain curve for concrete [3.1]

Prior to discussing the elastic properties of concrete, it is useful to present a brief summary of other constitutive models which have been used to determine the stress-strain response of concrete structures.

Concrete is variously characterized theoretically as “elastic”, “visco-elastic”, “elastic-plastic”, “poro-plastic” or otherwise depending on the behavioral model assumed. “Elastic” (see for example [3.1] and Timoshenko and Goodier [3.2]).

Behavior by definition has the property that the strains appear and disappear immediately on the application and removal of stress. Elastic behavior does not imply a linear stress-strain relationship. In non-linear elastic models, the elastic properties may vary depending on the level of stress or other controlling parameters. “Viscoelastic” (for example Neville et al. [3.3]) behavior includes treatment of time dependent deformation such as creep. Viscoelastic rheological material models are applied to concrete when the stresses are relatively low which is similar to the range of applicability of linear elastic material models. At higher stress levels the time dependent behavior of concrete is nonlinear. Creep of concrete is discussed further in Section 4. “Elastic-plastic” behavior (see for example, Bangesh [3.4] and Chen [3.5]) includes permanent deformations and a plastic flow rule subsequent to “yielding”. “Poro-plastic” (see for example, e.g. Fauchet et al. [3.6]) behavior includes the effects of fluid pressure in the pore spaces of an elastic-plastic material.

La Fig. 3.2 montre un équivalent rhéologique de la réaction contrainte-déformation mentionnée ci-dessus. Elle montre entre autres le transfert caractéristique des contraintes entre l'amortissement (viscosité) et l'élément de friction ; ainsi, avec le temps, la contrainte sera totalement transférée du premier au dernier entraînant une déformation (plastique) irréversible. La déformation plastique se poursuit jusqu'à ce que la déformation accumulée soit suffisante pour solliciter la contrainte de résistance. Ce type de processus peut alors être simulé dans une relation non-linéaire contrainte déformation avec une modélisation aux éléments finis.

Il est en outre nécessaire de sélectionner d'autres types de modèles en termes d'homogénéité et d'isotropie. L'homogénéité est souvent prise en charge à un niveau macro, mais bien sûr au niveau des particules, les grains et agrégats forment un mélange très homogène. Dans les structures où ont été utilisés des mélanges de béton nettement différents, on peut alors supposer que les volumes sélectionnés sont eux-mêmes homogènes, mais qu'ils peuvent varier de l'un à l'autre. Dans certains cas, l'inhomogénéité peut se développer au fil du temps du fait de mécanismes de dégradation variables dans l'espace. L'isotropie est généralement assumée dans le béton de masse conventionnel. En fait, il peut être démontré que les paramètres de résistance mécanique (résistance à la compression, module de Young) ne sont que très légèrement (voire jamais) différents lorsque leurs valeurs sont comparées parallèlement ou perpendiculairement par rapport au sens de mise en place du béton.

Le modèle classique et le plus simple de la matière constitutive est un modèle d'élasticité linéaire dans un matériau isotrope homogène dont le comportement peut être caractérisé par deux paramètres, le module d'élasticité (E) et le coefficient de Poisson (ν). Un matériau est isotrope lorsque ses propriétés élastiques sont identiques dans toutes les directions.

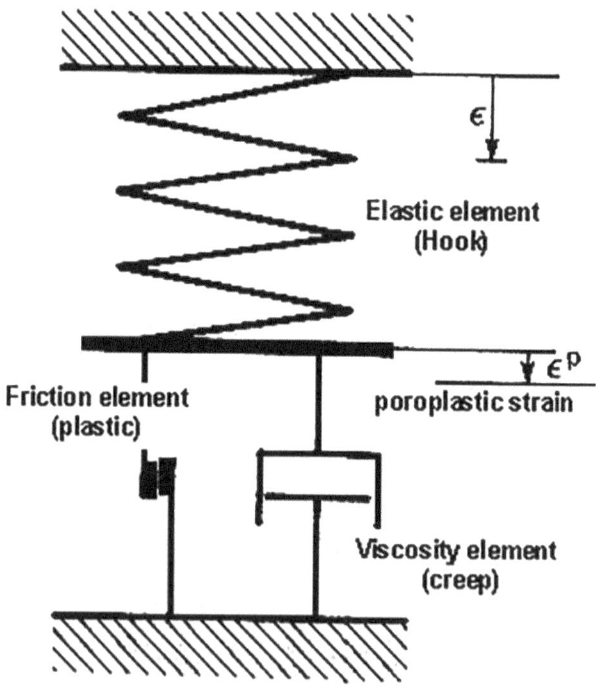

Fig. 3.2
Équivalent rhéologique de la réaction caractéristique de la contrainte déformation du béton [3.7]

Fig. 3.2 shows a rheological equivalent of the above-mentioned stress-strain response. It shows, among others, the typical stress transfer between the damping (viscosity) and the friction element, hereby, with time, stress will be completely transferred from the first to the latter resulting in irreversible (plastic) strain. Plastic strain continues until the accumulated strain is enough to activate resisting stress. This kind of process can then be simulated in a nonlinear stress-strain relation for Finite Element-modelling.

In addition, it is necessary to select further idealizations in terms of homogeneity and isotropy. Homogeneity is frequently assumed at a macro level but of course at the particle level the grains and aggregate form a very inhomogeneous mixture. In structures where distinctly different concrete mixes were used, then selected volumes may be assumed to be homogeneous within themselves but may vary from volume to volume. In some instances, inhomogeneity may develop with time due to deterioration mechanisms varying spatially. Isotropy is usually assumed in conventional mass concrete. In fact it can be shown that strength parameters (compressive strength, Young's modulus) are only insignificantly (if ever) different when comparing their values parallel or perpendicular to the direction of concrete placement.

The classic and simplest constitutive material model is one of linear elasticity in an isotropic homogeneous material in which the behaviour can be characterised by two parameters, the modulus of elasticity (E) and the Poisson's ratio (ν). A material is isotropic when its elastic properties are identical in all directions.

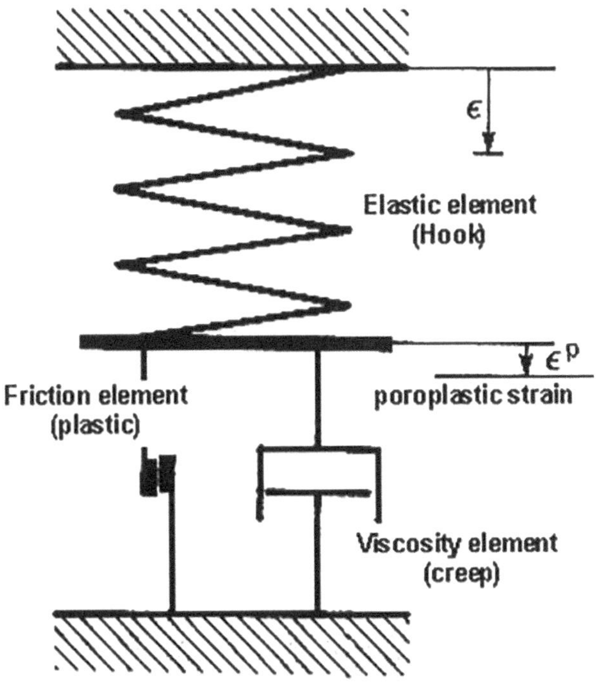

Fig. 3.2
Rheological equivalent of typical stress-strain response in concrete [3.7]

Les modèles ci-dessus considèrent le béton comme un milieu continu mais en fait la fissuration interne due au retrait ou à une autre source de traction peut introduire des discontinuités. En outre, les joints des blocs verticaux ou les joints faibles de reprise horizontaux sont aussi des discontinuités marquées. Ces discontinuités peuvent être modélisées aussi comme un milieu continu équivalent «sans tension», avec une «fissuration diffuse» et un adoucissement de la déformation ou une fissuration discrète selon les détails disponibles et le comportement souhaité.

En règle générale, le comportement du béton se caractérise différemment pour la charge statique et dynamique. Cela dépendra du taux de charge et de la modélisation. Dans certains cas, comme les charges explosives, les effets du taux de chargement sont importants en soi, dans d'autres cas, la distinction est liée aux hypothèses de modélisation et de l'ampleur de la déformation, par exemple, l'utilisation du module sécant pour une charge statique par rapport au module tangent pour une charge dynamique de faible amplitude.

Nous examinons ici l'utilisation du modèle à deux paramètres, en utilisant un module d'élasticité et le coefficient de Poisson pour inclure certains comportements élastiques et non-élastiques du béton.

3.2. MODULE STATIQUE D'ELASTICITE

3.2.1. Comportement typique et définitions

Le comportement du béton en compression est illustré par le diagramme de la Fig. 3.3 (de Mehta [3.8]).

Étant donné que la courbe est non-linéaire, différentes définitions de modules élastiques sont possibles comme le montre cette figure. Il s'agit :

1. du module tangent donné par la pente de la ligne tangente à la courbe contrainte déformation en tout point, au niveau de contrainte, sur la courbe. Le module tangent a peu d'importance pratique puisqu'il s'applique à de très petites conditions de contrainte-déformation. Toutefois, s'agissant de l'utilisation des modules élastiques dans des modélisations aux éléments finis (MEF), le module tangent est un choix où les non-linéarités sont considérées comme dépendantes du taux de chargement (dans un modèle viscoplastique par exemple) ou pour un chargement à court terme, pour laquelle le module est considéré comme plus élevé que pour un chargement à long terme.

2. du module sécant donné par la pente de la ligne allant de l'origine au point sur la courbe au niveau de contrainte,

3. ou module incrémental donné par la pente de la ligne entre deux points. C'est le module défini dans la plupart des normes, où la déformation est mesurée entre les pourcentages de charge retenus (voir 3.2.4).

Pour les barrages, le béton affichera une déformation (fluage) dépendant du temps et la notion d'un module élastique ne s'applique pas strictement. Toutefois, dans une MEF linéaire-élastique, l'artifice de choisir un module sécant, notamment pour la prise en compte des effets de fluage, est pleinement justifié.

The above models consider the concrete as "continua" but in fact internal cracking due to shrinkage or other source of tension may introduce discontinuities. Moreover, vertical block joints or weak horizontal lift joints are marked discontinuities too. These discontinuities may be modelled as equivalent continua as "no tension" models, with "smeared cracks" and strain-softening or as discrete cracks depending on the level of detail available and behaviour desired.

The behaviour of concrete is usually characterised differently for static and dynamic loading. This will depend on the rate of loading and the idealisation. In some cases, such as blast loading, the rate effects are significant in themselves, in others the distinction is related to modelling assumptions and strain magnitude, for example, the use of secant modulus for static loading versus tangent modulus for dynamic loading of small amplitude.

Here we discuss the use of the two-parameter model, using a modulus of elasticity and Poisson's ratio to include certain elastic and inelastic behaviours exhibited by concrete.

3.2. STATIC MODULUS OF ELASTICITY

3.2.1. Typical behavior and definitions

The behavior of concrete in compression is shown diagrammatically in Fig. 3.3 (from Mehta [3.8]).

Since the curve is non-linear, various definitions of elastic moduli are possible as illustrated. These are:

1. the tangent modulus given by the slope of the line drawn tangent to the stress-strain curve at any point, or stress level, on the curve. The tangent modulus is of little practical significance since it applies to very small stress-strain conditions. However, with respect to using elastic moduli in finite element analyses (FEA), the tangent modulus is a choice when non-linearities are taken as rate-dependent (e.g. in a viscoplastic model) or for short term loading, for which the modulus is regarded being higher than long term loading.

2. the secant modulus given by the slope of the line drawn from the origin to the point on the curve at the stress level, and,

3. the chord modulus (or an incremental modulus) given by the slope of the line between two points. It is the modulus defined in most standards, in which the strain is measured between stipulated load percentages (see 3.2.4).

Concrete in dams will exhibit time dependent straining (creep) and the notion of an elastic modulus does not strictly apply. However, in a linear-elastic FEA the artifice to choose a secant modulus, including creep effects, is fully justified.

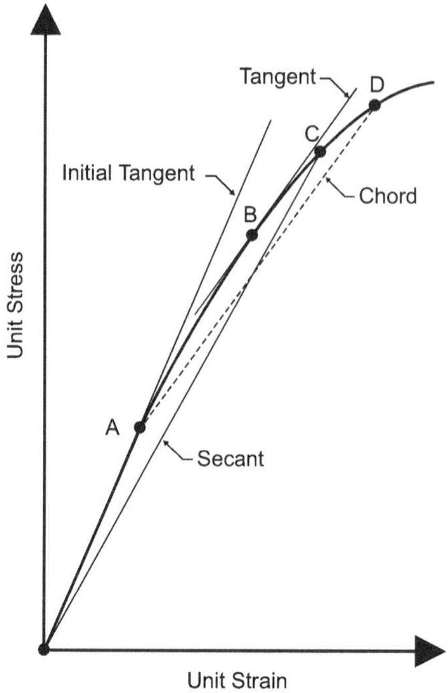

Fig. 3.3
Une courbe typique de la contrainte-déformation du béton et différentes définitions du module élastique

3.2.2. Mécanismes internes touchant le comportement

Le comportement non-linéaire contrainte-déformation a été expliqué en termes de progression de la microfissuration du béton en quatre étapes [3.8]. Initialement, avant l'application d'une charge externe, le béton contiendrait des microfissures dans la zone de transition entre la matrice et les gros granulats. Le nombre et l'étendue dépendraient de la proportion du mélange, de l'historique du durcissement et de la résistance du matériau qui se traduisent par un retrait au séchage, un retrait chimique (changement de volume autogène ou sans apport extérieur) et des fissures thermiques. Jusqu'à un certain niveau en fonction de la mise en place du béton, de la conception du mélange et du durcissement, les microfissures seront stables et le module sera plus ou moins constant, c'est-à-dire essentiellement linéaire. Ensuite, au fur et à mesure que la déformation progresse, les microfissures augmentent en longueur, même si elles peuvent toujours être stables et le comportement non-linéaire devient apparent. Les microfissures deviennent ensuite instables et la non-linéarité est plus forte et enfin une augmentation spontanée des fissures et de grandes déformations surviennent qui pourraient entraîner une rupture. Dans cette Section, la discussion concerne principalement le comportement élastique linéaire qui apparaît au niveau inférieur de la déformation et lorsque la microfissuration est petite.

3.2.3. Facteurs touchant le module élastique

Il s'agit des granulats, de la matrice de la pâte de ciment, de l'interface agrégat- pâte de ciment (zone de transition), des conditions d'essai (humidité, température, application du taux de charge), de l'âge et des conditions d'endommagement.

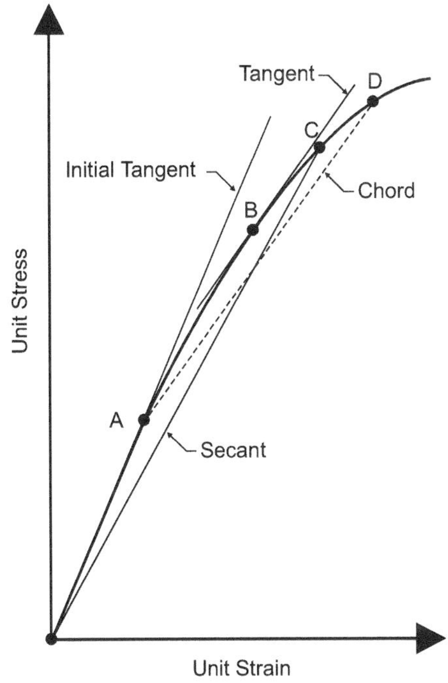

Fig. 3.3
A typical concrete stress-strain curve and various definitions of elastic moduli

3.2.2. Internal mechanisms affecting the behavior

The non-linear stress-strain behavior has been explained in terms of the progression of micro-cracking of concrete through four stages [3.8]. Initially, before the application of external load, the concrete would contain micro-cracks in the transition zone between the matrix and the coarse aggregate. The number and extent would depend on the mix proportion, curing history and strength of the material and consist of drying shrinkage, chemical shrinkage (autogenous volume change) and thermal cracks. Up to a certain level depending on the placing, mix design and curing, the micro-cracks will be stable, and the modulus will be approximately constant, i.e. essentially linear. Then as the strain progresses, the micro-cracks increase in length, although they may still be stable, and non-linear behavior becomes apparent. Subsequently the micro-cracks become unstable and non-linearity is stronger and eventually spontaneous crack growth and large strains occur which could eventually lead to failure. In this Section, the discussion mainly pertains to linear elastic behavior which occurs at low level of strain and when micro-cracking is small.

3.2.3. Factors affecting the elastic modulus

These are aggregates, cement paste matrix, aggregate – cement paste interface (transition zone), test conditions (humidity, temperature, loading rate application), age and damage conditions.

3.2.3.1. Granulats

La relation entre le module statique du béton et les granulats utilisés pour le béton peut être obtenue à partir des contenus volumétriques de la pâte de ciment et des granulats, et de leurs modules statiques relatifs. Cette relation s'exprime spécifiquement par des modèles composites à deux phases, qui combinent les éléments à des phases en parallèle (modèle de Voigt) et des phases en série (modèle de Reuss) (Fig. 3.4) [3.9].

Le modèle en parallèle indique la limite supérieure pour les propriétés élastiques présentant un intérêt tandis que le modèle en série fournit la limite inférieure. Le béton fabriqué à base de granulats naturels dans une pâte molle est plus conforme à la limite inférieure, c'est-à-dire au modèle en série.

D'autres modèles plus réalistes pour le béton ont été cependant proposés comme ceux de Hirsch et Counto (Fig. 3.4) [3.9] ou celui composé de particules sphériques d'une matrice continue [3.10]. Ce dernier peut être exprimé comme suit:

$$E_c = \left[\frac{(1-V_a)\,E_m + (1+V_a)E_a}{(1+V_a)E_m + (1-V_a)E_a}\right] E_m$$

Ces modèles dépendent des hypothèses selon lesquelles : (1) le béton est un mélange tridimensionnel des deux phases homogène et isotrope, de la matrice et des gros granulats, (2) chaque phase se comporte de façon linéaire dans le régime élastique linéaire, (3) il n'y a pas d'interaction entre les particules des granulats (4) il existe une liaison parfaite entre les granulats et la matrice. Ces hypothèses ne sont pas toutes toujours valides.

Pour les granulats de poids normal de bonne qualité, comme ceux utilisés dans les barrages, E_a est nettement supérieur à E_m et la vraie valeur de E_C devrait se situer entre la limite inférieure théorique (modèle en série) et le modèle sphérique.

La porosité des granulats est un autre paramètre global capable d'influer sur le module d'élasticité du béton. En fait, elle affecte directement la rigidité des granulats, E_a. Un granulat dense a un module élastique élevé, ce qui donne aussi un béton avec un module plus élevé. Dans les granulats à faible porosité comme le basalte et le granit, E_a est supérieur à 60-70 GPa tandis que les granulats de roches poreuses, comme le grès par exemple, se caractérisent par un E_a faible (8-25 GPa). Les granulats provenant de roches à porosité variable, comme par exemple les calcaires, sont donc caractérisés par des valeurs plus variables de E_a, soit entre 10 et 60 GPa.

Plus la qualité du béton est élevée (comme le béton de parement), plus l'importance de la porosité des granulats est grande.

Les autres propriétés des granulats influant sur le module élastique du béton sont la taille maximale et la distribution de la taille, la forme, la texture de la surface et la composition minéralogique. Elles sont également influencées par la microfissuration dans la zone de transition entre les granulats et la pâte de ciment (voir 3.2.3.3).

3.2.3.1. *Aggregates*

The relationship between the concrete static modulus and the aggregate used for the concrete can be obtained through the volumetric contents of both cement paste and aggregates, and their relative static moduli. In particular this relationship can be expressed with the two-phase composite models, which combine elements with parallel (Voigt model) and series (Reuss model) phases (Fig. 3.4) [3.9].

The parallel system is the upper bound for elastic properties of interest while the series system provides the lower bound. Concrete made with natural aggregate in a soft paste conforms more closely to the lower bound, i.e. the series model.

However other more realistic models for concrete have been suggested as those by Hirsch and Counto (Fig. 3.4) [3.9] or that one consisting of spherical particles in a continuous matrix [3.10]. This last can be expressed as:

$$E_c = \left[\frac{(1-V_a)\,E_m + (1+V_a)E_a}{(1+V_a)E_m + (1-V_a)E_a}\right]E_m$$

These models depend on the assumptions that (1) the concrete is a three-dimensional combination of the two homogeneous and isotropic phases, the matrix and the coarse aggregate, (2) each phase behaves linearly in the linear elastic regime, (3) there is no interaction between the aggregate particles, and (4) that there is a perfect bond between aggregate and the matrix. These assumptions are not all always valid.

For good quality normal weight aggregates, such as those used in dams, E_a is considerably higher than E_m and the true value for E_C should lie between the theoretical lower limit (series model) and the spherical model.

The porosity of the aggregate is another aggregate parameter able to influence the concrete elastic modulus. In fact, it directly affects the aggregate stiffness, E_a. A dense aggregate has a high elastic modulus, and this also produces a concrete with a higher modulus. Aggregates from low porosity rock such as basalt and granite have E_a greater than 60 – 70 GPa while aggregates from more porous rocks, like for example sandstone, are characterised by a lower E_a (8 - 25 GPa). The aggregates coming from rocks with variable porosity, like for example limestones, are consequently characterised by more variable values of E_a, between 10 and 60 GPa.

The higher is the concrete grade (e.g. facing concrete) the greater is the porosity importance of the aggregate.

Other aggregate properties that influence the elastic modulus of concrete are the maximum size and size distribution, the shape, the surface texture and mineralogical composition. These last through the influence of micro-cracking in the transition zone between aggregate and cement paste (see 3.2.3.3).

Modèle	Équation
Modèle *Voigt* 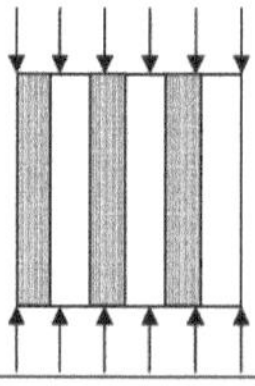	$E_c = V_m \,.\, E_m + V_a \,.\, E_a$ Suppose que ε est le même dans les granulats et la matrice
Modèle *Reuss*l 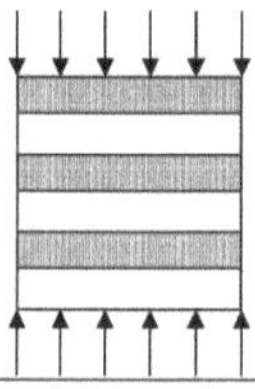	$\dfrac{1}{E_c} = \dfrac{V_m}{E_m} + \dfrac{V_a}{E_a}$ Suppose que σ est le même dans les granulats et la matrice
Modèle Hirsch's 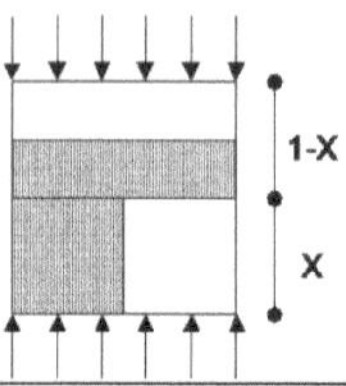	$\dfrac{1}{E_c} = X \,.\, \dfrac{1}{V_m E_m + V_a E_a} + (1 - X)\left(\dfrac{V_m}{E_m} + \dfrac{V_a}{E_a}\right)$
Modèle Counto's 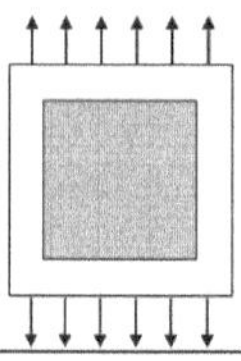	$\dfrac{1}{E_c} = \dfrac{1 - \sqrt{V_a}}{E_m} + \dfrac{\sqrt{V_a}}{\left(1 - \sqrt{V_a}\right).E_m + \sqrt{V_a.E_a}}$
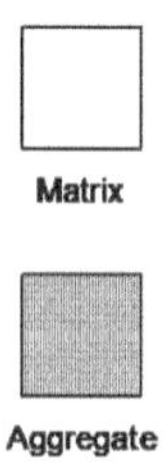	E_C Module d'élasticité du béton [MPa] E_m Module d'élasticité de la matrice [MPa] E_a Module d'élasticité des granulats [MPa] V_m Fraction volumétrique de la matrice du béton V_a Fraction volumétrique des granulats du béton X Paramètre arbitraire pour la combinaison de la composition parallèle et série dans le modèle de *Hirsch*

Fig. 3.4
Modèles de béton composite à deux phases et calcul du module élastique [3.9]

Model	Equation	
Voigt model 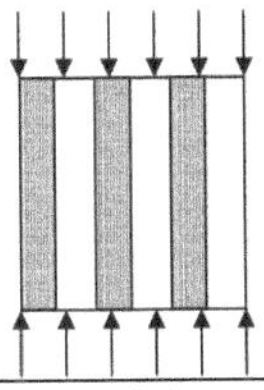	$$E_c = V_m \,.\, E_m + V_a \,.\, E_a$$	Assumes ε is the same in aggregate and matrix
Reuss model 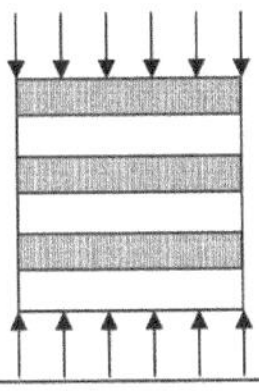	$$\frac{1}{E_c} = \frac{V_m}{E_m} + \frac{V_a}{E_a}$$	Assumes σ is the same in aggregate and matrix
Hirsch's model 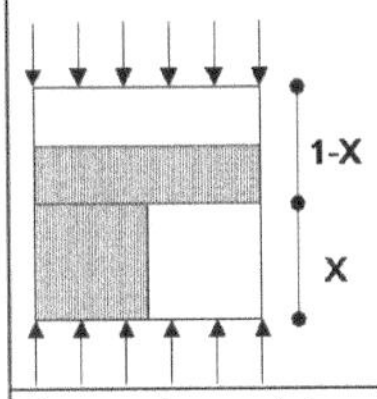	$$\frac{1}{E_c} = X \,.\, \frac{1}{V_m E_m + V_a E_a} + (1 - X)\left(\frac{V_m}{E_m} + \frac{V_a}{E_a}\right)$$	
Counto's model 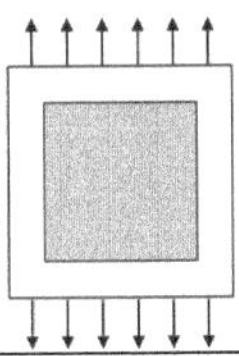	$$\frac{1}{E_c} = \frac{1 - \sqrt{V_a}}{E_m} + \frac{\sqrt{V_a}}{\left(1 - \sqrt{V_a}\right).E_m + \sqrt{V_a}.E_a}$$	
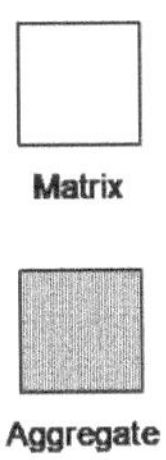	E_C Elasticity modulus of concrete [MPa] E_m Elasticity modulus of matrix [MPa] E_a Elasticity modulus of aggregate [MPa] V_m Volumetric fraction of matrix in concrete V_a Volumetric fraction of aggregates in concrete X Arbitrary parameter for combination of parallel and series composition within *Hirsch's* model	

Fig. 3.4
Concrete two-phase composite models and computation of elastic modulus [3.9]

3.2.3.2. *Matrice de la pâte de ciment*

De même, la porosité capillaire de la matrice de la pâte de ciment commande le module d'élasticité du béton. La porosité de la matrice de la pâte de ciment est en effet affectée par le rapport eau/ciment, la teneur en air et la composition des adjuvants minéraux. Le module de la matrice de la pâte de ciment est généralement de l'ordre de 10 GPa à 30 GPa.

Il est à noter que ces valeurs sont similaires aux modules d'élasticité pour des granulats de porosité élevée que pour des granulats de qualité moindre.

3.2.3.3. *Zone de transition*

La Fig. 3.5 montre de manière schématique la courbe typique contrainte-déformation d'un béton et ses principaux composants (matrice ou pâte de ciment et granulats). Comme pour tous les matériaux composites, la courbe du béton se trouve entre la courbe des deux composants, mais tandis que ces deux derniers sont sensiblement élastiques linéaires, dans la gamme de contrainte du béton examiné, la courbe du béton ne l'est pas. La raison en est le comportement de la pâte de ciment – interface des granulats ou zone de transition.

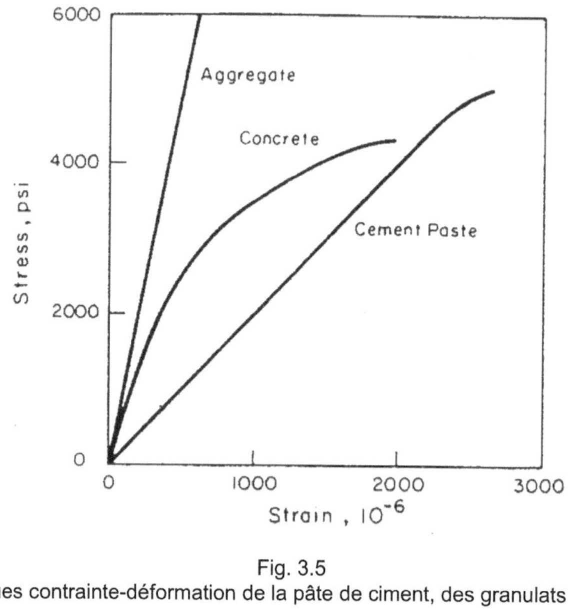

Fig. 3.5
Courbes typiques contrainte-déformation de la pâte de ciment, des granulats et du béton [3.8]

La zone de transition (interface) contient des espaces vides, des microfissures et des cristaux d'hydroxyde de calcium, dont la quantité est liée au degré de consolidation et d'hydratation et au type de durcissement. Ils existent avant même l'application de charges externes. En général, ils sont stables jusqu'à environ un tiers de la charge de rupture. C'est en gros dans cette fourchette que la courbe de contrainte-déformation reste linéaire (Fig. 3.5) et qu'un module élastique E_c peut être mesuré.

Au-dessus de cette fourchette, les microfissures de la zone de transition commencent à augmenter en longueur, en largeur et en nombre. Plus le niveau de contrainte est élevé, plus la stabilité du système de microfissures est faible. Cela se traduit par une non- linéarité nette de la courbe de béton de la Fig. 3.5. Au-dessus de 50 – 60 % de la charge de rupture, des fissures commencent à se former également dans la matrice de ciment et des contraintes très élevées se développent enfin jusqu'à la rupture [3.9].

3.2.3.2. Cement paste matrix

Similarly, the capillary porosity of the cement paste matrix controls the concrete elastic modulus. The porosity of the cement paste matrix is affected by the water/cementitious ratio, air content and mineral admixtures. The modulus of the cement paste matrix is generally in the range of 10 GPa to 30 GPa.

It should be noted that these values are similar to the elastic moduli for low quality high porosity aggregates.

3.2.3.3. Transition zone

Fig. 3.5 schematically shows the typical stress – strain curve for a concrete and its main components (cement matrix or paste and aggregate). As for all composite materials, the concrete curve lies between those of the two components but while these two last ones are substantially linear elastic, in the considered concrete stress range, the concrete curve is not. The reason of this is the behaviour of the cement paste – aggregate interface or transition zone.

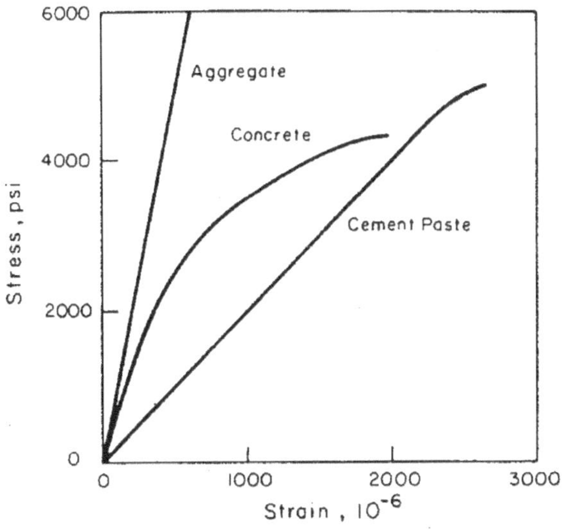

Fig. 3.5
Typical stress-strain behavior of cement paste, aggregate and concrete [3.8]

The transition zone contains void spaces, micro-cracks and calcium hydroxide crystals, whose amount is related to degree of consolidation and degree of hydration and type of curing. They already exist in this interface zone even before the application of external loads but generally they remain stable up to about 1/3 of the ultimate load. This is approximately the range where stress-strain curve remains linear (Fig. 3.5) and an elastic modulus E_C can be measured.

Above this range, the transition zone microcracks begin to increase in length, width, and numbers and the higher the stress level the lower the stability of the microcracks system. This is reflected by a clear nonlinearity in the concrete curve of Fig. 3.5. Above 50 – 60 % of the ultimate load cracks begin to form also into the cement matrix and then very high strain are finally developed up to failure [3.9].

3.2.3.4. *Conditions d'essai*

Les conditions d'essai affectent également la valeur du module d'élasticité mesuré. Les essais effectués dans des conditions sèches indiquent un module d'élasticité d'environ 15 à 20% plus faible que pour les échantillons testés dans des conditions humides, en fonction du degré de saturation [3.8] [3.11].

Plusieurs auteurs ont mesuré ce phénomène. Gorisse [3.12] a établi la relation suivante qui quantifie la valeur du module E.

E (saturé) = E (sec) + 3 GPa.

Les échantillons secs sont affectés par le séchage qui augmente la quantité de micro- fissures dans la zone de transition. Il est intéressant de noter une contradiction apparente dans le fait que la résistance à la compression dans des conditions sèches est, au contraire, plus élevée que dans des conditions humides, en raison de l'effet bloquant produit par la présence d'eau à l'intérieur des pores du béton.

C'est pourquoi il est important, en prélevant des carottes de béton sur des barrages, de maintenir leur teneur en humidité in situ lors de la préparation et du transport des échantillons au laboratoire (en les enveloppant par exemple de plastiques et de serviettes mouillées).

Le module d'élasticité varie aussi avec les changements de température et une tendance à la baisse des valeurs dans des conditions de hausse de température [3.3]. L'influence de la température sur le module élastique n'est pas directe, car d'autres aspects doivent être pris en considération en même temps, comme le degré d'humidité et le degré d'imperméabilité. Dans la plupart des cas analysés, pour un béton sec la réduction du module élastique varie avec la température de manière quasi-linéaire lorsque la valeur dépasse 50°C et lorsqu'elle a atteint 400°C, le module a perdu 60% de sa valeur initiale.

En cas de saturation du béton et si l'humidité ne diminue pas, la valeur du module peut tomber rapidement, et à 150°C, les 60% de la valeur initiale peuvent être perdus.

Cependant, dans la plage normale de températures (0°C-50°C), l'effet de la température sur le module est moins important.

Le taux d'application de la charge est un autre facteur important qui influe sur le module d'élasticité du béton. En fait, sous un chargement instantané, seule une petite contrainte peut apparaître avant rupture et le module d'élasticité est supérieur aux conditions statiques [3.8] (voir également le paragraphe 3.3 sur le module dynamique d'élasticité et la Figure 2.11 dans la Section 2).

Pour des taux de chargement très lents, le module élastique est au contraire inférieur aux conditions statiques en raison des effets significatifs du fluage. En fait, les déformations de fluage se superposeraient, diminuant donc davantage le module élastique [3.8] (voir également la Section 4 sur les propriétés de fluage).

3.2.3.5. *Age*

Le module du béton varie au fil du temps et de nombreux chercheurs ont présenté des résultats d'essais et des équations pour décrire ce comportement.

Par exemple, une expression généralement acceptée développée par Geen et Swanson [3.13] est la suivante :

$$E(\tau) = E\left\{0.4 + 0.6\left[\frac{f(\tau)}{fcu}\right]\right\}$$

3.2.3.4. *Test conditions*

The test conditions also affect the value of measured elastic modulus. Tests conducted under dry conditions indicate approximately 15 to 20 per cent lower elastic modulus than corresponding samples tested in the wet conditions, depending on the saturation degree [3.8] [3.11].

There are several authors that have experimented this phenomenon. Gorisse [3.12] has established the following relationship that quantifies the value of the E modulus.

E (saturated) = E (dry) + 3 GPa.

The dry samples are adversely affected by drying which increases the amount of micro-cracking in the transition zone. It is worth to note an apparent inconsistency in that the compressive strength under dry conditions is, on the contrary, higher than in wet conditions, due to the wedge effect produced by the presence of water inside the concrete porosity.

For this reason, it is important, when taking cores from concrete dams, to maintain their in situ moisture content during specimen preparation and transportation to the laboratory (for example wrapping them with plastics and moist towels).

The modulus of elasticity varies also with changes in temperature and a tendency of decreasing values with increasing temperature conditions have been found [3.3]. The influence of temperature on elastic modulus is not direct, because there are other aspects that must be considered at the same time, such as the humidity degree and the sealing degree. In the most cases that have been analyzed, a dry concrete has a reduction of elastic modulus that varies with the temperature in quasi-linear way when the value exceeds 50°C, and reaching 400°C, the modulus has lost 60% of the initial value.

In case of saturation of the concrete, and the moisture doesn't decrease, the value modulus can fall quickly, and at 150°C the 60% of the initial value can be lost.

However, between the normal range of temperatures (0°C-50°C) the effect of the temperature on the modulus is less important.

The rate of loading application is another important factor that influence the concrete elasticity modulus. In fact, under instantaneous loading only a little strain can occur prior to failure and the modulus of elasticity is higher than in static conditions [3.8] (see also the paragraph 3.3 on the dynamic modulus of elasticity and Figure 2.11 in Section 2).

For very slow loading rates, the elastic modulus is, on the contrary, lower than in static conditions, also due to the significant creep effects. In fact, creep strains would be superimposed, thus lowering the elastic modulus further [3.8] (see also the Section 4 on creep properties).

3.2.3.5. *Age*

The concrete modulus varies with time and numerous investigators have presented results of tests and equations to describe this behaviour.

For example, a commonly accepted expression developed by Geen and Swanson [3.13] is as follows:

$$E(\tau) = E\left\{0.4 + 0.6\left[\frac{f(\tau)}{fcu}\right]\right\}$$

where E = module de Young à 28 jours, $f(\tau)$ = = résistance du cube de béton au moment τ:et f_{cu}= résistance du cube de béton à 28 jours.

Les recherches sur le béton des barrages montrent une hausse substantielle des modules avec l'âge. ACI 207 ("Béton de masse") [3.14] montre les propriétés élastiques (module d'élasticité et coefficient de Poisson) de 13 barrages. Une augmentation de 105% à 138% pendant la période de 28 jours à 365 jours est signalée.

Raphael dans "The nature of mass concrete in dams" [3.15] présente les résultats des ratios "module sous charge maintenue après une année au module instantané après 28 jours". L'augmentation moyenne pendant cette période est de 122% avec un faible coefficient de variation de 7,5% (Fig. 3.6).

L'effet d'une augmentation du module d'élasticité avec le temps même au-delà d'un âge de 90 jours est particulièrement prononcé lorsque des matériaux pouzzolaniques sont utilisés à l'intérieur du contenu cimentaire du mélange de béton.

La recherche a déjà montré que le module d'élasticité du béton tend à augmenter avec le temps à un rythme plus rapide par rapport à la résistance à la compression [3.9]. Cela dépend toutefois de l'amélioration de la densité de la zone de transition, compte tenu de la lenteur des interactions chimiques bénéfiques entre la pâte de ciment et les granulats, qui peuvent encore se poursuivre même après beaucoup de temps.

La Fig. 3.6 indique également certains cas où le module d'élasticité augmente pendant la période d'hydratation du ciment (soit jusqu'à 90 jours) et reste ensuite constant. Comme tous les échantillons de laboratoire montrent d'importantes augmentations avec l'âge, ces cas de non augmentation du module sur les échantillons de carottes peuvent être liés à une éventuelle microfissuration de l'échantillon.

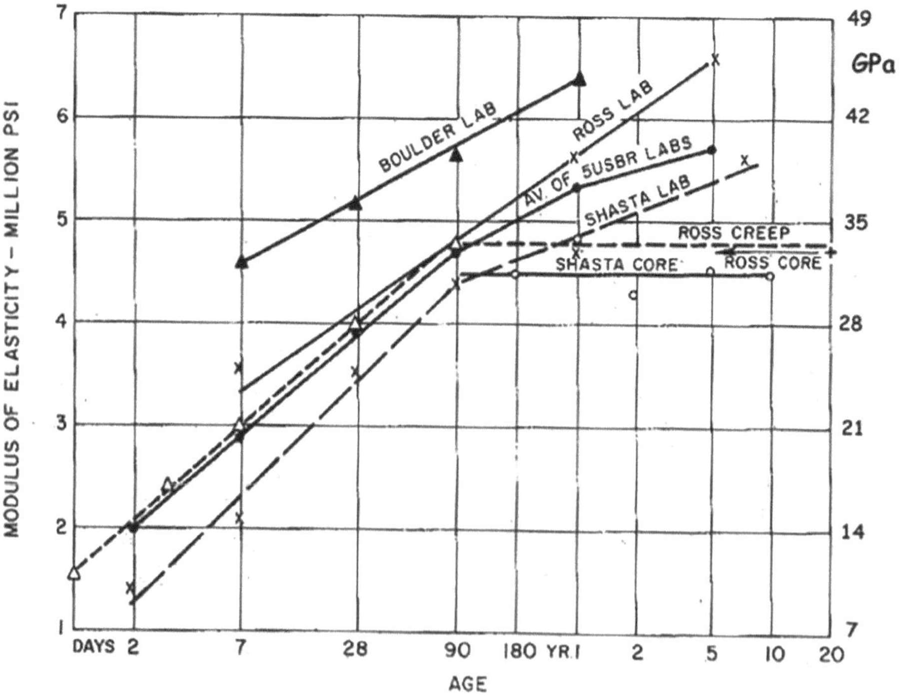

Fig. 3.6
Augmentation du module d'élasticité avec l'âge [3.15]

where E = Young's modulus at 28 days, f(τ) = cube strength of concrete at time τ and f_{cu} = cube strength of concrete at 28 days.

Investigations on dam concrete show a considerable increase in moduli with age. ACI 207 ("Mass Concrete") [3.14] shows elastic properties (modulus of elasticity and Poisson ratio) for 13 dams. An increase between 105% and 138% within the period of 28 days and one year is reported.

Raphael in his "The nature of mass concrete in dams" [3.15] reports results for ratios "modulus under sustained load after one year to the instantaneous modulus after 28 days". The average increase within this period is 122% with a low coefficient of variation of 7.5% (Fig. 3.6).

The effect of an increase of the modulus of elasticity with time even beyond an age of 90 days is particularly pronounced when pozzolanic materials are used within the cementitious content of the concrete mix.

Research has also shown that concrete modulus of elasticity tends to increase with time at a faster rate compared to the compressive strength [3.9]. This is thought to depend on the density improvement of the transition zone, because of the slow chemical beneficial interactions between cement paste and aggregate, that still can continue even after a long time.

Fig. 3.6 also indicates some cases where the modulus of elasticity increases during the period of cement hydration (say until an age of 90 days) and is constant thereafter. Because all laboratory samples show significant increase with age, such cases of no modulus increase on core samples may be related to eventual micro-cracking on sample from coring.

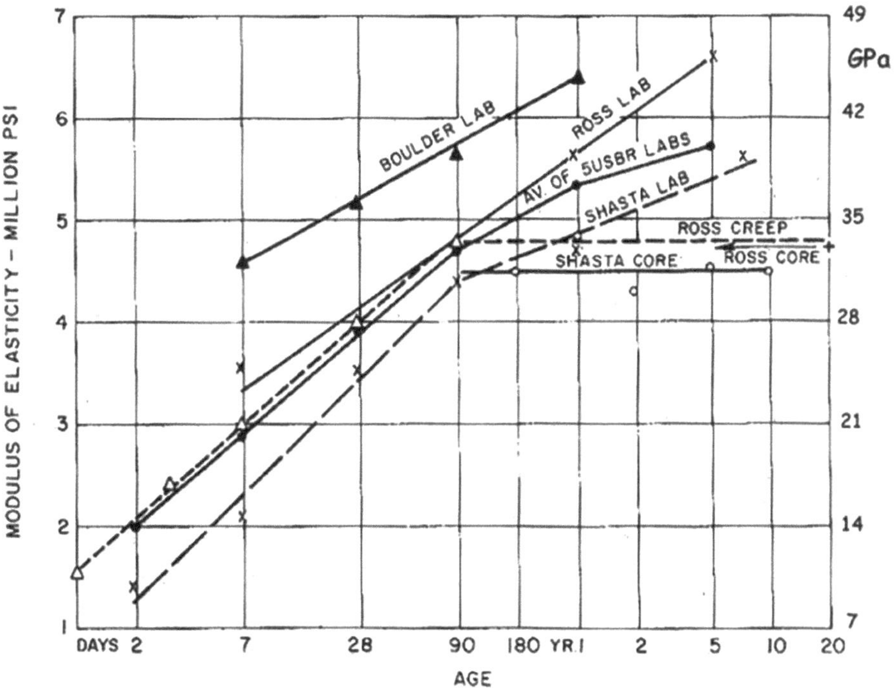

Fig. 3.6
Increase of modulus of elasticity with age [3.15]

3.2.3.6. Conditions d'endommagement

Si le béton est endommagé ou plastifié (en raison de grandes charges, de fatigue, de détérioration chimique ou physique, etc.), son module d'élasticité devient bien entendu plus faible par rapport à un béton qui n'est pas endommagé. Une réduction de ce paramètre, au fur et à mesure que les dommages progressent, peut être observée à la faveur des changements de la pente des cycles de chargement et de déchargement, au niveau de la traction et de la compression. La Fig. 3.7 permet d'observer comment le module d'élasticité peut évoluer sous l'effet des microfissurations par exemple.

Il faut toutefois être prudent et ne pas relier une réduction du module-E à une réduction correspondante de la résistance. Comme le montrent les essais de mécanique à la rupture, le béton endommagé peut mobiliser des marges de résistance dues à l'imbrication des granulats d'un béton micro-fissuré. De telles marges de résistance sont particulièrement intéressantes pour évaluer la stabilité des barrages après séisme.

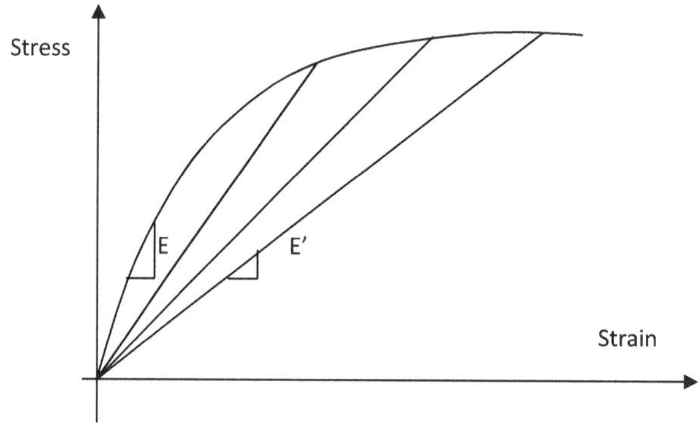

Fig. 3.7
Évolution du module élastique due à l'augmentation des dommages

3.2.4. Estimation du module élastique

Le module élastique d'un béton est conventionnellement mesuré au moyen d'essais standardisés directement basés sur des éprouvettes de béton soumis à une charge uniaxiale (paragraphe 3.2.4.1). Les tailles de ces échantillons devraient être au moins de trois fois la taille maximale des agrégats utilisés dans le béton. Cependant, d'un point de vue expérimental, ce n'est pas toujours facile : en fait, la taille maximale des agrégats étant généralement comprise entre 80 et 200 mm et de grandes éprouvettes, comme par exemple des cylindres de 450 x 900 mm, devraient être confectionnées [3.16].

En raison des difficultés d'ordre pratique que présente la réalisation de tels essais, pour les bétons de barrages, les granulats sont habituellement criblés par voie humide, pour éliminer les granulats supérieurs à 40 mm, permettant de fabriquer des cylindres standard de 150 x 300 mm (2.2.1 dans la Section 2).

Cependant, cette procédure peut déboucher sur une estimation incorrecte des valeurs du module d'élasticité. Une méthode a été récemment proposée [3.17] pour prédire le module du béton à granulats de taille réelle à partir de résultats expérimentaux obtenus sur des échantillons de béton avec des granulats criblés par voie humide (paragraphe 3.2.4.2). Cette méthode est fondée sur l'application des modèles élastiques simples présentés dans le paragraphe 3.2.3.1.

3.2.3.6. Damage conditions

If concrete is damaged or plasticized (because of high loads, fatigue, chemical or physical deterioration etc.), its elasticity modulus becomes, of course, lower compared to that in no damage conditions. A reduction of this parameter, as the damage proceeds, can be observed through the changing of slope of loading and unloading cycles, both in tension and compression. From Fig. 3.7 can be observed how the elastic parameter can evolve due to the effects, for example of micro-crackings.

However, one has to be cautious in not relating an E-modulus reduction to a corresponding reduction in strength. As fracture mechanics testing shows, damaged concrete can mobilize margins of strength due to aggregate interlock of a micro-cracked concrete. Such strength margins are of particular interest for judging post-earthquake stabilities in dams.

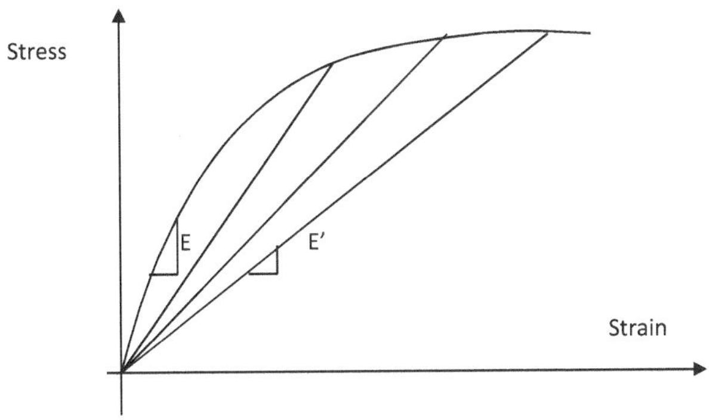

Fig. 3.7
Elastic modulus evolution due to damage increaseges

3.2.4. Estimation of the elastic modulus

The elastic modulus of a concrete is conventionally measured using standardized tests directly based on concrete samples subjected to uniaxial loading (paragraph 3.2.4.1). The sizes of these samples should be at least three times the maximum size of the aggregate used in concrete. However, from an experimental point of view, this is not always easy: in fact, the maximum size aggregate usually ranges from 80 to 200 mm and large specimens, for example cylinders of 45 x 90 cm, should be required [3.16].

Due to the practical difficulties in performing such tests, dam concrete is usually wet-screened, removing aggregates larger than 40 mm, and using standard cylinders of 15 x 30 cm (2.2.1 in Section 2).

However this procedure can result in a incorrect estimation of the elasticity values. A method has been recently proposed [3.17] in order to predict the modulus of the real size aggregate concrete from the experimental results obtained form the wet-screened concrete specimens (Paragraph 3.2.4.2). It is based on the application of the simple elastic models presented in the Paragraph 3.2.3.1.

Par ailleurs des approches empiriques peuvent être utilisées pour estimer le module élastique, moins compliquées et moins longues par rapport à la détermination expérimentale. Beaucoup de relations empiriques ont été proposées et recommandées par des normes nationales et internationales, pour évaluer le module élastique directement à partir de la résistance du béton à la compression (paragraphe 3.2.4.3).

3.2.4.1. Détermination expérimentale en laboratoire

Le béton des barrages est conçu pour un état de contrainte de compression, le modèle statique d'élasticité est donc généralement mesuré avec du béton en compression. Par exemple, la norme ASTM C469 [3.18] fournit le module statique de Young et le coefficient de Poisson en utilisant une procédure d'essai de compression.

Elle recommande l'utilisation du module compris entre un point inférieur de 50 $\mu\varepsilon$ de la déformation et un point supérieur correspondant à 40% de la résistance à la compression lors du chargement. Les points inférieur et supérieur du module sont choisis pour éviter les effets d'extrémité de la courbe et le module est obtenu dans la partie “élastique” de la courbe contrainte-déformation. La norme ASTM C 469 utilise des cylindres de 150 par 300 mm.

Pour les échantillons de carottes prélevées, seules des carotteuses (couronnes pour forage) avec des rapports longueur-diamètre supérieurs à 1,5 sont utilisés. Les contraintes le long de l'axe de compression doivent être mesurées à l'aide de deux ou plusieurs lignes de jauge afin que la charge excentrique et la réponse non uniforme puissent être observées. La longueur de la jauge de mesure de la déformation est un point important. La norme ASTM C469 précise que la jauge ne doit pas être inférieure à trois fois la taille maximale des granulats ou plus de 2/3 de la hauteur de l'échantillon. La longueur de jauge privilégiée est généralement d'environ la moitié de la hauteur de l'échantillon. La longueur de la jauge pour la mesure de la déformation est un aspect important.

Avant de soumettre les échantillons à un chargement, il est important de procéder à un centrage spécifique, en mettant soigneusement en place l'échantillon de l'essai au centre du plateau de chargement de la machine d'essai et en surveillant les valeurs des contraintes fournies par les jauges. Si ces contraintes diffèrent excessivement de plus de 20% de leur valeur moyenne, il est recommandé de recentrer l'échantillon et de répéter l'essai.

Cette procédure de pré-chargement, avec des cycles charge-décharge, est également efficace pour stabiliser le comportement du béton et réduire l'effet de fluage qui peut être induit par le diagramme déformation-temps utilisé pour la détermination du module élastique.

Le modèle d'élasticité statique en compression, E_c, en MPa, est donné par la formule:

$$\frac{\Delta}{\Delta\varepsilon} = \frac{a - b}{\varepsilon_a - \varepsilon_b}$$

où

σ_a est la contrainte de charge supérieure, en MPa (pour ASTM C469 : $\sigma_a = 0.4\ f_c$);

σ_b est la contrainte initiale (pour la norme ASTM C469 : contrainte correspondant à une déformation ε_b de 50 $\mu\varepsilon$)

ε_a est la déformation moyenne sous la contrainte de charge supérieure:

ε_b est la déformation moyenne sous la contrainte de chargement initiale pour la norme ASTM C469: 50 $\mu\varepsilon$.

Furthermore empirical approaches can be used to estimate the elastic modulus, less complicated and time-consuming compared to the experimental determination. A lot of empirical relationships have been proposed and recommended by national and international standards, estimating the elastic modulus directly from the concrete compressive strength (Paragraph 3.2.4.3).

3.2.4.1. Experimental determination in laboratory

Dam concrete is designed for a compressive stress state, therefore the static modulus of elasticity is typically measured with concrete in compression. For example, the ASTM C469 [3.18] provides the static Young's Modulus and Poisson's Ratio using a compressive test procedure.

It stipulates the use of chord modulus with a lower point at strain of 50 $\mu\varepsilon$ and the upper point corresponding to 40 per cent of the compressive strength at the time of loading. The lower and upper chord modulus points are chosen to avoid seating effects and also the modulus is obtained in the "elastic" range of the stress-strain curve. ASTM C 469 uses 6 by 12-inch (15 by 30 cm) cylinders.

For drilled core specimens, only diamond drilled cores with length-to-diameter ratios of greater than 1.5 are used. The strains along the axis of compression should be measured with two or more gage lines such that eccentric loading and non-uniform response can be monitored. The gage length for strain measurement is an important consideration. ASTM C469 specifies that the gage shall not be less than three times the maximum size of aggregate or more than 2/3 the height of the specimen. The preferred gage length is typically about one half the height of the specimen.

Before loading the specimen, it is important to follow a specific centering sequence, accurately placing the test specimen in the center of the loading platens of the testing machine and monitoring the strains values provided by the gauges. If these strains excessively differ by more than 20% from their mean value. It is recommended to re-center the test specimen and repeat the test.

This preloading procedure, with loading and unloading cycles, is also effective in order to stabilise the concrete behaviour and reduce the creep effect that can be induced by the strain-time diagram used for the determination of the elastic modulus.

The static modulus of elasticity in compression, E_c, in MPa, is given by the formula:

$$\frac{\Delta}{\Delta\varepsilon} = \frac{a - b}{\varepsilon_a - \varepsilon_b}$$

where

σ_a is the upper loading stress, in MPa (for ASTM C469: $\sigma_a = 0.4\ f_c$);

σ_b is the initial stress (for ASTM C469: stress corresponding to a strain ε_b of 50 $\mu\varepsilon$)

ε_a is the mean strain under the upper loading stress:

ε_b is the mean strain under the initial loading stress (for ASTM C469: 50 $\mu\varepsilon$).

Un aspect intéressant de la courbe contrainte-déformation obtenue à partir de cet essai est que l'échantillon se rompt soudainement peu de temps après obtention de la charge maximale. Une telle réaction est liée aux propriétés de la machine d'essai plutôt qu'au comportement de l'échantillon de béton testé. L'utilisation d'une machine d'essai rigide se traduira par un comportement de ramollissement progressif dans les étapes de réaction post-pic de l'essai.

Le module d'élasticité en traction et en flexion est généralement considéré comme étant égal à la valeur obtenue à partir des essais de compression. Les données provenant des essais de traction et de flexion indiquent qu'il s'agit d'une approche raisonnable.

3.2.4.2. Prévision fondée sur les modèles élastiques

Une proposition utile pour prévoir le module d'élasticité du béton d'un barrage, à partir des résultats expérimentaux des essais effectués sur les échantillons standard de béton avec des agrégats criblés par voie humide (des cylindres de 150 x 300 mm par exemple) est présentée dans [3.17]. Elle est moins compliquée et moins longue à mettre en œuvre que pour les essais sur les échantillons de grande taille.

Sur la base d'une recherche expérimentale sur le béton des barrages, il a été constaté que cet objectif peut être facilement obtenu en utilisant simplement les données du béton avec des agrégats criblés par voie humide, ainsi que des estimations du module des granulats, dans un modèle de béton à phases multiples comme le modèle de Hirsch présenté au paragraphe 3.2.3.1.

En considérant que la phase de la matrice est constituée d'éléments criblés par voie humide (cylindres de 15x30 cm cyl avec une taille de granulats allant jusqu'à 40 mm) et la phase des granulats est constituée par des éléments au-dessus de 40 mm (40 - 120 mm), les modules élastiques calculés pour le béton de taille réelle étaient assez proches de ceux obtenus sur des échantillons de grande taille (prismes de 450x450x900 mm avec des granulats de 0-120 mm) de béton réel.

Une synthèse de la comparaison entre les modules résultants d'essais et les résultats calculés est donnée dans le Tab. 3.1, avec deux valeurs différentes de modules de granulats (50 et 65 GPa). Dans ce cas, l'erreur calculée est inférieure à 10%. Des informations plus détaillées sur cette procédure figurent dans [3.17].

Table 3.1
Comparaison entre les modules prévus du béton réel (modèle de Hirsch) et les modules expérimentaux (à différents âges et pour deux modules de granulats)

Age (jours)	E_m (GPa) Béton avec granulats écrêtés par voie humide	E_a (GPa) Granulats	E_c (GPa) Béton réel prévu	E_c (GPa) Béton réel expérimental	Erreur
7	24.8	50	30.2	30.3	-0.3%
		65	32.6		7.6%
28	34.5	50	38.2	37.3	2.4%
		65	41.2		10.5%
90	35.1	50	38.7	43.0	-10.0%
		65	41.7		-3.0%
180	37.2	50	40.3	42.2	-4.5%
		65	43.4		2.8%

An interesting aspect of the stress strain curve obtained from such a test is that the sample fails suddenly shortly after the maximum load is obtained. Such a response is related to the properties of the testing machine rather than the behaviour of the tested concrete specimen. The use of a stiff testing machine will result in gradually softening behaviour in the post-peak response stages of the test.

The modulus of elasticity in tension and flexure is typically taken to be equal the value obtained from compression tests. Data from tension and flexure tests indicate that this is a reasonable approach.

3.2.4.2. Prediction based on elastic models

A valuable proposal for predicting the elasticity modulus of a real dam concrete from the experimental results of tests carried out on standard wet-screened concrete specimens (e.g. cylinders of 15x30 cm) is presented in [3.17]. It is less complicated and time-consuming than testing on large size specimens.

On the basis of an experimental research on dam concrete, it was found that this aim can be easily obtained by simply using the wet-screened concrete data, along with estimations of the aggregate modulus, in a multiphase concrete model such as the Hirsch model presented in paragraph 3.2.3.1.

By taking the matrix phase as the wet-screened concrete (15x30 cm cylinders with aggregate size up to 40 mm) and the gravel above 40 mm (40 - 120 mm) as the aggregate phase, the elastic moduli calculated for the real size concrete were quite close to those experimented on large size specimens (45x45x90 prisms with aggregate 0-120 mm) of real concrete.

A synthesis of the comparison between the experimented and calculated results is reported in Table 3.1, with two different values of aggregate moduli (50 and 65 GPa). In this case the calculated error is less than 10%. More detailed information on this procedure can be found in [3.17].

Table 3.1
Comparison between the predicted moduli of the real concrete (Hirsch model) and the experimental ones (at different ages and for two aggregate moduli)

Age (days)	E_m (GPa) Wet-screened concrete	E_a (GPa) Aggregate	E_c (GPa) Real concrete predicted	E_c (GPa) Real concrete experimented	Error
7	24.8	50	30.2	30.3	-0.3%
		65	32.6		7.6%
28	34.5	50	38.2	37.3	2.4%
		65	41.2		10.5%
90	35.1	50	38.7	43.0	-10.0%
		65	41.7		-3.0%
180	37.2	50	40.3	42.2	-4.5%
		65	43.4		2.8%

3.2.4.3. Résultats empiriques à partir de la corrélation avec la résistance à la compression

En règle générale, le module d'élasticité du béton est largement exprimé comme une fonction de résistance uniaxiale à la compression du béton. Divers codes nationaux du bâtiment proposent différentes formules pour un béton de résistance normale (NSC) et un béton à résistance élevée (HSC). Pour le béton de résistance normale, les équations de l'Institut américain du béton (ACI Building Code 318), la Norme britannique BS 8110 et Eurocode 2 (conception des structures de béton) sont présentés ici, où f_{ck} est la résistance caractéristique à la compression (en MPa) à partir de cylindres de 150x300 mm et E est le module moyen d'élasticité en compression (en GPa) au même âge (28 jours).

1. Code du bâtiment ACI (Comité ACI 318) [3.19]:

$$E=4.37\, f_{ck}^{\;1/2}$$

Cette formule s'applique à un béton de densité normale avec un poids unitaire de 2 300 kg/m^3

2. Code of Practice britannique (CP 110, Part 1) [3.20]:

$$E=9.1.\, f_{ck}^{\;1/3}$$

3. Eurocode 2 (Conception des structures de béton) [3.21]:

$$E=9.5 * (f_{ck}+8)^{1/3}$$

Selon l'Eurocode 2, le module élastique peut être calculé même à un âge plus avancé, si f_{ck} est remplacé par la résistance effective à la période considérée.

Un coefficient de variation élevé est commun à toutes les équations.

Des estimations caractéristiques du module d'élasticité statique obtenues à partir d'ACI et des codes britanniques figurent dans le Tab. 3.2.

Le Tab. 3.3 montre les modules élastiques calculés selon Eurocode 2 pour les différentes qualités de béton, de C12/15 à C50/60 (résistance de cylindre / résistance de cube en MPa).

Le Tab. 3.4 montre les valeurs du module d'élasticité des bétons de barrages allemands et suisses par rapport à leur résistance à la compression. Des informations sur la conception du mélange de béton et le moment de l'essai sont également fournies.

Table 3.2
Estimation typique du module statique par rapport à la résistance à la compression [3.8]

ACI 138 Code du bâtiment		**Code of Practice britannique (CP 110)**	
f'_{ck} MPa (psi)	**E GPa (x 10^6 psi)**	**f_{ck} MPa (psi)**	**E GPa (x 10^6 psi)**
20 (3,000)	21 (3.1)	20 (3,000)	25 (3.6)
27 (4,000)	25 (3.6)	30 (4,500)	28 (4.1)
40 (6,000)	30 (4.4)	40 (6,000)	31 (4.5)
53 (8,000)	35 (5.1)	50 (7,500)	34 (4.9)
67 (10,000)	39 (5.7)	60 (9,000)	36 (5.2)

Table 3.3
Modules élastiques pour différentes qualités de béton selon Eurocode 2 [3.21]

Qualité de béton	**C 12/15**	**C 16/20**	**C 20/25**	**C 25/30**	**C 30/37**	**C 35/45**	**C 40/50**	**C 45/55**	**C 50/60**
E (GPa)	26	27.5	29	30.5	32	33.5	35	36	37

3.2.4.3. *Empirical expressions through correlation with the compressive strength*

The concrete modulus of elasticity is usually and widely expressed as a function of concrete uniaxial compressive strength. Different national building codes propose various formulas for normal strength concrete (NSC) and high strength concrete (HSC). Among the relationships for NSC the equations of American Concrete Institute (ACI Building Code 318), British Standard BS 8110 and Eurocode 2 (Design of concrete structures) are here presented, where the f_{ck} is the characteristic compressive strength (in MPa) from 15x30 cm cylinders and E is the average modulus of elasticity in compression (in GPa) at the same age (28 days).

1. ACI Building Code (ACI Committee 318) [3.19]:

$$E=4.37\ f_{ck}^{1/2}$$

This formula applies for normal density concrete with unit weight of 2,300 kg/m^3

2. The British Code of Practice (CP 110, Part 1) [3.20]:

$$E=9.1.\ f_{ck}^{1/3}$$

3. Eurocode 2 (Design of concrete structures) [3.21]:

$$E=9.5 * (f_{ck} +8)^{1/3}$$

According to the Eurocode 2, the elastic modulus can be calculated even at a later age, if f_{ck} is replaced by the effective strength at the considered time.

Common to all equations is a high coefficient of variation.

Typical estimates of static modulus of elasticity obtained from the ACI and British codes is given in Table 3.2.

Table 3.3 shows the elastic moduli calculated according to the Eurocode 2 for the different concrete grades, from C12/15 to C50/60 (cylinder strength / cube strength in MPa).

Table 3.4 shows modulus of elasticity values for concretes from German and Swiss dams, compared to their compression strength. Information on concrete mix design and time of testing are also provided.

Table 3.2
Typical estimates of static modulus versus compressive strength [3.8]

ACI Building Code 318		**British Code of Practice (CP 110)**	
f'_{ck} MPa (psi)	**E GPa (x 10^6 psi)**	**f_{ck} MPa (psi)**	**E GPa (x 10^6 psi)**
20 (3,000)	21 (3.1)	20 (3,000)	25 (3.6)
27 (4,000)	25 (3.6)	30 (4,500)	28 (4.1)
40 (6,000)	30 (4.4)	40 (6,000)	31 (4.5)
53 (8,000)	35 (5.1)	50 (7,500)	34 (4.9)
67 (10,000)	39 (5.7)	60 (9,000)	36 (5.2)

Table 3.3
Elastic moduli for different concrete grade according to Eurocode 2 [3.21]

Concrete grade	**C 12/15**	**C 16/20**	**C 20/25**	**C 25/30**	**C 30/37**	**C 35/45**	**C 40/50**	**C 45/55**	**C 50/60**
E (GPa)	26	27.5	29	30.5	32	33.5	35	36	37

Table 3.4

Résistance à la compression par rapport au module élastique des barrages allemands et suisses

Projet	Type de barrage	Pays	Conception mélange	Résistance à la compression du cube		Module élastique statique		Ref.	Remarque
				Age [d]	*fc [MPa]*	*Age [d]*	*E [GPa]*		
Leibis Lichte	CVC Poids	Allemagne, 2004	Granulats, NMSA 125mm, C 120kg/m^3, FA 40kg/m^3, Eau 103kg/m^3	3	10.9	4		[3.22]	Programme de contrôle de la qualité; résistance du cube à la compression, résistance à la traction par fendage, densité sur des cubes de 300x300x300mm, résistance à la flexion, module sur des poutres de 200x200x800 mm
				7	16.3	7	17.0		
				28	26.7	28	27.6		
				90	30.6	90	30.2		
				180	32.8				
				360	35.2				
Leibis Lichte	CVC Poids	Allemagne, 2004	Granulats, NMSA 125mm, C 150kg/m^3, FA 50kg/m^3, Eau 110kg/m^3	3	10.7	4	20.7	[3.22]	Programme de contrôle de la qualité ; résistance du cube à la compression, résistance à la traction par fendage, densité sur des cubes de 300x300x300mm, résistance à la flexion, module sur des poutres de 200x200x800 mm
				7	15.4	7	21.9		
				28	24.5	28	27.3		
				90	29.1	90	30.2		
				180	31.8				
				360	34.0				
Albigna	CVC Poids	Suisse, 1959	Granit, NMSA 150mm, C 140kg/m^3, Eau ca. 115kg/m^3	90	25.3	365	24.0-28.0	[3.23]	Résistance à la compression du cube C20 sur des cubes de 200x200x200 mm
Emosson	CVC Voûte	Suisse, 1974	Granit, NMSA 120mm, C 160kg/m^3, Eau ca. 130kg/m^3	90	27.5	365	30.2-37.7	[3.23]	Résistance à la compression du cube C30 sur des cubes de 300x300x300 mm
Grand Dixence	CVC Poids	Suisse, 1961	Gneiss, NMSA 100mm, C 140kg/m^3, Eau ca. 130kg/m^3	90	16.3 / 18.7	365	32.5	[3.23]	Résistance à la compression du cylindre CYL (300x450) sur cylindre
Zeuzier	CVC Voûte	Suisse, 1956	Calcaire, NMSA 100mm, C 140kg/m^3, Eau ca. 120kg/m^3	90	32.3 3)	365	44	[3.23]	Résistance à la compression du cube C20 sur cubes de 200x200x200mm
Zervreila	CVC Voûte	Suisse, 1957	Gneiss, NMSA 100mm, C 140kg/m^3, Eau ca. 135kg/m^3	90	23.6	365	13.8-15.9	[3.23]	Résistance à la compression du cube C20 sur cubes de 200x200x200mm
Mauvoisin	CVC Poids- voûte	Suisse, 1957	Gneiss, NMSA 120mm, C 140kg/m^3, Eau ca. 105kg/m^3	90	30.0 / 32.5	365	38.5	[3.23]	Résistance à la compression du cube C30 sur cubes de 300x300x300mm
Mauvoisin	CVC Poids-voûte (Heigh tening)	Suisse, 1991	Gneiss, NMSA 63mm, C 140kg/m^3	90	29.7			[3.23]	Résistance à la compression du cylindre CYL (160x32) sur cylindre d=160xh=320 mm
Moiry	CVC Voûte	Suisse, 1958	Gneiss, NMSA 150mm, C 140kg/m^3, Eau ca. 110kg/m^3	90	25.9			[3.23]	Résistance à la compression du cylindre CYL (300x450) sur cylindre d=300xh=450 mm

Table 3.4
Compressive strength vs elastic modulus from German and Swiss dams

Project	Dam Type	Country	Mix Design	Cube Compres. Strength		Static Elastic Modulus		Ref.	Remark
				Age [d]	*fc [MPa]*	*Age [d]*	*E [GPa]*		
Leibis Lichte	CVC Gravity	Germany, 2004	Greywacke, NMSA 125mm, C 120kg/m^3, FA 40kg/m^3, Water 103kg/m^3	3	10.9	4		[3.22]	Quality control programme; cube compr. strength, split tensile strength, density on 300x300x300mm cubes, flexural strength, modulus on 200x200x800 mm beams
				7	16.3	7	17.0		
				28	26.7	28	27.6		
				90	30.6	90	30.2		
				180	32.8				
				360	35.2				
Leibis Lichte	CVC Gravity	Germany, 2004	Greywacke, NMSA 125mm, C 150kg/m^3, FA 50kg/m^3, Water 110kg/m^3	3	10.7	4	20.7	[3.22]	Quality control programme; cube compr. strength, split tensile strength, density on 300x300x300mm cubes, flexural strength, modulus on 200x200x800 mm beams
				7	15.4	7	21.9		
				28	24.5	28	27.3		
				90	29.1	90	30.2		
				180	31.8				
				360	34.0				
Albigna	CVC Gravity	Switzerland, 1959	Granite, NMSA 150mm, C 140kg/m^3, Water ca. 115kg/m3	90	25.3	365	24.0-28.0	[3.23]	Cube compr. strength C20 on 200x200x200mm cubes
Emosson	CVC Arch	Switzerland, 1974	Granite, NMSA 120mm, C 160kg/m3, Water ca. 130kg/m^3	90	27.5	365	30.2-37.7	[3.23]	Cube compr. strength C30 on 300x300x300mm cubes
Grand Dixence	CVC Gravity	Switzerland, 1961	Gneiss, NMSA 100mm, C 140kg/m^3, Water ca. 130kg/m3	90	16.3 / 18.7	365	32.5	[3.23]	Cylinder compr. strength CYL(30x45) on d=300xh=450mm cylinder
Zeuzier	CVC Arch	Switzerland, 1956	Limestone, NMSA 100mm, C 140kg/m3, Water ca. 120kg/m^3	90	32.3 3)	365	44	[3.23]	Cube compr. strength C20 on 200x200x200mm cubes
Zervreila	CVC Arch	Switzerland, 1957	Gneiss, NMSA 100mm, C 140kg/m^3, Water ca. 135kg/m^3	90	23.6	365	13.8-15.9	[3.23]	Cube compr. strength C20 on 200x200x200mm cubes
Mauvoisin	CVC Arch-Gravity	Switzerland, 1957	Gneiss, NMSA 120mm, C 140kg/m^3, Water ca. 105kg/m^3	90	30.0 / 32.5	365	38.5	[3.23]	Cube compr. strength C30 on 300x300x300mm cubes
Mauvoisin	CVC Arch-Gravity (Heightening)	Switzerland, 1991	Gneiss, NMSA 63mm, C 140kg/m^3	90	29.7			[3.23]	Cylinder compr. strength CYL(16x32) on d=160xh=320mm cylinder
Moiry	CVC Arch	Switzerland, 1958	Gneiss, NMSA 150mm, C 140kg/m^3, Water ca. 110kg/m^3	90	25.9			[3.23]	Cylinder compr. strength CYL(30x45) on d=300xh=450mm cylinder

3.3. MODULE D'ELASTICITE DYNAMIQUE

Une caractéristique importante du béton est son comportement sous chargement à court terme comme celle éprouvée lors des séismes (par exemple, taux de déformation de 10^{-3} à 10^{-2}/s). La norme ASTM C469 [3.18] indique que les valeurs du module d'élasticité obtenues sous application de chargement rapide (taux dynamique ou statique) sont généralement plus élevées que les modules sous conditions statiques. Le module dynamique peut être considéré comme approximativement égal au module tangent initial tandis que le module statique est égal au module sécant entre 2 points (Fig. 3.3). Sous condition dynamique, le comportement de déformation du béton n'est pas influencé par la microfissuration et le fluage, comme c'est le cas du module statique en présence des contraintes appliquées [3.10].

3.3.1. Module d'élasticité sous charge sismique

Plusieurs recherches ont été menées pour étudier les valeurs et les relations entre les modules statique et dynamique. Certaines d'entre elles, concernant plus spécifiquement le béton des barrages, sont récapitulées dans le Tab. 3.5.

Table 3.5
Résultats des recherches pour le module d'élasticité dynamique [3.24]

Dynamic/static Ratio			Reference
max.	av./single value	min.	
	1.25		Bureau's of Reclamation test series
1.57	1.42	1.28	Big Tujunga dam, cores drilled from the dam. 2 concrete types: 25 MPa (1. row) and 36 MPa strength (2. row)
1,48	1.38	1,32	
1.10	0.89	0.66	Bureau's of Reclamation test series
	1.18		Crystal Springs Dam
	1.15		Tests on Swiss dams
	1.04		extensive testing for Zervreila Dam (Switzerland)

Pour une meilleure évaluation des résultats de ces recherches, les enseignements suivants peuvent être tirés:

- En général, la dispersion élevée observée provient principalement des difficultés à tester les échantillons avec des taux d'application du chargement sur un temps court et à l'influence de la texture de chaque granulat et à leur répartition de par leur taille dans les éprouvettes de petite section.

- Le Bulletin ICOLD 52 [3.25] mentionne à la page 105 que "... une application sans distinction de critères d'augmentation de la résistance à la traction doit être analysée prudemment, car des amorces de fissures existent dans la plupart des barrages en raison de la charge thermique statique...". La même prudence peut certainement être appliquée aussi au ratio entre les modules sismique et statique.

- Nagayama et al. signalent dans [3.26] que le module d'élasticité n'est pas affecté par le taux de chargement.

3.3. DYNAMIC MODULUS OF ELASTICITY

An important characteristic of concrete is its behaviour under short term loading such as experienced during earthquakes (e.g. strain rates of 10^{-3} to 10^{-2} /s). ASTM C469 [3.18] states that the modulus of elasticity values obtained under rapid load application (dynamic or seismic rates) are usually higher than moduli in the static conditions. The dynamic modulus can be considered as approximately equal to the initial tangent modulus while the static modulus is equal to the cord modulus (Fig. 3.3). In the dynamic condition, the strain behaviour of concrete is not influenced by the micro-cracking and creep, as it happens in the case of static modulus in presence of applied stresses [3.10].

3.3.1. Modulus of Elasticity under Seismic Loading

Several investigations were carried out to study values and relations between static and seismic moduli. Some of them, specifically concerning dam concrete, are summarized in Table 3.5.

Table 3.5
Results from investigations for seismic moduli of elasticity [3.24]

Dynamic/static Ratio			**Reference**
max.	**av./single value**	**min.**	
	1.25		Bureau's of Reclamation test series
1.57	1.42	1.28	Big Tujunga dam, cores drilled from the dam. 2 concrete types: 25 MPa (1. row) and 36 MPa strength (2. row)
1,48	1.38	1,32	
1.10	0.89	0.66	Bureau's of Reclamation test series
	1.18		Crystal Springs Dam
	1.15		Tests on Swiss dams
	1.04		extensive testing for Zervreila Dam (Switzerland)

For a better evaluation of the results of such investigations, the following considerations can be drawn:

- In general, the observed high scatter comes mainly from difficulties to test specimens under short rates of load application and from the influence of the individual granular texture and size distribution in the generally small test sections.

- The ICOLD Bulletin 52 [3.25] mentions on p. 105 that "... indiscriminate application of increased [tensile] strength criteria in analysis should be treated with caution as incipient cracks in most dams exist due to static thermal loading...". Such a note of caution certainly can also be applied to the ratio between seismic and static moduli.

- Nagayama et al. report in [3.26] that the modulus of elasticity is not affected by loading rate.

- Harris et al. [3.27] commentent des séries d'essais effectués sur des carottes provenant de 10 barrages américains : "la moyenne du module d'élasticité dynamique était de 0,89 fois celle du module d'élasticité statique avec un coefficient de variation de 17%". "Par conséquent, le module dynamique moyen ne tendait pas à augmenter au fur et à mesure que la résistance dynamique augmentait".

Une autre caractéristique du béton soumis à une déformation inversée, comme cela est fréquent lors d'un séisme de magnitude élevée, est que la déformation plastique irréversible se produit avec des déformations élastiques réversibles. Cela se traduira par des effets d'hystérésis, qui peuvent généralement être caractérisés dans l'analyse par éléments finis par un abaissement du module d'élasticité équivalent (avec une augmentation de l'amortissement).

Tout cela montre que le rapport entre le module dynamique et le module statique d'élasticité est affecté par une forte dispersion. Cela signifie que la fiabilité de l'évaluation des valeurs de module d'élasticité sous chargement dynamique est inférieure à celle du chargement statique. Une approche prudente tendrait donc à utiliser des valeurs inférieures lors de l'application des données de référence ou des résultats d'essai correspondants.

3.3.2. Dynamic Ultrasonic Modulus of Elasticity

Le module d'élasticité dynamique du béton mesuré par ultrasons, selon les normes nationales, comme ASTM C 597 [3.28] par exemple, est supérieur au module statique, généralement autour d'une valeur de 25%. D'autres auteurs rapportent des chiffres aussi élevés que 40% [3.8].

La détermination du module d'élasticité dynamique Ed est fondée sur les études relatives à la propagation des ondes sonores et est liée à la vitesse de propagation des impulsions des ondes longitudinales dans le béton.

E_d peut être exprimé comme suit :

$$E_d = \rho^* V^2 \frac{(1+v)^* \ (1-2\,v)}{(1-v)}$$

où:

ρ = densité du béton

V = vitesse de propagation

ν = Coefficient de Poisson

Deux méthodes d'essai par ultrasons sont actuellement utilisées pour déterminer le module du béton dans la gamme des hautes fréquences, c'est-à-dire le mode de vitesse de l'impulsion ultrasonore et la méthode de diagraphie sonique cross hole (en forage transversal). Dans le procédé de vitesse de propagation des impulsions ultrasonores, celles-ci sont émises par un transducteur couplé à la surface de la structure. Un dispositif de réception détecte l'impulsion ultrasonore et le temps de transit est déterminé. La longueur du trajet est connue et la vitesse de l'impulsion ultrasonique est calculée. La vitesse est utilisée pour calculer le module dynamique de l'excitation à haute fréquence. L'éventail dépend de l'énergie de l'émetteur avec un intervalle de 3 m pour les systèmes de faible puissance et de 10 m pour les systèmes de forte puissance. La méthode sonique cross hole est une version down hole de la méthode précédente. Cette méthode est utile si une zone particulière de la structure est à étudier.

Comme déjà indiqué dans la section 2 (Propriétés de résistance), des méthodes acoustiques non destructives peuvent également être utilisées pour l'évaluation de la résistance à la compression et pour les diagnostics du béton des barrages existants.

- Harris et al. [3.27] comment about test series with cores from 10 US dams: "the average dynamic to static modulus of elasticity was 0.89 with a coefficient of variation of 17%". "Consequently, the average dynamic modulus did not tend to increase as the dynamic strength increased".

Another characteristic for concrete exposed to reversed straining, as it is common during high intensity earthquake loading, is that irreversible plastic straining will occur together with reversible elastic deformations. This will result in hysteresis effects, which may broadly be characterised in Finite Element Analysis by a lowering of the equivalent elastic modulus (together with an increase of damping).

All this demonstrates that the ratio between seismic and static modulus of elasticity is burdened with a high scatter. This means that the reliability of assessing values for the modulus of elasticity under seismic loading is lower than that for static loading. A conservative approach would therefore tend to use lower bounds when applying corresponding reference data or test results.

3.3.2. Dynamic Ultrasonic Modulus of Elasticity

The dynamic ultrasonic modulus of elasticity of concrete, as determined according to the national standards, for example ASTM C 597 [3.28], is greater than the static modulus, typically around a value of 25 per cent. Other authors report figures as high as 40% [3.8].

The determination of the dynamic modulus of elasticity E_d is based on the studies on the sound wave propagation and is related to the propagation velocity of longitudinal stress wave pulses through concrete.

E_d can be expressed as follows:

$$E_d = \rho^* V^2 \frac{(1+v)^* \ (1-2\,v)}{(1-v)}$$

where:

ρ = concrete density

V = pulse velocity

ν = Poisson coefficient

Two ultra-sonic test methods are currently used to determine the concrete modulus in the high frequency range i.e., ultrasonic pulse velocity method and the cross hole sonic logging method. In the ultrasonic pulse velocity method, an ultrasonic pulse is emitted by a transducer coupled to the structure surface. A receiving device detects the ultrasonic pulse, and the transit time is determined. The path length is known, and the ultrasonic pulse velocity is computed. The velocity is used to compute the dynamic modulus for high frequency excitation. The range is dependent on the transmitter energy with a range of 3 m for low powered systems and 10 m for high powered systems. The cross hole sonic method is a down-hole version of the previous method. This method is useful if a particular zone in the structure is to be investigated.

As already stated in Section 2 (Strength Properties), non-destructive sonic methods can also be used also for compressive strength evaluation and diagnostic investigations on concrete in existing dams.

Une autre méthode d'essai possible pour déterminer le module d'élasticité dynamique est celle qui est basée sur les mesures des fréquences fondamentales transversales, longitudinales et de torsion des cylindres et des prismes de béton. En fait, la fréquence de résonance d'une structure est directement liée à son module dynamique et donc à son intégrité mécanique. Des normes nationales couvrent cette méthode d'essai comme par exemple la norme ASTM C215 [3.29].

3.4. COEFFICIENT DE POISSON

Le coefficient de Poisson est le rapport entre la déformation latérale qui s'accompagne d'une déformation axiale correspondante (Fig. 3.8). Ce coefficient doit également être déterminé à partir des déformations qui se situent dans l'éventail élastique de la courbe de contrainte-déformation.

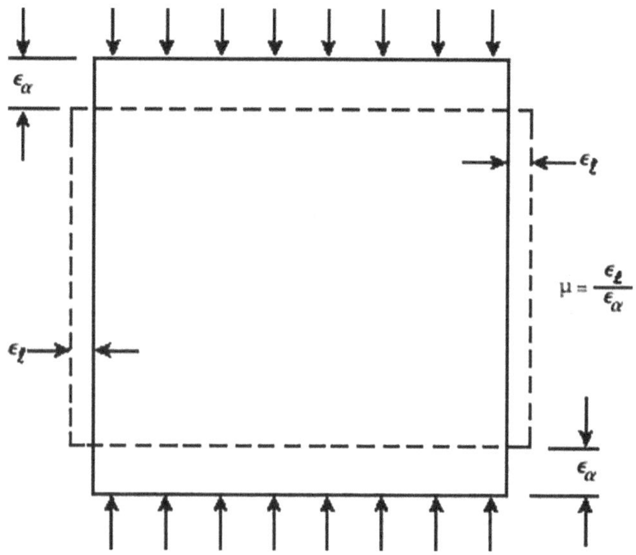

Fig. 3.8
Le coefficient de Poisson comme rapport entre la déformation latérale et la déformation axiale [3.1]

Sous des charges élevées, le coefficient de Poisson augmente rapidement du fait du niveau de la fissuration à l'intérieur de la section. Mais cette réaction est toutefois non- linéaire et révélatrice de conditions de quasi-rupture. Dans des conditions statiques, pour des contraintes statiques inférieures à 40% de la résistance à la compression, le coefficient de Poisson varie de 0,11 à 0,21 (et généralement de 0,15 à 0,20) sur la base des mesures de déformation pour le béton normal [3.11].

Dans la spécification allemande DIN 4227 [3.30], le coefficient de Poisson est relié comme suit au module élastique E (Tab. 3.6):

Le module élastique du béton de masse est généralement de l'ordre de 24 à 30 GPa, et dans ces conditions le coefficient de Poisson varie de 0,15 à 0,20.

Table 3.6
Estimations typiques de la résistance à la compression par rapport au coefficient de Poisson

E (MPa)	**24,000**	**30,000**	**35,000**
ν	0.15-0.18	0.17-0.20	0.20-0.25

Another possible test method for determining the dynamic modulus of elasticity is that based on measurements of the fundamental transverse, longitudinal, and torsional frequencies of concrete cylinders and prisms. In fact, the resonant frequency of a structure is directly related to its dynamic modulus and hence its mechanical integrity. National Standards cover this testing method as, for example the ASTM C215 [3.29].

3.4. POISSON'S RATIO

Poisson's ratio is the ratio between lateral strain accompanying an applied axial strain (Fig. 3.8). Also, Poisson's ratio must be determined from strains which are within the elastic range of the stress-strain curve.

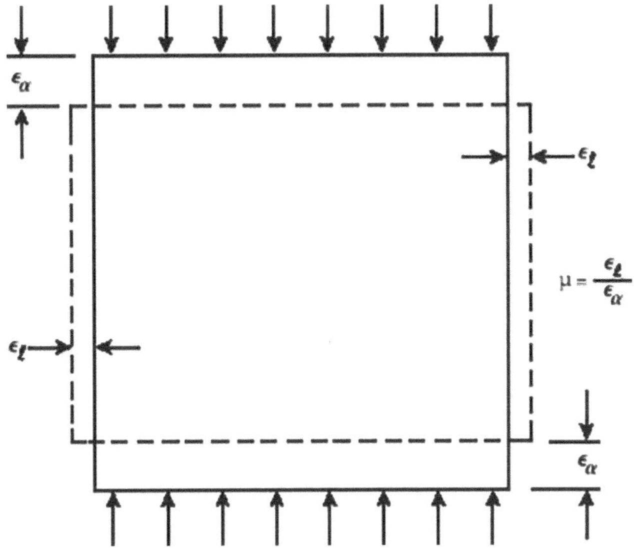

Fig. 3.8
The Poisson coefficient as ratio between lateral and axial strain [3.1]

Under high loads, Poisson's ratio increases rapidly due to the level of cracking within the section. However, this response is nonlinear and indicative of near-failure conditions. Under static conditions, for static stresses below 40 percent of the compressive strength, the Poisson's ratio varies in the range of 0.11 to 0.21 (and generally from 0.15 to 0.20) based on strain measurements for normal concrete [3.11].

In the German Specification DIN 4227 [3.30], Poisson's ratio is related to the elastic modulus E as follows (Table 3.6):

The elastic modulus of concrete in mass concrete is typically in the range of 24 to 30 GPa, therefore this also indicates that Poisson's ratio will vary from 0.15 to 0.20.

Table 3.6
Typical estimates of compressive strength versus Poisson's ratio

E (MPa)	**24,000**	**30,000**	**35,000**
ν	0.15-0.18	0.17-0.20	0.20-0.25

Le coefficient de Poisson est plus élevé pour le béton sous chargement dynamique. Une détermination dynamique du coefficient de Poisson donne une valeur moyenne de 0,24 qui est sensiblement différente de la valeur statique.

Cependant, les essais effectués par Harris [3.27] à partir de 16 échantillons de carottes béton de barrage ont donné un ratio du coefficient de Poisson dynamique/statique moyen de 1,07 avec un coefficient de variation de 31%. Cela prouve une fois encore la dispersion élevée inhérente aux méthodes d'essais dynamiques. Il n'est donc pas recommandé d'augmenter le coefficient de Poisson pour une charge dynamique de 0,15/0,20 à 0,24.

Le Tab. 3.7 montre les valeurs du module d'élasticité et leur coefficient de Poisson pour les bétons de barrages américains et brésiliens, Des Informations sur la conception du mélange de béton et le temps d'essai sont également fournies.

Table 3.7
Module élastique vs coefficient de Poisson de barrages américains et brésiliens (partie I)

Projet	**Types de barrage**	**Pays**	**Conception du mélange**	**Module élastique statique**		**Coefficient de Poisson**		**Ref.**
				Age [d]	**E [GPa]**	**Age [d]**	**Ratio [-]**	
Hoover	Poids voûte	USA	Calcaire & granit, NMSA 225mm, C 225kg/m^3, Eau 130kg/m^3	28	38.0	28	0.18	[3.31]
				90	43.0	90	0.20	
				365	47.0	365	0.21	
Grand Coulee	BCV Poids	USA, 1942	Basalte, NMSA 150mm, C 224kg/m^3, Eau 134kg/m^3	28	32.0	28	0.17	[3.31]
				90	42.0	90	0.20	
				365	41.0	365	0.23	
Glen Canyon	BCV Poids voûte	USA, 1963	Calcaire, Chert, grès, NMSA 150mm, C 111kg/m^3, P 53kg/m^3, Eau 83kg/m^3	28	37.0	28	0.15	[3.31]
				90	43.0	90	0.15	
				180	46.0	180	0.19	
Flaming Gorge	BCV Poids voûte	USA, 1962	Calcaire, grès, NMSA 150mm, C 111kg/m^3, P 56kg/m^3, Eau 88kg/m^3	28	24.0	28	0.13	[3.31]
				90	30.0	90	0.25	
				180	32.0	180	0.20	
Yellowtail	BCV Poids voûte	USA, 1965	Calcaire, Andésite, NMSA 150mm, C 117kg/m^3, P 50kg/m^3, Eau 82kg/m^3	90	42.0	90	0.24	[3.31]
				180	37.0	180	0.26	
				365	43.0	365	0.27	
Morrow Point	BCV voûte	USA, 1967	Andésite, tuf, basalte, NMSA 114mm, C 221kg/m^3, Eau 93kg/m^3	28	30.0	28	0.22	[3.31]
				90	34.0	90	0.22	
				180	37.0	180	0.23	
				365	32.0	365	0.20	

Poisson's ratio is higher for dynamically loaded concrete. A dynamic determination of Poisson's ratio yields an average value of 0.24 which is significantly different than the static value.

However, the tests carried out by Harris [3.27] from 16 dam core samples showed an average ratio dynamic/static Poisson of 1.07 with coefficient of variation of 31%. Again, this demonstrates the high scatter inherent in dynamic test methods. It is therefore not recommended increasing the Poisson ratio for dynamic loading from 0.15/0.20 to 0.24.

Table 3.7 shows modulus of elasticity values for concretes from US and Brasilian dams, together with their Poisson ratio. Information on concrete mix design and time of testing are also provided.

Table 3.7
Elastic Modulus vs Poisson's ratio from US and Brazilian dams (part I)

Project	Dam Type	Country	Mix Design	Static Elastic Modulus		Poisson Ratio		Ref.
				Age [d]	E [GPa]	Age [d]	Ratio [-]	
Hoover			Limestone & Granite, NMSA 225mm, C 225kg/m³, Water 130kg/m³	28 90 365	38.0 43.0 47.0	28 90 365	0.18 0.20 0.21	[3.31]
Grand Coulee	CVC Gravity	USA, 1942	Basalt, NMSA 150mm, C 224kg/m³, Water 134kg/m³	28 90 365	32.0 42.0 41.0	28 90 365	0.17 0.20 0.23	[3.31]
Glen Canyon	CVC Arch Gravity	USA, 1963	Limestone, Chert, Sandstone, NMSA 150mm, C 111kg/m³, P 53kg/m³, Water 83kg/m³	28 90 180	37.0 43.0 46.0	28 90 180	0.15 0.15 0.19	[3.31]
Flaming Gorge	CVC Arch Gravity	USA, 1962	Limestone, Sandstone, NMSA 150mm, C 111kg/m³, P 56kg/m³, Water 88kg/m³	28 90 180	24.0 30.0 32.0	28 90 180	0.13 0.25 0.20	[3.31]
Yellowtail	CVC Arch Gravity	USA, 1965	Limestone, Andesite, NMSA 150mm, C 117kg/m³, P 50kg/m³, Water 82kg/m³	90 180 365	42.0 37.0 43.0	90 180 365	0.24 0.26 0.27	[3.31]
Morrow Point	CVC Arch	USA, 1967	Andesite, Tuff, Basalt, NMSA 114mm, C 221kg/m³, Water 93kg/m³	28 90 180 365	30.0 34.0 37.0 32.0	28 90 180 365	0.22 0.22 0.23 0.20	[3.31]

Table 3.8
Module élastique vs coefficient de Poisson de barrages américains et brésiliens (partie II)

Projet	Types de barrage	Pays	Conception du mélange	Module élastique statique		Coefficient de Poisson		Ref.
				Age [d]	E [GPa]	Age [d]	Ratio [-]	
Lower Granite	BCV Poids	USA, 1973	Basaltique, NMSA 150mm, C 86kg/m^3, P 29kg/m^3, Eau 82kg/m^3	28	19.0	28	0.19	[3.31]
				90	27.0	90	0.20	
Libby	BCV Poids	USA, 1972	Quartzite, NMSA 150mm, C 88kg/m^3, P 29kg/m^3, Eau 79kg/m^3	28	22.0	28	0.14	[3.31]
				90	28.0	90	0.18	
Dworshak	BCV Poids	USA, 1972	Gneiss en granite NMSA 150mm, C 125kg/m^3, P 42kg/m^3, Eau 97kg/m^3	90	26.0	90		[3.31]
				365	26.0	365		
Ilha Solteira	BCV Poids	Brazil, 1974	Quartzite, basalte, NMSA 150mm, C 82kg/m^3, P 27kg/m^3, Eau 82kg/m^3	28	35.0	28	0.15	[3.31]
				90	41.0	90	0.16	
Itaipu	Hollow Gravity Buttress	Brazil / Paraquay, 1982	Basalte, NMSA 150mm, C 108kg/m^3, P 13kg/m^3, Eau 85kg/m^3	28	38.0	28	0.18	[3.31]
				90	43.0	90	0.21	
				180	43.0	180	0.22	
				365	45.0	365	0.20	
Theodore Rossevelt Modification	CVC Arch Gravity	USA, 1995	Granite, NMSA 100mm, C 128kg/m^3, P 32kg/m^3, Eau 85kg/m^3	28	31.0	28	0.20	[3.31]
				90	37.0	90	0.21	
				365	43.0	365	0.21	

Table 3.8
Elastic Modulus vs Poisson's ratio from US and Brazilian dams (part II)

Project	Dam Type	Country	Mix Design	Static Elastic Modulus		Poisson Ratio		Ref.
				Age [d]	E [GPa]	Age [d]	Ratio [-]	
Lower Granite	CVC Gravity	USA, 1973	Basaltic Gravel, NMSA 150mm, C 86kg/m³, P 29kg/m³, Water 82kg/m³	28	19.0	28	0.19	[3.31]
				90	27.0	90	0.20	
Libby	CVC Gravity	USA, 1972	Quartzite Gravel, NMSA 150mm, C 88kg/m³, P 29kg/m³, Water 79kg/m³	28	22.0	28	0.14	[3.31]
				90	28.0	90	0.18	
Dworshak	CVC Gravity	USA, 1972	Granite Gneiss, NMSA 150mm, C 125kg/m³, P 42kg/m³, Water 97kg/m³	90	26.0	90		[3.31]
				365	26.0	365		
Ilha Solteira	CVC Gravity	Brazil, 1974	Quartzite Gravel, Basalt, NMSA 150mm, C 82kg/m³, P 27kg/m³, Water 82kg/m³	28	35.0	28	0.15	[3.31]
				90	41.0	90	0.16	
Itaipu	Hollow Gravity Buttress	Brazil / Paraquay, 1982	Basalt, NMSA 150mm, C 108kg/m³, P 13kg/m³, Water 85kg/m3	28	38.0	28	0.18	[3.31]
				90	43.0	90	0.21	
				180	43.0	180	0.22	
				365	45.0	365	0.20	
Theodore Rossevelt Modification	CVC Arch Gravity	USA, 1995	Granite, NMSA 100mm, C 128kg/m³, P 32kg/m³, Water 85kg/m³	28	31.0	28	0.20	[3.31]
				90	37.0	90	0.21	
				365	43.0	365	0.21	

3.5. IMPORTANCE DES PROPRIETES ELASTIQUES POUR LE COMPORTEMENT DES BARRAGES

Le module d'élasticité du béton est un paramètre important, voire essentiel pour l'analyse des structures et l'évaluation de la distribution des déformations des barrages en béton, surtout lorsque leur conception est fondée sur un comportement élastique [3.17].

La déformation du béton qui se produit immédiatement après l'application de charges dépend du module élastique "instantané". Le développement subséquent de la déformation, sur une période donnée avec une charge constante, est le résultat du fluage. Ce dernier est parfois généralement pris en compte par la détermination d'un module d'élasticité à long terme qui sera utilisé dans les analyses statiques [3.32].

Du point de vue expérimental, le module d'élasticité à long terme doit être évalué à partir des échantillons de béton à l'aide de la même procédure d'essai prescrite pour le module d'élasticité instantané [3.18], excepté pour le temps d'essai qui peut atteindre deux années ou plus, sous des charges maintenues constantes. Ces modules à long terme sont examinés plus avant dans la Section 4 (paragraphe 4.5 La modélisation du fluage dans l'analyse structurelle).

Comme déjà indiqué au paragraphe 3.2.3.5, le module d'élasticité a une tendance à une augmentation appréciable avec le temps, en particulier dans le béton avec un ciment pouzzolanique, et pourrait être encore plus rapide que pour la résistance à la compression (Section 2). D'une série de données de modules mesurés en laboratoire à des âges différents (jusqu'à 365 jours) de plus de 50 bétons de barrages brésiliens [3.34], il a été constaté qu'en présence d'adjuvants minéraux, le rapport moyen entre le module d'élasticité à 365 jours et à 90 jours était d'environ 1,2. Les valeurs ponctuelles peuvent même atteindre des ratios de plus de 1,5. Ce fait pourrait également avoir un effet néfaste dans des structures fortement hyper-statiques comme les barrages, en particulier les barrages voûtes, qui ont une relation complexe avec leur fondation.

En fait, pour ces structures, des problèmes pourraient surgir lors du transfert de charges directes aux fondations ou lors des réactions aux déformations imposées comme des sollicitations thermiques. Des niveaux et distributions de contrainte différents par rapport à ceux prévus lors de la phase de conception, peuvent apparaître et des fissures pourraient se développer. Aussi, afin d'éviter des situations extrêmes auxquelles on ne s'attend pas, il est recommandé d'envisager déjà lors de la phase de conception une augmentation possible du module d'élasticité du béton. Le problème devrait être également pris en compte dans l'auscultation et l'interprétation du comportement du barrage [3.33].

3.6. UTILISATION DE PROPRIETES ELASTIQUES DANS DES MODELES MATHEMATIQUES POUR L'ANALYSE STRUCTURELLE DES BARRAGES

Le degré d'affinement du modèle mathématique utilisé pour les chargements statiques et dynamiques influe sur le choix du module d'élasticité. Le plus important est l'effet du taux de chargement puisqu'il influe à la fois sur la résistance et l'élasticité.

La Fig. 3.9 montre que différents taux de chargement et différentes situations conduisant à divers modules « apparents » d'élasticité. Les relations affichées font référence à la modélisation mathématique suivante :

3.5. SIGNIFICANCE OF ELASTIC PROPERTIES ON DAM BEHAVIOUR

The modulus of elasticity is an important concrete parameter, vital for structural analysis and for evaluating the strain distributions and deformations in concrete dams, especially when their design is based on elasticity considerations [3.17].

The concrete deformation that occurs immediately after the load applications depends on the "instantaneous" elastic modulus. The subsequent development of the deformation, over a period of time with constant load, is the result of creep. Sometimes this last one is generally accounted for by determining a "sustained" modulus of elasticity to be used in static analyses [3.32].

From the experimental point of view, the sustained modulus of elasticity should be evaluated from the concrete specimens with the same testing procedure prescribed for the instantaneous elastic modulus [3.18], except for the testing time that can attain two years or more, under constant sustained loads. These sustained moduli are further discussed in Section 4 (paragraph 4.5 modelling creep in structural analysis).

As already discussed in paragraph 3.2.3.5, the elasticity modulus has an appreciable increasing trend with time, particularly in pozzolanic cement concrete, and could be even faster than for compressive strength (Section 2). From a series of laboratory modulus data at different ages (up to 365 days) from more than 50 Brasilian dam concretes [3.34], it was found that, in the presence of mineral admixtures, the average ratio between the elasticity modulus at 365 days and at 90 days is about 1.2. Single values can even attain ratios in excess of 1.5. This fact could also have a detrimental effect in highly hyper-static structures such as dams and especially arch dams that have a complex relation with their foundation.

For these structures, in fact, problems could arise in transferring direct loads to the foundation rock or in reacting to imposed deformations like thermal loads. Different stress levels and distributions, compared to those predicted in the design phase, can appear and cracks could develop. Thus, in order to avoid extreme situations that are not expected, it is recommended to consider the possible increase of the concrete elastic modulus already in the design stage. This problem should be taken into account also in the monitoring and interpretation of the dam behavior [3.33].

3.6. USE OF ELASTIC PROPERTIES IN MATHEMATICAL MODELS FOR DAM STRUCTURAL ANALYSIS

The degree of refinement of the mathematical model used for static and earthquake loading influences the choice of the modulus of elasticity. Most important is the effect of rate of loading as it both influences strength and elasticity.

Fig. 3.9 illustrates that different loading rates and situations result in different "apparent elasticities". The shown relations refer to mathematical modelling as follows:

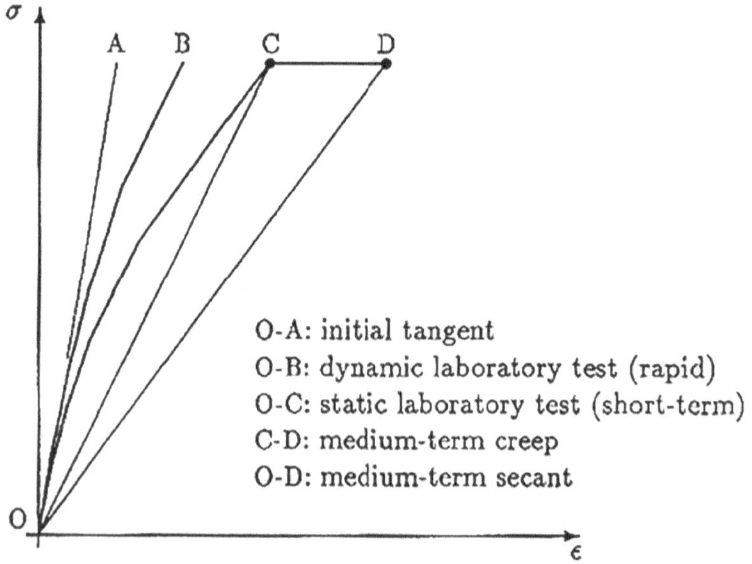

Fig. 3.9
Définitions des modules apparents d'élasticité utilisés dans des modèles thématiques

- Corrélations statiques : la déformation de fluage à moyen terme est souvent comprise dans le module sécant (O-D), mais pour certains modèles, le fluage peut être explicitement calculé par rapport à l'élasticité tangente initiale [3.35].

- Des différences existent entre les essais statiques (O-C) et dynamiques (O-B) de laboratoire en raison de la dépendance du taux de déformation. Ces différences peuvent être modélisées avec un modèle viscoplastique [3.36].

- Les modules tangents (O-A) sont requis pour la modélisation lorsque la non-linéarité est considérée comme un phénomène dépendant du taux (viscoplastique par exemple).

À cet égard, les références à d'autres Sections du Bulletin sont:

- Référence à la Section 2 - 2.4.8 L'utilisation de la résistance à la traction dans les modèles mathématiques – analyse élastique linéaire et analyse non linéaire

- Référence à la Section 4 - C.4.5 La modélisation de fluage dans l'analyse structurelle (concept du module d'élasticité à long terme)

Même si l'analyse élastique linéaire est la méthode standard pour l'analyse structurelle des barrages, dans plusieurs situations comme sous sollicitations sismiques, la détérioration, le chargement au-delà des capacités de résistance, le comportement de la structure du barrage est mieux modélisé par une analyse non-linéaire. Cela est particulièrement important si les conditions propices à l'endommagement devaient être prises en compte pour les barrages existants. La référence [3.38] fait appel aux principes de la mécanique de l'endommagement pour analyser le comportement statique ou dynamique non-linéaire.

Toutefois, les données obtenues à partir des essais de matériaux élastiques classiques sont également importantes, car elles peuvent être utilisées, comme le suggère le Bureau of Reclamation [3.37], pour fournir un diagramme complet contrainte- déformation, capable de représenter différents états de rupture du béton.

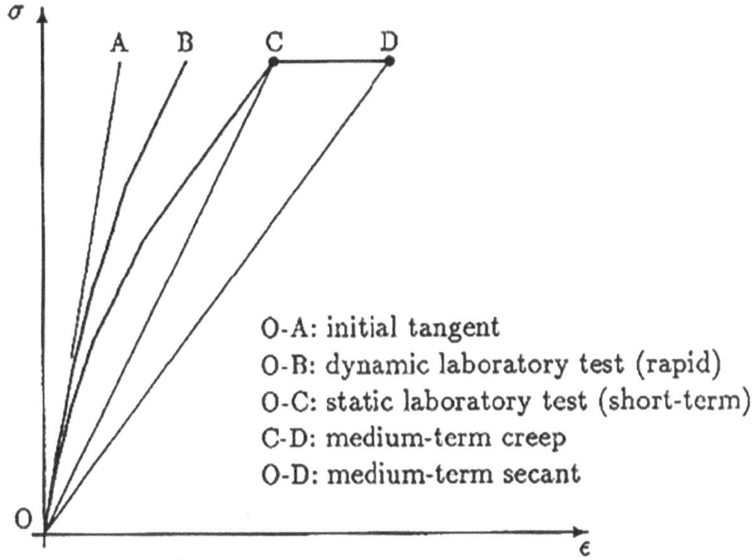

Fig. 3.9
Definitions of apparent moduli of elasticity used in mathematical models

- Static correlations: medium-term creep strain is often included in the secant modulus (O-D), but for some model's creep can be explicitly calculated with respect to the initial tangent elasticity [3.35].

- Differences exist between static (O-C) and dynamic (O-B) laboratory tests due to strain rate dependency. These differences can be modelled by a visco-plastic model [3.36].

- Tangent moduli (O-A) are required for modelling when non-linearity is taken as a rate-dependent (e.g. visco-plastic) phenomenon.

In this respect the following references to other Sections of the Bulletin are in order:

- Reference to Section 2 - 2.4.8 Use of tensile strength in mathematical models - linear elastic analysis and nonlinear analysis

- Reference to Section 4 - C.4.5 Modelling creep in structural analysis (concept of sustained modulus of elasticity)

Even if linear elastic analysis is the standard method for dam structural analysis, in several conditions such as seismic loading, deterioration, loading beyond capacity, the structural dam behaviour is better modelled with non-linear analysis. This is particular important if damage prone conditions are to be expected for existing dams. Reference [3.38] uses the principles of damage mechanics to analyse non-linear static or dynamic behaviour.

However, data obtained from standard elastic material tests are still important because they can be used, as suggested by the Bureau of Reclamation [3.37], to provide a comprehensive stress-strain diagram, able to represent different failure states of the concrete.

A titre d'exemple, la Fig. 3.10 montre les courbes expérimentales typiques de compression-contrainte-déformation d'un barrage du Bureau of Reclamation avec un "diagramme d'état de rupture" complet, dérivé du meilleur ajustement des comportements expérimentaux de la population de l'échantillon. Il permet une évaluation rationnelle sur la nécessité d'une modélisation linéaire ou non-linéaire.

La zone de travail avec un comportement élastique, est celle qui se trouve en-dessous de la contrainte correspondant à 40% de la résistance à la rupture moyenne, telle que définie par la norme ASTM C469 [3.18]. La zone au-dessus de ce niveau représente une zone de transition avec un comportement non-linéaire, caractérisé par des déformations accumulées non réversibles. Des essais de laboratoire tant linéaires que non linéaires sont recommandés dans cette zone. Certains essais supplémentaires pour représenter le comportement non-linéaire sont suggérés par [3.37], sur la base de cycles chargement-déchargement (Fig. 3.11).

Des essais post-rupture et des tests spécifiques de l'énergie de fracture sont nécessaires pour la zone fissurée.

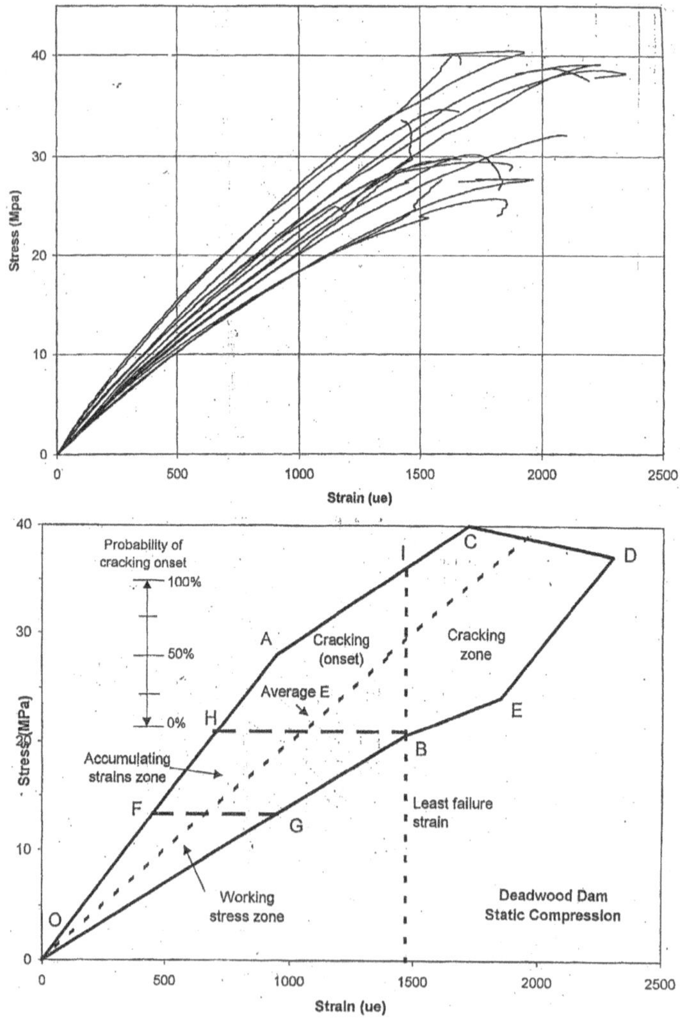

Fig. 3.10
Courbes de compression-contrainte-déformation pour le barrage de Deadwood (barrage du Bureau of Reclamation) et le "diagramme d'état de défaillance" obtenu" [3.37]

As an example, in Fig. 3.10 typical experimental compressive-stress-strain curves for a Bureau of Reclamation dam are reported, together with a comprehensive "failure state diagram", derived from the best fitting of experimental behaviours of sample population. It allows a rational evaluation on the need for either linear or non-linear modelling.

The working stress zone, with an elastic pattern, is that below the stress corresponding to 40% of the average ultimate strength, as defined by the ASTM C469 [3.18]. The zone above this level represents a transition zone to non-linear behaviour, characterised by accumulated non recoverable strains. Both linear and non-linear laboratory tests are recommended in this zone. Some supplemental tests to represent the non-linear behaviour is suggested by [3.37], based on loading and unloading cycles (Fig. 3.11).

Post failure tests and fracture energy special testing are required for the cracked zone.

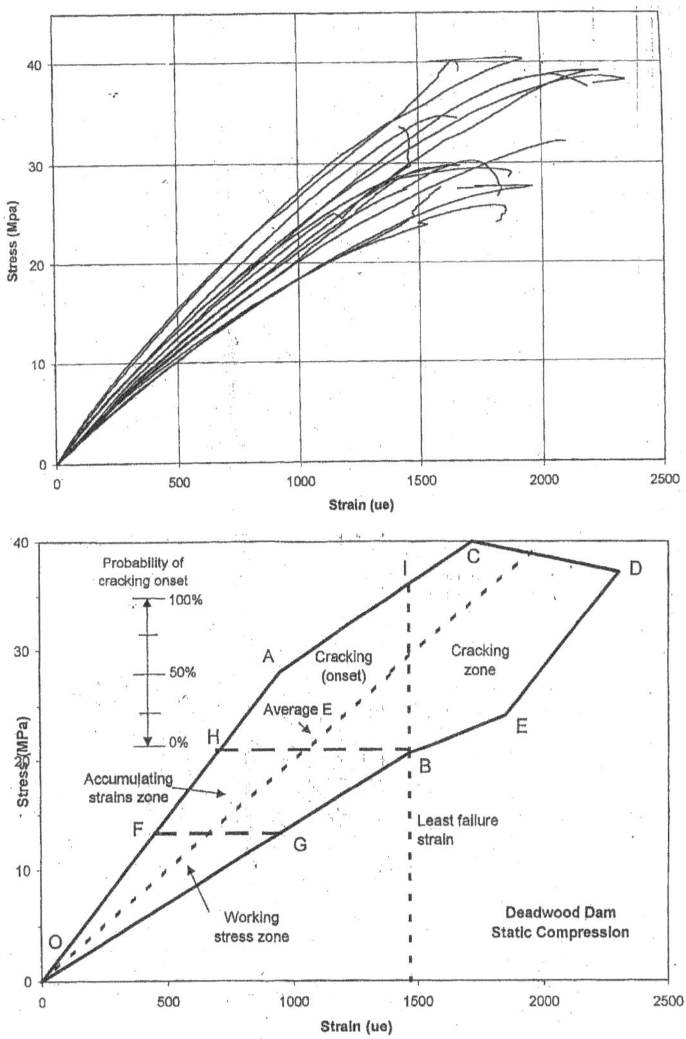

Fig. 3.10
Compressive-stress-strain curves for the Deadwood dam (Bureau of Reclamation dam) and the obtained "failure state diagram" [3.37]

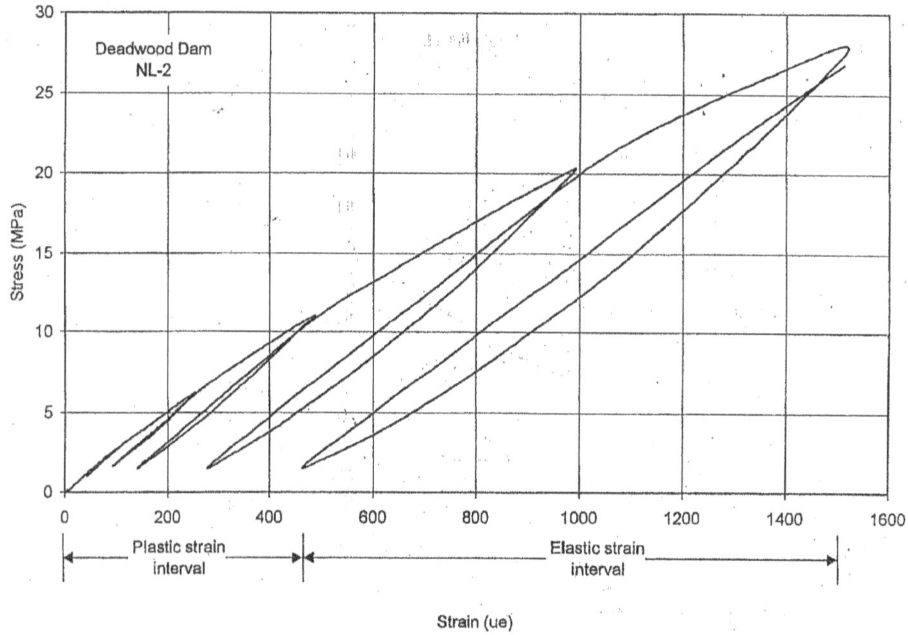

Fig. 3.11
Essais des cycles chargement-déchargement effectués sur des carottes de béton pour évaluer les paramètres non linéaires en pré-rupture [3.37].

3.7. RÉFÉRENCES

[3.1] Cement Association of Canada - http://www.cement.ca/cement.nsf/

[3.2] Timoshenko, S.P. and Goodier, J.N.," Theory of Elasticity", McGrow-Hill Book Company, New York, 1934.

[3.3] Neville, A.M, Dilger, W.H. and Brooks, J.J., "Creep of Plain and Structural concrete", Construction Press, Longmann Group Limited, 1983.

[3.4] Bangash, M.Y., "Concrete and Concrete Structures: Numerical Modelling and Applications", Elsevier Applied Science, London, 1989.

[3.5] Chen, W.F. "Plasticity in Concrete", McGrow-Hill Book Company, New York, 1982.

[3.6] Fauchet, B., Coussy, O., Carrere, A. and Tardieu, B., "Poroplastic Analysis of Concrete Dams and their Foundations", Dam Engineering, Volume II, Issue 3, 1991.

[3.7] Franklin Dusseault "Rock Engineering" (1991), p. 321.

[3.8] Metha, K.P., "Concrete: Structure, Properties and Materials", Prentice-Hall, Inc, Englewood Cliffs, New Jersey, 1986.

[3.9] Mindess, S.; Young, J.F.; Darwin, D.: Concrete. Second edition, ISBN 0-13-064632-6, Prentice Hall, Upper Saddle River, 2003.

[3.10] The University of Memphis, Department of Civil Engineering, http://www.ce.memphis.edu/1101/notes/concrete/everything_about_concrete/11_-_compositee.html.

[3.11] Neville, A., M., "Properties of Concrete", Sir Isaac Pitmann & Sons LTD, London,1963.

[3.12] Gorisse, F., "Ensayos y control de hormigones", Ed. ETA

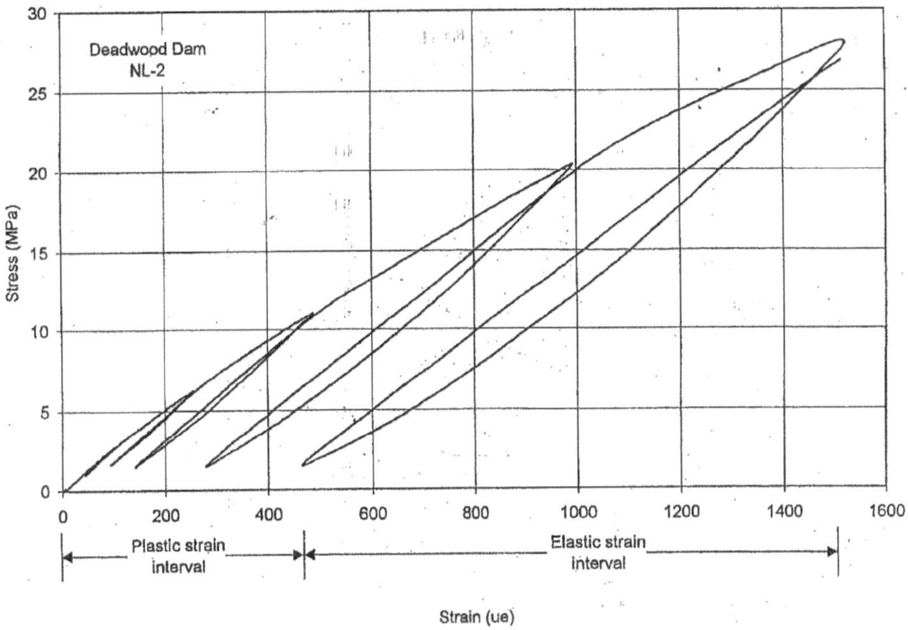

Fig. 3.11
Loading and unloading cycles testing of concrete cores to evaluate non linear pre-failure parameters [3.37].

3.7. REFERENCES

[3.1] Cement Association of Canada - http://www.cement.ca/cement.nsf/

[3.2] Timoshenko, S.P. and Goodier, J.N.," Theory of Elasticity", McGrow-Hill Book Company, New York, 1934.

[3.3] Neville, A.M, Dilger, W.H. and Brooks, J.J., "Creep of Plain and Structural concrete", Construction Press, Longmann Group Limited, 1983.

[3.4] Bangash, M.Y., "Concrete and Concrete Structures: Numerical Modelling and Applications", Elsevier Applied Science, London, 1989.

[3.5] Chen, W.F. "Plasticity in Concrete", McGrow-Hill Book Company, New York, 1982.

[3.6] Fauchet, B., Coussy, O., Carrere, A. and Tardieu, B., "Poroplastic Analysis of Concrete Dams and their Foundations", Dam Engineering, Volume II, Issue 3, 1991.

[3.7] Franklin Dusseault "Rock Engineering" (1991), p. 321.

[3.8] Metha, K.P., "Concrete: Structure, Properties and Materials", Prentice-Hall, Inc, Englewood Cliffs, New Jersey, 1986.

[3.9] Mindess, S.; Young, J.F.; Darwin, D.: Concrete. Second edition, ISBN 0-13-064632-6, Prentice Hall, Upper Saddle River, 2003.

[3.10] The University of Memphis, Department of Civil Engineering, http://www.ce.memphis.edu/1101/notes/concrete/everything_about_concrete/11_-_compositee.html.

[3.11] Neville, A., M., "Properties of Concrete", Sir Isaac Pitmann & Sons LTD, London,1963.

[3.12] Gorisse, F., "Ensayos y control de hormigones", Ed. ETA

[3.13] Geen, S.J. and Swanson, S.R., "Static Constitutive Model for Concrete in compression", Technical Report AFWC-TR-72, 1973.

[3.14] American Concrete Institute, "Mass Concrete", ACI Publication, 207.1R-96.

[3.15] Raphael J. "The Nature of Mass Concrete in Dams", ACI SP 55-6.

[3.16] Tuthill, L.H., Sarkaria, G.S., Cortright, C.J., Proceedings of 10th ICOLD International Congress, Montréal, 1970, Vol. IV, pp. 181-197.

[3.17] Vilardell, J., Aguado, A., Agullo, L., Gettu, R., "Estimation of the modulus of elasticity for dam concrete", Cement and Concrete Research, 1998, Vol. 28, n° 1, pp. 93-101.

[3.18] ASTM C469-02e1, "Standard Test Method for Static Modulus of Elasticity and Poisson's Ratio of Concrete in Compression", 2002.

[3.19] ACI 318-95 Building code requirements for structural concrete. ACI Manual of Concrete Practice Part 3: Use of concrete in Buildings – Design, Specifications, and Related Topics. Detroit, Michigan; 1996.

[3.20] British Code of Practice, CP 110, Part 1

[3.21] Eurocode 2, "Design of concrete structures", 1993.

[3.22] Wagner, J.-P.; Massenbetone für die Gewichtsstaumauer Talsperre Leibis/Lichte; Beton-Informationen 2/3 2004; Deutscher Beton-Verein; 2004.

[3.23] Kreuzer, H.; Email Communication with M. Conrad, 23.12.2007; Concrete Data Basis for Bulletin "Concrete of Swiss Dams"; Swiss Committee on Dams, 2001, partially published.

[3.24] US Bureau of Reclamation: "Concrete Manual" ,8th ed., J. Wiley, New York, 1981.

[4.25] ICOLD Bulletin n°52, Earthquake analysis for dams, 1986.

[3.26] "Experimental study on tensile strength of concrete for dams", Proc. of 2nd US-Japanese Workshop on Advanced Research on Earthquake Engineering for Dams, Technical Memorandum of PWRI, 1999.

[3.27] Harris, D. W., Mohorovic, C. E., Dolen, T.P., "Dynamic Properties of Mass Concrete Obtained from Dam Cores", ACI Materials Journal, Vol. 97, N°.3, May-June 2000.

[3.28] ASTM C597-02, " Standard Test Method for Pulse Velocity Through Concrete".

[3.29] ASTM C215-02 "Standard Test Method for Fundamental Transverse, Longitudinal, and Torsional Frequencies of Concrete Specimens".

[3.30] German Specification DIN 4227, " Prestressed concrete; prestressed lightweight concrete structural members".

[3.31] ACI 207.1R-05 Mass Concrete; American Concrete Institute ACI, 2005".

[3.32] Bureau of Reclamation "Design criteria for concrete arch and gravity dams", a water resource technical publication, Engineering Monograph n° 19.

[3.33] Buil Sanz, J. M, personal communication, 2002.

[3.34] Filho J. M., J. M, personal communication, 2007.

[3.34] Dungar, R., "The effect of cyclic creep on the ageing of arch dams", Proc. ICOLD, 17. Congress, Vienna, 1991, Q.65, R.9.

[3.36] Dungar, R., Studer, J.A., "Numerical Models in Geomechanical Engineering Practice", A.A Balkema, Rotterdam, 1985.

[3.37] Harris, D.W., Dolen T. P., Mohoroovic C.E., "Failure states from concrete stress-strain data for use in analysis"; 1998.

[3.38] Gunn R.M., "Non-linear design and safety analysis of arch dams using damage mechanics", Hydropower & Dams, Issue 2, 2001.

[3.13] Geen, S.J. and Swanson, S.R., "Static Constitutive Model for Concrete in compression", Technical Report AFWC-TR-72, 1973.

[3.14] American Concrete Institute, "Mass Concrete", ACI Publication, 207.1R-96.

[3.15] Raphael J. "The Nature of Mass Concrete in Dams", ACI SP 55-6.

[3.16] Tuthill, L.H., Sarkaria, G.S., Cortright, C.J., Proceedings of 10th ICOLD International Congress, Montréal, 1970, Vol. IV, pp. 181-197.

[3.17] Vilardell, J., Aguado, A., Agullo, L., Gettu, R., "Estimation of the modulus of elasticity for dam concrete", Cement and Concrete Research, 1998, Vol. 28, n° 1, pp. 93-101.

[3.18] ASTM C469-02e1, "Standard Test Method for Static Modulus of Elasticity and Poisson's Ratio of Concrete in Compression", 2002.

[3.19] ACI 318-95 Building code requirements for structural concrete. ACI Manual of Concrete Practice Part 3: Use of concrete in Buildings – Design, Specifications, and Related Topics. Detroit, Michigan; 1996.

[3.20] British Code of Practice, CP 110, Part 1

[3.21] Eurocode 2, "Design of concrete structures", 1993.

[3.22] Wagner, J.-P.; Massenbetone für die Gewichtsstaumauer Talsperre Leibis/Lichte; Beton-Informationen 2/3 2004; Deutscher Beton-Verein; 2004.

[3.23] Kreuzer, H.; Email Communication with M. Conrad, 23.12.2007; Concrete Data Basis for Bulletin "Concrete of Swiss Dams"; Swiss Committee on Dams, 2001, partially published.

[3.24] US Bureau of Reclamation: "Concrete Manual" ,8th ed., J. Wiley, New York, 1981.

[4.25] ICOLD Bulletin n°52, Earthquake analysis for dams, 1986.

[3.26] "Experimental study on tensile strength of concrete for dams", Proc. of 2nd US-Japanese Workshop on Advanced Research on Earthquake Engineering for Dams, Technical Memorandum of PWRI, 1999.

[3.27] Harris, D. W., Mohorovic, C. E., Dolen, T.P., "Dynamic Properties of Mass Concrete Obtained from Dam Cores", ACI Materials Journal, Vol. 97, N°.3, May-June 2000.

[3.28] ASTM C597-02, " Standard Test Method for Pulse Velocity Through Concrete".

[3.29] ASTM C215-02 "Standard Test Method for Fundamental Transverse, Longitudinal, and Torsional Frequencies of Concrete Specimens".

[3.30] German Specification DIN 4227, " Prestressed concrete; prestressed lightweight concrete structural members".

[3.31] ACI 207.1R-05 Mass Concrete; American Concrete Institute ACI, 2005".

[3.32] Bureau of Reclamation "Design criteria for concrete arch and gravity dams", a water resource technical publication, Engineering Monograph n° 19.

[3.33] Buil Sanz, J. M, personal communication, 2002.

[3.34] Filho J. M., J. M, personal communication, 2007.

[3.34] Dungar, R., "The effect of cyclic creep on the ageing of arch dams", Proc. ICOLD, 17. Congress, Vienna, 1991, Q.65, R.9.

[3.36] Dungar, R., Studer, J.A., "Numerical Models in Geomechanical Engineering Practice", A.A Balkema, Rotterdam, 1985.

[3.37] Harris, D.W., Dolen T. P., Mohoroovic C.E., "Failure states from concrete stress-strain data for use in analysis"; 1998.

[3.38] Gunn R.M., "Non-linear design and safety analysis of arch dams using damage mechanics", Hydropower & Dams, Issue 2, 2001.

4. LES PROPRIÉTÉS DE FLUAGE

4.1. GENERAL

Le fluage est une déformation liée au temps due à une charge constante [4.1]. La nature du comportement du béton est schématiquement représentée dans la Fig. 4.1.

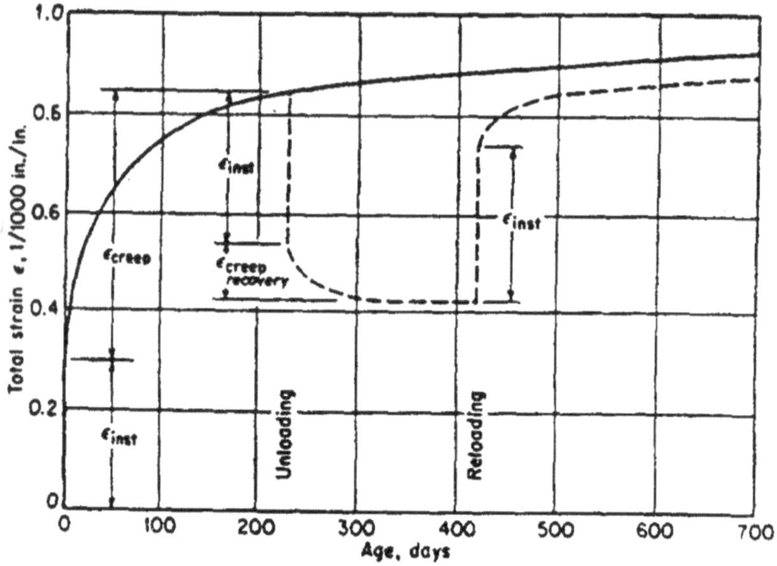

Fig. 4.1
Courbe de fluage typique du béton [4.2]

Ce béton a été chargé à l'âge de 28 jours, ce qui a entraîné une déformation instantanée ϵ_{inst}. La charge a été ensuite maintenue pendant 230 jours, au cours desquels le fluage lié au temps semble avoir augmenté la déformation à ϵ_{creep} qui est près de trois fois sa valeur instantanée. Si la charge était maintenue, la déformation suivrait la courbe en gras. Si la charge était retirée, comme le montre la courbe pointillé, la déformation instantanée élastiqueϵ_{inst} est récupérée et une certaine reprise du fluage se produit. Si le béton est rechargé à une date ultérieure, les déformations instantanées et de fluage se développent à nouveau comme le montre [4.2].

Bien que plusieurs hypothèses de fluage fondées sur certains mécanismes de déformation observés aient été proposées, il est généralement admis que le fluage du béton est une propriété de la pâte, c'est-à-dire un phénomène rhéologique associé à la structure de la pâte de ciment similaire à un gel [4.3] [4.4]. Le mouvement d'entrée et de sortie de l'eau à travers le gel en réaction aux variations de l'humidité ambiante produit le comportement bien connu de retrait et de gonflement du béton. Dans le fluage, le mouvement de l'eau à travers le gel est provoqué par les changements de pression dus aux conditions hygrométriques différentielles entre le béton et son environnement. Les facteurs affectant soit le fluage soit le retrait sont comparables dans les deux cas comme le rapport eau-ciment, les proportions du mélange, les propriétés des granulats, la densification, les conditions de durcissement et le degré d'hydratation [4.5]. La déformation de fluage peut s'expliquer en partie en termes de déformation viscoélastique de la pâte de ciment et de transfert progressif de la charge à partir de la pâte de ciment vers les granulats. Ce concept explique la linéarité de la déformation de fluage pour une large gamme de contraintes, pour la réduction de la vitesse de déformation en fonction du temps et pour la sensibilité à la température lors du fluage [4.6].

4. CREEP PROPERTIES

4.1. GENERAL

Creep is time-dependent deformation due to sustained load [4.11]. The nature of the concrete behaviour can be shown schematically in Fig. 4.1.

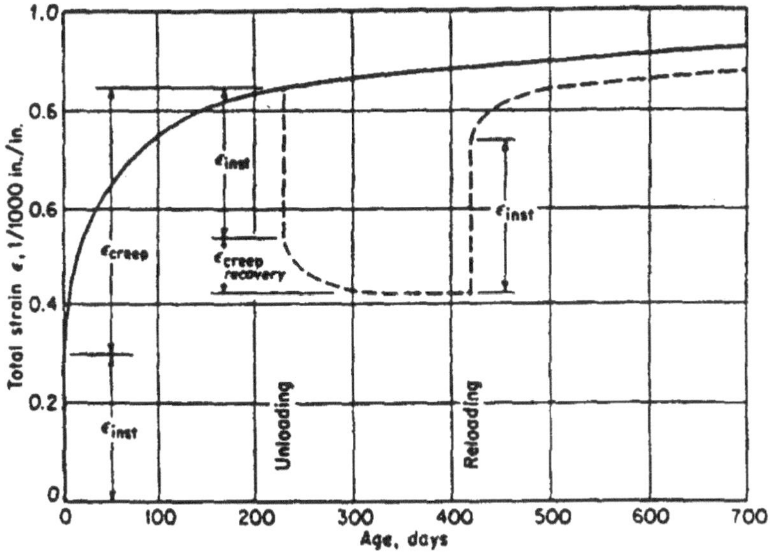

Fig. 4.1
Typical concrete creep curve [4.2]

This particular concrete was loaded at age 28 days with resulting instantaneous strain ϵ_{inst}. The load was then maintained for 230 days, during which time creep is seen to have increased the deformation to ϵ_{creep} which is almost 3 times its instantaneous value. If the load were maintained, the deformation would follow the solid curve. If the load is removed, as show by the dashed curve, the elastic instantaneous strain ϵ_{inst} is recovered, and some creep recovery is seen to occur. If the concrete is reloaded at some later date, the instantaneous and creep deformations develop again as show [4.2].

Although several hypotheses of creep, based on certain observed mechanisms of deformation, have been proposed, it is generally accepted that concrete creep is a paste property, i.e. a rheological phenomenon associated with the gel-like structure of cement paste [4.3] [4.4]. The movement of water into and out of the gel in response to changes in ambient humidity produces the well-known shrinking and swelling behavior of concrete. In creep, gel water movement is caused by changes in applied pressure instead of differential hygrometric conditions between the concrete and its environment. This concept is supported by the similar manner in which creep and shrinkage are affected by such factors as water-cement ratio, mixture proportions, properties of aggregate, compaction, curing conditions, and degree of hydration [4.5]. Creep deformation can also be explained partly in terms of visco-elastic deformation of cement paste and to the gradual transfer of load from the cement paste to the aggregate. This concept offers explanations for the linearity of creep strain over a wide range of stress, the reduction in strain rate with time, and the sensitivity of creep to temperature [4.6].

Le fluage a été classé comme "fluage de base" et "fluage de séchage" [4.3]. Dans le fluage de base, aucun échange d'eau de l'échantillon de béton vers l'environnement n'est possible et seule une déformation permanente et irréversible se produit. Elle n'est pas influencée par l'humidité, la taille et les conditions de température ambiante. Le fluage de séchage est l'autre type de fluage qui se développe dans le béton. Il est en partie réversible et en partie irréversible.

4.2. FACTEURS INFLUANT SUR LE FLUAGE

Le fluage est influencé par les propriétés des granulats et du ciment, ainsi que par la résistance, les proportions du mélange, l'âge du béton lors du chargement, le niveau des contraintes et les conditions de stockage du béton. La plupart des études du fluage ont été réalisées pour déterminer l'effet de l'une ou plusieurs de ces variables sur le fluage. La présente section résume brièvement l'état actuel des connaissances sur les facteurs majeurs qui influent sur le fluage du béton.

4.2.1. L'agrégat

Étant donné que la pâte de ciment est exposée au fluage et que l'agrégat ne l'est généralement pas, l'effet de l'agrégat est de réduire le fluage effectif du béton. Le fluage du béton, c, et la teneur volumétrique en agrégat, g, sont liés par [4.7]:

$$\log\frac{C_p}{C} = \alpha \log\frac{1}{1-g} \tag{4.1}$$

où c_p est le fluage de la pâte pure de ciment de la même qualité que celle utilisée dans le béton et est défini comme suit :

$$\alpha = \frac{3(1-\mu)}{1+\mu+2(1-2\mu_\alpha)\frac{E}{E_\alpha}} \tag{4.2}$$

où

μ_a = Coefficient de Poisson de l'agrégat

μ = Coefficient de Poisson de la pâte pure de ciment

E_a = Module d'élasticité de l'agrégat

E = Module d'élasticité de la pâte pure de ciment

Comme le montre l'équation (4.2), le module d'élasticité de l'agrégat a une incidence sur le fluage ; plus le module est élevé, plus la résistance offerte par l'agrégat au fluage du béton est grande.

Les essais ont montré que l'influence du type de roche dont est composé l'agrégat a un effet sur le fluage principalement par le module d'élasticité de la roche [4.8]. Les roches typiques utilisées comme agrégat conduisant à un fluage plus important sont le calcaire, le quartzite, le granite, le basalte et le grès. Le béton réalisé avec un agrégat de grès affichait un fluage plus de deux fois supérieur à celui relevé dans le béton réalisé avec un agrégat de calcaire.

Des exemples de données sur le fluage du béton des barrages caractérisés par différents types d'agrégats figurent en 4.3 (Tab.4.1).

Creep has been classified as "basic creep" and "drying creep" [4.3]. In basic creep no exchange of water from the concrete specimen to the environment is possible and only permanent and irreversible strain occur. It is not influenced by humidity, size and ambient temperature conditions. Drying is the other creep that develops in concrete. It is partly reversible and partly irreversible.

4.2. FACTORS INFLUENCING CREEP

Creep is influenced by properties of aggregate and cement, and by strength, mixture proportions, age of loading, level of stress, and conditions of storage of the concrete. Most of the creep studies that have been conducted have been for the purpose of determining the effect for one or more of these variables on creep. This section briefly summarizes the current state of knowledge regarding the major factors that influence the creep of concrete.

4.2.1. Aggregate

Since the cement paste is subject to creep and the aggregate generally is not, the effect of aggregate is to reduce the effective creep of concrete. Creep of concrete, c, and the volumetric content of aggregate, g, are related by [4.7]:

$$\log \frac{C_p}{C} = \alpha \log \frac{1}{1-g} \tag{4.1}$$

where c_p is creep of neat cement paste of the same quality as used in concrete and α is defined as follows:

$$\alpha = \frac{3(1-\mu)}{1+\mu+2(1-2\mu_\alpha)\frac{E}{E_\alpha}} \tag{4.2}$$

where

μ_a = Poisson's ratio of aggregate

μ = Poisson's ratio of the neat cement paste

E_a = Modulus of elasticity of aggregate, and

E = Modulus of elasticity of the neat cement paste

As evident from Eq. (4.2), the modulus of elasticity of aggregate affects the creep; the higher the modulus, the greater the restraint offered by the aggregate to the creep of concrete.

Tests indicated that the influence of the type of rock of which the aggregate is composed has an effect on creep primarily through the modulus of elasticity of the rock [4.8]. Typical rocks used as aggregates in the order of increasing creep are limestone, quartzite, granite, basalt, and sandstone. Concrete made with sandstone aggregate exhibited creep more than twice as much as concrete made with limestone aggregate.

Examples of creep data in dam concretes characterised by different types of aggregates are shown in 4.3 (Tab. 4.1).

4.2.2. *Le ciment*

Le fluage n'est généralement pas influencé par le type et la composition du ciment si le béton, au moment du chargement, est totalement hydraté. Etant donné que les ciments Portland ordinaires diffèrent les uns des autres, surtout par le taux d'hydratation (gain de résistance), pour une contrainte constante appliquée au même âge précoce, le fluage augmente pour les types III, I, II, V et IV de la norme ASTM, c'est-à-dire que le type III a la résistance précoce la plus élevée, le type IV la plus faible.

L'influence du type de ciment sur le fluage est moins importante pour les barrages que pour les ouvrages courants de génie civil en raison de la charge hydrostatique tardive liée à la construction de l'ouvrage (fluage précoce dû uniquement au propre poids).

La finesse du ciment affecte le développement de la résistance à un âge précoce et influe donc sur le fluage. La quantité de gypse contenue dans le ciment peut avoir une incidence sur le fluage d'une manière analogue à celle de son influence sur le retrait [4.7]. Cela signifie que les ciments plus fins ont besoin de plus de gypse, ce qui influe sur le fluage. Le fluage qui dépend du gain de résistance est également valable pour tous les types de ciments composés.

4.2.3. *La résistance et les proportions du mélange*

La résistance est une mesure commode, mais approximative, du rapport eau-ciment du matériau et du degré d'hydratation du ciment dans le béton. Pour une teneur en pâte de ciment constante et une même contrainte, le fluage est inversement proportionnel à la résistance du béton. Par conséquent, force est également de constater que le fluage augmente avec une hausse du rapport eau-ciment du mélange de béton.

La relation entre le fluage et la teneur en pâte de ciment est particulièrement intéressante en ce qui concerne le béton de masse des barrages. En effet, le béton de masse des barrages contient généralement des granulats de grande taille (150 mm par exemple). La fabrication et les essais d'échantillons de béton contenant ces gros granulats sont onéreux. Pour les teneurs en pâtes normalement utilisées dans le béton de masse (contenant de gros granulats dans des proportions et des tailles différentes), le fluage d'échantillons confinés ayant un rapport eau-ciment et une teneur en air identiques pour la phase mortier, est proportionnel à la quantité de pâte [4.9] [4.10]. Cette découverte a permis de développer des données importantes pour le béton de masse à partir de petits échantillons.

4.2.4. *L'âge au chargement*

L'âge du béton au moment du chargement est un facteur de fluage dans la mesure où il influe sur le degré d'hydratation et le développement de sa résistance. A des âges plus tardifs lorsque le degré d'hydratation reste sensiblement constant, le taux de fluage devient indépendant de l'âge au chargement.

4.2.5. *Le niveau de contrainte*

Il est généralement admis qu'il y a une relation quasi linéaire entre le fluage et la contrainte appliquée jusqu'à des rapports contrainte-résistance d'environ 0,35 à 0,40. Au-dessus de cette limite de proportionnalité, le fluage augmente avec une hausse de contrainte avec un taux croissant et il y a un rapport contrainte-résistance au-dessus duquel le fluage découlant d'une charge permanente provoque la rupture [4.11]. Ce rapport contrainte-résistance est de l'ordre de 0,8 à 0,9.

4.2.2. Cement

Creep is generally not influenced by the type and composition of cement if the concrete, at the time of loading, is fully hydrated. Since the usual Portland cements differ from one another primarily in the rate of hydration (gain of strength), for a constant applied stress at the same early age, creep increases in order for ASTM Types III, I, and II, V and IV. I.e. type III has the highest, Type IV the lowest early strength.

The influence of the cement type on creep is less significant for dams than for common civil structures due to the late hydrostatic loading (early creep only due to self-weight).

Fineness of cement affects the strength development at early ages and thus influences creep. The amount of gypsum in the cement may affect creep in a manner similar to its influence on shrinkage [4.7]. This means that finer cements need more gypsum, which influences creep. Creep as a function of gain of strength is also valid for all kinds of blended cements.

4.2.3. Strength and mixture proportions

Strength is a convenient, but approximate, measure of the water-cementitious material ratio and degree of hydration of the cement in concrete. For a constant cement paste content and the same applied stress, creep is inversely proportional to the strength of concrete. Therefore, it can also be stated that creep increases with an increase in water-cementitious material ratio of the concrete mixture.

The relationship between creep and cement paste content is of particular interest in the field of mass concrete for dams. Mass concrete for dams commonly contains large size (e.g., 150-mm) aggregate. Fabrication and testing of concrete specimens containing such large aggregate are expensive. For paste contents normally used in mass concrete, the creep of sealed specimens, having identical water-cementitious material ratio and air contents in the mortar phase but different amounts and size of a given coarse aggregate, is proportional to the amount of paste [4.9] [4.10]. This finding has made it possible to develop significant data for mass concrete from small specimens.

4.2.4. Age at loading

Age of concrete at loading is a factor in creep in so far as age influences the degree of hydration and the development of strength. At later ages when the degree of hydration remains substantially constant, the rate of creep becomes independent of the age at loading.

4.2.5. Level of stress

It is generally accepted that there is a nearly linear relation between creep and the applied stress up to stress-strength ratios of approximately 0.35 to 0.40. Above the limit of proportionality, creep increases with an increase in stress at an increasing rate, and there exists a stress-strength ratio above which creep resulting from sustained load causes failure [4.11]. This stress-strength ratio is in the range of 0.8 to 0.9.

4.2.6. *L'humidité ambiante*

Le fluage augmente avec la baisse de l'humidité relative ambiante comme le montre la Fig. 4.2 [4.12]. A proprement parler, l'humidité relative ambiante n'a une incidence sur le fluage que si le séchage se déroule pendant que l'échantillon est sollicité. Si le béton a atteint l'équilibre d'humidité avant d'être sollicité, l'ampleur du fluage sera indépendante de l'humidité relative [4.6].

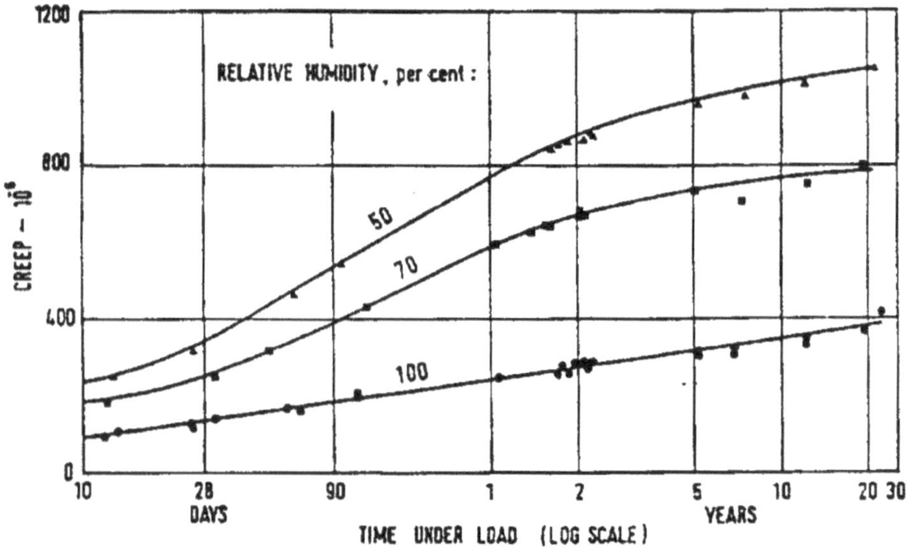

Fig. 4.2
Fluage du béton à différentes humidités relatives [4.12]

4.2.7. *La température*

L'effet de la température sur le fluage du béton est important pour le béton de masse dans les barrages où, ultérieurement, les températures peuvent être beaucoup plus élevées que les températures lors de la mise en place du béton, à cause de la chaleur d'hydratation. Le taux de fluage augmente avec la température. Les résultats des essais montrent que le taux de fluage augmente d'environ 3,5 fois quand la température augmente de 21¨°C à 70°C [4.13]. Les recherches en laboratoire ont montré que lorsque la température varie, le fluage est plus élevé qu'aux deux températures extrêmes cycliques [4.14]. Cela est similaire au comportement du béton en cas d'humidité cyclique.

4.2.8. *La taille de l'échantillon*

Il a été démontré [4.9] que le fluage d'échantillons confinés est indépendant de leur taille. En ce qui concerne les échantillons non confinés exposés à l'environnement de séchage, il est évident qu'il doit y avoir un effet de taille associé aux gradients d'humidité au sein de l'échantillon. Il a été signalé que le retrait et le fluage dépendaient seulement du rapport de la surface au volume, mais étaient indépendants de la forme de l'échantillon [4.15].

4.2.6. *Ambient humidity*

Creep increases with a decrease in the ambient relative humidity (RH) as shown in Fig. 4.2 [4.12]. Strictly speaking, the ambient RH only affects creep if drying takes place while the specimen is under load. If concrete has reached moisture equilibrium prior to loading, the magnitude of creep will be independent of the RH [4.6].

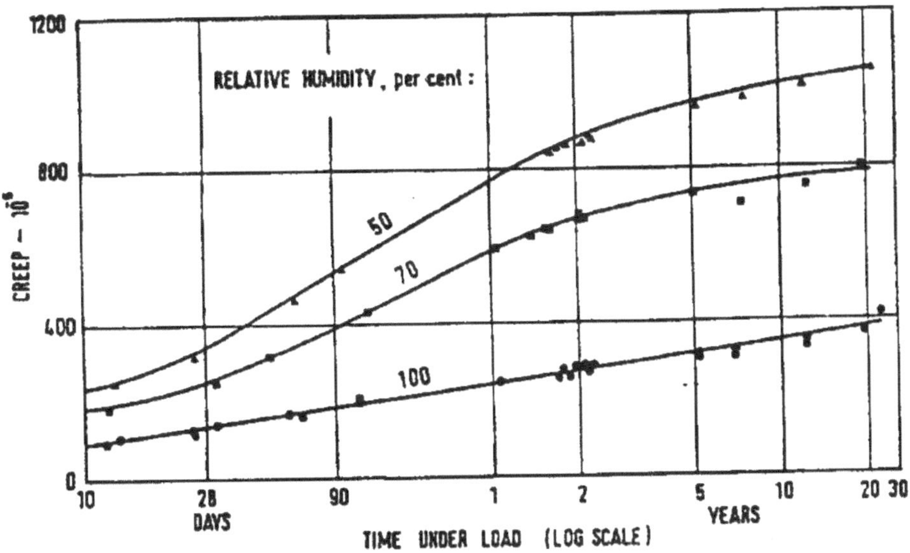

Fig. 4.2
Creep of concrete at different relative humidities [4.12]

4.2.7. *Temperature*

The effect of concrete temperature on creep is of importance for mass concrete in dams where later temperatures can be significantly higher than the concrete placement temperatures due to heat of hydration. The rate of creep increases with increasing temperature. Test results indicate that the rate of creep increases approximately 3.5 times when temperature increases from 21C to 70 C [4.13]. Laboratory investigations have shown that when the temperature alternates creep is higher than at either extreme of the alternating temperatures [4.14]. This is similar to the behavior of concrete at alternating humidity.

4.2.8. *Specimen size*

It has been demonstrated [4.9] that creep of sealed specimens is independent of specimen size. For unsealed specimens exposed to drying environment, it is evident that there must be a size effect associated with the moisture gradients within the specimen. It was reported that shrinkage and creep were dependent only on the ratio of surface to volume but independent of the shape of the specimen [4.15].

4.2.9. Le fluage sous différents états de contrainte

La plupart des essais de fluage ont concerné des échantillons soumis à la compression. Le fluage était moindre en compression multiaxiale qu'en compression uniaxiale avec une même amplitude dans la direction donnée [4.16]. McDonald a indiqué que les valeurs moyennes du fluage en compression diffèrent par un facteur de 1.00:0.84:0.69:0.45 respectivement pour un chargement uniaxial, biaxial, triaxial et hydrostatique [4.17].

Le fluage dans le béton saturé est plus important que dans le béton sec. Cela est avantageux par rapport au développement de contraintes de traction au pied en amont des barrages.

En ce qui concerne le fluage en traction, seuls des résultats contradictoires ont été rapportés [4.4].

4.3. MESURE DU FLUAGE

Le procédé normalement utilisé pour mesurer le fluage est basé sur l'application d'une charge constante à des cylindres ou de prismes de béton placés dans un cadre de chargement. La charge constante, qui peut être appliquée pendant plusieurs mois, voire des années, peut être maintenue par des ressorts chargés ou des systèmes hydrauliques. Les charges peuvent être appliquées à des âges différents et peuvent être diminuées ou enlevées quand on le souhaite pour appréhender la récupération du fluage. Les déformations peuvent être mesurées périodiquement au moyen de jauges de contrainte internes ou de jauges d'extension mécaniques démontables appliquées sur les faces extérieures du prisme. Etant donné que le taux de fluage est influencé par l'humidité et la température, les essais de fluage doivent être effectués dans des conditions proches de celles de la structure. Il n'est manifestement pas possible de reproduire ces conditions avec précision, en particulier pour ce qui est de la température qui varie. En ce qui concerne les conditions d'humidité du béton de masse dans les barrages, il est généralement admis de réaliser l'essai dans un dispositif confiné pour empêcher la perte d'humidité du béton (fluage de base). Les deux échantillons à cylindres et prismes soumis à des charges constantes ont été enfermés dans un boîtier en cuivre muni de joints soudés, ou des sacs en plastique de polyéthylène ou des housses de caoutchouc néoprène ou butyle.

Un dispositif de mesure in situ du fluage et son analyse en retour par le LNEC (Portugal) est signalé dans [4.18].

Les mesures de contrainte obtenues lors des essais de fluage doivent être analysées en prenant en compte la déformation élastique immédiate due au chargement et dans le cas des éprouvettes non confinées, la déformation due au retrait. Le fluage et le retrait sont difficiles à séparer dans les mesures de déformation lors des essais des éprouvettes non confinées parce qu'ils sont étroitement liés. L'approche habituelle consiste à déterminer le retrait en faisant une série parallèle de cylindres ou de prismes de béton, qui sont conservés dans le même environnement que les éprouvettes de fluage, mais qui restent déchargés. Les déformations découlant uniquement du retrait sont ainsi mesurées directement.

Il est courant de reporter les résultats des tests de fluage sur un graphique semi- logarithmique dans lequel l'axe linéaire représente la déformation de fluage et l'axe logarithmique le temps. De nombreuses séries de données montrent une ligne approximativement droite sur une longue période de temps. Cela a conduit au développement de nombreuses équations logarithmiques de fluage. Voici un exemple d'équation caractéristique de fluage:

$$\in = \frac{1}{E} + F(K) \ln (t+1)$$

Où :

$\in$ = déformation totale par unité de contrainte;

E = module élastique instantané à l'âge oùl'échantillon a été chargé pour la première fois;

4.2.9. *Creep under different states of stress*

Most creep testing has been concerned with specimens subjected to compression. Creep was less under multi-axial compression than under a uniaxial compression of the same magnitude in the given direction [4.16]. McDonald reported that the average values of compressive creep differed by a factor of 1.00:0.84:0.69:0.45 for uniaxial, biaxial, triaxial, and hydrostatic loading, respectively [4.17].

Creep in saturated concrete is larger than in dry concrete. This is advantageous against the development of tensile stresses at the upstream toe of dams.

For creep under tension there are only conflicting results reported [4.4].

4.3. MEASUREMENT OF CREEP

The method normally used to measure creep is based on the application of a constant load to concrete cylinders or prisms placed in a loading frame. The constant load, which may be applied for several months or even years, can be maintained though loaded springs or hydraulic systems. Loads may be applied at different ages and can be decreased or removed when desired to investigate creep recovery. The strains can be measured periodically by means of internal strain gages or by demountable mechanical extension gages applied to the external faces of the prism. Since the amount of creep is influenced by humidity and temperature, creep tests should be carried out in conditions appropriate to those existing in the structure. It is clearly not possible to reproduce these conditions exactly, particularly in the case of the temperature, which will vary. As regards to the humidity conditions for mass concrete in dams, it is generally considered appropriate to carry out the test in a sealed specimen to prevent moisture loss from the concrete (basic creep). Both cylinder and prism creep specimen subjected to constant loads have been enclosed in sheer copper casing with soldered joints, polyethylene plastic bags, or neoprene or butyl rubber encasements.

A device for in-situ measurement of creep and its back analysis by the LNEC (Portugal) is reported in [4.18].

The strain measurements obtained in creep tests must be processed to take account of the immediate elastic strain due to loading and, in the case of unsealed specimens, the shrinkage strain. Creep and shrinkage are difficult to separate in measurements of deformation during testing of unsealed specimens because they are inter-related. The usual approach is to determine the shrinkage by making a parallel set of concrete cylinders or prisms, which are kept in the same environment as the creep test specimens, but which remain unloaded. In this way, strains resulting purely from shrinkage are measured directly.

It is common to plot creep test results on a semi-logarithmic graph in which the linear axis represents creep strain and the logarithmic axis represent time. Many sets of data show an approximately straight line over a considerable period of time. This has led to the development of numerous logarithmic equations for creep. An example of a typical creep equation is shown below:

$$\in=\frac{1}{E}+F(K)\ln(t+1)$$

where:

$\in$ = total strain per unit stress;

E = instantaneous elastic modulus at the age when it is first loaded;

F(k) = taux de fluage, calculé comme la pente d'une ligne droite représentant la courbe de fluage sur le tracé semi-logarithmique

t = temps après chargement, en jours (durée du chargement).

S'il n'est pas prévu qu'une loi logarithmique théorique doive être déduite à partir de l'équation, la pente de la méthode des moindres carrés est un paramètre pratique pour comparer les caractéristiques de fluage de différents bétons.

Pour un projet de grand barrage en béton, il est généralement nécessaire de procéder en laboratoire à des tests de fluage sur des échantillons confinés à différents âges de chargement et en nombre suffisant, de manière à disposer d'une connaissance complète du comportement rhéologique. Ces données peuvent être représentées graphiquement par une surface de fluage comme celle de la Fig. 4.3 [4.5].

Les réservoirs de stockage saisonnier sont généralement soumis à des variations de charges cycliques en fonction de la période de l'année. En plus de la nature cyclique de la charge hydrostatique, les effets de la température ont également une variation cyclique, du moins à proximité des parements amont et en aval du barrage. Ces effets cumulés sont à prendre en considération, lors de l'interprétation des résultats des tests de fluage en laboratoire dans le comportement réel des barrages [4.19].

Certaines données de fluage de barrages en béton brésiliens sont présentées dans la référence [4.20] et récapitulées dans le Tab.4.1. D'autres résultats utiles de tests de fluage de barrages en béton peuvent être trouvés dans les références [4.19] [4.21] et, pour les barrages suisses, dans la Fig. 4.4 [4.22] [4.23] et dans la référence [4.24].

Table 4.1
Valeurs de fluage de béton de masse brésilien [4.20]

Age au moment de la charge (Jours)	**Schist**		**Quartzite**		**Basalte**		**Greywacke**	
	1/E	**F(k)**	**1/E**	**F(k)**	**1/E**	**F(k)**	**1/E**	**F(k)**
	10*E^{-6}/MPa		**10*E^{-6}/MPa**		**10*E^{-6}/MPa**		**10*E^{-6}/MPa**	
2	23.3	18.8	12.7	9.6	6.1	6.7	6.0	9.0
7	22.3	10.5	9.5	8.4	6.0	5.5	3.5	8.3
28	13.2	8.13	6.8	6.3	3.5	4.1	3.1	7.2
90	9.2	5.9	5.7	4.5	-	-	-	-
365	6.9	3.4	-	-	-	-	3.1	4.8

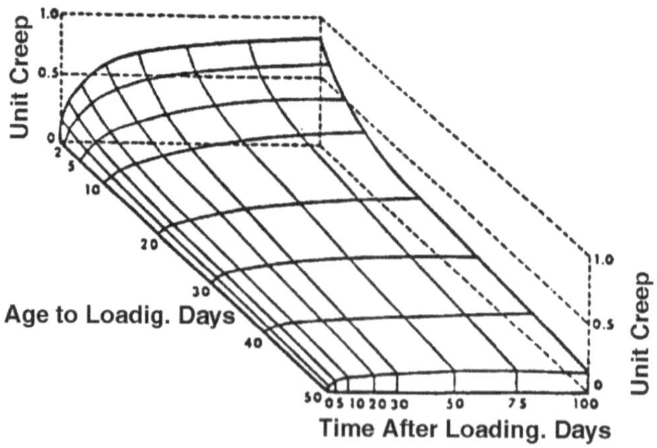

Fig. 4.3
Zone de fluage caractéristique [4.5]

F(k) = creep rate, calculated as the slope of a straight line representing the creep curve on the semi-log plot; and

t = time after loading, in days (duration of loading).

While it is not intended that a theoretical logarithmic law should be inferred from the equation, the slope of the least squares line is a convenient parameter for comparing the creep characteristics of different concretes.

For a large concrete dam project, it is a generally necessary to conduct creep tests on sealed specimens in the laboratory at enough ages of loading so that a complete knowledge of rheological behaviour is available. Such data can be represented pictorially by a creep surface such as that shown in Fig. 4.3 [4.5].

Seasonal reservoir storage schemes are typically subjected to cycling load variation depending on the year period. In addition the cycling nature of the hydrostatic load, temperature effects also have a cycling variation, at least at near the upstream and downstream dam faces. These accumulated effects are to be taken into consideration, when interpreting laboratory test results for creep in real dam behaviour [4.19].

Some creep data from Brazilian concrete dams are reported in reference [4.20] and briefly summarised in Tab. 4.1. Other valuable creep test results on dam concrete can be found in references [4.19] [4.21] and, for Swiss Dams, in Fig. 4.4 [4.22] [4.23] and in reference [4.24].

Table 4.1
Creep values for Brasilian mass concrete [4.20]

Age at time of loading (Days)	Schist		Quartzite		Basalt		Greywacke	
	1/E	**F(k)**	**1/E**	**F(k)**	**1/E**	**F(k)**	**1/E**	**F(k)**
	10*E^{-6}/MPa		**10*E^{-6}/MPa**		**10*E^{-6}/MPa**		**10*E^{-6}/MPa**	
2	23.3	18.8	12.7	9.6	6.1	6.7	6.0	9.0
7	22.3	10.5	9.5	8.4	6.0	5.5	3.5	8.3
28	13.2	8.13	6.8	6.3	3.5	4.1	3.1	7.2
90	9.2	5.9	5.7	4.5	-	-	-	-
365	6.9	3.4	-	-	-	-	3.1	4.8

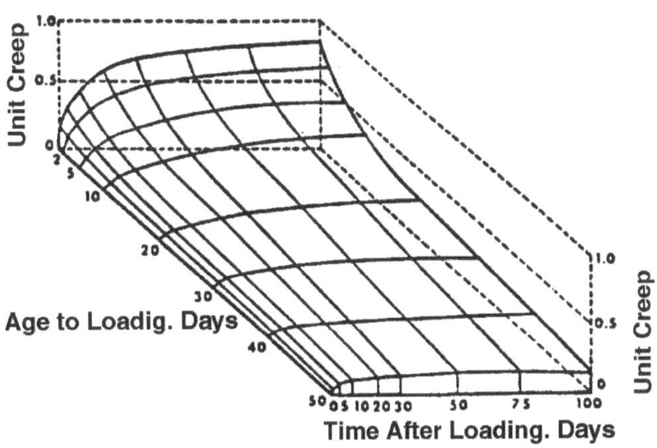

Fig. 4.3
Typical Creep surface [4.5]

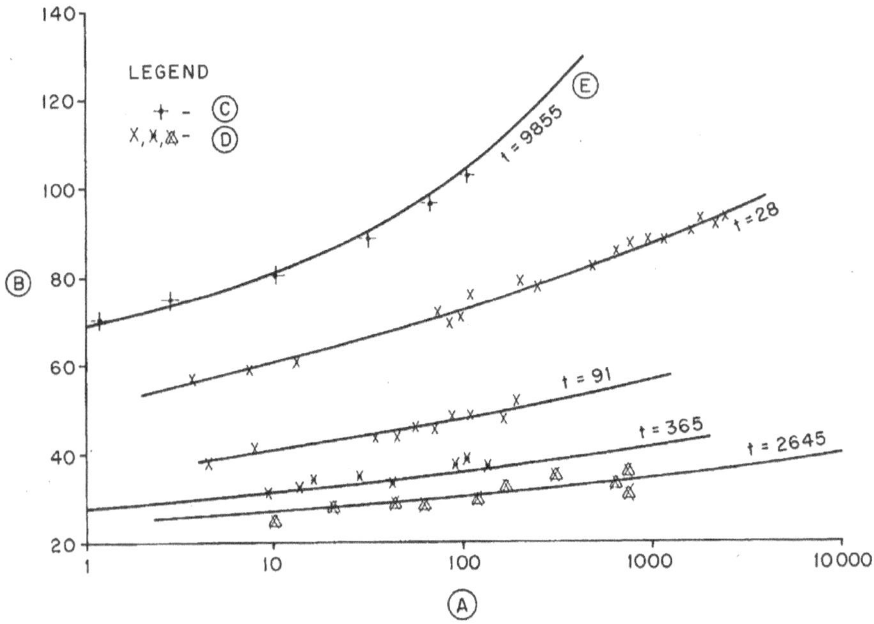

(A)	Period of Loading-days	*(A)*	*Période de charge en jours*
(B)	Creep compliance (1/MPa . 10^{-6})	*(B)*	*Déformabilité de fluage (1/MPa . 10^{-6})*
(C)	Swiss Dam	*(C)*	*Barrage suisse*
(D)	Shasta dam	*(D)*	*Barrage de Shasta*
(E)	Age of concrete in days	*(E)*	*Age du béton en jours*

Fig. 4.4
Comparaison des résultats des tests de fluage sur différents types de béton de barrage (barrage suisse et barrage Shasta) [4.22] [23]

4.4. IMPORTANCE DES PROPRIETES DE FLUAGE POUR LE COMPORTEMENT DES BARRAGES

En raison des conditions particulières du béton des barrages, comme par exemple la température élevée du corps du barrage et la charge permanente élevée (poids propre) à des âges précoces, le chargement hydrostatique cyclique, la faible teneur en ciment, avec la déformation plus élevée à contrainte égale, etc. le fluage dans les barrages est généralement plus important que dans d'autres ouvrages de génie civil et nécessite une estimation précise.

Les informations sur les propriétés de fluage sont particulièrement pertinentes pour ce qui est de la compréhension du mécanisme conduisant à la prédiction d'une éventuelle fissuration thermique du béton de masse lorsqu'il subit des cycles thermiques du fait de la chaleur d'hydratation et des conditions ambiantes. Par conséquent, un très large usage des données de fluage a été fait dans l'analyse des contraintes thermiques des barrages en béton.

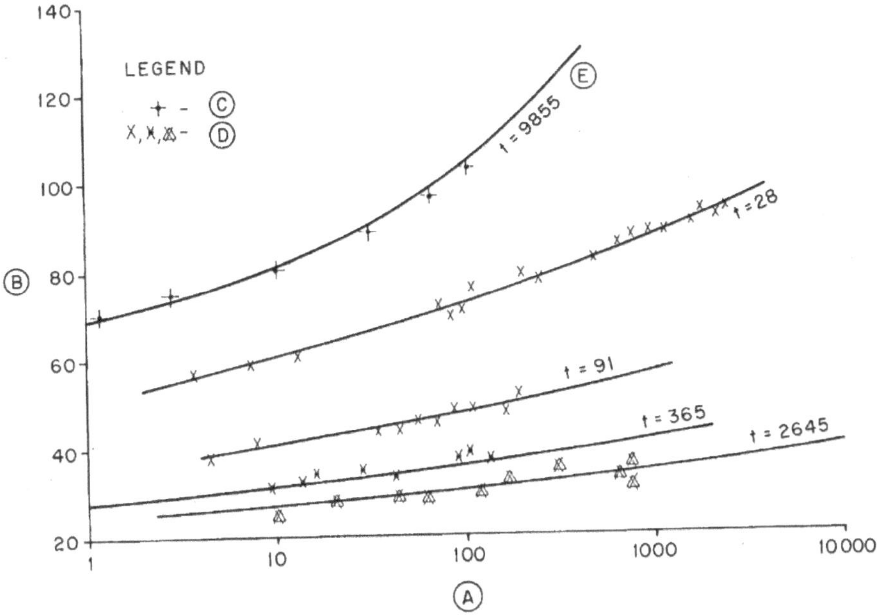

(A)	Period of Loading-days	*(A)*	*Période de charge en jours*
(B)	Creep compliance (1/MPa . 10^{-6})	*(B)*	*Déformabilité de fluage (1/MPa . 10^{-6})*
(C)	Swiss Dam	*(C)*	*Barrage suisse*
(D)	Shasta dam	*(D)*	*Barrage de Shasta*
(E)	Age of concrete in days	*(E)*	*Age du béton en jours*

Fig. 4.4
Comparison of results of creep tests on two different types of dam concrete (Swiss dam and Shasta dam) [4.22] [4.23]

4.4. SIGNIFICANCE OF CREEP PROPERTIES ON DAM BEHAVIOUR

Due to the special conditions of concrete in dams, as for example the high temperature in the body mass and the high sustained load (self-weight) at early ages, the cycling hydrostatic loading, the low cement content, with higher strain at equal stress, etc., creep in dams is usually larger than in other civil structures and needs a careful estimation.

In particular, information on creep properties is of relevance to an understanding of the mechanism leading to the prediction of potential thermal cracking of mass concrete when undergoing thermal cycles due to the heat of hydration and ambient conditions. Therefore, the most extensive use of creep data has been in the thermal stress analysis for concrete dams.

L'effet de la déformation par fluage d'un béton de barrage, dû en particulier aux conditions de chargement cyclique, ainsi qu'à des modifications des propriétés mécaniques des matériaux, joue également un rôle important dans le vieillissement des barrages en béton [4.22]. En fait, l'effet du fluage ne se stabilise pas assez rapidement pour les structures épaisses comme les barrages et le fluage est très proche de ce qu'on appelle le "fluage de base" pour lequel aucune preuve de stabilisation complète n'est obtenue après plusieurs décennies de chargement [4.25]. Par exemple, les essais de fluage effectués sur des échantillons de béton âgés de 27 ans du barrage voûte Zervreila en Suisse, ont montré que la déformation par fluage peut sensiblement contribuer au processus de déformation totale pendant de nombreuses années [4.26].

Ceci est clairement montré dans la Fig. 4.5 où le déplacement radial du porte-à-faux en crête du barrage voûte a été choisi pour mesurer la corrélation de la déformation par fluage irréversible avec l'âge. Dans ce cas, l'effet de la déformation de fluage a été évalué en tenant compte de la récupération de fluage, qui se produit lorsque les structures sont déchargées (variations saisonnières de la charge) [4.22].

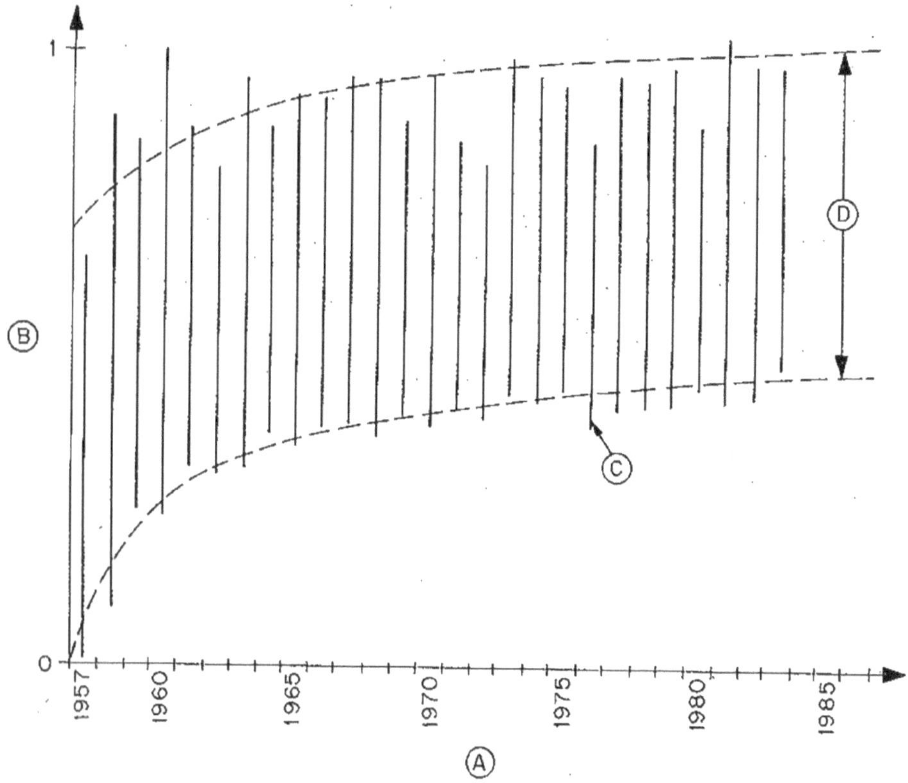

(A) Year of measurement
(B) Normalised deformation
(C) Deformation range for one year
(D) Envelope of recoverable deformation

(A) Années de mesure
(B) Déformations relatives
(C) Déformations annuelles
(D) Enveloppes des déformations réversibles

Fig. 4.5
Normalized radial deformation of a Swiss arch dam, assumed as a measure of the irreversible creep strain over the years [4.22]

The effect of creep strain of a dam concrete, particularly due to the cycling loading conditions, together with the changes in the mechanical material properties, also plays an important role in the ageing of concrete dams [4.22]. In fact, the creep effect does not stabilize rather quickly for thick structures like dams and creep is very close to the so called "basic creep" for which no evidence of complete stabilization is obtained after several decades of loading [4.25]. For example, creep tests carried out on 27-year-old concrete samples of the Zervreila arch dam, in Switzerland, have shown that creep deformation can form an important contribution to the total deformation process for many years [4.26].

This is clearly shown in Fig. 4.5 where the radial displacement at the top of the crown cantilever of the arch dam was chosen as a measure for the correlation of the irreversible creep strain with age. In this case the effect of creep deformation has been assessed taking into account the creep recovery, which occurs when the structures is unloaded (seasonal variation of the loads) [4.22].

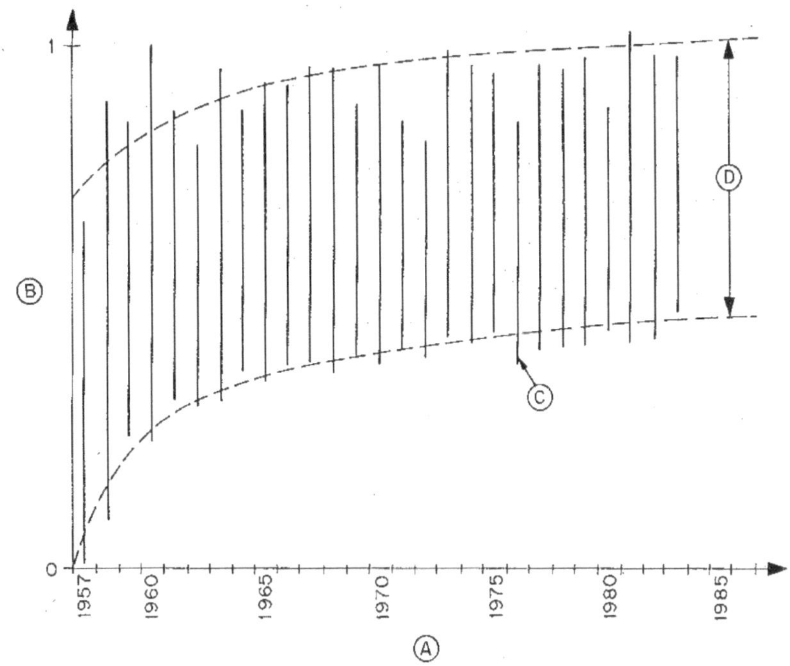

(A) Year of measurement
(B) Normalised deformation
(C) Deformation range for one year
(D) Envelope of recoverable deformation

(A) Années de mesure
(B) Déformations relatives
(C) Déformations annuelles
(D) Enveloppes des déformations réversibles

Fig. 4.5
Normalized radial deformation of a Swiss arch dam, assumed as a measure of the irreversible creep strain over the years [4.22]

Les informations sur les propriétés de fluage présentent également un intérêt certain pour évaluer le comportement de la contrainte et la sécurité de la structure d'un barrage en béton de masse lorsqu'il est soumis à des phénomènes de dilatation dus à la réaction alcali-granulat. La littérature et les données du terrain semblent indiquer que la dilatation par réaction alcali-granulat a tendance à augmenter le taux du fluage du béton [4.27].

4.5. MODELISATION DU FLUAGE DANS L'ANALYSE STRUCTURELLE

Une méthode pour exprimer l'effet du fluage dans l'analyse structurelle par éléments finis est le module d'élasticité à long terme dans lequel la contrainte est divisée par la déformation totale (à savoir la déformation instantanée plus la déformation de fluage) pendant la période sous charge (Fig. 4.1).

Les modules d'élasticité instantanée et à long terme caractéristiques du béton de masse sont indiqués dans le Tab. 4.2. Il en ressort que les valeurs des modules d'élasticité à long terme sont équivalentes à environ la moitié de celles des modules instantanés lorsque des charges sont appliquées à un âge précoce et à un pourcentage légèrement plus élevé des modules instantanés lorsque l'âge du chargement est de 90 jours ou plus. Le module d'élasticité à long terme a été utilisé, par exemple, dans l'analyse simplifiée des contraintes thermiques linéaires pour tenir compte des effets de fluage. Il permet une détermination approximative rapide des analyses des contraintes thermiques pour tenir compte des effets de fluage. Elle permet aussi une détermination approximative rapide des contraintes thermiques résultant de la chaleur d'hydratation du ciment et des conditions ambiantes.

Table 4.2
Valeurs caractéristiques des modules d'élasticité instantanée et à long terme (GPa) du béton de masse [4.28]

Age au moment du chargement (Jours)	**Basalte**		**Andésite & Ardoise**		**Grès**		**Grès & Quartzite**	
	E	**E'**	**E**	**E'**	**E**	**E'**	**E**	**E'**
2	12	5.7	9.7	3.7	19	10	9.7	4.3
7	16	7.6	14	6.9	29	13	15	6.5
28	24	12	24	12	31	18	25	12
90	28	17	30	19	36	22	29	18
365	34	21	32	24	39	25	32	21

REMARQUES : Pour les bétons de masse les agrégats ont été criblés par voie humide dans un tamis de plus de 37,5 mm)

E= module d'élasticité instantanée au moment du chargement, GPa

E'= module d'élasticité à long terme après 365 jours sous charge, GPa

La zone de fluage générée expérimentalement (Fig. 4.3) peut également être utilisée pour établir l'équation de fluage requise dans les contraintes thermiques et structurelles du béton de masse des barrages.

Des modèles encore plus élaborés ont été proposés dans la littérature technique qui peuvent prédire, de façon générale et globale, la déformation par fluage à long terme du béton : en fait, cette dernière peut jouer, avec la modification des propriétés mécaniques des matériaux, un important rôle dans le vieillissement des barrages en béton [4.22], particulièrement en présence de conditions de chargement cyclique [4.29]. Les modèles proposés par le Comité 209 d'ACI (American Concrete Institute) [4.30], par CEB (Comité euro-international du béton) [4.31] et par d'autres auteurs [4.32] [4.33] [4.34] [4.35] peuvent être signalés.

Le modèle de fluage de Bazant par exemple, dénommé "double puissance" [4.33] décrit une fonction du fluage $J(T,\tau)$ qui représente la déformation totale (élastique + fluage) par contrainte unitaire, à l'âge "T", causée par une contrainte constante uniaxiale agissant depuis un âge "τ".

Information on creep properties is also of particular interest to evaluate the stress behavior and the structural safety of a mass concrete dam when subjected to the expansion phenomena due to Alkali-Aggregate Reaction (AAR). Literature and field data seem to indicate that AAR expansion tends to increase the rate in concrete [4.27].

4.5. MODELLING CREEP IN STRUCTURAL ANALYSIS

One method of expressing the effect of creep in structural finite elements analysis is the sustained modulus of elasticity in which the stress is divided by the total deformation (i.e., instantaneous deformation plus creep deformation) for the time under the load (see Fig. 4.1).

Typical instantaneous and sustained moduli of elasticity of mass concrete are given in Table 4.2. It can be seen that the values for sustained moduli of elasticity are approximately one-half those for the instantaneous moduli when loads are applied at early ages and slightly higher percentage of the instantaneous moduli when loading age is 90 days or greater. The sustained modulus of elasticity has been used, for example, in simplified linear thermal stress analyses to account for the creep effects. It allows a quick approximate determination of thermal stresses analyses to account for the creep effects. It allows a quick approximate determination of thermal stresses resulting from heat of hydration of cement and ambient conditions.

Table 4.2
Typical instantaneous and sustained modulus of elasticity values (GPa) for mass concrete [4.28]

Age at time of loading (Days)	**Basalt**		**Andesite & Slate**		**Sandstone**		**Sandstone & Quartzite**	
	E	**E'**	**E**	**E'**	**E**	**E'**	**E**	**E'**
2	12	5.7	9.7	3.7	19	10	9.7	4.3
7	16	7.6	14	6.9	29	13	15	6.5
28	24	12	24	12	31	18	25	12
90	28	17	30	19	36	22	29	18
365	34	21	32	24	39	25	32	21
REMARKS (All concrete mass mixed, wet screened over 37.5 mm sieve):								
E= instantaneous modulus of elasticity at time of loading, GPa								
E'= sustained modulus of elasticity after 365 days under load, GPa								

The experimentally generated creep surface (Fig. 4.3) can be also used to formulate the creep equation required in thermal and structural stresses in the mass concrete of dams.

Even more elaborated models have been proposed in the technical literature, able to predict, in a general and comprehensive way, the long term creep strain of concrete: in fact this last can play, together with the changes in the mechanical material properties, an important role in the ageing of concrete dams [4.22], particularly in presence of cycling loading conditions [4.29]. Among the models, those proposed by ACI (American Concrete Institute) Committee 209 [4.30], by CEB (Comité Euro-international du Béton) [4.31] and by other Authors [4.32] [4.33] [4.34] [4.35] can be reported.

For example, the so called "double power" creep model of Bazant [4.33] describes a creep compliance function $J(T,\tau)$ which represent the total strain (elastic + creep) per unit stress, at age "T", caused by an uniaxial constant stress acting since age "τ".

$$J(T,\tau)=\frac{1}{E}(1+\Phi(\tau^{-m}+\alpha)(T-\tau)^n$$

où E et n sont respectivement le module d'élasticité et une puissance constante, tandis que Φ, m et α sont les paramètres des matériaux. Des exemples des valeurs de ces paramètres pour certains barrages figurent dans le Tab. 4.3.

Table 4.3
Valeurs des paramètres de la fonction de conformité du fluage de certains barrages [4.22] [4.23]

	E (GPa)	m	n	α	Φ
Canyon Ferry	85.26	0.3222	0.115	0.10	7.267
Ross Dam	24.56	0.451	0.114	0.01	2.814
Dworshak Dam	43.03	0.353	0.058	0.00	13.510
Shasta Dam	41.52	0.701	0.099	0.032	17.46

Ce modèle [4.33] a également été élargi pour prendre en considération le fluage cyclique causé par les conditions de chargement cyclique des barrages [4.22]. La fonction de correction suivante a été incluse dans la fonction du fluage, en tenant compte d'une constante du temps de relâchement T_f.

$$J(T,\tau)=\frac{1}{E}(1+\Phi(\tau^{-m}+\alpha)(T-\tau)^n*(K_1+K_2(1-e^{\frac{T-\tau}{T_f}}))$$

K_1 est la fraction de contrainte élastique instantanément récupérée au déchargement $K_1 + K_2 = 1$.

Le principe de superposition a été introduit et l'effet de déchargement a été simplement ajouté à celui du chargement.

Sur la base de cette fonction, dans l'analyse structurelle du barrage voûte de Zervreila [4.22], il a été possible d'obtenir une bonne corrélation entre la déformation cyclique totale calculée et la fonction normalisée choisie (déformation du porte-à-faux en crête du barrage). Cette déformation normalisée calculée due aux variations saisonnières de chargement, y compris les effets du fluage, est représentée dans la Fig. 4.6 suivante, à comparer avec les données expérimentales de la précédente Fig. 4.5.

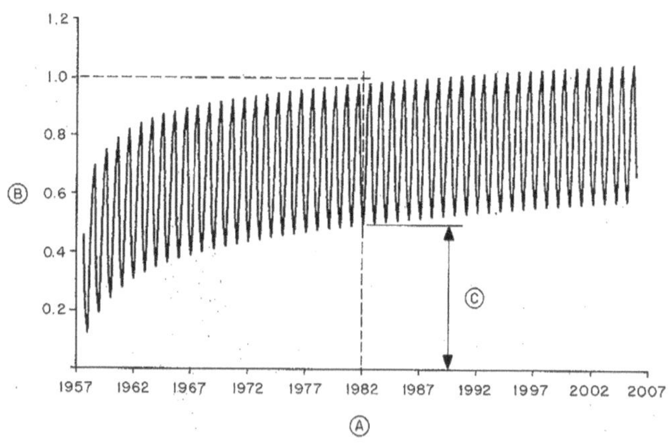

(A) Year (A) *Années*
(B) Normalised strain (B) *Déformations relatives*
(C) Irrecoverable strain at 25 years service life (C) *Déformations irréversibles après 25 ans de service*

Fig. 4.6
Contrainte normalisée calculée due aux variations saisonnières de la charge, notamment les effets du fluage, au barrage voûte de Zervreila [4.22]

$$J(T,\tau)=\frac{1}{E}(1+\Phi(\tau^{-m}+\alpha)(T-\tau)^{n}$$

where E and n are the Elasticity modulus and a power constant respectively, while Φ, m and α are materials parameters. Examples of the values of such parameters for some dams are shown in Table 4.3

Table 4.3
Values of the parameters of the creep compliance function for some dams [4.22] [4.23]

	E (GPa)	m	n	α	Φ
Canyon Ferry	85.26	0.3222	0.115	0.10	7.267
Ross Dam	24.56	0.451	0.114	0.01	2.814
Dworshak Dam	43.03	0.353	0.058	0.00	13.510
Shasta Dam	41.52	0.701	0.099	0.032	17.46

This model [4.33] has also been extended to consider the cyclic creep caused by the cycling loading conditions of dams [4.22]. The following correction function was then included in the creep compliance function, taking into account a T_f relaxation time constant.

$$J(T,\tau)=\frac{1}{E}(1+\Phi(\tau^{-m}+\alpha)(T-\tau)^{n}*(K_1+K_2(1-e^{\frac{T-\tau}{T_f}}))$$

K_1 is the fraction of elastic strain which is instantaneously recovered on unloading K_1 + K_2 = 1.

The principle of superposition was involved, and the effect of unloading was simply added to that of loading.

Based on this function, in the structural analysis of the Zervreila arch dam [4.22], it was possible to obtain a suitable correlation between the calculated cyclic total strain and the normalised chosen function (deformation of the crown cantilever crest of the dam). This calculated normalised strain due to seasonal variation of loading, including creep effects, is shown in the following Fig. 4.6, to be compared with the experimental data of the previous Fig. 4.5.

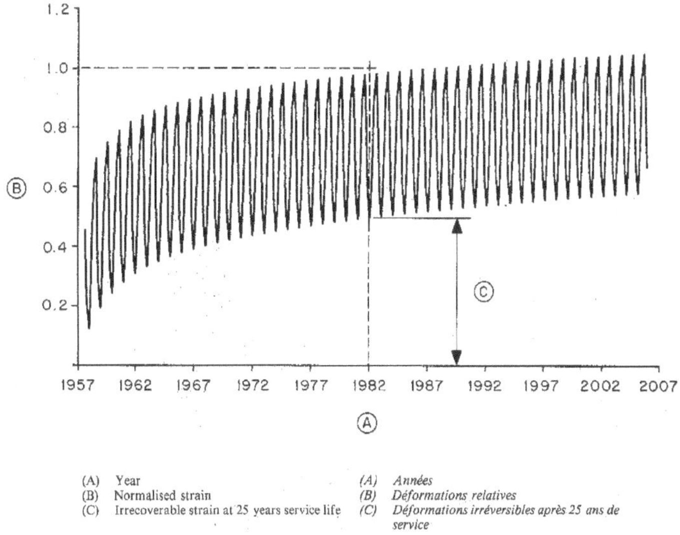

Fig. 4.6
Calculated normalised strain due to seasonal variation of loading, including creep effects, at Zervreila arch dam [4.22]

Dans le cas des phénomènes de dilatation dus à la réaction alcali-granulat, si le module d'élasticité instantanée est utilisé dans les modèles mathématiques, des états de contraintes très élevés apparaissent et sont non cohérents avec le celles réelles sur le site du barrage [4.36] [4.37]. Les effets de redistribution provoqués par le fluage doivent être pris en considération dans les critères d'évaluation. Comme solution de rechange aux modèles avec des lois de fluage plus ou moins compliquées, il y a l'approche simple, généralement adoptée, fondée sur l'utilisation d'un module d'élasticité à long terme plus faible que le module d'élasticité instantané. Des rapports encore plus faibles que ceux présentés dans le Tab. 4.2 sont signalés dans la littérature. Dans le cas de Mactaquac par exemple, pour évaluer la contrainte au sein de la structure de béton de masse, un module d'élasticité à long terme d'environ un tiers du module instantané a été utilisé pour l'évaluation des effets de chargement à long terme [4.38].

4.6. RÉFÉRENCES

[4.1] American Concrete Institute, "Cement and Concrete Terminology", ACI 116R-90, ACI Manual of Concrete Practice, Part 1, American Concrete Institute, Detroit, Michigan, USA, p.1-68, 1990.

[4.2] Winter, G. and Nilson, A. H., "Design of Concrete Structures" McGraw-Hill Book Company, New York, NY, 1979.

[4.3] Smerda, Z., Fristek, V., "Creep and Shrinkage of Concrete Elements and Structures", Developments in Civil Engineering, Vol. 21, published by Elsevier, 1988.

[4.4] Neville, A.M., "Properties of Concrete", published by Wiley, third edition, 1983.

[4.5] Philleo, R.E., "Elastic Properties and Creep," Significance of Tests and Properties and Concrete and Concrete-Marking Materials, ASTM STP 169C, American Society for Testing and materials, Philadelphia, PA, USA, p. 192-201, 1994.

[4.6] Ali I. And Kesler, C. E., "Mechanisms of Creep in Concrete," Symposium on Creep of Concrete, ACI SP-9, American Concrete Institute, Detroit, Michigan, USA, p.35-57, 1964.

[4.7] Neville, A. and Meyers, B., "Creep of Concrete: Influencing Factors and Prediction," Symposium on Creep of Concrete, ACI SP-9, American Concrete Institute, Detroit, Michigan, USA, p. 1-33, 1964.

[4.8] Rusch, H., Kordina, K., and Hillsdorf, H., "Der Einfludd des mineralogischen Charakters der Zuschlage auf das Kriechen von Beton," Deutscher Ausschuss fur Srahlbeton, Bulletin No. 146, 134 pp., 1963.

[4.9] McCoy, E. E.," Investigation of Creep in Concrete – Creep of Mass Concrete," Miscellaneous Paper No. 6-132, Report 3, U.S. Army Engineer Waterways Experiment Station, Vicksburg, Mississippi, USA, 22 pp., 1958.

[4.10] Polivka, M., Pirtz, D., and Adams, R.F., "Studies of Creep in Mass Concrete," Symposium on Mass Concrete, ACI SP-6, American Concrete Institute, Detroit, Michigan, USA, pp. 257-283, 1963.

[4.11] Neville, A.M., "Hardened Concrete: Physical and Mechanical Aspects," American Concrete Institute Monograph No. 6, American Concrete Institute, Detroit, Michigan, USA, 260 pp., 1971.

[4.12] Troxell, G.E., Raphael, J.M., and Davis, R.E., "Long-time Creep and Shrinkage Tests of Plain and Reinforced Concrete," Proceedings, American Society for Testing and Materials, Vol 58, 1943, p. 1101-1120, 1943.

[4.13] Nasser, K.W. and Neville, A.M., "Creep of Concrete at Elevated Temperatures," Proceedings, ACI Journal, Vol 62, No. 12, p. 1567-1579, 1965.

[4.14] Johansen, R. and Best, C.H., "Creep of Concrete with and without Ice in the System," RILEM Bulletin (Paris), New Series No. 16, p. 47-57, 1962.

[4.15] Hansen, T.C. and Mattock, A. H., 1966: "The Influence of Size and Shape of Member on the Shrinkage and Creep of Concrete," Proceedings, ACI Journal, Vol 63, p. 267-290, 1966.

In the case of expansion phenomena due to Alkali-Aggregate Reaction (AAR), again, if the instantaneous modulus of elasticity is used in the mathematical models, very high stress states come up, not consistent with the real stress behavior at the dam site [4.36] [4.37]. Redistribution effects caused by creep are to be taken into consideration in the evaluating criteria. Alternative to models with more or less complicated creep laws is the simple approach, usually adopted, based on the use of a sustained elastic modulus lower than the instantaneous modulus of elasticity. Even lower ratio than those presented in Table 4.2 are reported in the literature. In the case of Mactaquac, for example, in order to evaluate the stress within the mass concrete structure, a sustained modulus of elasticity of about one third of the instantaneous modulus was used for the evaluation of the long term loading effects (concrete grows loads) [4.38].

4.6. REFERENCES

[4.1] American Concrete Institute, "Cement and Concrete Terminology", ACI 116R-90, ACI Manual of Concrete Practice, Part 1, American Concrete Institute, Detroit, Michigan, USA, p.1-68, 1990.

[4.2] Winter, G. and Nilson, A. H., "Design of Concrete Structures" McGraw-Hill Book Company, New York, NY, 1979.

[4.3] Smerda, Z., Fristek, V., "Creep and Shrinkage of Concrete Elements and Structures", Developments in Civil Engineering, Vol. 21, published by Elsevier, 1988.

[4.4] Neville, A.M., "Properties of Concrete", published by Wiley, third edition, 1983.

[4.5] Philleo, R.E., "Elastic Properties and Creep," Significance of Tests and Properties and Concrete and Concrete-Marking Materials, ASTM STP 169C, American Society for Testing and materials, Philadelphia, PA, USA, p. 192-201, 1994.

[4.6] Ali I. And Kesler, C. E., "Mechanisms of Creep in Concrete," Symposium on Creep of Concrete, ACI SP-9, American Concrete Institute, Detroit, Michigan, USA, p.35-57, 1964.

[4.7] Neville, A. and Meyers, B., "Creep of Concrete: Influencing Factors and Prediction," Symposium on Creep of Concrete, ACI SP-9, American Concrete Institute, Detroit, Michigan, USA, p. 1-33, 1964.

[4.8] Rusch, H., Kordina, K., and Hillsdorf, H., "Der Einfludd des mineralogischen Charakters der Zuschlage auf das Kriechen von Beton," Deutscher Ausschuss fur Srahlbeton, Bulletin No. 146, 134 pp., 1963.

[4.9] McCoy, E. E.," Investigation of Creep in Concrete – Creep of Mass Concrete," Miscellaneous Paper No. 6-132, Report 3, U.S. Army Engineer Waterways Experiment Station, Vicksburg, Mississippi, USA, 22 pp., 1958.

[4.10] Polivka, M., Pirtz, D., and Adams, R.F., "Studies of Creep in Mass Concrete," Symposium on Mass Concrete, ACI SP-6, American Concrete Institute, Detroit, Michigan, USA, pp. 257-283, 1963.

[4.11] Neville, A.M., "Hardened Concrete: Physical and Mechanical Aspects," American Concrete Institute Monograph No. 6, American Concrete Institute, Detroit, Michigan, USA, 260 pp., 1971.

[4.12] Troxell, G.E., Raphael, J.M., and Davis, R.E., "Long-time Creep and Shrinkage Tests of Plain and Reinforced Concrete," Proceedings, American Society for Testing and Materials, Vol 58, 1943, p. 1101-1120, 1943.

[4.13] Nasser, K.W. and Neville, A.M., "Creep of Concrete at Elevated Temperatures," Proceedings, ACI Journal, Vol 62, No. 12, p. 1567-1579, 1965.

[4.14] Johansen, R. and Best, C.H., "Creep of Concrete with and without Ice in the System," RILEM Bulletin (Paris), New Series No. 16, p. 47-57, 1962.

[4.15] Hansen, T.C. and Mattock, A. H., 1966: "The Influence of Size and Shape of Member on the Shrinkage and Creep of Concrete," Proceedings, ACI Journal, Vol 63, p. 267-290, 1966.

[4.16] Gopalakrishnan, K.S., Neville, A.M., and Ghali, A., “A Hypothesis on Mechanism of Creep of Concrete with Reference to Multi-axial Compression”, Proceedings, ACI Journal, Vol 67, No. 1, p. 29-35, 1970.

[4.17] McDonald, J.E., "Time-Dependent Deformation of Concrete Under Multiaxial Stress Conditions", Technical report C-75-4, U.S. Army Engineer Waterways Experiment Station, Vicksburg, Mississippi, 306 pp., 1975.

[4.18] Ramos, J.M., Soares de Pinho J., “Delayed effects observed in concrete dams”, Proc. ICOLD 15. Congress, Lausanne, 1985, Q.56, R.38.

[4.19] Raphael, J., M., “The Nature of Mass Concrete in Dams”, American Concrete Institute, SP 55, 1976.

[4.20] Guerra, E.A .,Fontoura, J.T.F., Bittencourt R.M. and Pacelli, W.A ., “Mass Concrete Properties for Large Hydropower Constructions”- FURNAS CENTRAIS ELETRICAS SA.

[4.21] Gunn., R.M., Bossoney, C., “Creep analysis of Mass Concrete Dams”, Hydopower & Dams, Issue six, 1996, 73-79.

[4.22] Dungar, R., “The effect of cyclic creep on the ageing of arch dams”, Proc. ICOLD, 17. Congress, Vienna, 1991, Q.65, R.9.

[4.23] USBR Concrete Laboratory Report n° SP-38, “A 10-year study of creep properties of concrete”; Denver, July 1953.

[4.24] Swiss Committee on Dams, “Concrete of Swiss Dams – Experiences and Syntesis”, edited for the ICOLD Congress in Beijing, 2000.

[4.25] Sinninger, R. et al. “Ageing of Dams – Swiss Experience”, Proc. ICOLD, 17. Congress, Vienna, 1991, Q.65, R.10.

[4.26] Dungar R., “Observed and computer-simulated movements in the 157 m high Zervreila Arch Dam (2-creep and plasticity of mass concrete)”, “Arch Dams”, Balkema 1990, 462-472.

[4.27] Blight, G.E., Mciver, J.R., Schuttle, W.K., Rimmer, R., “The effects of Alcali-Aggregate Reaction of Reinforced Concrete Structures made with Witwatersrand Quartzite Aggregate”, Conference on Alkali-Aggregate Reaction in Concrete, Cape Town, South Africa, 1981.

[4.28] American Concrete Institute, “Cooling and Insulating Systems for Mass Concrete,” ACI 207.4R-93, ACI Manual of Concrete Practice, Part 1, American Concrete Institute, Detroit, Michigan, USA, 1993.

[4.29] Gunn, R.M., Bussoney, C. “Creep analysis of mass concrete dams”, International Journal on Hydropower and Dams, Issue six, 1996, pp. 73-79.

[4.30] ACI, “Prediction of Creep, Shrinkage, and temperature effects in concrete structures”, ACI 209R-92, ACI Manual of concrete practice - Part 3, 1993.

[4.31] CEB, “Evaluation of the time dependent behaviour of concrete”, Bulletin d’information n°199, 1990.

[4.32] Brooks, J.J., Neville, A.M., “Predicting long-term creep and shrinkage from short-term tests”, Magazine of Concrete Research, V. 30, n° 103, June 1978.

[4.33] Bazant, Z.P. “Triple Power law for Concrete Creep” ASCE Journal of Eng. Mech., Vol. 111, n° 1, 1985.

[4.34] Bazant, Z.P. “Creep and shrinkage prediction model for analyses and design of concrete structures – Model B3”, Materials and Structures, vol. 28, 1995.

[4.35] Gardner, N.J., Lockman, M.,J. “Design provisions for drying shrinkage and creep of normal-strength concrete”, ACI Materials Journal, V.98, March-April 2001, pp159-167.

[4.36] Garner, S.B. and Hammons, M.I., “Development and Implementation of a Time-Dependent Material Model for Concrete”, Technical Report SL 91-7, U.S. Army Engineer Waterways Experiment Station, Vicksburg, Mississippi, 1991.

[4.37] ICOLD European Club, Working Group on Ageing on Concrete Dams, “Ageing on Concrete Dams”, final report, 2004.

[4.38] Thompson, G.A., Charlwood, R.G., Steele, r.R., Curtis, D.D., “Mactaquac Generating Station Intake and Spillway Remedial Measures”, Proceedings 18th ICOLD Congress, Q. 68, R. 24, Durban, 1994.

[4.16] Gopalakrishnan, K.S., Neville, A.M., and Ghali, A., "A Hypothesis on Mechanism of Creep of Concrete with Reference to Multi-axial Compression", Proceedings, ACI Journal, Vol 67, No. 1, p. 29-35, 1970.

[4.17] McDonald, J.E., "Time-Dependent Deformation of Concrete Under Multiaxial Stress Conditions", Technical report C-75-4, U.S. Army Engineer Waterways Experiment Station, Vicksburg, Mississippi, 306 pp., 1975.

[4.18] Ramos, J.M., Soares de Pinho J., "Delayed effects observed in concrete dams", Proc. ICOLD 15. Congress, Lausanne, 1985, Q.56, R.38.

[4.19] Raphael, J., M., "The Nature of Mass Concrete in Dams", American Concrete Institute, SP 55, 1976.

[4.20] Guerra, E.A .,Fontoura, J.T.F., Bittencourt R.M. and Pacelli, W.A ., "Mass Concrete Properties for Large Hydropower Constructions"- FURNAS CENTRAIS ELETRICAS SA.

[4.21] Gunn., R.M., Bossoney, C., "Creep analysis of Mass Concrete Dams", Hydopower & Dams, Issue six, 1996, 73-79.

[4.22] Dungar, R., "The effect of cyclic creep on the ageing of arch dams", Proc. ICOLD, 17. Congress, Vienna, 1991, Q.65, R.9.

[4.23] USBR Concrete Laboratory Report n° SP-38, "A 10-year study of creep properties of concrete"; Denver, July 1953.

[4.24] Swiss Committee on Dams, "Concrete of Swiss Dams – Experiences and Syntesis", edited for the ICOLD Congress in Beijing, 2000.

[4.25] Sinninger, R. et al. "Ageing of Dams – Swiss Experience", Proc. ICOLD, 17. Congress, Vienna, 1991, Q.65, R.10.

[4.26] Dungar R., "Observed and computer-simulated movements in the 157 m high Zervreila Arch Dam (2-creep and plasticity of mass concrete)", "Arch Dams", Balkema 1990, 462-472.

[4.27] Blight, G.E., Mciver, J.R., Schuttle, W.K., Rimmer, R., "The effects of Alcali-Aggregate Reaction of Reinforced Concrete Structures made with Witwatersrand Quartzite Aggregate", Conference on Alkali-Aggregate Reaction in Concrete, Cape Town, South Africa, 1981.

[4.28] American Concrete Institute, "Cooling and Insulating Systems for Mass Concrete," ACI 207.4R-93, ACI Manual of Concrete Practice, Part 1, American Concrete Institute, Detroit, Michigan, USA, 1993.

[4.29] Gunn, R.M., Bussoney, C. "Creep analysis of mass concrete dams", International Journal on Hydropower and Dams, Issue six, 1996, pp. 73-79.

[4.30] ACI, "Prediction of Creep, Shrinkage, and temperature effects in concrete structures", ACI 209R-92, ACI Manual of concrete practice - Part 3, 1993.

[4.31] CEB, "Evaluation of the time dependent behaviour of concrete", Bulletin d'information n°199, 1990.

[4.32] Brooks, J.J., Neville, A.M., "Predicting long-term creep and shrinkage from short-term tests", Magazine of Concrete Research, V. 30, n° 103, June 1978.

[4.33] Bazant, Z.P. "Triple Power law for Concrete Creep" ASCE Journal of Eng. Mech., Vol. 111, n° 1, 1985.

[4.34] Bazant, Z.P. "Creep and shrinkage prediction model for analyses and design of concrete structures – Model B3", Materials and Structures, vol. 28, 1995.

[4.35] Gardner, N.J., Lockman, M.,J. "Design provisions for drying shrinkage and creep of normal-strength concrete", ACI Materials Journal, V.98, March-April 2001, pp159-167.

[4.36] Garner, S.B. and Hammons, M.I., "Development and Implementation of a Time-Dependent Material Model for Concrete", Technical Report SL 91-7, U.S. Army Engineer Waterways Experiment Station, Vicksburg, Mississippi, 1991.

[4.37] ICOLD European Club, Working Group on Ageing on Concrete Dams, "Ageing on Concrete Dams", final report, 2004.

[4.38] Thompson, G.A., Charlwood, R.G., Steele, r.R., Curtis, D.D., "Mactaquac Generating Station Intake and Spillway Remedial Measures", Proceedings 18th ICOLD Congress, Q. 68, R. 24, Durban, 1994.

5. LE RETRAIT

5.1. GÉNÉRAL

Les variations de volume du béton peuvent être causées par une série de processus mécaniques, physiques et chimiques comme les sollicitations, les variations d'humidité, les variations de température, l'hydratation du ciment, la carbonatation et des phénomènes comme l'attaque par des sulfates ou la réaction alcali-granulat. Certains de ces processus se caractérisent par une diminution de volume (retrait) et d'autres par une augmentation de volume (gonflement). Cependant, lorsqu'ils deviennent excessifs, ils sont préjudiciables au béton et induisent des déformations du barrage qui sont transmises à ses fondations avec une ampleur variable selon la rigidité relative des fondations et le type de barrage. Dans la pratique, ces déformations étant en règle générale partiellement ou totalement confinées, des contraintes se développent et des fissures peuvent donc apparaître, en fonction aussi de la capacité de déformation ultime du béton. La capacité du béton lui-même à résister à des cas de charges peut alors être affectée et sa durabilité compromise.

La présente section traitera essentiellement de la diminution de volume imputable aux variations d'humidité du béton lors de sa prise (retrait de séchage). La diminution de volume due aux variations d'humidité du béton frais (retrait plastique), à l'hydratation du ciment (retrait autogène) et à sa carbonatation (retrait de carbonatation) ne sera que rapidement abordée. D'autres processus sont plutôt spécifiquement traités ailleurs dans le présent Bulletin ICOLD (propriétés élastiques, thermiques, de fluage et de durabilité). Il convient toutefois de rappeler que certains de ces processus sont interdépendants et influencés par des facteurs communs. Le retrait autant que le fluage dépendent par exemple de la migration de l'humidité à l'intérieur du béton et peuvent difficilement être totalement isolés. L'ampleur du fluage peut être affectée par un retrait simultané et les deux phénomènes sont influencés par un processus commun au cours du séchage. Le fluage n'aggrave pas le retrait mais il s'y combine [5.1].

Comme indiqué au paragraphe 5.7, les variations de volume dans les barrages en béton dues au retrait de séchage sont normalement considérées comme relevant du comportement physiologique interne au béton et ne doivent pas être considérées comme pathologiques. En outre, comme elles ne concernent que la partie externe du béton de masse elles sont généralement d'importance mineure dans les barrages, même si des fissures peuvent se développer sur les surfaces de béton exposées à l'air, augmentant encore le risque d'autres phénomènes de dégradation comme les fuites par exemple. Par conséquent, si la fissuration du béton due au retrait de séchage n'est pas traitée, elle progresse et peut entraîner de graves problèmes.

5.2. TYPES DE RETRAIT

Un premier phénomène de retrait se produit lorsque le béton est encore plastique. La perte d'eau par évaporation à la surface, le drainage et l'aspiration par séchage du béton en dessous, provoquent une réduction volumétrique nommée *retrait plastique*. Se produisant sur le béton plastique et non sur le béton durci, ce type de retrait dépasse le cadre du présent Bulletin.

Le *retrait autogène* se produit au contraire sur le béton durci et peut être défini comme la diminution du volume lorsqu'aucune transmission d'humidité vers ou à partir du béton durci n'est possible, comme c'est souvent le cas à l'intérieur du béton de masse des barrages. Le retrait autogène est causé par la teneur initiale en eau du mélange de béton quand cette eau a été consommée lors de l'hydratation du ciment. La diminution de volume est le résultat de la formation de produits finaux hydratés qui se caractérisent par un volume inférieur à celui des matériaux des composants initiaux (ciment et eau). Le retrait autogène est très faible, généralement de $40*10^{-6}$après -61 mois de cure, à $100*10^{-6}$ après 5 ans et il ne se distingue généralement pas du retrait de séchage plus pertinent [5.2]. Des valeurs croissantes sont à prévoir avec une teneur en ciment élevée, un faible rapport ciment-eau et à des températures élevées.

5. SHRINKAGE

5.1. GENERAL

Volume changes in concrete can be caused by a series of mechanical, physical and chemical processes such as stresses from applied loads, moisture variations, temperature variations, cement hydration, carbonation and phenomena like sulphate attack or alkali-aggregate reaction. Some of them are characterised by a volume decrease (shrinkage) while others by a volume increase (swelling). However, when becoming excessive, they are detrimental to the concrete, inducing deformations in the dam, which are transmitted to its foundations to a greater or lesser extent, according to the relative rigidity of the foundations and the type of the dam. Because in practice these deformations are usually partially or wholly restrained, stresses are developed and cracks may therefore appear, depending also on concrete ultimate strain capacity. The ability of the concrete itself to withstand its design loads could then be affected and its durability compromised.

In this section the volume decrease due to the moisture variations in hardened concrete (drying shrinkage) will be essentially dealt with. The volume decreases due to moisture variations in fresh concrete (plastic shrinkage), due to hydration of cement (autogenous shrinkage) and carbonation (carbonation shrinkage) will be only rapidly touched on. Other processes are instead specifically treated elsewhere in this ICOLD Bulletin (i.e. elastic, creep, thermal and durability properties). However, it should be remembered that some of these processes are inter-dependent and influenced by common factors. Both shrinkage and creep, for example, depend on moisture migration within the concrete and can hardly be completely isolated. The magnitude of creep can be affected by concurrent shrinkage and the two phenomena are influenced by a common process during drying. Creep does not add to shrinkage but combines with it [5.1].

As further discussed in the paragraph 5.7, the volume changes in concrete dams due to drying shrinkage are usually to be considered as belonging to the indigenous physiological behavior of concrete and should not be considered as pathologic. Moreover, as they concern only the external part of the massive concrete, they are usually of minor importance in dams, even if cracks can develop on concrete surfaces exposed to air, further enhancing the risk of other deterioration phenomena such as for example leaking. Therefore, if cracking of concrete due to drying shrinkage is not dealt with, the cracking advances and may cause serious problems.

5.2. TYPES OF SHRINKAGE

A first shrinkage phenomenon occurs when concrete is still plastic. The loss of water through evaporation from the surface, drainage of forms and suction by drying concrete below, cause a volumetric reduction named *plastic shrinkage*. Taking place on plastic and not on hardened concrete, it is beyond the scope of the Bulletin.

On the contrary *autogenous shrinkage* occurs on hardened concrete and can be defined as the decrease of volume when no moisture movement to or from hardened concrete is possible, as typically happens inside the massive concrete of dams. Autogenous shrinkage is caused by the initial water content of the concrete mix when this water is used up in the cement hydration. The decrease of volume is the result of the formation of hydrated final products that are characterized by lower volume than that of the initial component materials (cement and water). Autogenous shrinkage is very small, typically $40*10^{-6}$ after 1 month curing to $100*10^{-6}$ after 5 years and it is generally not distinguished from more relevant drying shrinkage [5.2]. Increasing values are to be expected with high cement content, low water/cement ratio and at high temperatures.

Par ailleurs, la carbonatation, qui est la réaction du CO_2 avec le $Ca(OH)_2$ du ciment hydraté pour former le $CaCO_3$, produit un rétrécissement, appelé *retrait de carbonatation*. Il est généralement mesuré en même temps que le retrait de séchage, mais son mécanisme est différent. En effet, la décomposition progressive de $Ca(OH)_2$ augmente la compressibilité de la pâte de ciment puis favorise la capacité du béton séchant à rétrécir. Le retrait de carbonatation est fortement influencé par l'humidité relative de l'environnement : il est négligeable à des valeurs faibles (25%) et élevées (100%) d'humidité relative, lorsque le processus de carbonatation est entravé, alors qu'il est considérable à des humidités intermédiaires (50%). Le CO_2 ne pénétrant pas en profondeur dans le béton de masse (rarement plus de 20-40 mm), ce type de retrait est généralement de moindre importance.

Le *retrait de séchage* est l'effet de la perte d'eau par évaporation à partir du béton durci stockée dans l'air non saturé et les variations d'humidité qui en résultent à l'intérieur du béton lui-même. Par rapport aux autres types de retrait, celui-ci est le plus pertinent tant pour le béton classique que pour le béton de masse. Cependant le retrait de séchage devient négligeable dans des conditions voisines de 100% d'humidité relative ou lorsque le séchage est bloqué. Le potentiel total du retrait de séchage d'un échantillon de barrage en béton exposé à 50% d'humidité relative est de l'ordre de 200 - 800* 10^{-6}, en fonction de plusieurs facteurs qui influent sur le retrait et qui sont examinés ci-après. Comme dans la plupart des cas, seul le retrait de séchage revêt une importante technique et sera notamment pris en considération et examiné avec plus de précision.

5.3. CAUSES ET MECANISME DU RETRAIT DU SECHAGE

Le retrait de séchage est lié à la partie colloïdale et à la porosité capillaire de la pâte de ciment qui permettent à l'eau évaporable d'être contenue à l'intérieur du béton. A faible humidité relative, la perte d'eau libre (non liée physiquement), qui a lieu d'abord dans les capillaires de grande taille, ne provoque que peu ou pas de retrait, son effet étant limité par la structure de la pâte. C'est seulement quand l'eau absorbée est retirée du gel hydraté qu'a lieu une diminution de volume, liée à une contraction du gel. Le retrait est donc directement associé à l'eau retenue par les petits pores du gel de l'ordre de 3 à 20 nm [5.3].

Comme le montre la Fig. 5.1, si le béton est progressivement mouillé, il gonfle à nouveau, mais seule une partie du retrait initial est réversible et les cycles subséquents de mouillage et de séchage sont caractérisés par de moindres modifications de volume (migration de l'humidité).

La partie réversible du retrait se situe entre 40 et 70% du retrait initial, en fonction aussi de l'âge du début du premier séchage et de la propagation de la carbonatation simultanée. Le retrait de séchage irréversible est probablement dû au développement de nouveaux liens chimiques à l'intérieur de la structure de la pâte résultant du séchage.

En règle générale, le séchage est nettement plus lent que le mouillage. Cela peut se justifier en considérant que lorsque l'eau s'écoule à travers le gel et les pores capillaires, l'absorption des particules de liaison d'eau augmente au fur et à mesure que la teneur en eau diminue.

Le béton de masse est caractérisé par un taux de séchage encore plus faible et plus la couche de béton donnée est épaisse, plus la perte d'eau est faible, ainsi que son retrait. La Fig. 5.2 montre que, bien que la pénétration de séchage dépende manifestement aussi de l'humidité relative de l'environnement, dans la pratique, le béton d'une épaisseur inférieure 50-60 cm n'est soumis à aucune perte d'eau ni retrait de séchage. Il est donc évident qu'un gradient d'humidité relative sera établi entre la surface et la partie interne d'un béton de masse, induisant des contraintes et des fissures éventuelles.

Also carbonation, that is the reaction of CO_2 with $Ca(OH)_2$ of hydrated cement to form $CaCO_3$, produces a shrinkage, named *carbonation shrinkage*. It is usually measured together with drying shrinkage but its mechanism is different. In fact the progressive decomposition of $Ca(OH)_2$ increases the compressibility of the cement paste and then foster the ability of drying concrete to shrink. Carbonation shrinkage is strongly influenced by relative humidity of the environment: it is negligible at low (25%) and high (100%) values of R.H., when carbonation process is hindered, while it is considerable at intermediate humidities (50%). Since CO_2 does not penetrate deep into the mass concrete (rarely more than 20-40 mm), this type of shrinkage is usually of minor importance.

Drying shrinkage is the effect of loss of water by evaporation from hardened concrete stored in unsaturated air and consequent moisture variations inside the concrete itself. Compared to the other shrinkage types, this is the more relevant one for both conventional and mass concrete. However drying shrinkage becomes negligible in conditions approaching 100% of relative humidity or when drying is prevented. The total drying shrinkage potential of a dam concrete specimen exposed to 50% relative humidity is in the range of 200 - 800 * 10^{-6}, depending on the several factors influencing shrinkage and discussed in the following. As in most cases only drying shrinkage is of engineering importance, it will be specifically considered and more accurately examined.

5.3. CAUSES AND MECHANISM OF DRYING SHRINKAGE

Drying shrinkage is related to the gel and capillary porosity of cement paste that allow evaporable water to be contained inside the concrete. At low relative humidity the loss of free water (not physically bound), which takes place first in the large size capillaries, causes little or no shrinkage as its effect is limited by the paste structure. Only when the adsorbed water is removed from the hydrated gel a volume decrease occurs, connected to a gel contraction. Shrinkage is therefore directly associated with the water held by small gel pores in the range of 3 to 20 nm [5.3].

As shown in Fig. 5.1, if concrete is successively wetted, it again swells but only a part of the initial shrinkage is reversible and subsequent cycles of wetting and drying are characterized by lower volume changes (moisture movement).

The reversible part of shrinkage ranges between 40 and 70% of the initial shrinkage, depending also on the age of the onset of first drying and on the extension of concurrent carbonation. The irreversible drying shrinkage is probably due to the development of new chemical bonds within the paste structure as a consequence of drying.

Drying is generally very much slower than wetting. This can be justified by considering that when the water flows outwards through gel and capillary pores, the adsorption bonds of water particles increase as the water content decreases.

Massive concrete is characterized by an even lower rate of drying and the deeper is the concrete layer considered the lower is the loss of water and then its shrinkage. Fig. 5.2 shows that, although the drying penetration depends obviously also on environmental relative humidity, in practice concrete underneath 50 - 60 cm is not subjected to any loss of water and drying shrinkage. It is therefore evident that a gradient of relative humidity will be established between the surface and the internal part of a massive concrete, inducing stresses and possible cracks.

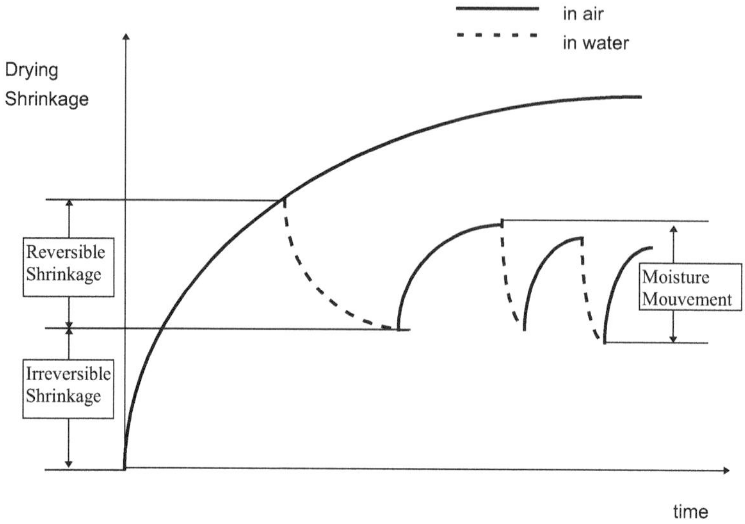

Fig. 5.1
Variations de volume et conditions d'humidité (comportement qualitatif seulement)

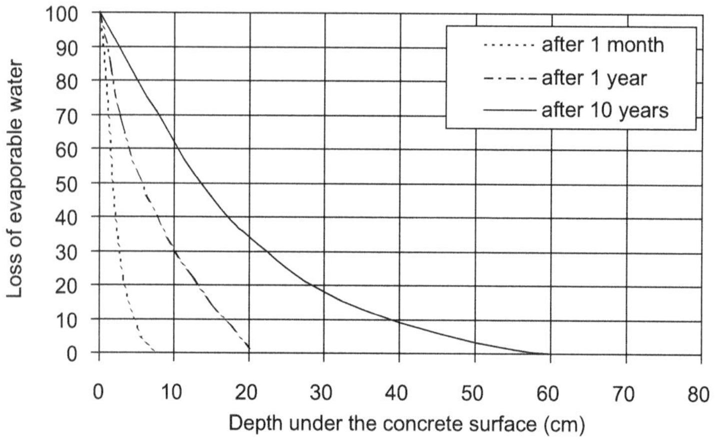

Fig. 5.2
Perte d'eau à différentes profondeurs d'un béton de masse à 50% d'HR

5.4. FACTEURS AFFECTANT LE RETRAIT AU SECHAGE

Le retrait dû au séchage est soumis à plusieurs facteurs qui agissent très souvent simultanément [5.4]. Pour évaluer leur influence, il est nécessaire de les examiner séparément, d'autant plus que leurs interrelations sont assez complexes et pas encore complètement connues.

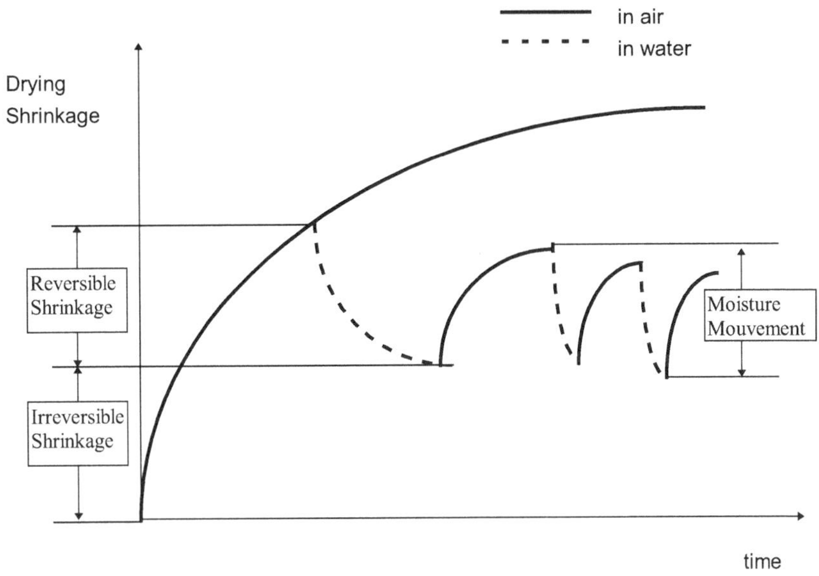

Fig. 5.1
Volume changes and humidity conditions (just qualitative behavior)

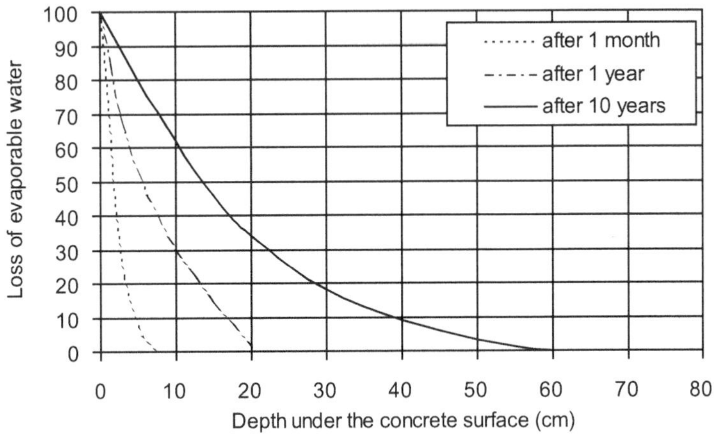

Fig. 5.2
Loss of water at different depths from a massive concrete at 50% R.H.

5.4. FACTORS AFFECTING DRYING SHRINKAGE

Drying shrinkage is affected by several factors that very often act simultaneously [5.4]. To assess its influence, it is necessary to consider them separately, also because their interrelations are quite complex and not still completely understood.

5.4.1. Matériaux et formulation du mélange

La principale source du retrait de séchage du béton est sa pâte de ciment hydratée : plus la teneur en eau est élevée et plus sa porosité est élevée, et plus le retrait qui en résulte est important.

Toutefois, le retrait du béton est nettement inférieur à celui de la pâte de ciment à cause de la résistance à la déformation des agrégats environnants. Le rapport entre le retrait du béton (S_c) et le retrait relatif de la pâte de ciment (S_p) peut être estimé par la relation $S_c=S_p*(1-a)^n$ où "a" est la fraction volumique des granulats et n une valeur dépendant du module d'élasticité [5.5]. Plus le module d'élasticité des granulats est élevé, plus le retrait du béton est faible (Fig. 5.3). Par conséquent, le quartz ou le granite (module d'élasticité élevé) donne généralement un béton avec moins de retrait que le grès (module d'élasticité faible). Les granulats de granite et de grès utilisés dans certaines recherches sur le barrage de Guri (Venezuela) ont montré que les valeurs du retrait à 90 jours passent respectivement de 340 à 750 * 10^{-6}, les autres conditions étant constantes [5.6]. Une augmentation de la teneur en eau réduit aussi le volume des granulats s'opposant au retrait et entraîne par conséquent un retrait plus important.

La teneur en granulats du béton, leur module d'élasticité et la teneur en eau sont par conséquent les facteurs physiques les plus importants influant sur le retrait de séchage du béton. La teneur en eau d'un mélange indiquerait uniquement l'ampleur du retrait à prévoir : certaines indications sont données dans la Fig. 5.4 pour le béton normal. Concernant le béton des barrages, des teneurs en eau même inférieures à la valeur de 160 kg/m^3 comme indiquée dans la Fig. 5.4 sont utilisées mais les valeurs de retrait en dessous de 200 * 10^{-6} sont difficiles à obtenir.

D'autres paramètres peuvent indirectement avoir une influence par leur effet sur la teneur du béton en granulats et sur la compacité du mélange de béton : par exemple, la taille maximale des granulats et un contrôle de la quantité de pâte de ciment dans un mélange de béton bien dosé. Par conséquent des granulats de plus grande taille permettent d'utiliser des mélanges plus appauvris, avec un rapport constant eau/ciment et entraînent donc un retrait de séchage inférieur. Dans certains cas, l'importance du retrait des granulats sur le retrait du béton a été soulignée [5.7] [5.8]. Les granulats à faible module d'élasticité et à grande capacité d'absorption peuvent afficher des variations de volume importantes entre l'état mouillé et l'état sec et vice versa.

Les propriétés du ciment ont une influence mineure sur le retrait du béton. La finesse et la composition du ciment Portland touchent par exemple essentiellement le taux d'hydratation, mais non les caractéristiques des produits d'hydratation [5.2]. Les adjuvants minéraux comme les scories et les pouzzolanes en granulés et les mélanges accélérateurs comme le chlorure de calcium semblent augmenter le retrait de séchage du fait de la réduction des pores de la pâte de ciment. Les adjuvants minéraux peuvent aussi augmenter le retrait à cause de leur demande accrue en eau. Les adjuvants réducteurs d'eau ont naturellement un effet significatif sur la limitation du retrait du béton tandis que les adjuvants entraîneurs d'air ne se sont pas révélés comme ayant une incidence majeure.

5.4.1. *Materials and mix design*

The main source of concrete drying shrinkage is its hydrated cement paste: the higher the water content and the higher its porosity and the larger the resulting shrinkage.

However the shrinkage of concrete is considerably less than that of cement paste owing to the restraint against deformation of the surrounding aggregates. The ratio of the concrete shrinkage (S_c) and the relative cement paste shrinkage (S_p) can be estimated through the relation $S_c = S_p * (1-a)^n$ where "a" is the volume fraction of aggregate and n a value depending on the elastic modulus of [5.5]. The higher the aggregate modulus the lower the concrete shrinkage (Fig. 5.3). Therefore, quartz or granite (high modulus of elasticity) generally give a concrete with less shrinkage than sandstone (low modulus of elasticity). Granite and sandstone aggregate used in some concrete investigations on Guri dam (Venezuela) indicated shrinkage values at 90 days passing respectively from 340 to 750 * 10^{-6}, other conditions being constant [5.6]. An increase of water content also reduces the volume of restraining aggregate and thus results in higher shrinkage.

The aggregate content of the concrete, the aggregate modulus of elasticity and the water content are therefore the most important material factors influencing concrete drying shrinkage. The water content of a mix would just indicate the order of shrinkage to be expected: some indications for normal concrete are reported in Fig. 5.4. For dam concrete, water contents even lower than the value of 160 kg/m^3 reported in Fig. 5.4 are used but shrinkage values below 200 * 10^{-6} are hardly to be obtained.

Other parameters can indirectly have an influence through their effect on the aggregate content of concrete and on the compactability of concrete mixture. For example, the maximum aggregate size and grading control the amount of cement paste in a properly designed concrete mix. Therefore, larger maximum size aggregates allow the use of leaner mixes, at a constant water/cement ratio, and then lead to a lower drying shrinkage. In some cases, the importance of the shrinkage of the aggregate on the shrinkage of concrete has been emphasized [Fig. 5.7] [Fig. 5.8]. Aggregates with low modulus of elasticity and high absorption capacity could exhibit significant changes in volume from the wet to the dry state and vice versa.

The properties of cement have minor influence on concrete shrinkage. For example, fineness and composition of Portland cement affect mainly the rate of hydration but not the characteristics of the hydration products [5.2]. Mineral additions as granulated slag and pozzolans and accelerators admixtures as calcium chloride seem to increase the drying shrinkage as the result of pore refinement of cement paste. Mineral admixtures may increase the shrinkage also because of their increased water demand. Water reducing admixtures have naturally a significant effect on limiting the concrete shrinkage while air entrainment admixtures has not been found to have a significant influence.

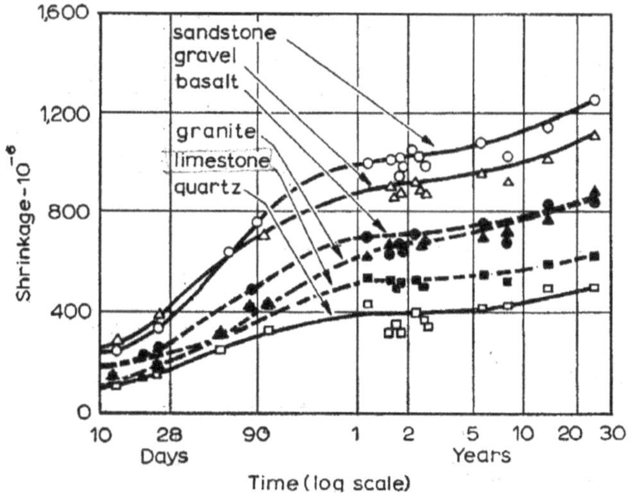

Fig. 5.3
Retrait du béton avec différents granulats entreposés à l'air à 21°C et 50% d'humidité relative [5.2]

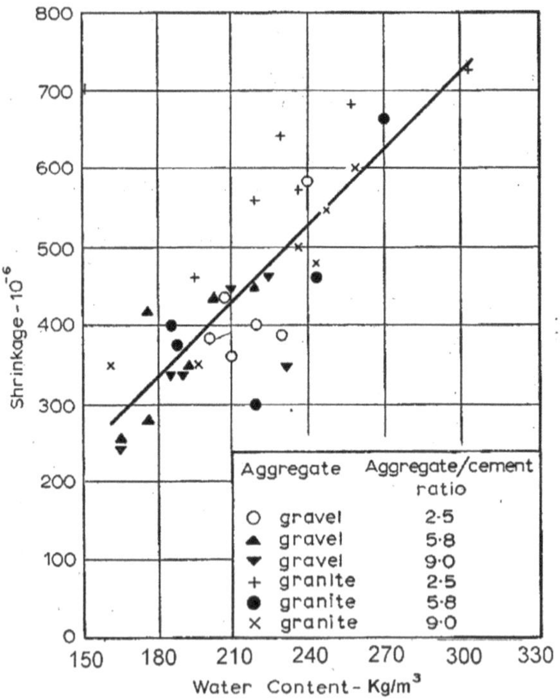

Fig. 5.4
Relation entre la teneur en eau du béton frais et le retrait de séchage pour différents types de granulats et rapport granulats/ciment [5.2]

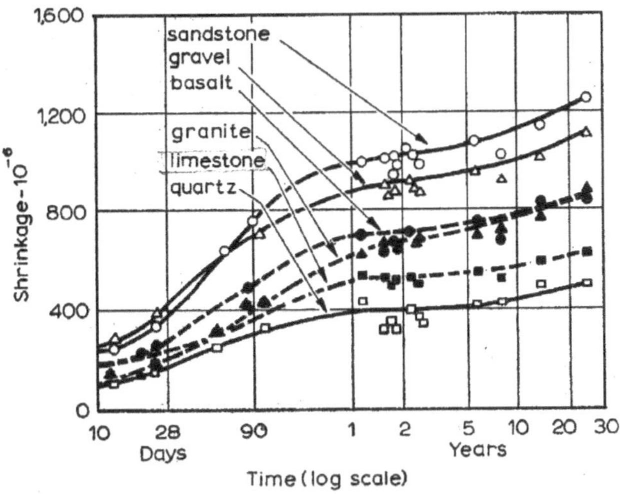

Fig. 5.3
Shrinkage of concretes with different aggregates and stored in air at 21°C and 50% relative humidity [5.2]

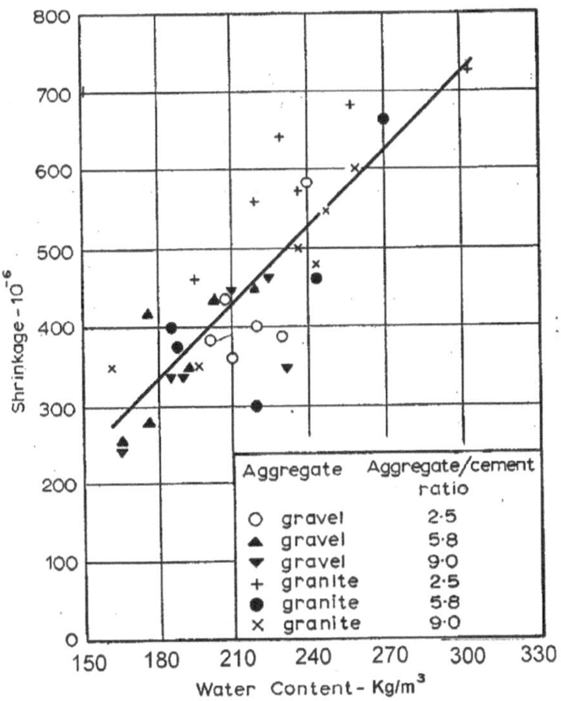

Fig. 5.4
Relation between water content of fresh concrete and drying shrinkage for different aggregate types and aggregate/cement ratio [5.2]

5.4.2. *Temps, humidité et température*

Il est bien connu que le retrait se déroule sur une très longue période de temps (20 à 30 ans), mais son taux d'augmentation diminue avec le temps. La majeure partie du retrait total se produit au cours des premières années. La Fig. 5.3 montre un exemple de retrait de séchage sur une période de 30 ans pour des bétons de compositions fixes du mélange, mais composés de granulats différents stockés à l'air à 21°C et 50% d'humidité relative, après une cure initiale par voie humide de 28 jours [5.3].

Une cure prolongée par voie humide avant séchage retarde le développement du retrait mais des résultats contradictoires sur l'ampleur du retrait final du béton ont été signalés. Il est généralement admis qu'une longue cure humide initiale tend à réduire le retrait.

Au contraire, l'humidité relative de l'environnement du béton influe grandement sur son retrait de séchage. Une grande attention doit être accordée pour empêcher les surfaces du béton de se dessécher pendant la construction.

Il y a un équilibre hygrométrique théorique à 94% d'humidité relative auquel il ne se produit ni changement de poids ni changement de volume. Si le taux d'humidité est inférieur, l'eau s'écoule de l'intérieur vers la surface extérieure du béton et le retrait augmente au fur et à mesure que baisse l'humidité. Pour un temps d'exposition donné, les effets de l'humidité relative de l'air sur le retrait de séchage d'un béton de structure sont présentés dans la Fig. 5.5. Dans les recherches citées ci-dessus effectuées sur le béton du barrage de Gur (Venezuela), le ratio entre la valeur du retrait à 70 % et 50% était d'environ 0,7 comme indiqué dans le Tab. 5.1 [5.6], confirmant la tendance de la courbe de la Fig. 5.5.

La température est généralement moins importante que l'humidité relative, touchant principalement le taux de vieillissement du béton en raison du développement plus rapide de l'hydratation du ciment.

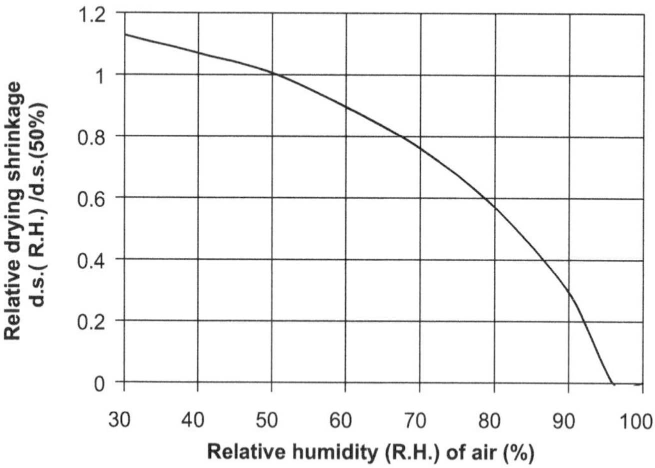

Fig. 5.5
Tendance générale de l'effet de l'humidité relative de l'environnement sur le retrait de séchage [5.9]

5.4.2. Time, humidity, and temperature

It is well known that shrinkage takes place over a considerably long period of time (20 to 30 years) but the rate of increasing of shrinkage decreases with time. Most of the total shrinkage occurs in the first years. Fig. 5.3 shows an example of concrete drying shrinkage over a period of 30 years for concretes of fixed mix proportions but made of different aggregates and stored in air at 21°C and 50% relative humidity, after an initial wet curing of 28 days [5.3].

A prolonged moist curing before drying delays the shrinkage development but contradictory results on the final shrinkage magnitude of concrete have been reported. It is generally assumed that long initial moist curing tends to reduce the shrinkage.

On the contrary, the relative humidity of the environment surrounding the concrete greatly affects its drying shrinkage. Therefore, much attention should be given to keep the concrete surfaces from drying out during construction.

There is a theoretical hygrometry equilibrium at 94% relative humidity at which does not occur neither weight nor volume changes. At lower humidity the water flows from the interior to the outer surface of concrete and the shrinkage increases as the humidity decreases. For a given exposure time, the effects of relative humidity of air on drying shrinkage of a structural concrete are shown in Fig. 5.5. In the above quoted concrete investigations carried out on Guri dam (Venezuela), the ratio between the shrinkage value at 70 % and 50% was about 0.7 as reported in Table 5.1 [5.6], confirming the trend of curve in Fig. 5.5.

Temperature is generally less important than relative humidity, affecting mainly the rate of concrete ageing due to the more rapid development of cement hydration.

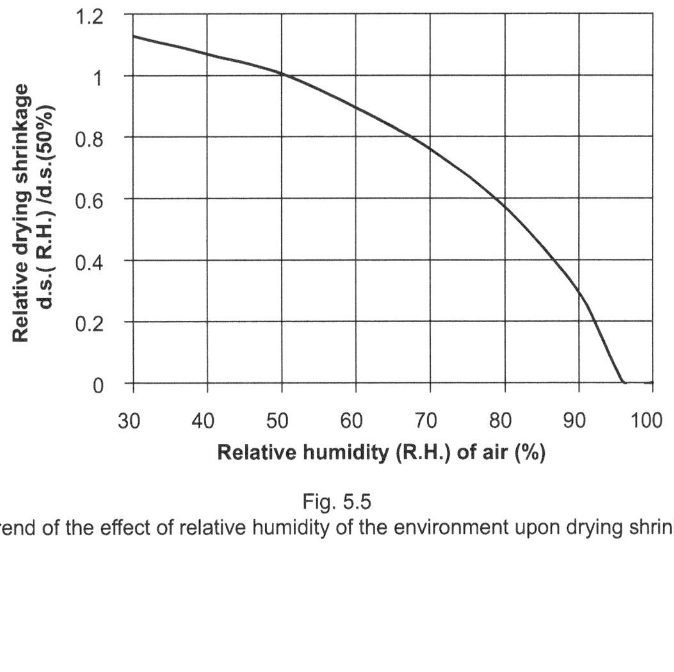

Fig. 5.5
General trend of the effect of relative humidity of the environment upon drying shrinkage [5.9]

Table 5.1
Ampleur du retrait de séchage pour différentes compositions de béton et divers environnements

Variable	Range of variable	Range of shrinkage at age of 90 days [10^{-6}]
Water content	110/160, l/m^3	250/650
Fineness of cement:	Spec. surface, cm^2/g	
ASTM I	2200/1300	800/700
ASTM IV	2200/1300	1050/850
Aggregates	sandstone	750
	granite	340
Ambient humidity	fog/water curing	±zero
	70% RH	500
	50%RH	700
Duration of moist curing	28 days	300
	90 days	250

Conditions:
concrete with MSA=20mm, water/cement ratios between 0.59 and 0.62, 28 days fog curing, thereafter in 50% rel. humidity (RH) at 21°C.

5.4.3. Géométrie

Pendant une période de temps donnée, avec une humidité relative, une humidité constante et une composition fixe du mélange de béton, l'ampleur du retrait dépend à la fois de la taille et de la forme de la structure en béton. En fait, ces éléments influencent la longueur du trajet parcouru par l'eau qui se diffuse dans l'atmosphère à partir de l'intérieur du béton.

Le retrait augmente au fur et à mesure que le rapport entre le volume et la zone de surface diminue. Le retrait d'un élément en béton avec un rapport volume/surface de 150 mm est d'environ la moitié de celui montré par le même béton dans un élément avec un rapport volume/surface de 25 mm [5.10], [5.4].

Par conséquent, pour des raisons pratiques, le retrait de séchage ne peut être considéré comme une propriété purement inhérente du béton sans référence à la taille et à la forme de l'élément.

Table 5.1
Range of drying shrinkage for different concrete compositions and different environmental conditions

Variable	Range of variable	Range of shrinkage at age of 90 days [10^{-6}]
Water content	110/160, l/m^3	250/650
Fineness of cement:	Spec. surface, cm^2/g	
ASTM I	2200/1300	800/700
ASTM IV	2200/1300	1050/850
Aggregates	sandstone granite	750 340
Ambient humidity	fog/water curing 70% RH 50%RH	±zero 500 700
Duration of moist curing	28 days 90 days	300 250

Conditions:
concrete with MSA=20mm, water/cement ratios between 0.59 and 0.62, 28 days fog curing, thereafter in 50% rel. humidity (RH) at 21^{0}C.

5.4.3. Geometry

For a given period of time, at a constant relative humidity and temperature and with a fixed concrete mix composition, the magnitude of shrinkage depends on both size and shape of the concrete element. In fact, they influence the length of the path travelled by the water diffusing from the interior of the concrete to the atmosphere.

The shrinkage increases as the ratio between volume and surface area decreases. The shrinkage of a concrete element with a ratio of 150 mm is about one half of that showed by the same concrete in an element with a volume/surface ratio of 25 mm [5.10], [5.4].

Therefore, for practical purposes drying shrinkage cannot be considered as purely an inherent property of concrete without reference to the size and shape of the element.

5.5. ESTIMATION DU RETRAIT DE SECHAGE

5.5.1. Méthodes de laboratoire

La mesure de retrait de séchage est couverte par plusieurs normes nationales. Ainsi, la norme ASTM C 157 [5.11] par exemple prescrit l'utilisation de prismes de béton de 100 mm de section carrée et de 285 mm de long. Après 28 jours de cure humide, les échantillons sont stockés dans un abri sec à une température de 23°C et une humidité relative de 50% durant 64 semaines. L'ampleur du retrait est déterminée au moyen d'un cadre de mesure équipé de jauges micrométriq ues ou de capteurs inductifs. La norme ASTM C 341 [5.12] prévoit des procédures similaires dans le cas des échantillons prélevés dans une structure.

Néanmoins, ces échantillons ne conviennent généralement pas pour le béton de barrage en raison de leur petite taille par rapport à la taille maximale des granulats typiquement utilisés dans la construction des barrages. De grands échantillons doivent alors être testés et, le cas échéant, le béton doit être confectionné avec des granulats écrêtés.

Certains résultats obtenus par le Bureau of Reclamation sur le béton de masse des barrages sont présentés dans le Tab. 5.2. Les essais ont été effectués sur des échantillons de béton de 100 x 100 x 705 (ou 1000) mm avec des agrégats écrêtés par voie humide à partir du mélange initial pour obtenir des granulats d'une taille maximale de 38 mm. Les échantillons de retrait de séchage ont fait l'objet d'une cure au brouillard pendant 14 jours après fabrication, puis ont été mis à sécher dans une pièce à 50% d'humidité relative et à 23°C. Les résultats du retrait endogène sont également indiqués dans le Tab. 5.2. Ils ont été obtenus sur des échantillons confinés dans des étuis de cuivre soudés et maintenus à 23°C [5.13].

Toutefois, les résultats obtenus sur des échantillons de béton testés au laboratoire ont une valeur limitée pour déterminer le niveau du retrait qui a effectivement lieu dans le béton d'un barrage. Ceci est dû au fait que le retrait dépend très fortement de la dimension de l'échantillon testé et des conditions d'humidité et de température. Le rythme et l'ampleur du retrait d'un petit échantillon de laboratoire seront beaucoup plus importants que ceux obtenus sur le béton des structures. En outre, même si le retrait de carbonatation a une importance mineure dans le retrait global d'un béton de barrage, il joue un rôle important dans le retrait des petits échantillons, en particulier lorsqu'ils sont exposés à long terme à un séchage en laboratoire [5.14].

Il est par conséquent courant d'estimer le retrait de séchage à partir de formules empiriques telles que celles décrites ici.

Table 5.2
Retrait de séchage du béton de masse dans les barrages du Bureau of Reclamation [5.13]

Barrage	**Retrait de séchage à 1 an (* 10^{-6})**	**Retrait autogène à 1 an (* 10^{-6})**
Hoover	270	-
Grand Cooley	420	-
Angostura	390*	0
Kortes	600	23
Hungry Horse	520	52
Canyon Ferry	397*	37
Monticello	998	38
Anchor	588*	36
Glen Canyon	459	61
Flaming Gorge	496	-
Yellowtail	345#	38

* cure de 90 jours au lieu de 14 jours
# retrait à 9 mois

5.5. ESTIMATION OF DRYING SHRINKAGE

5.5.1. Laboratory methods

The measurement of drying shrinkage is covered by several National Standards. For example ASTM C 157 [5.11] prescribes the use of concrete prisms of 100 mm square cross section and 285 mm long. After 28 days of moist curing, the specimens are stored in a dry room at a temperature of 23 °C and a relative humidity of 50% up to 64 weeks. The magnitude of shrinkage can be determined by means of a measuring frame fitted with micrometer gauges or inductive transducers. ASTM C 341 [5.12] provides for similar procedures in the case of specimens cored from a structure.

Nevertheless, these specimens are usually not suitable for a dam concrete, due to their small sizes in comparison with the typical aggregate maximum size used in dam construction. Larger specimens should then be considered and, if necessary, the concrete be sieved.

Some results obtained by the Bureau of Reclamation on mass concrete for dams are reported in Table 5.2. The tests were conducted on 100 x 100 x 705 (or 1000) mm specimens from concrete wet screened from the mass mix to contain 38 mm maximum size aggregate. Drying shrinkage specimens were fog cured for 14 days after fabrication and then allowed to dry in a room at 50 % relative humidity and 23 °C. In Table 5.2 autogenous shrinkage results are also reported. They were obtained in on specimens sealed in soldered copper jackets and maintained at 23°C [5.13].

However, the results obtained on concrete test specimens in the laboratory are of limited value in determining the amount of shrinkage which actually takes place in the concrete of a dam. This is due to the fact that shrinkage is very much dependent on the size of specimens being tested and, on the humidity, and temperature conditions. The rate and magnitude of shrinkage of a small laboratory specimen will be much greater than that obtained on the concrete in the structures. Furthermore, even if carbonation shrinkage has a minor importance in the overall shrinkage of a concrete dam, it plays an important role in the shrinkage of small specimens, particularly when subjected to long term exposure to drying in laboratory [5.14].

Therefore, it is a common practice to estimate drying shrinkage from empirical formulas as herein described.

Table 5.2
Drying shrinkage of mass concrete in Bureau of Reclamation dams [5.13]

Dam	**Drying shrinkage at 1 year (* 10^{-6})**	**Autogenous shrinkage at 1 year (* 10^{-6})**
Hoover	270	-
Grand Cooley	420	-
Angostura	390*	0
Kortes	600	23
Hungry Horse	520	52
Canyon Ferry	397*	37
Monticello	998	38
Anchor	588*	36
Glen Canyon	459	61
Flaming Gorge	496	-
Yellowtail	345#	38

* cured 90 days instead of 14 days
# 9 month shrinkage

5.5.2. Mesures sur site

Le retrait du béton pour barrage peut être directement déterminé sur site par des instruments placés dans le barrage. Il est notamment possible de le faire au moyen de ce qu'on appelle les jauges de déformation "sans contrainte" [5.15]. Il s'agit de jauges encastrées dans le béton munies d'un espace sur tous les côtés, sauf un, pour éviter que des contraintes ne soient exercées par le biais de la jauge de déformation. Les modèles standards de déformation électrique ou acoustique (corde vibrante) sont normalement utilisés pour les jauges « sans contrainte ». Avec un choix approprié des dimensions des blocs isolés de béton, ces instruments permettent de mesurer le retrait du béton des barrages avec une certaine précision [5.16].

L'expérience a cependant montré que les mesures sur site du retrait sont souvent difficiles à obtenir. En fait, ce n'est que dans l'interprétation des résultats que les effets du retrait peuvent parfois être séparés des autres effets comme les variations de température et le fluage par exemple. A cet effet, il peut s'avérer nécessaire de prendre en compte la dilatation différentielle du béton par rapport à la jauge du fait des variations de température.

5.5.3. Modèles de prédiction (ACI, CEB/FIP, etc.)

Différents modèles ont été proposés et sont couramment utilisés pour prédire le retrait de séchage. Ils sont généralement constitués de deux parties : la forme de la courbe retrait-temps et les conditions de mise à l'échelle.

L'expression simplifiée suivante a été proposée par l'ACI (American Concrete Institute) Committee 209 [5.17] [5.18] pour prédire le retrait de séchage du béton (après 7 jours de cure humide)

$$\varepsilon_{sh}\,(t,\, t_{sho}) = (\varepsilon_{sh})_u$$

où:

$\varepsilon_{sh}\,(t,\, t_{sho})$ est la déformation due au retrait, au moment t en référence au temps

T est le temps (en jours)

t_{sho} est le temps (en jours) au début du séchage

$(\varepsilon_{sh})_u$ est la déformation ultime due au retrait

Cette approche conceptuelle se rapporte aux conditions normales et aux facteurs de connection.

La valeur moyenne du retrait ultime suggéré pour un béton avec une composition spécifique, 7 jours de cure humide, un séchage à 40% d'humidité relative, une épaisseur minimale de 150 mm, un rapport volume/surface de 38 mm et une température de 23°C est 780* 10^{-6}. Des facteurs correctifs γ sont appliqués à cette valeur ultime pour différentes conditions et compositions de béton.

Cette équation proposée par l'ACI est simple, mais lors de la sélection des valeurs réalistes pour le retrait ultime, il faut garder à l'esprit que les résultats de laboratoire sont beaucoup plus élevés que ceux auxquels on pourrait s'attendre dans le barrage.

Selon la méthode proposée par CEB/FIP (Comité euro-international du béton / Fédération internationale de la précontrainte) dans le Model Code 1990 for Concrete Structures [5.19] [5.20] et incluse dans le ENV EC 2 (Eurocode 2 pour Concrete Structures), le retrait de séchage ε_{cs} développé dans une période de temps t-t_s peut être estimé à partir de la formule :

5.5.2. *Site measurements*

The shrinkage of concrete for dams may be directly determined in site by instruments placed in the dam. A possible way is by means of so-called "no stress" strain gauges [5.15]. These are gauges which are embedded in the concrete with a space on all sides, except one, to prevent stresses being carried through to the strain gauge. Standard designs of electric strain or acoustic strain (vibrating wire) are normally used for "no-stress" gauges. With suitable choice of dimensions for the isolated blocks of concrete, they should enable concrete shrinkage in dams to be measured with a fair degree of accuracy [5.16].

However, experience has shown that site measurements of shrinkage are often difficult to attain. In fact, it is only in the interpretation of results that the effects of shrinkage can sometimes be separated from other effects, for example temperature variations and creep. To this aim it may be necessary to take into account the differential expansion of concrete relative to the gauge due to temperature changes.

5.5.3. *Prediction models (ACI, CEB/FIP, etc.)*

Different models have been proposed and are commonly used to predict the drying shrinkage. They generally are formed from two parts: the shape of the shrinkage-time curve and the scaling terms.

The following simplified expression was suggested by ACI (American Concrete Institute) Committee 209 [5.17] [5.18] for predicting the drying shrinkage of concrete (after 7 days moist curing):

$$\varepsilon_{sh}\,(t, t_{sho}) = (\varepsilon_{sh})_u$$

where:

$\varepsilon_{sh}\,(t, t_{sho})$ is the shrinkage strain, at time t with reference to time t_{sho}

T is the time (in days)

t_{sho} is the time (in days) at start of drying

$(\varepsilon_{sh})_u$ is the ultimate shrinkage strain

This design approach refers to standard conditions and to correction factors.

The average value of the ultimate shrinkage suggested for a concrete with a specific composition, 7 days of moist curing, drying at 40% R.H., minimum thickness of member of 150 mm, volume/surface ratio of 38 mm and temperature of 23°C is $780 * 10^{-6}$. Correcting factors γ are applied to this ultimate value for different conditions and concrete compositions.

This ACI equation is simple but when selecting reasonable values for ultimate shrinkage it has to be kept in mind that laboratory results are much higher than those to be expected in the dam.

According to the method proposed by CEB/FIP (Comité Euro-International du Béton / Féderation Internationale de la Précontrainte) in the Model Code 1990 for Concrete Structures [5.19] [5.20], and included in the ENV EC 2 (Eurocode 2 for Concrete Structures), the drying shrinkage ε_{cs} developed in a period of time $t\text{-}t_s$ can be estimated from the formula:

$$\varepsilon_{cs}(t, t_s) = \varepsilon_{cso} * \beta_s(t-t_s)$$

où:

t est l'âge du béton (en jours) au moment considéré

t_s est l'âge du béton (en jours) au moment du séchage initial

$\varepsilon_{cso}=\varepsilon_s(f_{cm})*\beta_{RH}$ est le coefficient du retrait virtuel, selon la résistance du béton, le type de ciment et l'humidité relative

$\varepsilon_s(f_{cm})=[160+\beta_{sc}*(90- f_{cm})]*10^{-6}$

f_{cm}= résistance moyenne du béton à la compression en N/mm^2

β_{sc}= coefficient dépendant du type de ciment (4 : durcissement lent, 5 : durcissement normal ou rapide et 8 : durcissement rapide à haute résistance)

$\beta_{RH}=-1.55\,[1-(R.H./100)^3]$

R.H.= humidité relative en %

Le paramètre de résistance du béton, qui n'a en soi aucun effet sur le retrait, a été introduit dans la prédiction du retrait en tant que mesure de l'effet de la composition de béton, en particulier du rapport eau/ciment.

$\beta_s(t-t_s)$ est la courbe retrait-temps

$$\beta_s(t-t_s) = \left[\frac{t-t_S}{\beta_{SH}+t-t_S}\right]^{0.5}$$

$$\beta_{SH} = 0.035h_o^2$$

$h_o = 2*A_c/u$ est l'épaisseur théorique où A_c est la superficie de la section en béton en mm^2 et u est le paramètre en contact avec l'atmosphère en mm.

Des relations pour estimer l'effet de la température ambiante tant pour le développement que pour l'ampleur du retrait ont également été proposées par CEB/FIP pour une échelle de température de 5-80°C.

Certains autres modèles de prédiction ont été proposés par Standard Organisations, par exemple par la norme japonaise de spécification du béton [5.20], la norme australienne des structures en béton [5.21], Brooks et Neville [5.22], ou par la littérature technique récente, par exemple par Bazant [5.23], Gardner et Lockman [5.24].

Ainsi par exemple, la proposition de la norme japonaise de spécification du béton est la suivante :

$$\varepsilon'_{cs}(t, t_0) = [1-\exp\{-0.108\,(t - t_0)^{0.56}\}]*\varepsilon'_{sh}$$

où :

$\varepsilon'_{sh} = -50 + 78\,[1-\exp(RH/100)] +38\,\mathrm{loge}\,W - 5\,[\mathrm{loge}\,(V/S/10)]^2$

ε'_{sh} : valeur finale de la déformation due au retrait (x 10^{-5})

$\varepsilon'_{cs}(t, t_0)$: déformation due au retrait du béton à partir de l'âge de t_0 à t (x 10^{-5})

RH: humidité relative (%) ($45\% \leq RH \leq 80\%$)

$\varepsilon_{cs}(t, t_s) = \varepsilon_{cso} * \beta_s(t\text{-}t_s)$

where:

t is the age of concrete (in days) at the time considered

t_s is the age of concrete (in days) at the time of initial drying

$\varepsilon_{cso}=\varepsilon_s(f_{cm})*\beta_{RH}$ is the notional shrinkage coefficient, depending on concrete strength, type of cement and relative humidity

$\varepsilon_s(f_{cm})=[160+\beta_{sc}*(90\text{-} f_{cm})]*10^{-6}$

f_{cm}= mean compressive strength of concrete in N/mm^2

β_{sc}= coefficient which depends on type of cement (4 for slowly hardening, 5 for normal or rapid hardening and 8 for rapid hardening high strength cement)

$\beta_{RH}=-1.55 [1-(R.H./100)^3]$

R.H.=Relative Humidity in %

The parameter strength of concrete, which has per se no effect upon shrinkage, has been introduced in the shrinkage prediction as a measure of the effect of the composition of concrete, in particular of the water/cement ratio.

$\beta_s(t\text{-}t_s)$ is the shrinkage-time curve

$$\beta_s(t\text{-}t_s) = \left[\frac{t-t_S}{\beta_{SH}+t-t_S}\right]^{0.5}$$

$$\beta_{SH} = 0.035h_o^2$$

$h_o = 2*A_c/u$ is the theoretical thickness where A_c is the area of concrete section in mm^2 and u is the perimeter in contact with the atmosphere in mm.

Relations to estimate the effect of ambient temperature both for the development and magnitude of shrinkage have been also proposed by CEB/FIP for a temperature range of 5-80°C.

Some other prediction models have been proposed by Standard Organisations, for example by the Japan Concrete Standard Specification [5.20], by Australian Standard for Concrete Structures [5.21], by Brooks and Neville [5.22], or in the recent technical literature, for example by Bazant [5.23], Gardner and Lockman [5.24].

For Example, the proposal of the Japan Concrete Standard Specification is as follows:

$\varepsilon'_{cs}(t, t_0) = [1\text{-}\exp\{-0.108 (t - t_0)^{0.56}\}]* \varepsilon'_{sh}$

where:

$\varepsilon'_{sh} = -50 + 78 [1\text{-}\exp (RH/100)] +38 \log_e W - 5 [\log_e (V/S/10)]^2$

ε'_{sh} : final value of shrinkage strain (x 10^{-5})

$\varepsilon'_{cs}(t, t_0)$: shrinkage strain of concrete from age of t_0 to t (x 10^{-5})

RH: relative humidity (%) ($45\% \leq RH \leq 80\%$)

W: teneur unitaire en eau (kg/m^3) (130 kg/m^3 $\leq$ W $\leq$ 230 kg/m^3)

V: volume (mm^3)

S: surface en contact avec l'air extérieur (mm^2)

V/S: rapport volume-surface (mm) (100 mm $\leq$ V/S $\leq$ 300 mm)

t_0 and t : âge (en jours) ajusté à la température du béton au début du séchage et pendant le séchage, les valeurs corrigées par l'équation suivante doivent être utilisées.

$$t_0 \text{ et } t = \Sigma_{i=1}^{n} \Delta t_i \exp\left[13.65 - \frac{4000}{273 + T(\Delta t_i)/T_0}\right]$$

Δt_i: nombre de jours avec une température T (°C); T_0 = 1 °C

La norme ACI 209-1992 et le CEB/FIP 1990 model Code utilisent le concept d'un retrait ultime hypothétique et une équation de type Ross pour représenter l'effet du temps. Brooks et Neville n'utilisent pas le concept d'une valeur ultime, mais une expression logarithmique du temps pour estimer le retrait à long terme.

Selon le modèle Bazant B3 [5.23] la prédiction du retrait est fonction du temps S(t) comme :

$$S(t) = tahn\sqrt{\frac{t - t_0}{\tau_{sh}}}$$

t est l'âge du béton (en jours) au moment considéré

t_o est l'âge au début du séchage (en jours)

τ_{sh} est le retrait à mi-temps

et avec une base de données informatisée comprenant les données pertinentes des essais obtenues dans divers laboratoires. Selon ces résultats, le coefficient de variation des déviations du modèle à partir des données est nettement plus petit que celui du Modèle CEB (1990) et bien plus petit que ceux du modèle précédent de la norme ACI 209. Les détails du modèle figurent en référence [5.23].

Selon Gardner et Lockman [5.24], les données relatives au retrait peuvent être mieux représentées par un terme de type Ross de la manière suivante :

$$\varepsilon_{sh} = \varepsilon_{shu} * \beta(h) * \beta(t)$$

où :

ε_{sh} est la déformation due au retrait

ε_{shu} est une valeur constante dépendant du type de ciment et de la résistance moyenne du béton à la compression

$\beta(h) = (1\text{-}1.18h^4)$ terme de correction pour l'effet de l'humidité ; pour h<0,99 où h est l'humidité exprimée en décimale

$\beta(t)$ terme de correction pour l'effet du temps ; la courbe retrait-temps suivante est proposée:

$$\beta(t) = \left[\frac{t - t_c}{t - t_c + 97 * (V/S)^{1/2}}\right] * 10^{-6}$$

t est l'âge du béton (en jours) au moment considéré

t_c est l'âge depuis le début du séchage (en jours)

V/S est le rapport volume / surface, mm

W: unit water content (kg/m³) (130 kg/m³ $\leq$ W $\leq$ 230 kg/m³)

V: volume (mm³)

S: surface area in contact with outside air (mm²)

V/S: volume-surface ratio (mm) (100 mm $\leq$ V/S $\leq$ 300 mm)

t_0 and t : temperature adjusted age (days) of concrete at the beginning of drying and during drying, values corrected by the following equation should use.

$$t_0 \text{ and } t = \Sigma_{i=1}^{n} \Delta t_i \exp\left[13.65 - \frac{4000}{273 + T(\Delta t_i)/T_0}\right]$$

Δt_i: number of days when the temperature is T (°C); T_0 = 1 °C

The ACI 209-1992 and CEB/FIP 1990 model Code use the concept of a hypothetical ultimate shrinkage and a Ross-type equation to represent the effect of time. Brooks and Neville do not use the concept of an ultimate value and use a logarithmic expression of time to estimate the long-term shrinkage.

According to Bazant B3 model [5.23] the shrinkage prediction is based on a time function S(t) like

$$S(t) = tahn\sqrt{\frac{t - t_0}{\tau_{sh}}}$$

t is the age of concrete (in days) at the time considered

t_o is the age of drying started (in days)

τ_{sh} is the half time shrinkage

and is calibrated by a computerized data bank comprising the relevant test data obtained in various laboratories. According to his results, the coefficient of variation of the deviations of the model from the data are distinctly smaller than those from the CEB Model (1990) and much smaller than those for the previous model in ACI 209. Details of the model are in reference [5.23].

According to Gardner and Lockman [5.24] the shrinkage data can be better represented by a Ross type term in the following way:

$$\varepsilon_{sh} = \varepsilon_{shu} * \beta(h) * \beta(t)$$

where:

ε_{sh} is the shrinkage strain

ε_{shu} is a constant value depending on type of cement and concrete mean compressive strength

$\beta(h) = (1-1.18h^4)$ correction term for the effect of humidity; for h<0.99 where h is the humidity expressed as a decimal

$\beta(t)$ correction term for the effect of time; the following shrinkage-time curve is proposed:

$$\beta(t) = \left[\frac{t - t_c}{t - t_c + 97 * (V/S)^{1/2}}\right] * 10^{-6}$$

t is the age of concrete (in days) at the time considered

t_c is the age of drying started (in days)

V/S is the volume / surface ratio, mm

On pourrait s'attendre à ce que plus le modèle de prédiction du retrait serait complexe, plus sa précision serait grande. Il a été toutefois démontré que cela n'est pas forcément le cas [5.25]. Par exemple, l'implication de facteurs comme les proportions du mélange ne conduisent pas nécessairement à une augmentation de la précision car il y a beaucoup d'autres effets qui ne sont pas encore pris en compte.

Si ces modèles donnent des résultats raisonnables dans les conditions de laboratoire, il ne faudrait pas s'attendre à une corrélation étroite entre les déformations prédites et les mesures de terrain. Le degré de corrélation peut être amélioré si la prédiction de la réaction du matériau repose sur les données des essais des matériaux réels utilisés, dans des conditions environnementales similaires à celles du terrain.

5.6. EFFET DU RETRAIT SUR LA FISSURATION

Si le retrait pouvait se produire sans aucune traction, le béton ne serait pas endommagé. Toutefois, dans une structure, le béton est toujours soumis à un certain niveau de contraintes internes ou externes. Par conséquent, la conjugaison du retrait et des contraintes provoque des résistances à la traction pouvant conduire à la fissuration [5.26]. Comme le mécanisme est similaire à la fissuration thermique et que la configuration des fissures est également ressemblante, la fissuration due au retrait est souvent confondue avec la fissuration thermique, même si elle se produit à un âge plus avancé [5.27].

Lorsque la pâte de ciment se rétracte, elle place les granulats environnants sous compression et devient elle-même soumise à des résistances à la traction. En outre, certaines contraintes internes résultent aussi du retrait non uniforme ou différentiel en raison des gradients d'humidité entre la surface et l'intérieur du béton. C'est le cas typique du béton de masse où l'ampleur de la migration de l'humidité est considérable et le rapport volume-surface important. Le retrait différentiel provoque des contraintes de traction près de la surface et des contraintes de compression dans le noyau. En supposant un retrait de surface de 300* 10-6, un module d'élasticité de 25 GPa et dans l'hypothèse de déformations complètement exclues au cœur du béton, le retrait différentiel pourrait induire une contrainte de traction de surface de l'ordre de 7 MPa. Comme la contrainte survient progressivement, elle est allégée par le fluage mais quoi qu'il en soit, cela peut donner lieu à des fissures de surface. Normalement, ces fissures sont petites, s'étendent peu profondément dans le béton.Les surépaisseurs ne sont pas particulièrement efficaces pour modifier leur taille ou leur espacement. La durabilité du béton pourrait cependant être compromise.

Les fondations ou d'autres parties de la structure représentent des contraintes extérieures. Si les contraintes internes peuvent rarement être évitées, les contraintes externes peuvent par contre être réduites par des mesures structurelles minutieuses comme par exemple les joints de retrait adéquats ou un béton de parement. Habituellement, lors de la prise en considération d'une fissuration due à des contraintes extérieures, le changement de volume causé par le retrait de séchage est pris en compte en termes de changement équivalent de la température du béton. En fait, la variation de volume pour le retrait de séchage est similaire à la variation de volume due aux différences de température, sauf que la perte d'humidité du béton durci est très lente, par rapport à la perte de chaleur. Le Comité ACI 207R [5.28] a proposé une expression pour évaluer le changement équivalent de la température du béton TDS dans la conception de renforts secondaires, lorsque l'ampleur de la migration de l'humidité ou le rapport volume-surface est faible, comme par exemple dans les dalles de béton.

L'ampleur de la fissuration provoquée par le retrait dépendra non seulement de l'ampleur du retrait, mais aussi du rythme relatif de développement de la résistance à la traction, du module d'élasticité, du retrait lui-même et du rôle du fluage dans la réduction des contraintes de traction [5.29] (voir aussi la Fig. 2.14 dans la Section 2). Dans le béton de masse, les contraintes de compression se développent tout au début, lorsque les températures augmentent, alors que les contraintes de traction n'apparaissent que plus tard. Toutefois, en raison de la faible résistance du béton à un âge précoce, la majeure partie du fluage a lieu pendant la première semaine et le béton perd par conséquent la plus grande partie de sa capacité de relâchement des contraintes, avant que cela ne soit nécessaire pour prévenir la fissuration induite par le retrait. En outre, le dessèchement rapide ne permet pas un relâchement des contraintes par fluage et peut conduire à une fissuration plus prononcée.

It could be expected that more complex the prediction model for shrinkage, the great would be it accuracy. However, it has been shown that this is not necessarily the case [5.25]. For example, the involvement of such factors as mix proportions does not necessarily lead to increase the accuracy as there are many other effects not yet accounted.

While these models yield reasonable results for laboratories conditions, a close correlation between the predicted deformations and the measurements from the field should not be expected. The degree of correlation can be improved if the prediction of the material response is based on test data from the actual materials used, under environmental conditions similar to those in the field.

5.6. EFFECT OF SHRINKAGE ON CRACKING

If shrinkage could take place without any restraint, there would be no damage to the concrete. However, the concrete in a structure is always subject to some degree of restraints, internal or external. Therefore, the combination of shrinkage and restraints causes tensile stresses that can ultimately lead to cracking [5.26]. As the mechanism is similar to thermal cracking and the crack pattern look also similar, shrinkage cracking is often mistaken by thermal cracking, even if it occurs at a later age [5.27].

When the cement paste shrinks, it places the surrounding aggregate under compression and itself become subjected to tensile stresses. In addition, some internal restraints arise also from non-uniform or differential shrinkage due to moisture gradients between the surface and the inside of concrete. This is the typical case of massive concrete where the length of moisture migration is considerable and the volume to surface ratio is large. The differential shrinkage causes tensile stresses near the surface and compressive stresses in the core. Assuming a surface shrinkage of $300 * 10^{-6}$, a modulus of elasticity of 25 GPa and with the hypothesis of strains completely precluded by the concrete core, the differential shrinkage would induce a surface tensile stress of about 7 MPa. Since the stress arises gradually, it is relieved by creep but even so an extensive pattern of surface cracks may result. Normally they are small, extend only a short distance into the concrete and reinforcements are not particularly effective in altering the size or spacing of these cracks. The concrete durability could however be compromised.

Foundations or other parts of the structure represent the external restraints. While the internal restraints can rarely be avoided, the external ones can instead be reduced by careful design measures such as, for example, adequate contraction joints or facing concrete. Usually, for cracking considerations due to exterior restraints, the volume change caused by drying shrinkage is considered in terms of equivalent change in concrete temperature. In fact, the volume change for drying shrinkage is similar to volume change from temperature differences, except that the loss of moisture from hardened concrete is extremely slow, compared to the loss of heat. ACI Committee 207R [5.28] proposed an expression to evaluate the equivalent change in concrete temperature T_{DS} in the design of secondary reinforcements, when the length of moisture migration or volume to surface ratio is small, like for example in concrete slabs.

The amount of cracking caused by shrinkage will depend not only on the amount of shrinkage but also on the relative rates of development of tensile strength, modulus of elasticity and shrinkage itself and on the effect of the creep in reducing the tensile stresses [5.29] (see also Fig. 2.14 in Section 2). In mass concrete compressive stresses are developed during the very early period, when temperatures are rising, while tensile stresses appear only afterwards. However, due to the low strength of concrete at early ages, most of the creep takes place during the first week and therefore concrete loses most of the stress relieving capacity before this is needed for preventing cracking induced by shrinkage. Furthermore, rapid drying out does not allow a relief of stress by creep and may lead to more pronounced cracking.

5.7. EFFET DU RETRAIT SUR LES BARRAGES EN BETON

Comme déjà mentionné, les variations de volume dans les barrages en béton dues à un retrait doivent être considérées comme relevant du comportement physiologique du béton et non comme des signes pathologiques, comme par exemple le gonflement dû à la réaction alcali-granulat ou la dégradation due à l'action d'eaux agressives.

Le retrait peut avoir lieu pendant une très longue période (des décennies) en raison de l'assèchement lent et de l'épaisseur du béton des barrages. Toutefois, dans plusieurs cas, il n'y a pas de recette facile pour faire la distinction entre le retrait et le fluage qui s'influencent mutuellement.

Les effets du retrait sont généralement moins importants pour les barrages poids que pour les barrages voûtes, les barrages à voûtes multiples et les barrages à contreforts [5.30]. En fait les problèmes de retrait sont surtout signalés dans le cas de ces derniers.

Pour les barrages voûtes dans de larges vallées, la contraction due au retrait peut provoquer un basculement (inclinaison) vers l'aval, ce qui réduit davantage les faibles contraintes de compression au niveau du talon du barrage en amont, favorisant la tendance à la fissuration dans cette zone, augmentant ainsi l'introduction de sous- pressions et induisant une modification progressive du rideau de drainage [5.31].

L'expérience a montré que cela peut être très souvent toléré en ne prenant que de petites précautions, mais il convient de prêter toujours attention à l'état des fondations sous le pied en aval où la répartition et l'ampleur des contraintes et les gradients hydrauliques peuvent être gravement perturbés [5.32]. Les déformations de retrait observées dans un barrage voûte sur une période de 16 ans étaient d'environ 40 * 10(30 * 10^{-6} au cours des 8 premières années et 10 * 10^{-6} pour les 8 années restantes) équivalant à une chute uniforme de température de 4°C. Il a été estimé à 80% de la valeur du retrait probable ultime [5.33]. Cette contraction de retrait tend à ouvrir le contact entre le talon du barrage et les fondations, permettant au soulèvement de se développer. Des valeurs de retrait similaires sont signalées dans [5.34].

Dans de nombreux barrages voûtes, en raison de leur surface réduite au niveau des fondations, la tendance de basculement est beaucoup moins importante mais une certaine fissuration des voûtes en béton près des fondations pourrait avoir lieu, selon les conditions géométriques locales.

Dans les barrages à contreforts, le retrait dû au séchage du béton provoque des fissures inévitables de surface, du moins près des fondations. Des fissures quasi verticales, parfois avec des divisions horizontales, peuvent apparaître dans les contreforts peu de temps après que le barrage a été construit, mais la dissipation de la chaleur d'hydratation accroît le risque de fissuration et l'intensité de la fissuration elle- même [5.35]. En fait les deux phénomènes produisent des contraintes de traction, en particulier à proximité des fondations (à l'origine de fissures). Les cycles saisonniers de température sont responsables de l'évolution des fissures. Une recherche approfondie a été réalisée avec la méthode des éléments finis sur un cas spécifique de barrage poids à contreforts en Italie pour comprendre les fissures observées sur le site. Les analyses ont été effectuées en tenant compte, en plus des autres conditions de charge, de l'effet conjugué du retrait du béton et du refroidissement à 30 ans à partir de la date de construction, considéré comme équivalant à une chute de température de 50°C [5.36]. Les résultats ont montré que le retrait et le refroidissement étaient de nature à justifier l'apparition de fissures déjà au cours de la construction.

Dans tous les types de barrages, les fissures dues au retrait différentiel, même si elles ne pénètrent pas nécessairement à l'intérieur de la masse du béton, pourraient être préjudiciables parce qu'elles pourraient favoriser l'accès d'agents agressifs, puis compromettre la durabilité du béton.

En général, les effets du retrait dans les barrages n'ont pas d'incidence sur la stabilité pour un certain nombre de raisons :

- Le retrait est un phénomène de surface et ses effets se réduisent rapidement avec l'épaisseur du béton ;

5.7. EFFECT OF SHRINKAGE ON CONCRETE DAMS

As already mentioned, the volume changes in concrete dams due to shrinkage are to be considered as belonging to the physiological behaviour of concrete and are not pathologic signs like, for instance, the swelling due to the alkali-aggregate reaction or the degradation due to the action of aggressive waters.

Shrinkage may proceed during a very long time (decades) because of the slow drying and the thickness of concrete in dams. In several cases, however, there is no easy way of distinguishing between shrinkage and creep that influence each other.

The shrinkage effects are usually less important for gravity dams than for arch, multiple arch and buttress dams [5.30] and in fact shrinkage problems are reported chiefly in connection with these last dams.

For arch dams in wide valleys contraction due to shrinkage may cause downstream tilting, which further reduces the low compressive stresses at the upstream dam heel, favoring the tendency of cracking in this zone, increasing the ingress of uplift pressures and inducing a progressive modification of the drainage curtain [5.31].

Experience has shown that this can be very often tolerated with only minor precautions, but attention must always be given to the foundation conditions at the downstream toe where stress patterns and magnitudes and the hydraulic gradients may be seriously disturbed [5.32]. The shrinkage strains observed in an arch dam over a period of 16 years was of about $40 * 10^{-6}$ ($30 * 10^{-6}$ in the first 8 years and $10 * 10^{-6}$ in the remaining 8 years) equivalent to a uniform temperature drop of 4 °C. It was considered as 80% of the ultimate probable shrinkage value [5.33]. This shrinkage contraction tends to open the contact between dam heel and foundation, allowing uplift to develop. Similar shrinkage values are reported in [5.34].

In multiple arch dams, due to the reduced arch effect at the foundation level, the tilting tendency is much less important but some cracking in the concrete arches near the foundation could take place, depending on local geometric conditions.

In buttress dams the drying shrinkage of concrete makes surface cracks inevitable, at least near the foundation. Near-vertical cracks, sometimes with horizontal branches, can appear in the buttresses soon after the dam has been built but the dissipation of hydration heat increase the risk of cracking and the intensity of the cracking itself [5.35]. In fact, both phenomena produce tensile stresses, particularly near the foundation restraints (where the cracks originate). Seasonal temperature cycles are responsible for cracks evolution. An extensive investigation was carried out with the Finite Element Method on a specific case of hollow gravity buttress dam in Italy to understand the cracks observed in site. The analyses were performed considering, in addition to the other load conditions, the combined effect of concrete shrinkage and cooling at 30 years from the date of construction, altogether assumed equivalent to a 50 °C temperature drop [5.36]. The results showed that the shrinkage and cooling were such as to justify the occurrence of cracks already during construction.

In all types of dams, the cracks due to differential shrinkage, even if they do not necessarily penetrate deep into the mass concrete, could be detrimental because they may favor the access of aggressive agents and then compromise the concrete durability.

In general, shrinkage effects in dams are not impairing stability due to a number of reasons:

- shrinkage is a surface phenomenon, and its effects reduce rapidly with concrete thickness,

- le retrait est un phénomène qui se produit à l'âge précoce. Il diminue avec le rythme du séchage et disparaît lors de la première mise en eau pour les barrages courants ;

- les valeurs du retrait dans les essais de laboratoire sont bien plus élevées que celles auxquelles il faut s'attendre dans le barrage. Ces dernières ne représentent qu'une fraction de celles dont il est fait état dans la littérature à propos des ouvrages courants de génie civil ;

- dans les barrages, le béton est moins exposé à l'air (par rapport aux ouvrages communs de génie civil), ce qui entraîne moins de retrait de séchage ;

- le retrait sera réduit du fait du fluage.

5.8. RÉFÉRENCES

[5.1] Kovler K., "Interdependence of creep and shrinkage for concrete under tension", Journal of Materials in Civil Engineering, May 1995.

[5.2] Neville, A.M. "Properties of Concrete", Sir Isaac Pitman & Sons Ltd, London, 1965.

[5.3] Metha, P.K., "Concrete structure, properties, and materials", Prentice-Hall, 1986.

[5.4] ACI,"Report on Factors Affecting Shrinkage and Creep of Hardened Concrete", ACI 209.1R-05, 2005, p.12.

[5.5] Neville, A.M., Broooks, J.J., "Concrete technology", Longman Scientific Technical, 1987.

[5.6] Raphael J.M., "Drying shrinkage of mass concrete with particular reference to Guri Dam & Powerplant", Report to Harza Eng. Co., Chicago, Ill., June 1981, (unpublished).

[5.7] ACI, "Mass concrete", ACI 207.1R-90, ACI Manual of concrete practice - Part 3, 1993.

[5.8] Pike, D.C., "Standard for aggregates", Ellis Horwood, 1990.

[5.9] CEB, "Evaluation of the time dependent behaviour of concrete", Bulletin d'information n°199, 1990.

[5.10] Turriziani, R., "I leganti e il calcestruzzo", Edizioni Sistema, 1972 (in Italian).

[5.11] ASTM C157-89, "Standard test method for length change of hardened hydraulic-cement mortar and concrete", ASTM annual book of Standards, Section 4, 1990.

[5.12] ASTM C341-89, "Standard test method for length change of drilled or sawed specimens of hydraulic-cement mortar and concrete", ASTM annual book of Standards, Section 4, 1990.

[5.13] Bureau of Reclamation, "Properties of mass concrete in Bureau of Reclamation dams", Concrete Laboratory report n° C-1009, Denver, Colorado (USA), 1961.

[5.14] ACI, "Control of cracking in concrete structures", ACI 224R-90, ACI Manual of concrete practice - Part 3, 1993.

[5.15] Serafim, J. L., "New developments in the construction of concrete dams", 16th ICOLD Congress on Large Dams, GR. Q.62, San Francisco, USA, 1988.

[5.16] ICOLD, "Methods of determining effects of shrinkage, creep and temperature on concrete for large dams", ICOLD Bulletin n° 26, 1976.

[5.17] ACI, "Prediction of Creep, Shrinkage, and temperature effects in concrete structures", ACI 209R-92, ACI Manual of concrete practice - Part 3, 1993.

[5.18] Bhal, N.s., Mital, M.K. "Effect of relative humidity on creep and shrinkage of concrete, The Indian Journal, January 1996.

[5.19] CEB, "Evaluation of the time dependent behaviour of concrete", Bulletin d'information n°199, 1990.

[5.20] Japan Concrete Standard Specifications, "Enacted 2002, Concrete Standard Specifications. Structure Performance Verification 3.2.8 Contraction".

- shrinkage is a early age phenomenon. It reduces with the rate of drying and it fades out during first impounding for common dams,
- shrinkage values from laboratory testing are much higher than those to be expected in the dam. The latter are only a fraction of those reported in the literature from common civil structures,
- in dams, concrete is less exposed to air (as compared to common civil structures), which leads to less drying shrinkage, and
- shrinkage will be reduced by creep recovery.

5.8. REFERENCES

[5.1] Kovler K., "Interdependence of creep and shrinkage for concrete under tension", Journal of Materials in Civil Engineering, May 1995.

[5.2] Neville, A.M. "Properties of Concrete", Sir Isaac Pitman & Sons Ltd, London, 1965.

[5.3] Metha, P.K., "Concrete structure, properties, and materials", Prentice-Hall, 1986.

[5.4] ACI,"Report on Factors Affecting Shrinkage and Creep of Hardened Concrete", ACI 209.1R-05, 2005, p.12.

[5.5] Neville, A.M., Broooks, J.J., "Concrete technology", Longman Scientific Technical, 1987.

[5.6] Raphael J.M., "Drying shrinkage of mass concrete with particular reference to Guri Dam & Powerplant", Report to Harza Eng. Co., Chicago, Ill., June 1981, (unpublished).

[5.7] ACI, "Mass concrete", ACI 207.1R-90, ACI Manual of concrete practice - Part 3, 1993.

[5.8] Pike, D.C., "Standard for aggregates", Ellis Horwood, 1990.

[5.9] CEB, "Evaluation of the time dependent behaviour of concrete", Bulletin d'information n°199, 1990.

[5.10] Turriziani, R., "I leganti e il calcestruzzo", Edizioni Sistema, 1972 (in Italian).

[5.11] ASTM C157-89, "Standard test method for length change of hardened hydraulic-cement mortar and concrete", ASTM annual book of Standards, Section 4, 1990.

[5.12] ASTM C341-89, "Standard test method for length change of drilled or sawed specimens of hydraulic-cement mortar and concrete", ASTM annual book of Standards, Section 4, 1990.

[5.13] Bureau of Reclamation, "Properties of mass concrete in Bureau of Reclamation dams", Concrete Laboratory report n° C-1009, Denver, Colorado (USA), 1961.

[5.14] ACI, "Control of cracking in concrete structures", ACI 224R-90, ACI Manual of concrete practice - Part 3, 1993.

[5.15] Serafim, J. L., "New developments in the construction of concrete dams", 16th ICOLD Congress on Large Dams, GR. Q.62, San Francisco, USA, 1988.

[5.16] ICOLD, "Methods of determining effects of shrinkage, creep and temperature on concrete for large dams", ICOLD Bulletin n° 26, 1976.

[5.17] ACI, "Prediction of Creep, Shrinkage, and temperature effects in concrete structures", ACI 209R-92, ACI Manual of concrete practice - Part 3, 1993.

[5.18] Bhal, N.s., Mital, M.K. "Effect of relative humidity on creep and shrinkage of concrete, The Indian Journal, January 1996.

[5.19] CEB, "Evaluation of the time dependent behaviour of concrete", Bulletin d'information n°199, 1990.

[5.20] Japan Concrete Standard Specifications, "Enacted 2002, Concrete Standard Specifications. Structure Performance Verification 3.2.8 Contraction".

[5.21] SAA (Standard Association of Australia), "Australian Standard for concrete structures, AS3600", 1988.

[5.22] Brooks, J.J., Neville, A.M., "Predicting long-term creep and shrinkage from short-term tests", Magazine of Concrete Research, V. 30, n° 103, June 1978.

[5.23] Bazant, Z.P. "Creep and shrinkage prediction model for analyses and desgin of concrete structures – Model B3", Materials and Structrures, vol. 28, 1995.

[5.24] Gardner, N.J., Lockman, M.,J. "Design provisions for drying shrinkage and creep of normal-strength concrete", ACI Materials Journal, V.98, March-April 2001, pp159-167.

[5.25] McDonald, D.B., Roper, H., "Accuracy of prediction models for shrinkage of concrete", ACI Materials Journal, V.90, n°3, May-June 1993.

[5.26] ICOLD, "Concrete dams - Control and treatment of cracks", ICOLD Bulletin n° 107, 1997.

[6.27] Concrete Society, "Non-structural cracks in concrete", Technical Report n°22, Third edition, 1992.

[5.28] ACI, "Effect of restraint, volume change, and reinforcement on cracking of mass concrete", ACI 207.2R-90, ACI Manual of concrete practice - Part 3, 1993.

[5.29] Orchad, D.F., "Concrete technology - Properties of materials", Vol. 1, 4th edition, Applied Science, 1979.

[5.30] ITCOLD, "Processi di sviluppo dell'invecchiamento di dighe e loro fondazioni", Italian working group on dam ageing, 1994.

[5.31] Monfort, L. et alii, "Elèments de mètodologie pour la détection et l'analyse du vieillissement illustrés par des exemples", 17th ICOLD. Congress on Large Dams, Q.65 - R.23, Vienna, Austria, 1991.

[5.32] Combelles, J., "Ageing of dams and remedial measures", 17th ICOLD. Congress on Large Dams, GR. Q.65, Vienna, Austria, 1991.

[5.33] Bister, D. et alii, "Contribution au suivi des barrages en béton français sujets a gonflement ou retrait. Application a des ouvrages adultes (Chambon, Vouglans) at au béton jeune (cas du BCR)", 17th Int. ICOLD Congress on Large Dams, Q.65 - R.7, Vienna, Austria, 1991.

[5.34] ICOLD Bulletin N°. 26: "Methods of Determining Effects of Shrinkage, Creep and Temperature on Concrete for Large Dams", 1976.

[5.35] Paolina, R. et alii, "Deterioration problems for concrete and masonry dams in Italy", Proceedings 17th Int. Congress on Large Dams, Q.65 - R.43, Vienna, Austria, 1991.

[5.36] Appendino, M. et alii, "Specific and general trends of the ageing of buttress dams as revealed by investigations carried out on Ancipa dam", Proceedings 17th Int. Congress on Large Dams, Q.65 - R.22, Vienna, Austria, 1991.

[5.21] SAA (Standard Association of Australia), "Australian Standard for concrete structures, AS3600", 1988.

[5.22] Brooks, J.J., Neville, A.M., "Predicting long-term creep and shrinkage from short-term tests", Magazine of Concrete Research, V. 30, n° 103, June 1978.

[5.23] Bazant, Z.P. "Creep and shrinkage prediction model for analyses and desgin of concrete structures – Model B3", Materials and Structrures, vol. 28, 1995.

[5.24] Gardner, N.J., Lockman, M.,J. "Design provisions for drying shrinkage and creep of normal-strength concrete", ACI Materials Journal, V.98, March-April 2001, pp159-167.

[5.25] McDonald, D.B., Roper, H., "Accuracy of prediction models for shrinkage of concrete", ACI Materials Journal, V.90, n°3, May-June 1993.

[5.26] ICOLD, "Concrete dams - Control and treatment of cracks", ICOLD Bulletin n° 107, 1997.

[6.27] Concrete Society, "Non-structural cracks in concrete", Technical Report n°22, Third edition, 1992.

[5.28] ACI, "Effect of restraint, volume change, and reinforcement on cracking of mass concrete", ACI 207.2R-90, ACI Manual of concrete practice - Part 3, 1993.

[5.29] Orchad, D.F., "Concrete technology - Properties of materials", Vol. 1, 4th edition, Applied Science, 1979.

[5.30] ITCOLD, "Processi di sviluppo dell'invecchiamento di dighe e loro fondazioni", Italian working group on dam ageing, 1994.

[5.31] Monfort, L. et alii, "Elèments de mètodologie pour la détection et l'analyse du vieillissement illustrés par des exemples", 17th ICOLD. Congress on Large Dams, Q.65 - R.23, Vienna, Austria, 1991.

[5.32] Combelles, J., "Ageing of dams and remedial measures", 17th ICOLD. Congress on Large Dams, GR. Q.65, Vienna, Austria, 1991.

[5.33] Bister, D. et alii, "Contribution au suivi des barrages en béton français sujets a gonflement ou retrait. Application a des ouvrages adultes (Chambon, Vouglans) at au béton jeune (cas du BCR)", 17th Int. ICOLD Congress on Large Dams, Q.65 - R.7, Vienna, Austria, 1991.

[5.34] ICOLD Bulletin N°. 26: "Methods of Determining Effects of Shrinkage, Creep and Temperature on Concrete for Large Dams", 1976.

[5.35] Paolina, R. et alii, "Deterioration problems for concrete and masonry dams in Italy", Proceedings 17th Int. Congress on Large Dams, Q.65 - R.43, Vienna, Austria, 1991.

[5.36] Appendino, M. et alii, "Specific and general trends of the ageing of buttress dams as revealed by investigations carried out on Ancipa dam", Proceedings 17th Int. Congress on Large Dams, Q.65 - R.22, Vienna, Austria, 1991.

6. LES PROPRIÉTÉS THERMIQUES

6.1. GÉNÉRAL

La température a un effet important sur le comportement des barrages en béton. Elle donne en effet lieu à des contraintes thermiques qui peuvent être, comme dans le cas des barrages minces, comparables au développement de contraintes dues à d'autres charges extérieures. L'évaluation de ces types de contraintes nécessite une analyse de deux phénomènes distincts :

- l'hydratation du ciment qui entraîne une élévation de la température pendant la phase de durcissement du béton.
- les variations de la température ambiante dans un état normal d'exploitation.

Les réactions de l'hydratation du ciment se développent et prennent fin au cours des premières années tandis que les variations de la température ambiante continuent à affecter l'ouvrage tout au long de son cycle de vie.

Dans les deux cas, une analyse minutieuse de la répartition de la température du barrage doit prendre en compte la chaleur effective de l'hydratation développée pendant la phase de durcissement du béton, la conductivité et la diffusivité thermiques, la chaleur spécifique et le coefficient de la dilatation thermique du béton. Tous ces paramètres évoluent durant le temps de prise et dépendent de la température et de la teneur en humidité du béton.

Certaines données sur les propriétés thermiques des barrages en béton figurent en référence [6.1].

6.2. HAUSSE DE LA TEMPERATURE DU JEUNE BETON PENDANT L'HYDRATATION DES MATERIAUX A BASE DE CIMENT

L'un des facteurs les plus importants liés à la fissuration thermique des barrages en béton est l'évolution et la répartition de la montée de température à tout moment après la mise en place du béton. La hausse de la température est une conséquence directe de la chaleur dégagée par l'hydratation du ciment.

Afin de minimiser le risque de fissuration thermique des barrages en béton, une connaissance de la montée de la température attendue lors de l'hydratation du ciment est souhaitable. La répartition de la température lors du durcissement du béton dépend de manière complexe d'un grand nombre de paramètres qui sont schématiquement résumés dans la Fig. 6.1. Ils peuvent être divisés en facteurs liés au dosage du mélange (type et teneur en ciment et des granulats, teneur en eau, adjuvants, etc.), en facteurs liés aux techniques de construction (formes et tailles des plots, conditions de contrainte, vitesse de mise en place, systèmes de refroidissement artificiel, procédures de cure, perte de chaleur à travers les galeries et les puits, fluage, etc.), en facteurs liés aux conditions d'environnement (variations quotidiennes de température, augmentation de chaleur par rayonnement solaire, effets du vent, etc.). De plus, les propriétés thermiques du béton (conductivité, diffusivité et chaleur spécifique) jouent un rôle important : ils dépendent à leur tour principalement du type de granulats, etc.

De nombreuses techniques de laboratoire ont été développées pour mesurer l'augmentation de température du béton [6.2] [6.3]. Elles vont des calorimètres sophistiqués utilisés pour surveiller la température dans de très petits échantillons de ciment aux mesures de température au centre d'un gros bloc isolé de béton.

6. THERMAL PROPERTIES

6.1. GENERAL

Temperature has an important effect on the behavior of concrete dams. Temperature gives rise to thermal stresses which can be, like in thin dams, comparable to stress procedure by other external loads. The evaluation of such types of stresses requires an analysis of two distinct phenomena:

- the hydration of the cement which causes an increase of temperature during the hardening phase of concrete.
- the environmental variations of temperature under the normal service conditions.

The hydration reactions of the cement develop and conclude during the early years of the life while the environmental variations of temperature continue to affect the structure throughout its lifetime.

In both cases a careful analysis of the temperature distribution in the dam must take into account the effective heat of hydration developed during the hardening phase of concrete, the thermal conductivity and diffusivity, the specific heat and the coefficient of thermal expansion of the concrete. All these parameters evolve during the setting time and depend on temperature and moisture content of concrete.

Some data on thermal properties of concrete dams can be found in reference [6.1].

6.2. TEMPERATURE RISE OF YOUNG CONCRETE DURING HYDRATION OF CEMENTITIOUS MATERIALS

One of the most important factors associated with thermal cracking in concrete dams is the evolution and distribution of the rise in temperature at any time after pouring. The rise in temperature is a direct result of the heat evolved from the hydration of the cement.

In order to minimise the risk of thermal cracking in concrete dams a knowledge of the expected temperature rise during the hydration of cement is desirable. The temperature distribution in hardening concrete depends in a complex way on a large number of parameters: they are schematically summarized in Fig. 6.1. They can be divided among factors related to mix design (type and content of cementitious material and aggregates, water content, admixtures, etc.), factors related to construction techniques (block shapes and sizes, restraint conditions, speed of placement, artificial cooling systems, curing procedures, heat loss through galleries and shafts, creep, etc.) factors related to the environment conditions (temperature daily fluctuations, heat gain by solar radiation, wind effects, etc.). Also the thermal properties of concrete (conductivity, diffusivity and specific heat) play an important role: they, in turn, mainly depend on the type of aggregate.

Numerous laboratory techniques have been developed to measure the temperature rise in concrete [6.2] [6.3]. They range from sophisticated calorimeters used to monitor the temperature in very small samples of cement to temperature measurements at the center of a large, insulated block of concrete.

Les méthodes d'essai utilisées à cette fin peuvent être divisées en plusieurs catégories : technique de la chaleur de la solution, calorimétrie isotherme à conduction, calorimétrie adiabatique et semi-adiabatique. Les deux premières méthodes sont appliquées au ciment pur ou aux pâtes de ciment et permettent de mesurer la chaleur générée par les échantillons conservés à température constante. L'élévation de température du béton, dans des conditions adiabatiques, est alors calculée en fonction des résultats des essais expérimentaux. La calorimétrie adiabatique et semi- adiabatique peut alors être appliquée au béton, en mesurant directement la hausse de température.

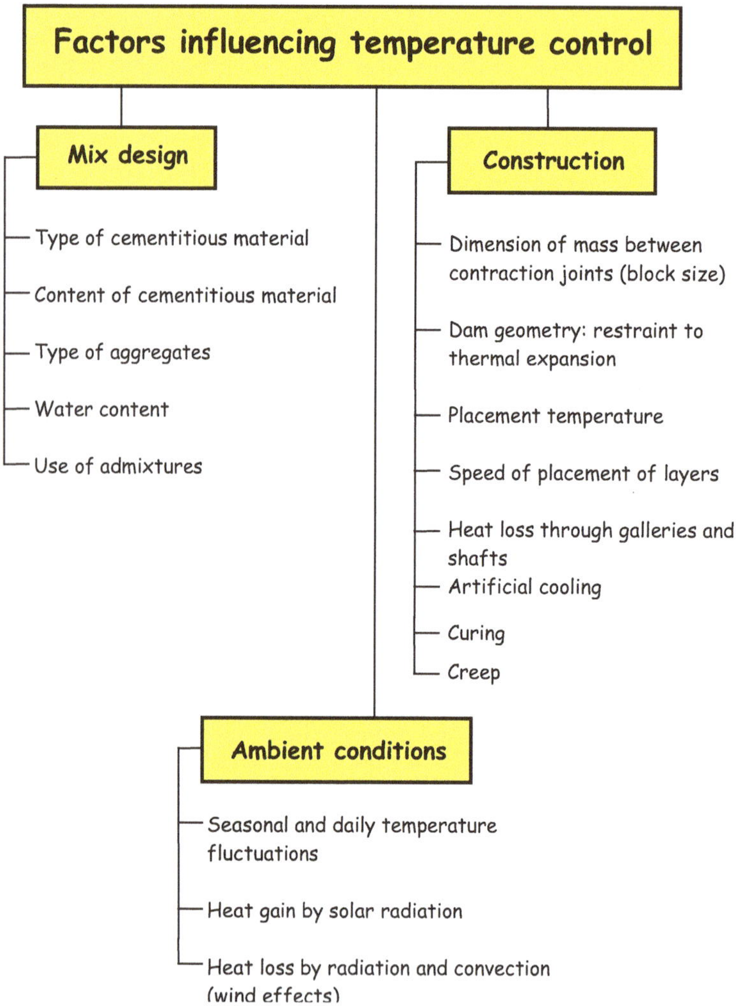

Fig. 6.1
Logigramme des facteurs influant sur le contrôle de la température du béton

The testing methods used to this aim can be divided into the following categories: heat of solution technique, isothermal conduction calorimetry, adiabatic and semi-adiabatic calorimetry. The first two method methods are applied to pure cement or cementitious pastes and make them possible to measure the heat generated by samples kept at constant temperature. Temperature rise in concrete under adiabatic conditions is then calculated, based on the experimental test results. The adiabatic and semi-adiabatic calorimetry can instead be applied to concrete, directly measuring the temperature rise.

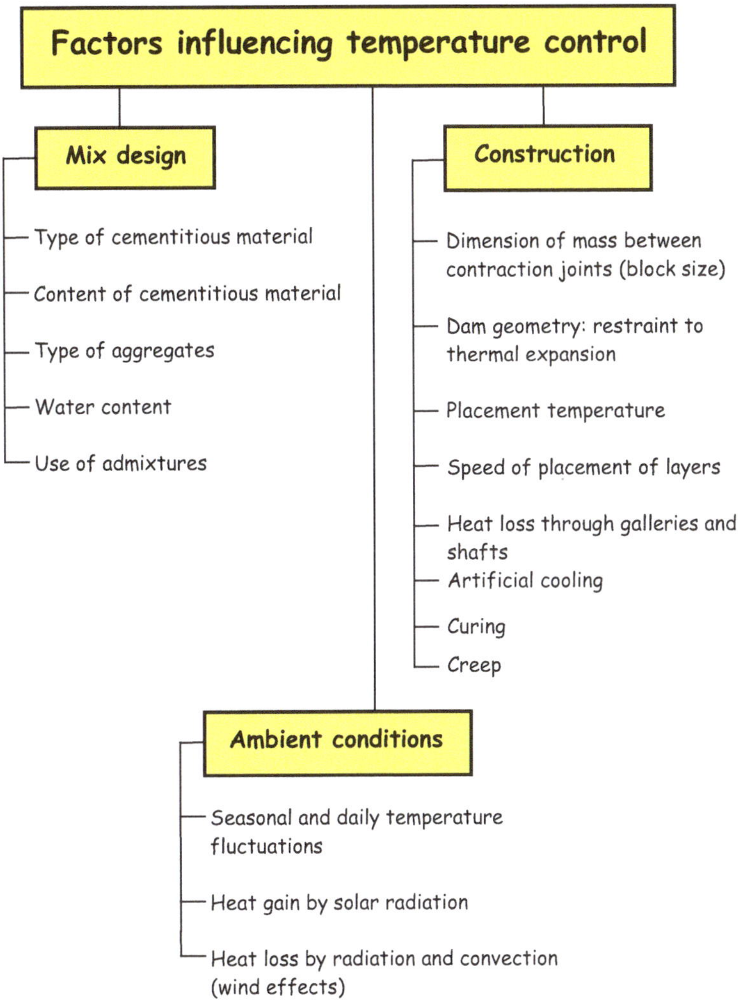

Fig. 6.1
Lay-out of factors influencing temperature control in concrete

6.2.1. *Technique de la chaleur de la solution*

Cette technique consiste à déterminer la chaleur de la solution du ciment hydraté ou des matériaux à base de ciment en dissolvant le matériau hydraté dans un mélange d'acides et en enregistrant la montée de température dans un conteneur isolé (calorimètre). La chaleur d'hydratation peut être obtenue en soustrayant la mesure équivalente de la poudre de ciment non hydratée. Les mesures sont généralement effectuées après 3, 7 et 28 jours d'hydratation. Il existe des procédures normalisées pour déterminer la chaleur d'hydratation du ciment par la méthode de la chaleur de la solution (EN 196/8 et ASTM C186). Les ciments à faible chaleur ne doivent pas dépasser une chaleur maximale de valeur d'hydratation de 270 J/g (environ 65 cal/g).

La montée de température du béton dans des conditions adiabatiques ΔT est ensuite déterminée par la relation suivante :

$$\Delta T = \frac{Q(t)}{c * \Upsilon} \qquad (6.1)$$

étant Q*(t)* étant la chaleur totale d'hydratation pour une unité de volume de béton confectionné à un moment considéré, *c* la chaleur du béton spécifique, et γ la densité du béton. Cette méthode ne prend pas en compte les paramètres qui concernent la montée de température dans une structure réelle, aussi l'équation (6.1) donne-t-elle lieu à d'importantes erreurs.

6.2.2. *Calorimétrie isotherme à conduction*

De plus en plus de travaux de laboratoire s'abstiennent de recourir à la méthode de la chaleur de la solution dans les procédures d'autocontrôle et appliquent plutôt un calorimètre isotherme à flux de chaleur.

Avec cette méthode [6.4], la chaleur d'hydratation de la pâte de ciment est directement mesurée par le suivi du flux de chaleur à partir de l'échantillon lorsque celui-ci ainsi que son environnement sont maintenus dans des conditions à peu près isothermes (calorimètre isotherme à flux de chaleur). Des thermopiles sont souvent utilisées pour convertir le flux thermique en une tension qui peut être contrôlée en permanence. Ce dispositif mesure le dégagement de chaleur “en ligne” tout au long de la période d'hydratation, ce qui permet d'illustrer les séquences de réaction des différents ciments ou des mélanges à base de ciment. L'une des difficultés réside dans la récupération de la chaleur dégagée lors du mélange initial (mouillage) du ciment et de l'eau. Des calorimètres ont été conçus avec des dispositifs de mélange interne pour tenter d'obtenir la courbe complète de la signature thermique.

Le calorimètre à flux thermique permet par ailleurs de mesurer l'incidence des adjuvants minéraux et chimiques sur l'hydratation du ciment. L'adjuvant chimique peut être soit ajouté à l'eau soit au ciment lors du mélange, ou après un certain laps de temps. Le changement dans la séquence de la chaleur d'hydratation dégagée, transmet des informations sur la structure de fonctionnement des adjuvants chimiques.

A nouveau, la hausse de la température du béton dans des conditions adiabatiques est déterminée par l'équation 6.1.

La méthode d'essai idéale doit pouvoir reproduire la courbe de la température en fonction du temps pour chaque type de béton pendant le durcissement. Etant donné que les informations obtenues par des tests d'isothermie ne reflètent pas les conditions de la structure réelle, le pronostic de l'élévation de la température du béton à partir de ces résultats peut être difficile.

6.2.1. *Heat of solution technique*

This technique consists of determining the heat of solution of hydrated cement or cementitious material by dissolving the hydrated material in a mixture of acids and recording the temperature rise in an insulated container (calorimeter). By subtracting the equivalent measure for the unhydrated cementitious powder, the heat of hydration can be obtained. Measurements are typically performed after 3, 7 and 28 days of hydration. Standard procedures for determining the heat of hydration of cement by the heat of solution method exist (EN 196/8 and ASTM C186). Low heat cements must not exceed a maximum heat of hydration value of 270 J/g (about 65 cal/g).

The concrete temperature rise under adiabatic conditions ΔT is then determined by the following relationship:

$$\Delta \mathrm{T} = \frac{Q(t)}{c * \Upsilon} \tag{6.1}$$

being Q*(t)* the total heat of hydration for unit volume of concrete developed at a considered time, *c* the concrete specific heat and γ the density of concrete. These methods do not take account of the parameters that affect the temperature rise in real structure, so Equation (6.1) gives rise to large errors.

6.2.2. *Isothermal conduction calorimetry*

More and more works laboratories refrain from performing the solution method in auto-control procedures, applying an isothermal heat flux calorimeter instead.

With this method [6.4], the heat of hydration of cement paste is directly measured by monitoring the heat flow from the specimen when both the specimen and the surrounding environment are maintained at approximately isothermal conditions (isothermal heat flux calorimeter). Thermopiles are often used to convert the thermal flux into a voltage, which can be continuously monitored. This device measures the release of heat "online" throughout the hydration period, which permits to illustrate the reaction sequences of different cements or cementitious mixes. One difficulty lies in capturing the heat released during the initial mixing (wetting) of the cement and water. Calorimeters have been designed with internal mixing units to attempt to capture the complete heat signature curve.

The heat flux calorimeter further permits to investigate the impact of mineral and chemical admixtures on cement hydration. The chemical admixture can either be input with the water or the cement during the mixing process, or after a time lag. The change in the sequence of heat of hydration release conveys information on the working mechanism of the chemical admixtures.

Again, the concrete temperature rise under adiabatic conditions is then determined by the Equation 6.1.

The ideal testing method should be able to reproduce the temperature = f(time) curve of each type of concrete during hardening. Since the information obtained though isothermal tests do not reflect the conditions in the real structure, prediction of the temperature rise of concrete from these results can be difficult.

6.2.3. Calorimétrie adiabatique ou semi-adiabatique

Les méthodes adiabatique et semi-adiabatique sont beaucoup plus fiables. Elles utilisent des calorimètres (Fig. 6.2) pour mesurer directement la hausse de température d'un échantillon de béton hydraté : la méthode adiabatique fonctionne sans échanges thermiques avec le milieu extérieur et dans la méthode semi-adiabatique, l'échange thermique avec le milieu extérieur est limité.

Comme il est impossible d'obtenir un environnement non adiabatique, le calorimètre est considéré adiabatique tant que la perte de température de l'échantillon n'est pas supérieure à 0,02°C/h. Le contrôle de la température du milieu environnant empêche la perte de chaleur. Le matériau isolant peut être de l'eau, de l'air et des conteneurs chauffés. L'isolation avec de l'eau est le moyen le plus utilisé [6.5].

Les mesures de la chaleur adiabatique sont les plus pratiques pour obtenir une chaleur continue de la courbe d'hydratation dans des conditions de cure proches de la cure du béton de masse. Les courbes d'hydratation adiabatiques sont également les points de départ les plus appropriés pour le calcul de la température des barrages en béton durci. L'un des inconvénients majeurs du calorimètre adiabatique est l'effet de la température de cure sur la vitesse d'hydratation qui est mesurée implicitement. L'énergie d'activation est requise pour convertir le résultat en température de référence isotherme. Le résultat peut également être affecté par l'hypothèse des propriétés thermiques des matériaux. L'avantage est que le dégagement de chaleur d'un mélange de béton réel peut être déterminé.

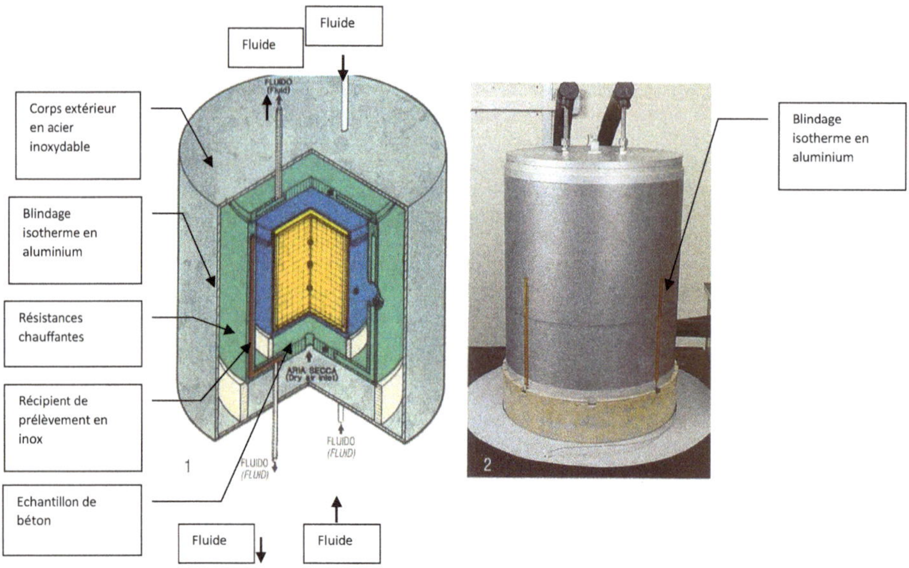

Fig. 6.2
Modèle de calorimètre adiabatique

6.2.4. Comparaison entre différentes méthodes

De véritables conditions adiabatiques sont impossibles à obtenir, mais elles se rapprochent davantage des conditions existantes au centre d'une grande cuve où les conditions sont isothermes.

Un exemple exhaustif de données expérimentales porte sur les résultats donnés dans la Fig.6.3 concernant un béton utilisé pour un grand barrage italien. Pour prévenir une forte augmentation de la température, un mélange de ciment pouzzolanique a été utilisé.

6.2.3. *Adiabatic or Semi-Adiabatic Calorimetry*

Adiabatic and semi-adiabatic methods are much more reliable. They use calorimeters (Fig. 6.2) for measuring directly the temperature rise in a concrete sample being hydrated: the first ones work with no heat exchanges with the external medium, in the second one the heat exchange with the external environment is limited.

Since it is impossible to achieve an adiabatic environment, the calorimeter is considered adiabatic as long as the temperature loss of the sample is not greater than 0.02 °C/h. Controlling the temperature of the surrounding environment prevents the heat loss. The insulated material could be water, air and heated containers. Water insulation is the most popular way [6.5].

Adiabatic heat measurements are most convenient for producing a continuous heat of hydration curve under curing conditions close to mass curing. And also adiabatic hydration curves are the most suitable starting points for temperature calculation in hardening concrete dams. One of the major drawback of an adiabatic calorimeter is the effect of curing temperature on the rate of hydration is measured implicitly. The activation energy is required to convert the result to the isothermal reference temperature. The result can also be affected by the assumption of the thermal properties of the materials. The advantage is that the heat evolution of an actual concrete mixture can be determined.

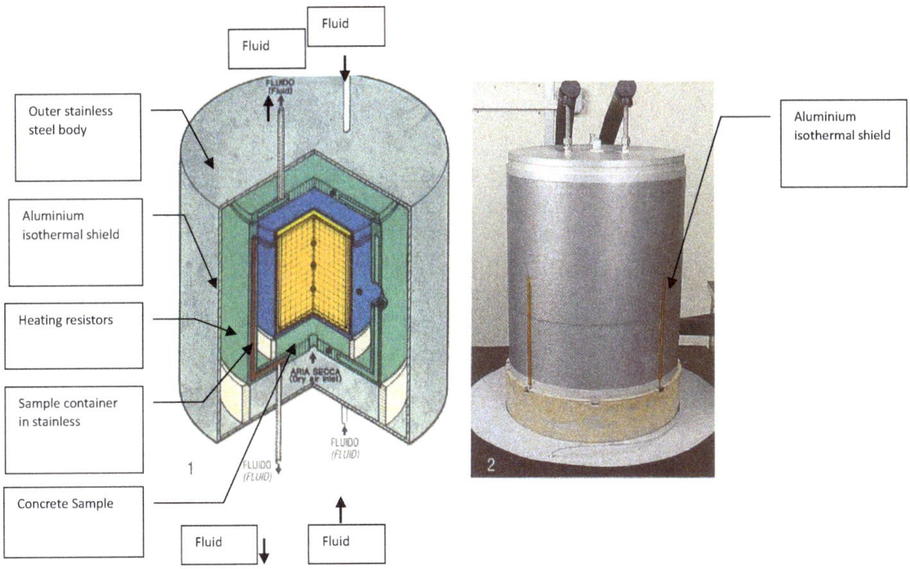

Fig. 6.2
Adiabatic calorimeter scheme

6.2.4. *Comparison among different methods*

True adiabatic conditions are impossible to achieve but they do at least more closely resemble conditions at the center of a large pour than do the isothermal conditions.

An exhaustive example of experimental data concerns the results given in Fig. 6.3 with respect to a concrete used for a large Italian dam. To prevent a large amount of temperature, rise a pozzolanic cementitious mixture has been used.

La composition du mélange est la suivante : teneur en ciment de 200 kg/m³, granulats de basalte 2082 kg/ m³, cendres volantes 50 kg/ m³, eau/ciment = 0,82. Les mesures de la chaleur d'hydratation du mélange à base de ciment obtenu par la chaleur de la méthode de résolution à 3 et 7 jours ont donné respectivement 40 cal/g et 49 cal/g.

A partir de la mesure de la chaleur spécifique du béton égale à 0,25 kcal/kg/C° et en appliquant l'équation 6,1, les hausses de la température adiabatique correspondante sont respectivement de 13C° et 16C°.

Les hausses de la température adiabatique mesurée directement en même temps pendant l'hydratation d'un échantillon de béton de 25 litres ont respectivement donné 20°C et 24°C.

En outre, la mesure in situ de la hausse de température au centre d'un plot de barrage lors de la construction n'est que légèrement inférieure à la hausse de la température adiabatique résultant des déperditions de chaleur. En conclusion, l'utilisation de la technique de la chaleur de la solution a donné lieu à une sous-estimation de l'ordre de 35% pour l'évaluation de la hausse de la température adiabatique.

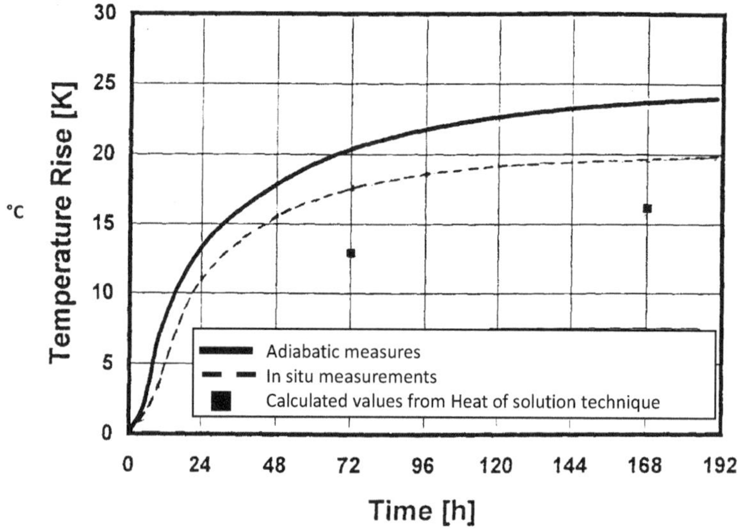

Fig. 6.3
Comparaison entre les résultats de la technique de la chaleur de la solution, des mesures adiabatiques et des mesures *in situ*

L'exemple montre également qu'un essai plus réaliste consisterait peut-être à recourir à des méthodes semi-adiabatiques où une certaine quantité de chaleur s'échappe du calorimètre. Il faut toutefois réaliser que ces essais peuvent ne pas refléter fidèlement l'état de la structure où le niveau de chaleur perdue change continuellement. Cependant, en présence d'un taux constant de perte de chaleur, il serait aussi très difficile et onéreux de reproduire cette perte avec précision en laboratoire. Aussi, en appliquant soigneusement des procédures d'étalonnage, des calorimètres semi- adiabatiques doivent être considérés comme un autre moyen, moins coûteux, de reproduire la hausse de la température adiabatique avec une moins grande précision que ne le font les calorimètres adiabatiques.

Les calorimètres adiabatiques et semi-adiabatiques ont été développés pour mesurer la montée de température dans les échantillons des pâtes et des mortiers de ciment et de béton. Bien que les calorimètres développés pour être utilisés pour des pâtes et des mortiers soient souvent beaucoup plus petits que ceux utilisés pour les bétons, les résultats obtenus ne permettent pas de donner une mesure directe de l'augmentation de la température dans le béton. Les résultats ne peuvent être utilisés que pour estimer le comportement du béton à partir de la connaissance des proportions de mélange et des caractéristiques thermiques des granulats. Les calculs de ce type peuvent être extrêmement difficiles car la cinétique en jeu est sensiblement différente à cause de l'effet des granulats.

The mix composition is cement content 200 kg/m^3, basalt aggregate 2082 kg/ m^3, fly ash 50 kg/m^3, w/c=0.82. The measurements of heat of hydration of the cementious mixture performed by the heat of solution method at 3 and 7 days have given 40 cal/g and 49 cal/g respectively.

From the measurement of the specific heat of concrete equal to 0.25 kcal/kg/°C and applying Equation 6.1, the corresponding adiabatic temperature rises are 13°C and 16°C, respectively.

The adiabatic temperature rises measured directly at the same time during the hydration of 25 liters of a concrete sample have given 20°C and 24 °C, respectively.

Moreover, the in-situ measurement of temperature rise at the center of a dam block during the construction is only a little lower than the adiabatic temperature rise, as a consequence of an amount of heat losses. In conclusion, the use of the heat of solution technique has given rise to an underestimate of about 35% on the evaluation of the adiabatic temperature rise.

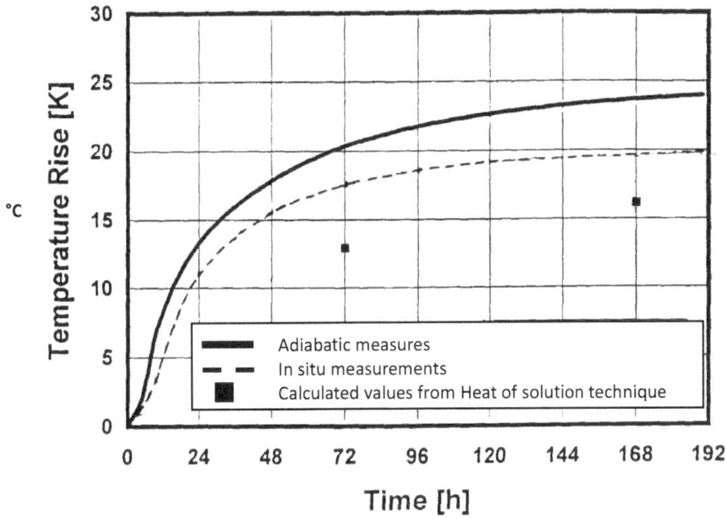

Fig. 6.3
Comparison between heat of solution technique, adiabatic and in situ measurements

This example put also in evidence that a more realistic test would perhaps be to use semi-adiabatic methods where some heat is lost form the calorimeter. It should be realized, however, that even these tests may not truly reflect the conditions in the structure where the rate of heat loss is continually changing. However, also in presence of constant rate of heat losses, it would be very difficult and expensive to accurately reproduce them in the laboratory so, through a careful calibration, semi-adiabatic calorimeters must be considered as an alternative and less expensive way to reproduce the adiabatic temperature rise with a lower accuracy than adiabatic calorimeters do.

Adiabatic and semi-adiabatic calorimeters have been developed to measure the temperature rise in cement pastes, cement mortars and concrete samples. Although those developed for use with pastes and mortars are often much smaller than those used for concretes, the results obtained do not give a direct measure of the temperature rise in the concrete. The results can only be used to estimate the behaviour of the concrete from a knowledge of the mix proportions and thermal characteristics of the aggregates. Calculations of this kind can be extremely difficult because the kinetics involved are significantly different due to the effects of the aggregate.

Pour les modèles numériques, il serait préférable d'avoir une expression décrivant la chaleur d'hydratation du béton. Ceci est très difficile à obtenir car, comme indiqué, le nombre de paramètres qui influent sur la chaleur d'hydratation du béton est si élevé qu'il n'existe en fait aucune expression générale de la chaleur d'hydratation. Il est donc courant de mesurer directement la hausse de la température du béton par des méthodes adiabatiques ou semi-adiabatiques et d'utiliser les données expérimentales sous forme de tableau comme entrée pour les méthodes numériques.

D'autres exemples de courbes de hausse de la température adiabatique du béton de barrage sont indiqués dans les Fig. 6.4., Fig. 6.5 et Fig. 6.6.

Dans la Fig. 6.4, les hausses de la température des bétons avec une teneur constante en matériaux à base de ciment, mais avec différentes chaleurs d'hydratation des mélanges à base de ciment, sont indiquées : elles correspondent à une longue période de temps, allant jusqu'à 74 jours.

La Fig. 6.5 montre la montée de température des bétons avec différents types de ciment (Portland normal, pouzzolanique et de haut fourneau) avec différentes teneurs en ciments (de 140 à 300 kg/m³). L'élévation de la température en temps infini est obtenue par extrapolation des résultats des 7 premiers jours.

Enfin, pour deux des bétons de la Fig. 6.5 (ciment Portland 325 avec une teneur en ciment de 300 kg/m³ et ciment pouzzolanique Pz 225 avec une teneur en ciment de 200 kg/m³), l'effet de la température initiale (plus de 20°C et environ 15°C) est indiqué dans la Fig. 6.6. Même si la hausse de la température finale en temps infini est quasi la même, les évolutions avec le temps de la chaleur des mélanges de béton sont assez différentes, surtout au cours de la première semaine, lorsque la résistance à la traction du béton est faible. Ce comportement souligne l'importance de la température du béton lors sa mise en place sur l'évolution de la fissuration d'un barrage.

La fissuration thermique des barrages est plus critique lorsqu'elle survient au cœur d'une levée et au joint de reprise. Ce dernier cas est occasionnellement oublié dans l'analyse thermique (un temps d'attente prolongé aux joints de reprise peut entraîner un grand écart de température).

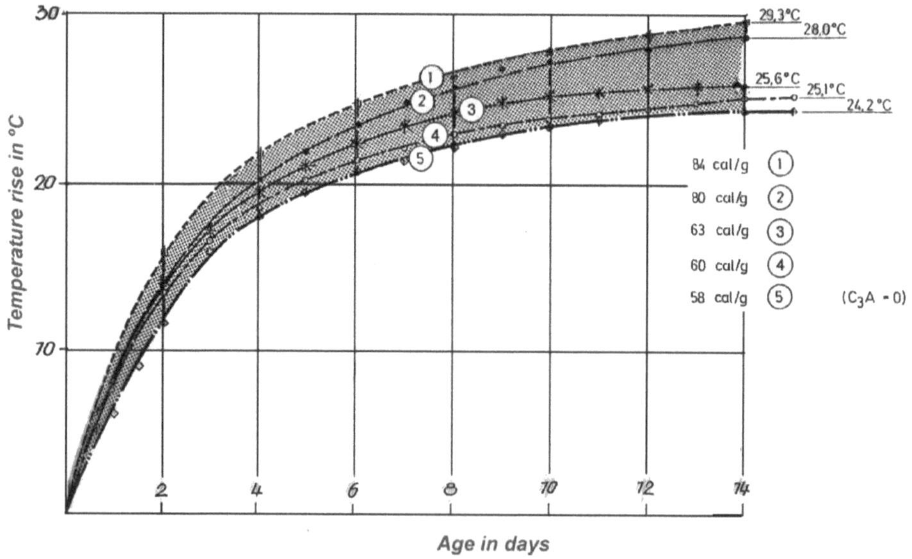

Fig. 6.4
Exemple de montée de température adiabatique avec des ciments de chaleur d'hydratation différente (teneur en ciment : 180 kg/m³) [6.6]

For calculations by numerical models, it would be preferable to have an expression describing the heat of hydration of concrete. This is very difficult to obtain since, as it has been mentioned, the number of parameters that affect the heat of hydration of concrete is so high that actually no general expression of the heat of hydration is existing. So, it is common practice to perform a direct measurement of the temperature rise of the concrete by adiabatic or semi-adiabatic methods and use the experimental data in a tabular form as input for numerical methods.

Other examples of adiabatic temperature rise curves from a dam concrete are reported in Fig. 6.4, in Fig. 6.5 and in Fig. 6.6.

In Fig. 6.4 the temperature rise of concretes with constant content of cementitious materials, but different heats of hydration of the cementitious mixes, are reported: they refer to a long period of time, up to 74 days.

Fig. 6.5 shows the temperature rise of concretes with different types of cement (normal Portland, Pozzolanic and Blast Furnace) at different cement contents (from 140 to 300 kg/m^3). The infinite time temperature rise is obtained by extrapolating the results of the first 7 days.

Finally, for two of the concretes of Fig. 6.5 (Portland cement Ptl 325 at a cement content of 300 kg/m^3 and Pozzolanic cement Pz 225 at a cement content of 200 kg/m^3), the effect of different initial temperature (over 20 °C and about 15 °C) is shown in Fig. 6.6. Even if the final rise temperature at infinite time is almost the same, the heat evolution with time of the concrete mixtures is quite different, especially at the first week, when the tensile properties of concrete are low. This behavior underline the importance of the concrete temperature at placement on the crack tendency of a dam.

Thermal cracking in dams is most critical to occur in the core of a lift and at the lift joint. The latter is occasionally forgotten in the thermal analysis (long waiting time at lift joints can create high temperature difference).

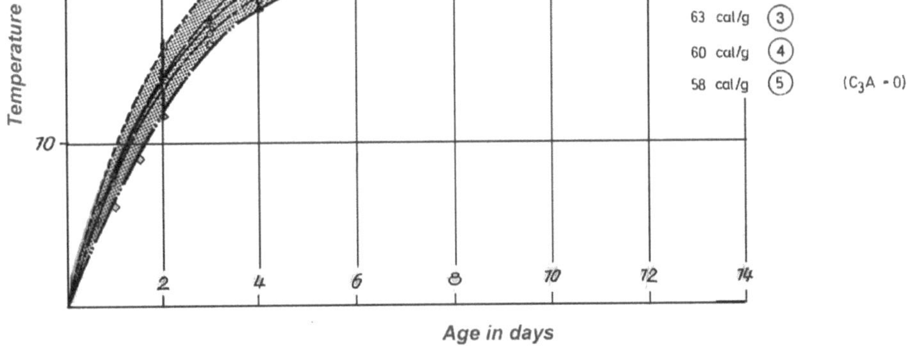

Fig. 6.4
Example of adiabatic temperature rise with cements of different heat of hydration (content of cementitious material: 180 kg/m^3) [6.6]

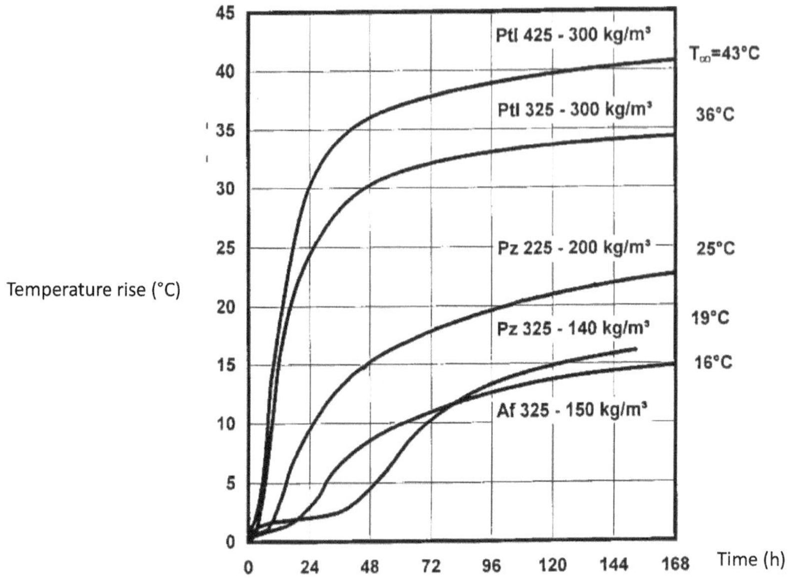

Fig. 6.5
Exemples de hausse de température adiabatique avec différents ciments et teneurs en ciment (Ptl = ciment de Portland; Pz = ciment pouzzolanique; Af = ciment de haut fourneau) [6.7]

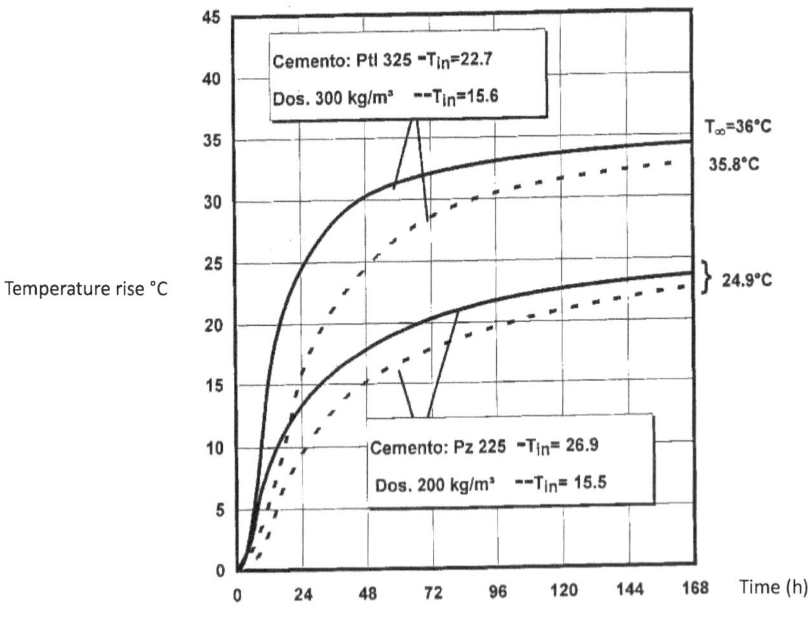

Fig. 6.6
Exemples de hausse de température adiabatique de deux bétons avec une température initiale différente [6.7]

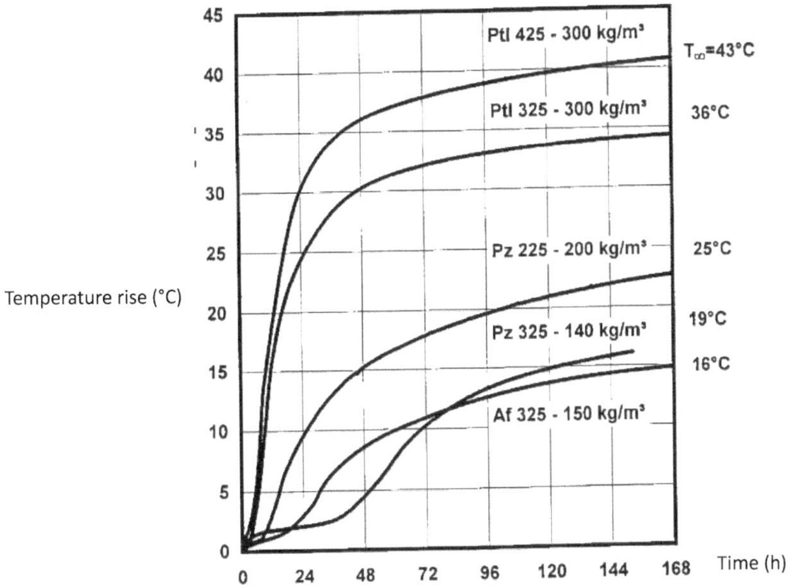

Fig. 6.5
Examples of adiabatic temperature rise with different cements and cement contents (Ptl = Portland cement; Pz = Pozzolanic cement; Af = Blast Furnace cement) [6.7]

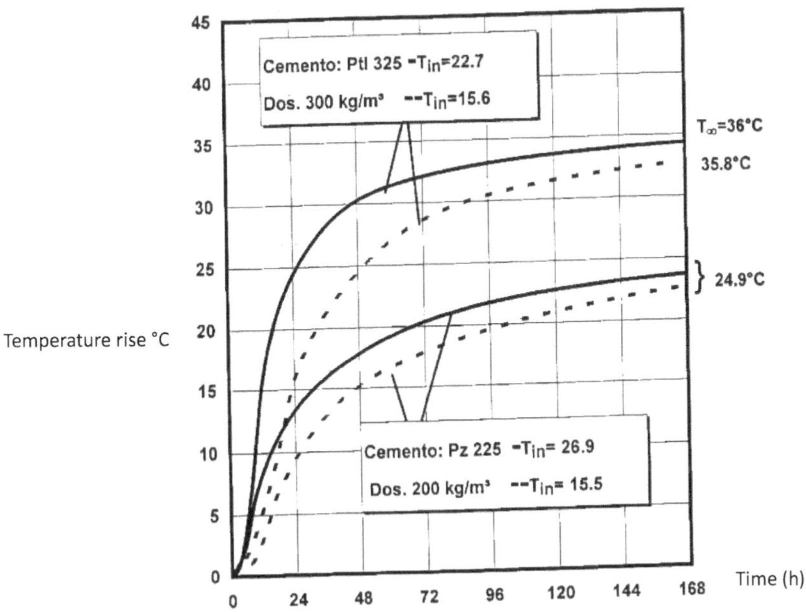

Fig. 6.6
Examples of adiabatic temperature rise for two concretes with different initial temperature [6.7]

6.3. CONDUCTIVITE THERMIQUE DU BETON DURCI

La conductivité thermique d'un béton est la vitesse à laquelle il transmet la chaleur ; elle est définie comme le rapport du flux de chaleur au gradient de température.

La conductivité thermique λ du béton dépend de la teneur en humidité, du type de granulats, de la porosité, de la densité et de la température. Pour le béton durci ordinaire avec une température et un état d'humidité normaux, la conductivité thermique peut varier entre 1,2 et 3,0 [W/m°/K]. Des valeurs au-delà de 3,0 W/m°/K, même jusqu'à 3,5 W/m°/K, sont également constatées (Tab. 6.1). En plus d'une forte dépendance du type de granulats, la conductivité est également tributaire de la teneur en humidité des pores.

Table 6.1
Coefficient caractéristique de conductivité thermique du béton : valeurs caractéristiques
(1 W/(m °C) = 0.8598 kcal/(m °C h)

Type de granulat	Conductivité thermique du béton	
	[W/(m °C)]	**[kcal/(m °C h)]**
Quartzite	3.5	3.0
Dolomite	3.2	2.7
Calcaire	2.6 - 3.3	2.2 - 2.8
Granite	2.6 - 2.7	2.2 – 2.3
Rhyolite	2.2	1.9
Basalte	1.9 - 2.2	1.6 - 1.9

6.3.1. Effet de la densité sèche

L'influence de la densité sèche γ_0 est principalement liée à la teneur et au type d'agrégat. A quelques exceptions comme les bétons barytés, la relation suivante [6.8] [6.9] entre la conductivité thermique et la densité sèche peut être utilisée :

$$\lambda o = 0.072 e^{0.00125 \cdot \gamma o} \tag{6.2}$$

où la conductivité thermique est exprimée en W/(m C°) et la densité sèche en kg/m³.

6.3.2. Effet de la température

Les données concernant l'effet de la température sur la conductivité thermique sont plutôt rares. Cependant, elles concordent en indiquant une diminution de la conductivité thermique avec l'augmentation de la température. Comme ordre de grandeur, on peut supposer une baisse d'environ 0,04 W/(mC°) pour une hausse de température de 10C° [6.8].

6.3.3. Effet de la teneur en eau

La conductivité thermique du béton augmente avec la hausse de sa teneur en humidité. Pour déterminer l'effet de la teneur en eau sur la conductivité thermique du béton humide, l'ACI recommande d'utiliser la formule suivante [6.8] [6.9] :

$$\lambda = \lambda_0 \left(1 + k_w * \frac{w}{\gamma_0}\right) \tag{6.3}$$

6.3. THERMAL CONDUCTIVITY OF HARDENED CONCRETE

The thermal conductivity of a concrete is the rate at which it transmits heat and is defined as the ratio of the flux of heat to the temperature gradient.

Thermal conductivity λ of concrete depends on the moisture content, type of aggregate, porosity, density and temperature. For ordinary hardened concrete in a normal temperature and moisture state, thermal conductivity may vary between 1.2 and 3.0 [W/m°/K]. Values beyond 3.0 W/m°/K, even up to 3.5 W/m°/K, are found as well (Table 6.1). Besides a strong dependency on the type of aggregate, the conductivity also depends on the moisture content in the pore system.

Table 6.1
Typical coefficient of thermal conductivity of concrete: typical values
(1 W/(m °C) = 0.8598 kcal/(m C h)

Type of aggregate	Thermal conductivity of concrete	
	[W/(m °C)]	[kcal/(m °C h)]
Quartzite	3.5	3.0
Dolomite	3.2	2.7
Limestone	2.6 - 3.3	2.2 - 2.8
Granite	2.6 - 2.7	2.2 – 2.3
Rhyolite	2.2	1.9
Basalt	1.9 - 2.2	1.6 - 1.9

6.3.1. *Effect of dry density*

The influence of the dry density γ_0 is mainly correlated with the content and the type of aggregate. With some exception in concretes with barytes aggregate, the following relationship [6.8] [6.9] between thermal conductivity and dry density can be used:

$$\lambda o = 0.072 e^{0.00125 \cdot \gamma o} \tag{6.2}$$

where the thermal conductivity is expressed in W/(m °C) and the dry density in kg/m³.

6.3.2. *Effect of temperature*

Data concerning the effect of temperature on thermal conductivity are rather scarce. However, they agree in indicating a decrease in thermal conductivity with the increasing temperature. As order of magnitude, it can be assumed a decrease of about 0.04 W/(m °C) for a rise in temperature of 10 °C [6.8].

6.3.3. *Effect of moisture content*

The thermal conductivity of concrete increases with increasing of the moisture content. For the determination of the effect of the water content on the thermal conductivity of moist concrete the ACI recommends the use of the following formula [6.8] [6.9]:

$$\lambda = \lambda_0 \left(1 + k_w{}^* \frac{w}{\gamma_0}\right) \tag{6.3}$$

avec :

λ_0 = conductivité thermique du béton séché au four

γ_0 = densité du béton séché au four [kg/m^3]

k_w = facteur égal à 6 pour le béton cellulaire (béton léger) et à 9 pour le béton normal

w = teneur en eau [kg/m^3]

6.3.4. *Méthode de mesure*

Il n'existe aucune méthode d'essai standard pour mesurer la conductivité thermique du béton. Cela s'explique essentiellement par le fait que le béton est un système complexe constitué d'un squelette solide et d'un milieu poreux, partiellement rempli d'eau, qui peut être fermé ou interconnecté. Dans la mesure où un gradient thermique est appliqué, l'eau migre à travers les pores interconnectés. Cela modifie les conditions hygrométriques de l'échantillon à tester : plus le gradient thermique est élevé, plus la durée de l'essai est longue, et plus le degré de perturbation est important. C'est pourquoi les méthodes de test standard pour l'isolation et les matériaux secs, comme la méthode de la plaque chauffante, ne peuvent pas être appliquées à des échantillons de béton, sauf s'ils ont été séchés au four. La solution de rechange est d'utiliser des méthodes transitoires. La méthode la plus utilisée est la méthode de la source de chaleur linéaire [6.9], qui consiste à insérer dans le matériau une sonde thermique, chauffée à puissance constante, et à mesurer la hausse de température pendant le temps de transit. Le traitement des données selon la théorie de la source de chaleur linéaire permet de déterminer la conductivité thermique.

6.4. CHALEUR SPECIFIQUE DU BETON DURCI

La chaleur spécifique c du béton est la chaleur nécessaire pour élever d'1 degré un poids unitaire de béton. Elle peut être déterminée à partir des valeurs des composés du mélange :

$$c = \sum c_i . g_i \tag{6.4}$$

avec:

g_i = fraction de la teneur par masse des composés du mélange

c_i = chaleur spécifique des composés du mélange :

La gamme des chaleurs spécifiques des composés est la suivante :

granulat : c_a = 0.7 - 0.9 k J/kg °C[2] = 700 – 900 J/kg,°C

ciment : c_e = 0.84 kJ/kg °C

eau : c_w = 4.186 kJ/kg °C

Les valeurs typiques de la chaleur spécifique du béton ordinaire varient de 0,850 à 1,15 kJ/kg C° [6.10].

[2] 1 J/kg, C^0 = 0.24x10^{-3} kcal/kg, C^0 = 2.38x10^4 Btu/lb^{0}F

with:

λ_0 = thermal conductivity of oven-dried concrete

γ_0 = density of oven-dried concrete [kg/m^3]

k_w = factor equal to 6 for light weight concrete and to 9 for normal concrete

w = water content [kg/m^3]

6.3.4. Measurement method

No standard testing method exists to measure the thermal conductivity of concrete. The main reason is that concrete is a complex system constituted from a solid skeleton and pore space, partially filled with water, which can be closed or interconnected. As far as a thermal gradient is applied migration of the water through the interconnected pore spaces takes place. This alters the hygrometric conditions of the sample to be tested, the higher the thermal gradient and the longer the duration of the test, the higher the degree of disturbance is. For this reason the standard testing methods for insulating and dry materials, such as the hot guarded plate method, cannot be applied to concrete samples unless they are in oven-dried conditions. The alternative way is to use transient methods. The most popular is the linear heat source method [6.9], which consists in inserting in the material a thermal probe, heated at constant power, and in measuring the temperature rise during the transient time. Data reduction according to the linear heat source theory allows to determine the thermal conductivity.

6.4. SPECIFIC HEAT OF HARDENED CONCRETE

The specific heat *c* of concrete is the heat required to rise a unit weight of concrete 1 degree. It can be determined from the values of the component parts of the mix:

$$c = \sum c_i . g_i \tag{6.4}$$

with:

g_i = fraction of content by mass of the mix components

c_i = specific heat of the mix components:

The range of specific heats of the constituents are:

aggregate: c_a = 0.7 - 0.9 k J/kg °C[2] = 700 – 900 J/kg,°C

cement: c_e = 0.84 kJ/kg °C

water: c_w = 4.186 kJ/kg °C

Typical values of the specific heat for ordinary concrete vary between 0.850 and 1.15 kJ/kg °C [6.10].

[2] 1 J/kg, C° = 0.24x10^{-3} kcal/kg, C° = 2.38x10^{-4} Btu/lb°F

A cause de la chaleur spécifique élevée de l'eau, il y a une forte corrélation entre la chaleur spécifique d'un mélange et le niveau de la teneur en eau. La chaleur spécifique du béton augmente avec la hausse de la teneur en eau. Les valeurs les plus élevées s'appliquent au béton saturé d'eau tandis que les valeurs les plus faibles peuvent être associées au béton sec.

La chaleur spécifique augmente aussi avec l'élévation de la température : une hausse d'environ 10% pour une augmentation de température de 10 C° à 66 C° a été signalée par ACI [6.8].

6.5. DIFFUSIVITE THERMIQUE DU BETON DURCI

La diffusivité est décrite comme un indice de la facilité ou de la difficulté avec laquelle le béton subit un changement de température.

La diffusivité thermique a est définie comme le quotient du coefficient de la conductivité thermique et de la chaleur spécifique par unité de volume :

$$a = \frac{\lambda}{\gamma . c} \tag{6.5}$$

Le principal facteur d'influence sur la diffusivité thermique est le type de granulat. Le Tab. 6.2 présente quelques valeurs de référence de la diffusivité du béton pour différents types de granulats [6.9].

Table 6.2
Diffusivité thermique caractéristique du béton pour différents types de granulats

Coarse aggregate	**Diffusivity [m²/h]**
Quartzite	0.0054
Calcaire	0.0045 – 0.0055
Dolomite	0.0046
Granite	0.0040
Rhyolite	0.0033
Gneiss	0.00354 – 0.004
Basalte	0.0030

La diffusivité thermique du ciment varie de 0,002 à 0,004 m^2/h.

Comme la conductivité thermique, la diffusivité dépend aussi de la densité sèche, de la teneur en humidité et de la température. La dépendance de la teneur en humidité et de la température résulte de la dépendance du coefficient de conductivité thermique et de la chaleur spécifique de ces paramètres.

6.5.1. Effet de la densité sèche

Très peu de données sont signalées sur l'influence de la densité sèche sur la diffusivité thermique. Les données disponibles indiquent toutefois une augmentation linéaire de la diffusivité avec la densité sèche de l'ordre de 0,00012 m^2/h. Pour une densité sèche de 100 kg/m^3, cette augmentation est de l'ordre de 1500-2500 kg/m^3 [6.9].

Because of the high specific heat of water there is a strong correlation between the specific heat of a mix and the amount of water content. The specific heat of concrete increases with increasing moisture content. For water saturated concrete the higher values apply while the lower values can be referred to dry concrete.

The specific heat also increases with the increasing temperature: an increase of about 10% for an increase in temperature from 10 °C to 66 °C has been reported by ACI [6.8].

6.5. THERMAL DIFFUSIVITY OF HARDENED CONCRETE

Diffusivity is described as an index of the ease or difficulty with which concrete undergoes temperature change.

Thermal diffusivity *a* is defined as the quotient of the coefficient of thermal conductivity and the specific heat per unit volume:

$$a = \frac{\lambda}{\gamma . c} \qquad (6.5)$$

The main factor of influence on the thermal diffusivity is the type of aggregate. Table 6.2 gives typical values of thermal diffusivity of concrete for different types of aggregate [6.9].

Table 6.2
Typical thermal diffusivity of concrete for different types of aggregate.

Coarse aggregate	Diffusivity [m²/h]
Quartzite	0.0054
Limestone	0.0045 – 0.0055
Dolomite	0.0046
Granite	0.0040
Rhyolite	0.0033
Gneiss	0.00354 – 0.004
Basalt	0.0030

Thermal diffusivity of cement varies between 0.002 and 0.004 m^2/h.

As for thermal conductivity, also diffusivity depends on dry density, moisture content and temperature. The dependency on the moisture content and temperature follows from the dependency in the coefficient of thermal conductivity and the specific heat from these parameters.

6.5.1. Effect of dry density

Very little data are reported about the influence of the dry density on the thermal diffusivity. They however indicate a linear increase of diffusivity with the dry density of the order of 0.00012 m^2/h for an increase in dry density of 100 kg/m^3, in the range of 1500-2500 kg/m^3 [6.9].

6.5.2. *Effet de la teneur en humidité*

Comme la conductivité ainsi que la chaleur spécifique augmentent à mesure que s'accroît la teneur en humidité, l'effet net sur le coefficient de diffusion thermique n'est que marginal. Les données rapportées dans la littérature n'indiquent pas une dépendance de la diffusivité due à la teneur en humidité.

6.5.3. *Effet de la température*

L'influence de la température sur la diffusivité thermique dépend de l'influence correspondante à la fois sur la conductivité thermique et la chaleur spécifique. Etant donné qu'avec l'élévation de la température la conductivité diminue et la chaleur spécifique augmente, la diffusivité thermique diminue plus fortement avec l'élévation de la température (jusqu'à environ 15% dans la plage de températures de 10C° à 66C°) que la conductivité thermique [6.11]. Cet effet a été observé par des mesures de laboratoire précises (Fig. 6.7).

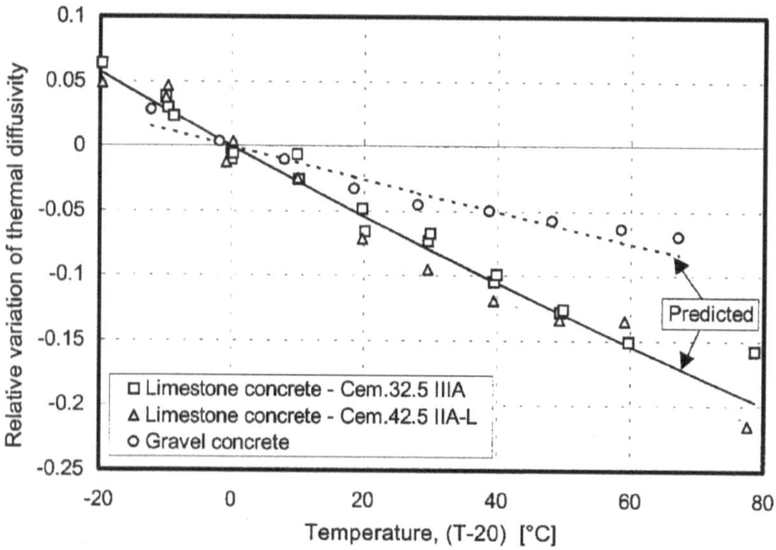

Fig. 6.7
Variation relative de la diffusivité thermique par rapport à la variation de température [6.6]

Cependant, une campagne de prélèvements sur la diffusivité thermique des barrages brésiliens dans la gamme thermique allant de 20 à 60 C° n'a montré pratiquement aucune dépendance à la température [6.6]. Cela pourrait être dû à des difficultés liées à ce type de mesures (paragraphe 6.5.4).

6.5.4. *Méthode de mesure*

Mesurer la diffusivité thermique du béton est encore plus difficile que pour la conductivité. Cela s'explique principalement par le fait que, le béton étant un matériau hétérogène, de grands échantillons sont nécessaires. Les méthodes d'essai utilisées pour les métaux, comme la méthode du rayon laser, ne fonctionnant que sur de très petits échantillons, elles ne peuvent donc pas être appliquées. Dans la méthode du rayon laser, une pulsation courte (moins de 1 milliseconde) de chaleur est appliquée à la face avant d'un échantillon avec un rayon laser et le changement de température de la face arrière est alors mesuré à l'aide d'un détecteur à infrarouge.

6.5.2. Effect of moisture content

As both conductivity and the specific heat increase with increasing moisture content, the net effect on the coefficient of thermal diffusivity is only marginal. Data reported in literature do not indicate a dependence of diffusivity from moisture content.

6.5.3. Effect of temperature

The influence of temperature on the thermal diffusivity depends upon the corresponding influence on both the thermal conductivity and the specific heat. Since with increasing temperature the conductivity decreases and the specific heat increases, the thermal diffusivity decreases stronger with increasing temperature (up to about 15% in the temperature range from 10 °C to 66 °C) than the thermal conductivity [6.11]. This effect has been observed though accurate laboratory measurements (Fig. 6.7).

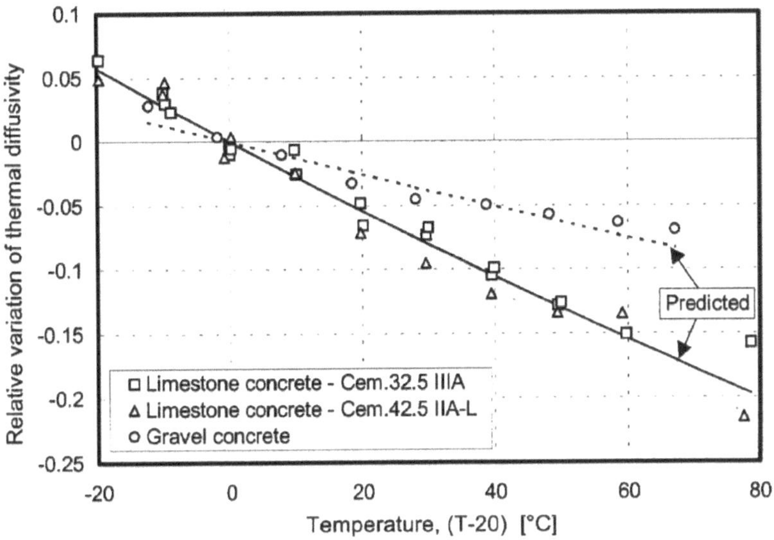

Fig. 6.7
Relative variation of thermal diffusivity against temperature variation [6.6]

However, a measurement campaign of the thermal diffusivity on Brazilian dams in the thermal ranges between 20 and 60°C showed practically no temperature dependence [6.6]. This could be probably due to the difficulties of these types of measurements (Paragraph 6.5.4).

6.5.4. Measurement method

Even more difficult than for conductivity is the problem to measure the thermal diffusivity of concrete. The main reason relies upon the fact that, being the concrete a heterogeneous material, large samples are necessary. Since the testing methods used for metals, such as the laser flash method, work on very little samples, they cannot be applied. In the laser flash method, a short pulse (less than 1 millisecond) of heat is applied to the front face of a specimen using a laser flash, and the temperature change of the rear face is measured with an infrared (IR) detector.

La diffusivité thermique est donc généralement évaluée en mesurant les variations de température à différents points d'un grand échantillon de béton, ou directement dans un barrage en béton, sous un champ de température dynamique générée à l'intérieur du béton. La diffusivité thermique peut être estimée grâce à une réduction minutieuse des données qui prend en compte le déphasage de l'onde thermique dans les différents points.

Une nouvelle méthode d'essai a été développée récemment [6.9] [6.12] ; elle peut être utilisée aussi bien pour les échantillons de laboratoire que sur site. Cette méthode est basée sur la méthode de la source de chaleur linéaire dans la version de la sonde double, à savoir la méthode de deux sondes parallèles linéaires (méthode TLPP). Elle consiste à insérer deux sondes à l'intérieur de l'échantillon : l'une est utilisée comme source de chaleur, l'autre comme capteur de température placée à une distance connue de la sonde chauffante.

La diffusivité thermique est également déterminée en appliquant la théorie de la source linéaire pour mesurer la température détectée par la seconde sonde pendant la durée de chauffage.

Un tel procédé présente l'avantage que la conductivité thermique et la diffusivité thermique peuvent être mesurées en même temps au cours d'un seul essai ; en mesurant la densité, la chaleur spécifique peut également être déterminée et, par conséquent, une caractérisation thermique complète du matériau est obtenue. Cet essai peut être réalisé aussi bien en laboratoire que sur le site du barrage.

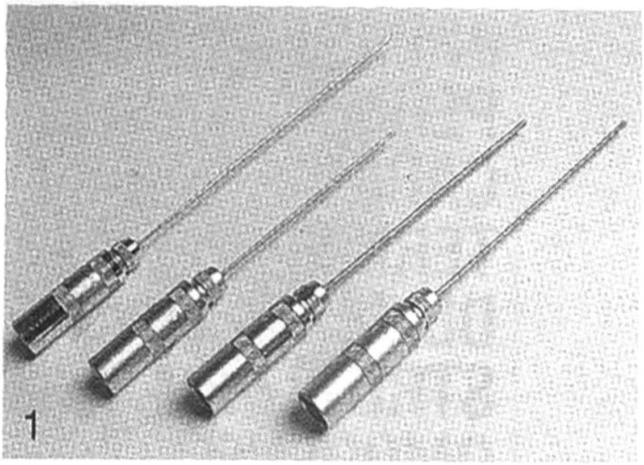

Fig. 6.8
Sondes à aiguilles pour les essais thermiques d'échantillons de béton en laboratoire

So thermal diffusivity is usually evaluated by measuring the temperature variations in different points of a huge concrete sample, or directly in a concrete dam, under a dynamic temperature field suitably generated inside the concrete. Through a careful data reduction, which takes into account the phase shift of the thermal wave at the different points, thermal diffusivity can be estimated.

Recently a new testing method has been developed [6.9] [6.12]; it can be applied both in laboratory samples as well on site. The method is based on the linear heat source method in the double probe version, namely the two linear parallel probe method (TLPP method). It consists in inserting two probes inside the sample: one is used as heating source, the other as temperature sensor positioned at a known distance from the heating probe.

By applying the linear source theory to the temperature measurements detected by the second probe during the heating time the thermal diffusivity is also determined.

Such method has the advantage that during a single test both thermal conductivity and thermal diffusivity can be measured simultaneously; through the measurement of the density the specific heat can also be determined and, thus, a complete thermal characterisation of the material is obtained. It can be carried out both in laboratory and at the dam site.

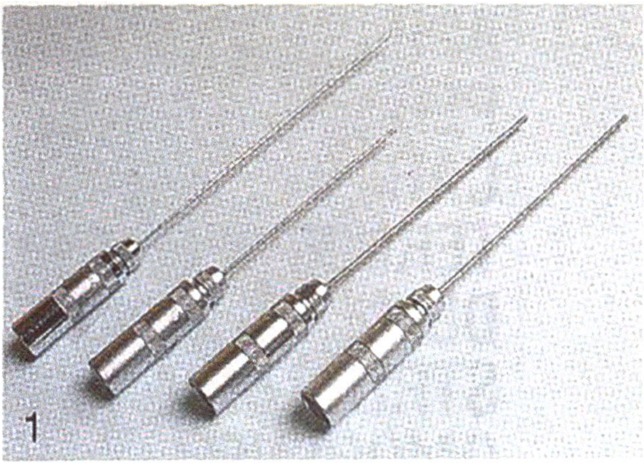

Fig. 6.8
Needle probes for thermal tests on concrete specimens in laboratory

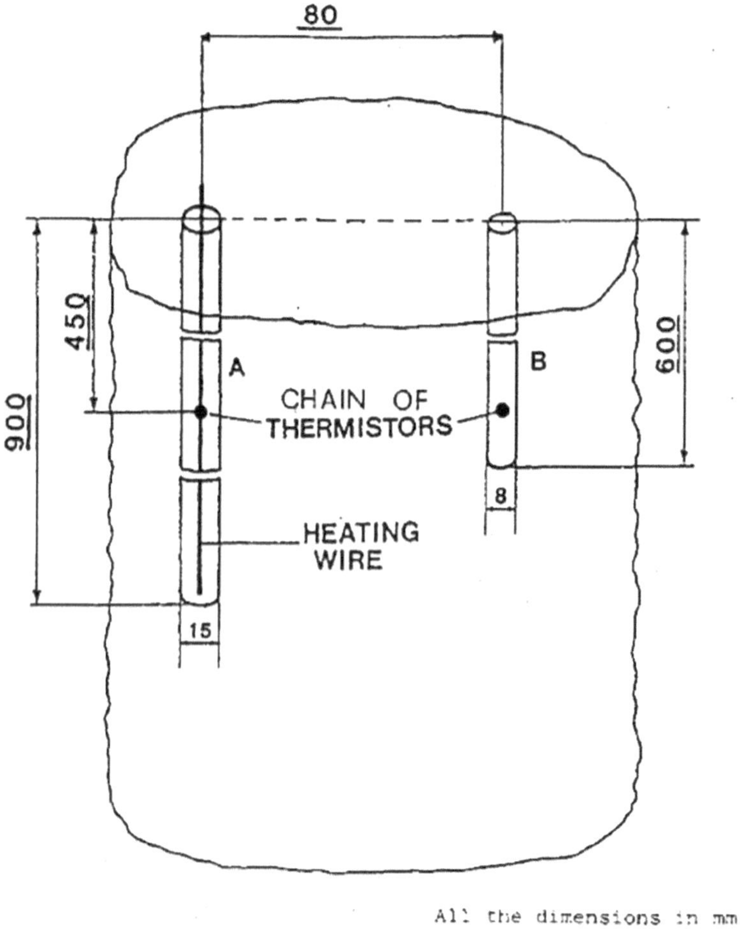

Fig. 6.9
Maquette de la méthode de deux sondes parallèles linéaires pour les mesures thermiques de terrain (toutes les dimensions sont en mm).

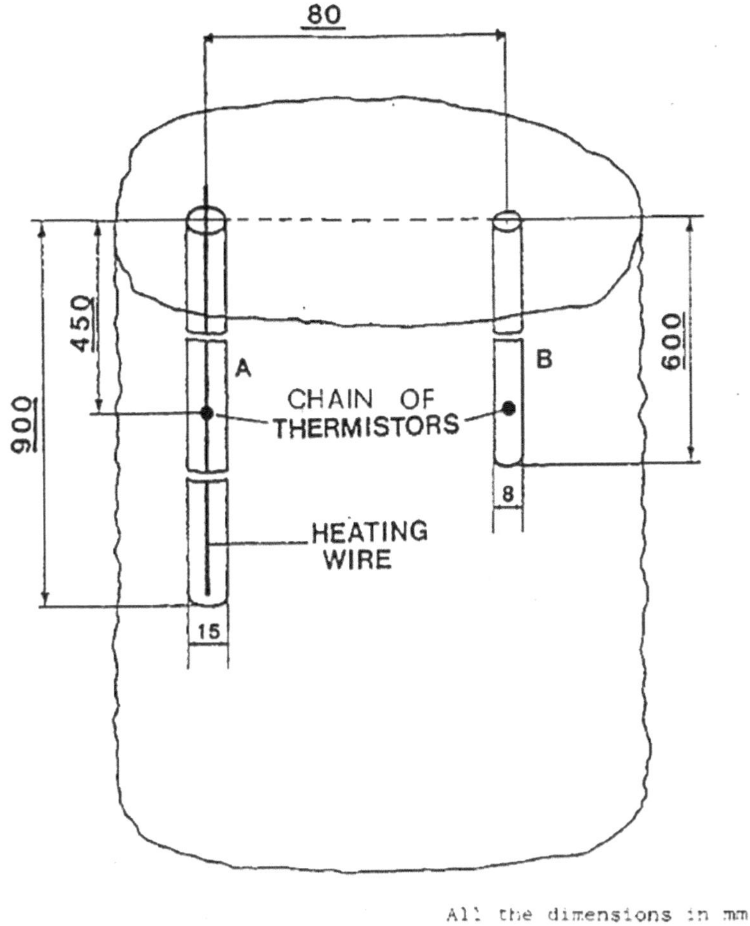

Fig. 6.9
Lay-out of the two linear parallel probe method for thermal measures in field (all dimensions in mm).

Fig. 6.10
Mesures thermiques du béton dans un barrage

6.6. COEFFICIENT DE DILATATION LINEAIRE DU BETON DURCI

Le coefficient de dilatation linéaire thermique du béton est défini comme le changement de dimension linéaire par unité de longueur divisé par la variation de la température exprimée en millionièmes par C°. Il est influencé dans une large mesure par le coefficient de dilatation thermique de l'ensemble, étant donné que celui-ci occupe en général 65 à 80% du volume du béton. Le coefficient de dilatation thermique du béton varie de 4 μm/m C° jusqu'à 14 μm/m C° (Tab. 6.3), généralement entre 8 et12 μm/m C°. Le coefficient de dilatation thermique de la pâte de ciment pure est de l'ordre de 20 μm/m C°, mais comme la teneur en ciment par unité de volume de béton est très faible par rapport à la teneur de l'ensemble, son influence sur la dilatation thermique du béton n'est que marginale. Il ne semble y avoir aucune influence de la température dans la gamme de 10° à 80° C.

Il n'existe pas de données concernant l'influence de la teneur en humidité : Cela peut être dû au fait que, étant donné qu'il est nécessaire d'atteindre deux conditions différentes d'équilibre thermique de l'échantillon pour mesurer la dilatation thermique, il est très difficile de maintenir la même teneur en eau dans l'échantillon pendant l'essai.

Fig. 6.10
Thermal measurements on concrete at a dam

6.6. COEFFICIENT OF THERMAL EXPANSION OF HARDENED CONCRETE

The coefficient of concrete thermal linear expansion is defined as the change in linear dimension per unit length divided by the temperature change expressed in millionth per °C. It is affected to a large degree by the thermal expansion coefficient of the aggregate, since the latter generally occupies 65-80% of the volume of concrete. The coefficient of thermal expansion of concrete ranges from 4 μm/m °C up to 14 μm/m °C (Table 6.3), usually in the range 8 to 12 μm/m °C. The thermal expansion coefficient of pure cement paste is of the order of 20 μm/m °C, but as the cement content for unit volume of concrete is very low in respect to the content of aggregate, its influence on the thermal expansion of concrete is only marginal. No influence of the temperature seems to exist in the temperature range going from 10° to 80°C.

There are no data concerning the influence of the moisture content: The reason can be due to the fact that, since it is necessary to reach two different thermal equilibrium conditions of the sample for the measurement of the thermal expansion, it is very difficult to maintain the same water content in the sample during the test.

Table 6.3
Coefficient caractéristique de la dilatation linéaire thermique du béton pour différents types de granulats.

Gros granulats	**Coefficient de dilatation linéaire [10^{-6} °C]**
Grès	4 to 14
Dolomite	7 to 10
Calcaire	4 to 12
Basalte	6 to 8
Granite	7 to 9

D'autres références sur les propriétés thermiques du béton sont rapportées de [6.13] à [6.25].

Enfin dans le Tab. 6.4 et le Tab. 6.5, une liste des propriétés thermiques des bétons de barrage, provenant notamment du Bureau of Reclamation, figure dans [6.23] [6.26]. D'autres données sur les propriétés thermiques du béton avec du sable micacé sont rapportées dans [6.27].

Table 6.4
Propriétés thermiques des barrages en béton de masse (I) [6.23] [6.26]

Barrage/ granulats	**°C**	**Coeff. de dilat. linéaire µm/m °C**	**Conductivité thermique kcal/mh°C**	**Diffusivité thermique m²/h * 10^{-3}**	**Chaleur spécifique k J/kg °C**
Hoover/ Calcaire-Granite	10	8.6	2.53	4.7	0.887
	38		2.48	4.4	0.941
	66		2.46	3.9	1.050
Grand Coolee/ Basalte	10	8.3	1.61	2.9	0.916
	38		1.61	2.7	0.967
	66		1.62	2.5	1.075
Friant/ Quartzite, Granite, Rhyolite	10	-	1.83	3.4	0.904
	38		1.83	3.2	0.962
	66		1.84	3.1	1.017
Shasta/ Andesite, Ardoise	10	8.6	1.96	3.6	0.916
	38		1.96	3.6	0.975
	66		1.95	3.2	1.033
Angostura/ Calcaire	10	7.2	2.22	4.2	0.925
	38		2.20	3.8	0.992
	66		2.17	3.5	1.054
Kortes/ Granite, Gabbros, Quatz	10	8.1	2.39	4.6	0.870
	38		2.38	4.4	0.925
	66		2.36	4.1	0.979
Hungry Horse/ Grès	10	10.3	2.56	4.9	0.908
	38		2.53	4.6	0.971
	66		2.51	4.3	1.033
Canyon Ferry/ Grès, Métasiltites, Quartzite, Rhyolite	10	9.4	2.41	4.6	0.895
	38		2.39	4.4	0.937
	66		2.36	4.2	0.983

(Continued)

Table 6.3
Typical coefficient of thermal linear expansion of concrete for different types of aggregate.

Coarse aggregate	**Coefficient of linear expansion [10^{-6} °C]**
Sandstone	4 to 14
Dolomite	7 to 10
Limestone	4 to 12
Basalt	6 to 8
Granite	7 to 9

Other references on thermal properties of concrete are reported from [6.13] to [6.25].

Finally in Table 6.4 and Table 6.5 a list of thermal properties of dam concretes, mainly from Bureau of Reclamation, is reported [6.23] [6.26]. Other data of thermal properties of concrete with mica sand are reported in [6.27].

Table 6.4
Thermal properties of mass concrete dams (I) [6.23] [6.26]

Dam/ aggregate	**°C**	**Coeff. linear expansion µm/m °C**	**Thermal conductivity kcal/mh°C**	**Thermal diffusivity m²/h * 10^{-3}**	**Specific heat k J/kg °C**
Hoover/ Limestone-Granite	10	8.6	2.53	4.7	0.887
	38		2.48	4.4	0.941
	66		2.46	3.9	1.050
Grand Coolee/ Basalt	10	8.3	1.61	2.9	0.916
	38		1.61	2.7	0.967
	66		1.62	2.5	1.075
Friant/ Quartzite, Granite, Rhyolite	10	-	1.83	3.4	0.904
	38		1.83	3.2	0.962
	66		1.84	3.1	1.017
Shasta/ Andesite, Slate	10	8.6	1.96	3.6	0.916
	38		1.96	3.6	0.975
	66		1.95	3.2	1.033
Angostura/ Limestone	10	7.2	2.22	4.2	0.925
	38		2.20	3.8	0.992
	66		2.17	3.5	1.054
Kortes/ Granite, Gabbros, Quatz	10	8.1	2.39	4.6	0.870
	38		2.38	4.4	0.925
	66		2.36	4.1	0.979
Hungry Horse/ Sandstone	10	10.3	2.56	4.9	0.908
	38		2.53	4.6	0.971
	66		2.51	4.3	1.033
Canyon Ferry/Sandstone, Metasiltstone, Quartzite, Rhyol.	10	9.4	2.41	4.6	0.895
	38		2.39	4.4	0.937
	66		2.36	4.2	0.983

(Continued)

Table 6.4 (Continued)

Barrage/ granulats	**°C**	**Coeff. de dilat. linéaire µm/m °C**	**Conductivité thermique kcal/mh°C**	**Diffusivité thermique m²/h * 10⁻³**	**Chaleur spécifique k J/kg °C**
Monticello/ Grès, Graywacke, Quartz	10	9.4	2.34	4.3	0.941
	38		2.31	4.0	0.992
	66		2.28	3.7	1.046
Anchor/ Andesite, Latite, Calcaire	10	8.1	1.70	3.2	0.950
	38		1.70	3.0	1.013
	66		1.71	2.8	1.079

Table 6.5
Propriétés thermiques des barrages en béton de masse (II) [6.23] [6.26]

Barrage/ granulats	**°C**	**Coeff. de dilat. linéaire µm/m °C**	**Conductivité thermique kcal/mh°C**	**Diffusivité thermique m²/h * 10⁻³**	**Chaleur spécifique k J/kg °C**
Glen Canyon/ Calcaire, Chert, Grès	10	-	3.19	6.0	0.908
	38		3.06	5.5	0.971
	66		2.94	4.9	1.033
Flaming Gorge/ Calcaire, Grès	10	-	2.65	5.0	0.925
	38		2.60	4.6	0.979
	66		2.58	4.3	1.038
Yellowtail/ Calcaire, Andésite	10	7.7	2.31	4.2	0.946
	38		2.26	3.9	1.000
	66		2.20	3.6	1.054
Libby/ Quartz naturel, Gravier	36	10.8	3.32	6.2	0.920
Dworshak/ Granite, Gneiss	36	9.9	2.01	3.9	0.920
Ihla Solteira/ Quartzite, Basalte	36	12.5	2.58	4.6	0.920
Itaipu/ Basalte	36	7.8	1.58	2.7	0.975

6.7. MESURES IN SITU DES TEMPERATURES DU BETON

In situ, les mesures de température dans les barrages en béton sont importantes tant dans la phase de construction que pendant la durée de vie normale de l'ouvrage,

La connaissance de la distribution spatiale et de l'évolution dans le temps de l'élévation de la température interne due à l'hydratation du béton, est essentielle pour contrôler les contraintes thermiques induites et empêcher les fissures qui en résultent. La valeur de la température du béton, qui entraîne une phase de non-contrainte (Fig. 6.11) est appelée température zéro contrainte [6.28] [6.29]. Plus la température zéro contrainte du béton est élevée, et plus la température baisse vers une température ambiante moyenne, plus le potentiel de fissuration thermique induite qui en résulte est élevé [6.30]. Les mesures de température in situ sont également utilisées pour contrôler le processus de refroidissement lors des opérations d'injection.

Table 6.4 (Continued)

Dam/ aggregate	°C	Coeff. linear expansion μm/m °C	Thermal conductivity kcal/mh°C	Thermal diffusivity m²/h * 10^{-3}	Specific heat k J/kg °C
Monticello/Sandstone, Graywacke, Quartz	10	9.4	2.34	4.3	0.941
	38		2.31	4.0	0.992
	66		2.28	3.7	1.046
Anchor/ Andesite, Latite, Limestone	10	8.1	1.70	3.2	0.950
	38		1.70	3.0	1.013
	66		1.71	2.8	1.079

Table 6.5
Thermal properties of mass concrete dams (II) [6.23] [6.26]

Dam/ aggregate	°C	Coeff. linear expansion μm/m °C	Thermal conductivity kcal/mh°C	Thermal diffusivity m²/h * 10^{-3}	Specific heat k J/kg °C
Glen Canyon/ Limestone, Chert, Sandstone	10	-	3.19	6.0	0.908
	38		3.06	5.5	0.971
	66		2.94	4.9	1.033
Flaming Gorge/ Limestone, Sandstone	10	-	2.65	5.0	0.925
	38		2.60	4.6	0.979
	66		2.58	4.3	1.038
Yellowtail/ Limestone, Andesite	10	7.7	2.31	4.2	0.946
	38		2.26	3.9	1.000
	66		2.20	3.6	1.054
Libby/ Natural quartz Gravel	36	10.8	3.32	6.2	0.920
Dworshak/ Granite, Gneiss	36	9.9	2.01	3.9	0.920
Ihla Solteira/ Quartzite, Basalt	36	12.5	2.58	4.6	0.920
Itaipu/ Basalt	36	7.8	1.58	2.7	0.975

6.7. IN SITU MEASUREMENTS OF CONCRETE TEMPERATURES

In situ temperature measurements in concrete dams are important both in the construction phase and during the normal service life of the structure.

The knowledge of the spatial distribution and the temporal development of internal temperature rise, due to the concrete hydration, is essential to control the induced thermal stresses and to prevent the consequent cracks. The concrete temperature value, which causes a stage of no-stress (Fig. 6.11) is called zero-stress temperature [6.28] [6.29]. The higher the zero-stress temperature of the concrete and the temperature decrease to an average ambient temperature is, the higher is the resulting potential of thermal induced cracking [6.30]. In situ temperature measurements are also used to control the cooling process during the grouting operations.

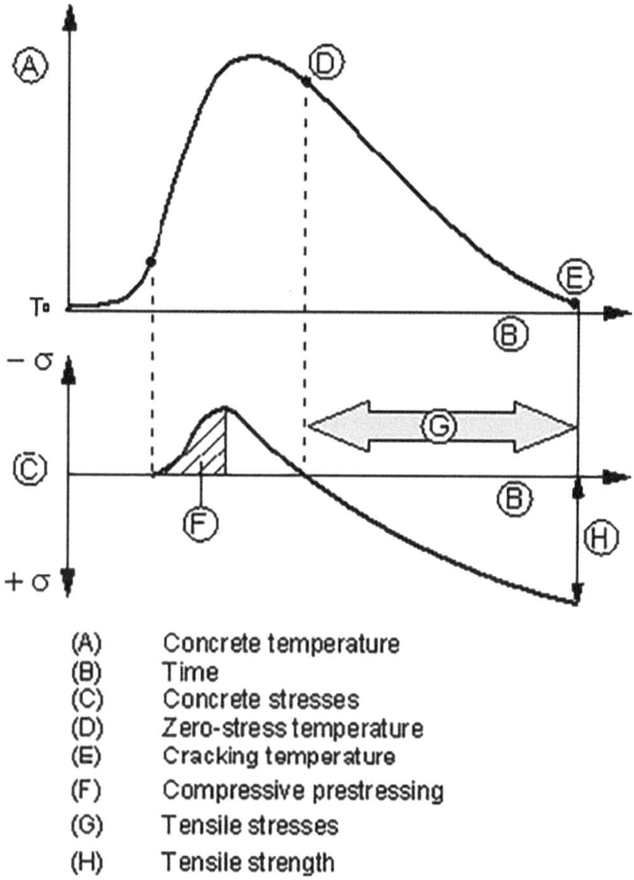

Fig. 6.11
Contrainte du béton jeune sous déformation contrôlée [6.30]

Au cours de la durée de vie normale, la température à l'intérieur du corps de barrage varie en fonction de la température de l'eau et de l'air. Des écarts de température appréciables dépendent du réservoir et des fluctuations saisonnières (Fig. 6.12) et ne constituent une charge importante que pour les barrages minces.

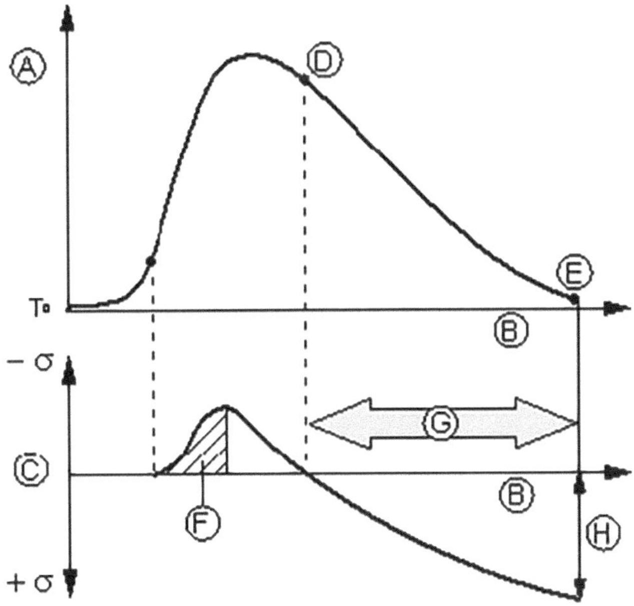

(A) Concrete temperature
(B) Time
(C) Concrete stresses
(D) Zero-stress temperature
(E) Cracking temperature
(F) Compressive prestressing
(G) Tensile stresses
(H) Tensile strength

Fig. 6.11
Stress in young concrete under restrained deformation [6.30]

During the normal service life, the temperature inside of the dam body varies according to the water and air temperature and significant temperature differentials depend on the reservoir and seasonal fluctuation (Fig. 6.12) and are a significant loading for thin dams only.

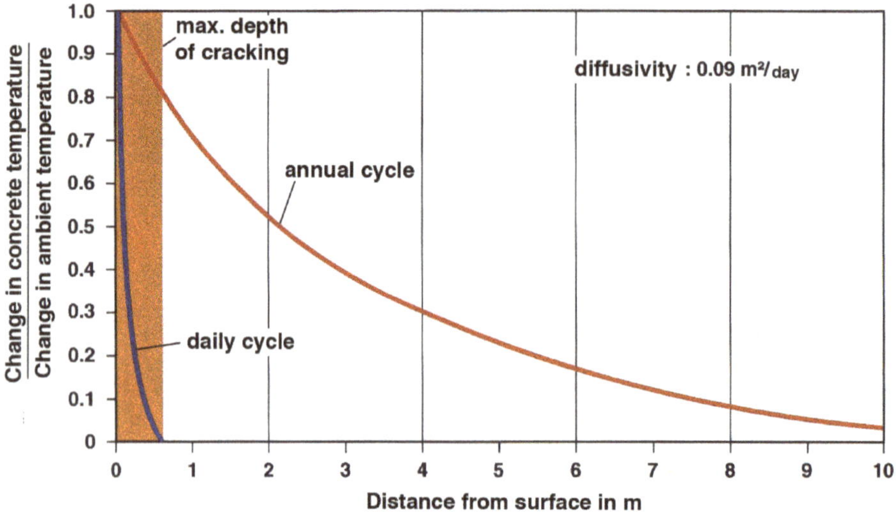

Fig. 6.12
Influence des cycles de température ambiante sur la profondeur de pénétration dans le béton

Les mesures de température sont importantes pour certains barrages afin de déterminer les causes de la déformation du barrage due à la dilatation ou à la contraction et de calculer les mouvements réels [6.31]. Ces mesures sont très importantes, en particulier dans les barrages voûtes minces puisque le changement de volume provoqué par les variations de température contribue de manière significative au chargement de ces barrages.

La température des barrages en béton peut être mesurée en utilisant l'un des nombreux types de thermomètres intégrés ou en relevant la température sur les appareils. Les dispositifs les plus couramment utilisés sont les détecteurs de température à résistance (RTD) et les capteurs à corde vibrante. Les deux fournissent stabilité et précision à long terme. Ils doivent être placés de façon non uniforme le long de la largeur du barrage, afin de respecter le gradient de température plus élevée vers les parements (Fig. 6.13).

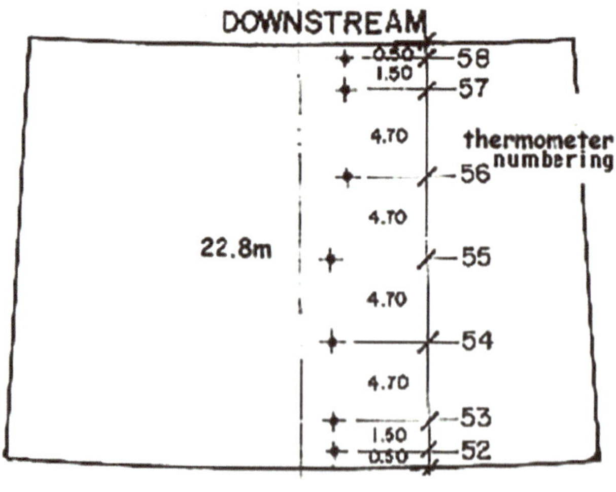

Fig. 6.13
Disposition typique de thermomètres le long de la largeur d'un barrage voûte.

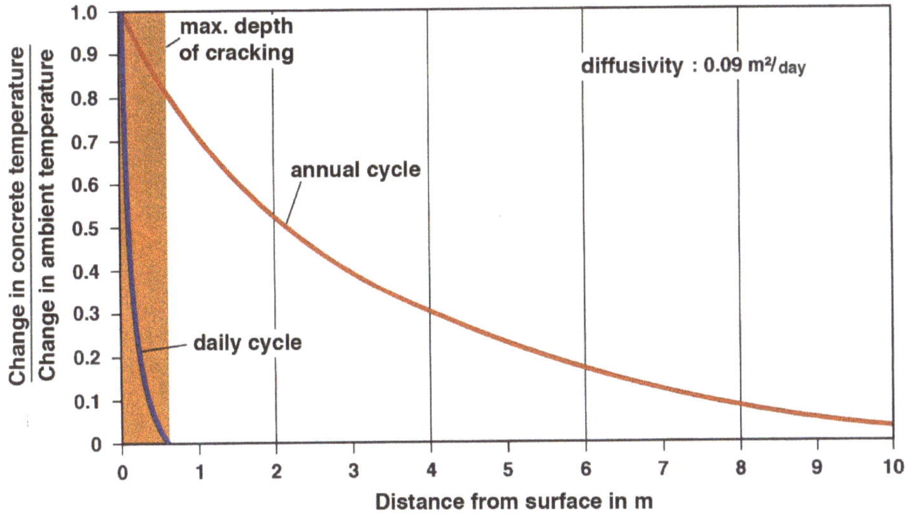

Fig. 6.12
Influence of ambient temperature cycles on concrete depth

The temperature measurements are important for some dams to determine the causes of dam deformation due to expansion or contraction and to compute actual movements [6.31]. They are very important particularly in thin arch dams since volume change caused by temperature fluctuation is a significant contributor to the loading on such dams.

The temperature in concrete dams may be measured using any of several different kinds of embedded thermometers or by simultaneous temperature readings on devices. The most commonly ones are resistance temperature detectors (RTD's) and vibrating wire sensors. Both provide long-term stability and accuracy. They are to be placed non uniformly along the width of the dam in order to respect the higher temperature gradient towards the faces, Fig. 6.13.

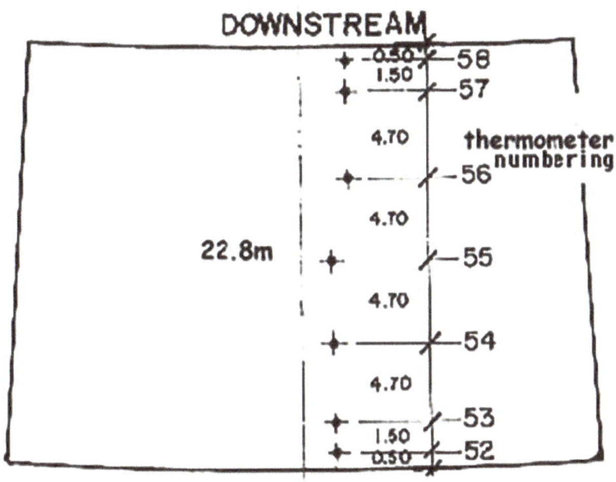

Fig. 6.13
Typical arrangement of thermometers along the width of an arch dam.

Selon le US Army Corps of Engineers [6.32], "les thermomètres sont préférés aux thermocouples parce qu'ils se sont révélés plus fiables, sont d'une plus grande précision et que leur fonctionnement est moins compliqué. Des tuyaux verticaux remplis d'eau ont également été utilisés comme substituts pour mesurer la température au cours de la construction. En utilisant un tuyau vertical, un thermomètre est descendu dans le tuyau d'évacuation à la hauteur désirée et y est maintenu jusqu'à ce que la lecture se stabilise. Ces colonnes d'alimentation en eau peuvent constituer un moyen efficace pour obtenir des gradients de température verticale, mais ne sont pas pratiques pour mesurer les variations de température entre les parements amont et aval du barrage. L'ajout de plusieurs de ces colonnes à travers l'épaisseur du barrage compliquera davantage le processus global de construction. Les bornes- fontaines ont également tendance à indiquer des températures plus élevées que les thermomètres.

Un emplacement typique de thermomètres dans un barrage voûte figure dans la Fig. 6.14 [6.33].

Normalement, les températures du béton sont surveillées uniquement par des mesures ponctuelles. Cependant, la technologie des fibres optiques fournit depuis peu la possibilité de mesurer la température continue en ligne le long de la fibre intégrée dans la structure du barrage. Cette technologie permet de mesurer très précisément et économiquement la répartition de la température du béton de masse. Des exemples d'application de la technique de mesures de la température par fibres optiques (DFTM) dans les barrages en béton figurent dans [6.30] et [6.34] et sont illustrés par la Fig. 6.15.

L'histoire thermique du béton obtenue à partir des mesures de température in situ doit être utilisée pour comparer les études numériques thermiques dans une analyse régressive, où :

(a) le modèle analytique peut être étalonné avec les températures mesurées dans le béton, et

(b) l'évolution de la température et le contrôle de la fissuration peuvent être prévus par des calculs appropriés, en utilisant des "modèles thermiques" adéquats.

According to the US Army Corps of Engineers [6.32], "thermometers are preferred over thermocouples because they have been more dependable, have greater precision, and are less complicated in their operation. Standpipes filled with water have also been used as a substitute for temperature measurement during construction. In using a standpipe, a thermometer is lowered into the standpipe to the desired elevation and held there until the reading stabilizes. Standpipes can be an effective way to obtain vertical temperature gradients but are not practical for measuring temperature variation between the upstream and downstream faces of the dam. The addition of several standpipes through the thickness of the dam will add extra complications to the overall construction process. Standpipes also tend to indicate higher temperatures than thermometers".

A typical location of thermometers in an arch dam is reported in Fig. 6.14 [6.33].

Usually, concrete temperatures are monitored only through spot measurements. However, recently the technology of fibre optic cables provides the possibility of continuous inline temperature measurements along the fibre cable integrated into the dam structure. This technology allows very accurate and economic measurements of temperature distributions in mass concrete. Examples of applications of the technique of Distributed Fibre optic Temperature Measurements (DFTM) on concrete dams are reported in [6.30] and [6.34] and illustrated in Fig. 6.15.

The thermal history of concrete obtained from the in situ-measurements of temperature are to be used for comparison with thermal numerical studies in a back analysis, where:

(a) the analytical model can be calibrated with the measured temperatures in the concrete, and

(b) the evolution of temperature and control of cracking can be foreseen by adequate calculations, using adequate "thermal models".

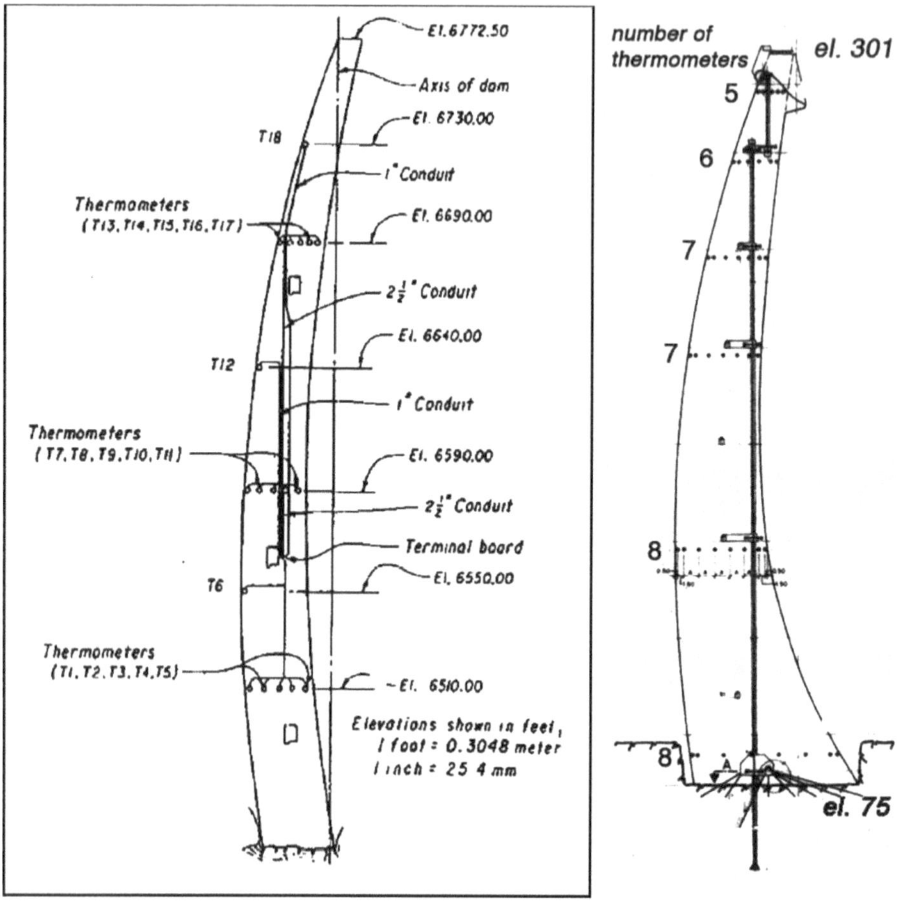

Fig. 6.14
Maquette d'installation du thermomètre de [6.33] (à gauche) et du barrage Franzisco Morazán – Honduras (à droite) – Noter la disposition non uniforme des thermomètres à travers l'épaisseur du barrage

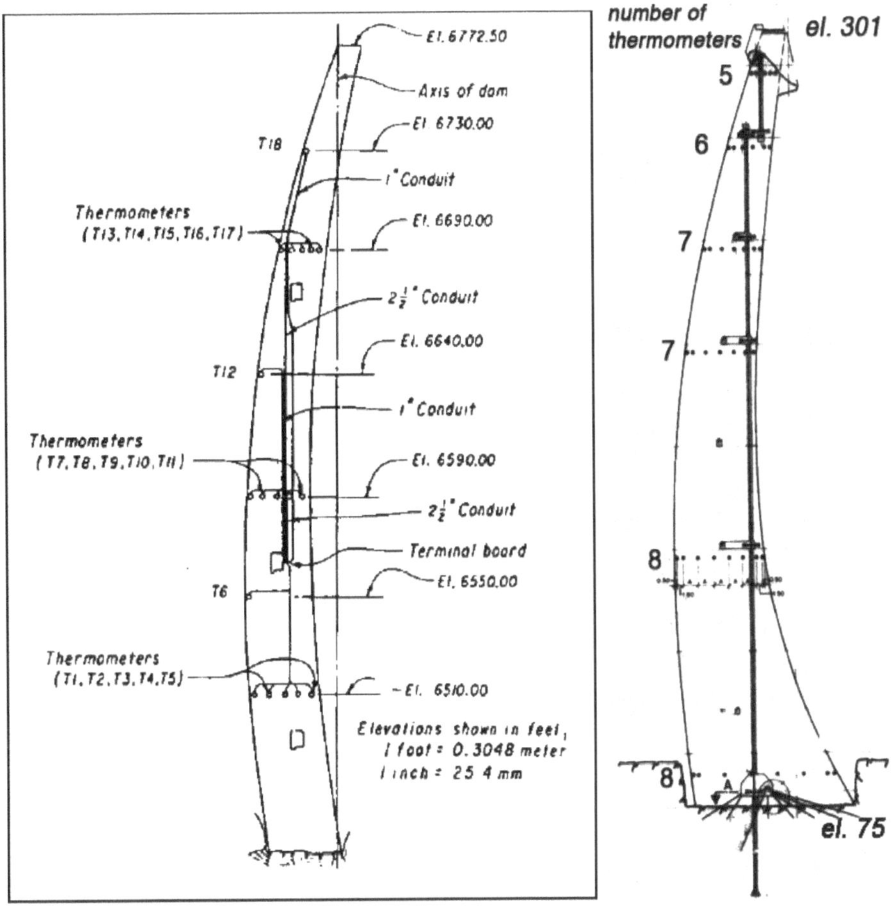

Fig. 6.14
Layout for thermometer installation from [6.33] (on the left) and from Franzisco Morazán Dam – Honduras (on the right) – note the ununiform arrangement of thermometers across thickness

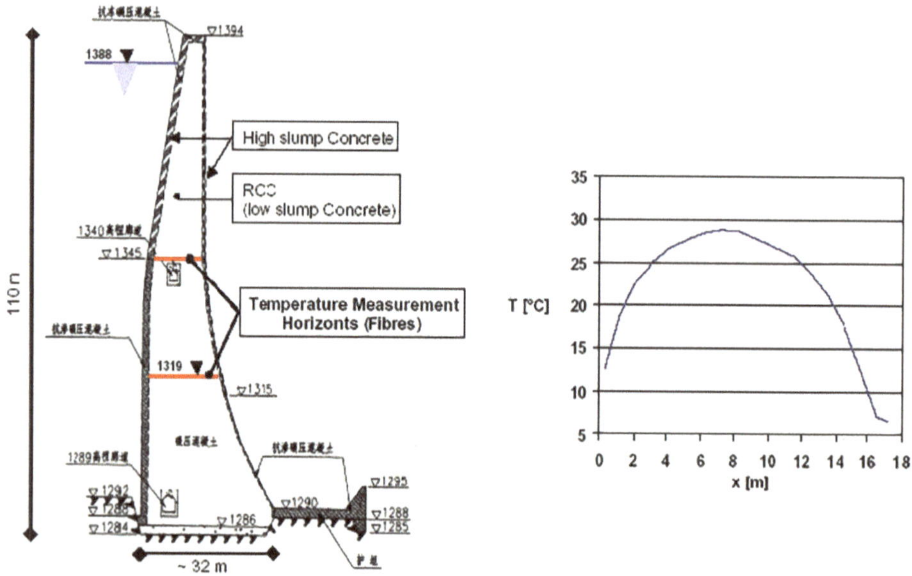

Fig. 6.15
Section transversale du barrage voûte Shimenzhi et répartition de la température sur la section 1319 (obtenue à travers les fibres horizontales), 170 jours après bétonnage (température ambiante ~0°C) [6.34]

6.8. RÉFÉRENCES

[6.1] Guerra, E.A., Fontoura, J.T.F., Bittencourt R.M. and Pacelli, W.A ., "Mass Concrete Properties for Large Hydropower Constructions", FURNAS CENTRAIS ELETRICAS SA.

[6.2] Penwarden, A. D., "Measurement of the heat of hydration of concrete using an insulated cube", Building Research Establishment. England, Internal Report N95/86, September 1986.

[6.3] Tse, F.S., Morse I.E., "Measurement and Instrumentation in Engineering", m. Dekker, New York,1989.

[6.4] Forrester, J.A., "A conduction calorimeter for the study of cement hydration", Cement Technology, Vol. 1, No. 3, p. 95-99, 1970,

[6.5] National Concrete Pavement Technology Center "Developing a simple rapid test for monitoring the heat evolution of concrete mixture for both laboratory and field application", Centre for Transportation Research and Education, Iowa State University (USA), Final report, January 2006.

[6.6] Kreuzer. H., Personal Communication

[6.7] Morabito, P. "Thermal Properties of Concrete", IPACS – Improved Production of Advanced Concrete Structures, Report BE96-3843/2001:18-4, 2001.

[6.8] Costa, U., "A simplified model of adiabatic colorimeter", Il Cemento, Vol. 76, No.2, pp. 75 92, April 1979.

[6.9] Morabito, P., "Measurement of the thermal properties of different concretes", High temperatures High Pressures, Vol. 21, p. 51-59. 1989.

[6.10] Neville, A. M., "Properties of concrete", Pitman Pulishing Ltd. London, 1975.

[6.11] Beugel, K., Van "Artificial cooling of hardening concrete", *Research Report No. 5-80-9*, 1980.

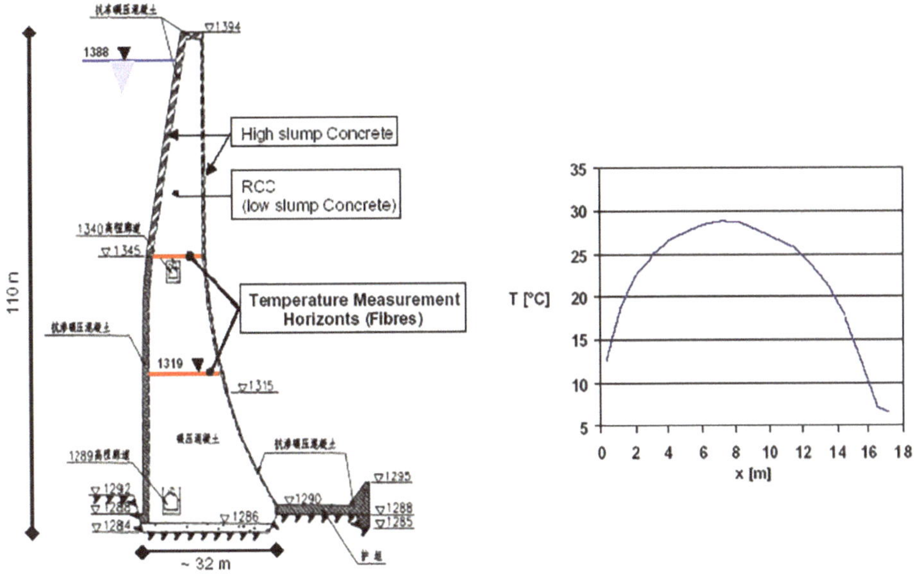

Fig. 6.15

Cross section of the Shimenzhi arch dam and temperature distribution over the section 1319 (obtained through the horizontal fibres), 170 days after concreting (ambient temperature ~0°C) [6.34]

6.8. REFERENCES

[6.1] Guerra, E.A., Fontoura, J.T.F., Bittencourt R.M. and Pacelli, W.A ., "Mass Concrete Properties for Large Hydropower Constructions", FURNAS CENTRAIS ELETRICAS SA.

[6.2] Penwarden, A. D., "Measurement of the heat of hydration of concrete using an insulated cube", Building Research Establishment. England, Internal Report N95/86, September 1986.

[6.3] Tse, F.S., Morse I.E., "Measurement and Instrumentation in Engineering", m. Dekker, New York,1989.

[6.4] Forrester, J.A., "A conduction calorimeter for the study of cement hydration", Cement Technology, Vol. 1, No. 3, p. 95-99, 1970,

[6.5] National Concrete Pavement Technology Center "Developing a simple rapid test for monitoring the heat evolution of concrete mixture for both laboratory and field application", Centre for Transportation Research and Education, Iowa State University (USA), Final report, January 2006.

[6.6] Kreuzer. H., Personal Communication

[6.7] Morabito, P. "Thermal Properties of Concrete", IPACS – Improved Production of Advanced Concrete Structures, Report BE96-3843/2001:18-4, 2001.

[6.8] Costa, U., "A simplified model of adiabatic colorimeter", Il Cemento, Vol. 76, No.2, pp. 75 92, April 1979.

[6.9] Morabito, P., "Measurement of the thermal properties of different concretes", High temperatures High Pressures, Vol. 21, p. 51-59. 1989.

[6.10] Neville, A. M., "Properties of concrete", Pitman Pulishing Ltd. London, 1975.

[6.11] Beugel, K., Van "Artificial cooling of hardening concrete", *Research Report No. 5-80-9*, 1980.

[6.12] Morabito, P., "An in-situ method for thermal conductivity and diffusivity measurements", Proceedings of In-situ Heat Measurements in Buildings, Hanover 1990.

[6.13] British Standards Institution BS 4550, "Methods of testing cement. Part. 3. Physical Tests", 1978.

[6.14] American Society for Testing Materials *ASTM. C 186 86*, "Standard test method for heat of hydration of hydraulic cement", 1986.

[6.15] DIN, 1164, Pt.8.

[6.16] Association Francaise de Normalisation, "Blinders measurement of hydration heat of cements by means of semi adiabatic calorimetry (Langavant Method)", AFNOR NF P 15 436, 1983.

[6.17] Suzuki, Y. et al., "Method for evaluating performance of testing apparatus for adiabatic temperature rise of concrete", Concrete library of JSCE, No. 14, March 1990.

[6.18] Suzuki Y. et al., "Evaluation of adiabatic temperature rise of concrete measured with the new testing apparatus", Concrete Library of JSCE, No 13, June 1989.

[6.19] Yokota, N., "Testing apparatus for measuring temperature rise", The Cement Association of Japan, Review 1985.

[6.20] Morabito P. et al., "Measurement of adiabatic temperature rise in concrete", CONCRETE 20000. Proceedings of the International Conference, Vol. 1, p. 749-759, 1993.

[6.21] Wainwright, P. J. and Tolloczko, J. J. A., "A temperature Matched curing system controlled by microcomputer", Magazine Concrete Research. Vol. 35, No. 124, p. 164 169, September 1983

[6.22] Alegre, R., Cement Calorimetry at the French Hydraulic Blinders Research Institute (CERILH), Report No. 333-hc/62 Pt I Adiabatic Calorimeters.

[6.23] American concrete Institute, "Manual of concrete practice", Part I. ACI 213R-79, ACI 207.1R-70, ACI 207.2R-73, ACI 207.4R-80,1978.

[6.24] Equipe de FURNACES, Laboratorio de Concreto, "Concretos, massa, estructural, projetado e compactado com rolo", Walton Pacelli de Andrade Edition, Pini, Sao Paulo, Brazil, 1997.

[6.25] Scandiuzzi L., Andriolo F.R., "Concreto e seus Materiais: propriedades e ensaios", Pini, Sao Paulo, Brazil, 1986.

[6.26] Bureau of Reclamation, "Properties of mass concrete in Bureau of Reclamation dams", Concrete Laboratory report n° C-1009, Denver, Colorado (USA), 1961.

[6.27] Sudhindra, C., Suri, S.B., Ravinder Singh, Varshney J.P., "Role of mica in sand on the strength and thermal characteristics of concrete", 16th Int. Conf. On Large Dams, San Francisco (USA), Q. 62, R. 29, 1988

[6.28] Mangold, M., "Die Entwicklung von Zwang- und Eigenspannungen in Betonbauteilen während der Hydratation", Berichte aus dem Baustoffinstitut der Technischen Universität München. München, Heft 1/1994.

[6.29] Plannerer, M. "Temperaturspannungen in Betonteilen während der Erhärtung" Dissertation, Technische Universität München, München, 1998.

[6.30] Aufleger, M., Conrad, M., Strobl, Th., Malkawi, A.I., Duan, Y., "Distributed fibre optic temperature measurements in RCC-Dams in Jordan and China", In: Roller Compacted Concrete Dams, Proc. of the 4th Int. Symp. on Roller Compacted Concrete (RCC) Dams, Madrid, 17.-19.11.2003. Ed.: Berga, L. Lisse: Balkema, 2003, p. 401 - 407.

[6.31] Stucky, A., Derron, M.H., "Problèmes thermiques posés par la construction des barrages - réservoirs", Lausanne, Sciences et Technique, 1957, Publication EPUL n° 38.

[6.32] US Army Corps of Engineers, "Engineer Manual EM 1100-2-2201", Chapter 12: Instrumentation, http://www.usace.army.mil/publications/eng-manuals/em1110-2-2201/c-12.pdf, 1994.

[6.33] USBR, "Concrete Dam Instrumentation Manual," October 1987.

[6.34] Aufleger, M., Conrad, M., "Fibreoptical Temperature Measurements in Hydraulic Engineering", Institute and Laboratory for Hydraulic and Water Resources Engineering Technische Universitat Munchen (D), 2000, http://www.wb.bv.tum.de/forschung/aufleger/glasfaser_e.pdf.

[6.12] Morabito, P., “An in-situ method for thermal conductivity and diffusivity measurements”, Proceedings of In-situ Heat Measurements in Buildings, Hanover 1990.

[6.13] British Standards Institution BS 4550, “Methods of testing cement. Part. 3. Physical Tests”, 1978.

[6.14] American Society for Testing Materials *ASTM. C 186 86*, “Standard test method for heat of hydration of hydraulic cement”, 1986.

[6.15] DIN, 1164, Pt.8.

[6.16] Association Francaise de Normalisation, “Blinders measurement of hydration heat of cements by means of semi adiabatic calorimetry (Langavant Method)”, AFNOR NF P 15 436, 1983.

[6.17] Suzuki, Y. et al., “Method for evaluating performance of testing apparatus for adiabatic temperature rise of concrete”, Concrete library of JSCE, No. 14, March 1990.

[6.18] Suzuki Y. et al., “Evaluation of adiabatic temperature rise of concrete measured with the new testing apparatus”, Concrete Library of JSCE, No 13, June 1989.

[6.19] Yokota, N., “Testing apparatus for measuring temperature rise”, The Cement Association of Japan, Review 1985.

[6.20] Morabito P. et al., “Measurement of adiabatic temperature rise in concrete”, CONCRETE 20000. Proceedings of the International Conference, Vol. 1, p. 749-759, 1993.

[6.21] Wainwright, P. J. and Tolloczko, J. J. A., “A temperature Matched curing system controlled by microcomputer”, Magazine Concrete Research. Vol. 35, No. 124, p. 164 169, September 1983

[6.22] Alegre, R., Cement Calorimetry at the French Hydraulic Blinders Research Institute (CERILH), Report No. 333-hc/62 Pt I Adiabatic Calorimeters.

[6.23] American concrete Institute, “Manual of concrete practice”, Part I. ACI 213R-79, ACI 207.1R-70, ACI 207.2R-73, ACI 207.4R-80,1978.

[6.24] Equipe de FURNACES, Laboratorio de Concreto, “Concretos, massa, estructural, projetado e compactado com rolo”, Walton Pacelli de Andrade Edition, Pini, Sao Paulo, Brazil, 1997.

[6.25] Scandiuzzi L., Andriolo F.R., “Concreto e seus Materiais: propriedades e ensaios”, Pini, Sao Paulo, Brazil, 1986.

[6.26] Bureau of Reclamation, “Properties of mass concrete in Bureau of Reclamation dams”, Concrete Laboratory report n° C-1009, Denver, Colorado (USA), 1961.

[6.27] Sudhindra, C., Suri, S.B., Ravinder Singh, Varshney J.P., “Role of mica in sand on the strength and thermal characteristics of concrete”, 16th Int. Conf. On Large Dams, San Francisco (USA), Q. 62, R. 29, 1988

[6.28] Mangold, M., “Die Entwicklung von Zwang- und Eigenspannungen in Betonbauteilen während der Hydratation”, Berichte aus dem Baustoffinstitut der Technischen Universität München. München, Heft 1/1994.

[6.29] Plannerer, M. “Temperaturspannungen in Betonteilen während der Erhärtung” Dissertation, Technische Universität München, München, 1998.

[6.30] Aufleger, M., Conrad, M., Strobl, Th., Malkawi, A.I., Duan, Y., “Distributed fibre optic temperature measurements in RCC-Dams in Jordan and China”, In: Roller Compacted Concrete Dams, Proc. of the 4th Int. Symp. on Roller Compacted Concrete (RCC) Dams, Madrid, 17.-19.11.2003. Ed.: Berga, L. Lisse: Balkema, 2003, p. 401 - 407.

[6.31] Stucky, A., Derron, M.H., “Problèmes thermiques posés par la construction des barrages - réservoirs”, Lausanne, Sciences et Technique, 1957, Publication EPUL n° 38.

[6.32] US Army Corps of Engineers, “Engineer Manual EM 1100-2-2201”, Chapter 12: Instrumentation, http://www.usace.army.mil/publications/eng-manuals/em1110-2-2201/c-12.pdf, 1994.

[6.33] USBR, “Concrete Dam Instrumentation Manual,” October 1987.

[6.34] Aufleger, M., Conrad, M., “Fibreoptical Temperature Measurements in Hydraulic Engineering”, Institute and Laboratory for Hydraulic and Water Resources Engineering Technische Universitat Munchen (D), 2000, http://www.wb.bv.tum.de/forschung/aufleger/glasfaser_e.pdf.

7. LA PERMÉABILITÉ À L'EAU

7.1. INTRODUCTION

7.1.1. Influence de la perméabilité sur le comportement du barrage

La perméabilité du béton, ou la facilité de pénétration de l'eau, est généralement considérée comme la propriété la plus importante pour déterminer la durabilité du béton des barrages. La perméabilité a également d'autres influences sur le comportement des barrages, comme les sous-pressions. Certaines incidences mentionnées ci-dessous sont également illustrées par la Fig. 7.1

La lixiviation : Le béton fortement perméable est plus vulnérable à la lixiviation, c'est-à-dire que la dissolution dans l'eau des produits d'hydratation rend le béton encore plus perméable, moins résistant, plus faible et plus vulnérable à d'autres agressions comme le gel-dégel, etc. Les phénomènes de lixiviation sont spécifiquement traités dans le Bulletin ICOLD n ° 71 de 1989 Exposure of dam concrete to special aggressive waters – Guidelines).

Les composés agressifs : (sulfates, chlorures, acide de carbone par exemple) peuvent être transportés plus facilement dans le béton de plus grande perméabilité et l'effet de l'eau douce du réservoir est intensifié.

Le gel-dégel : Les agressions dues au gel-dégel sont fortement tributaires de la teneur en humidité du béton. Une perméabilité plus élevée signifie que plus des parties du béton ont une forte teneur en humidité, plus le risque de dommages dus au gel-dégel est élevé. Des « rideaux » de calcite se forment parfois par lixiviation sur la surface en aval des barrages et l'eau s'accumule derrière ces « rideaux », ce qui entraîne souvent des dommages dus au gel-dégel. La résistance du béton des barrages au gel est examinée dans la Section 8 ci-après du présent Bulletin.

Les pressions interstitielles : Dans un béton à perméabilité élevée, l'eau est plus facilement aspirée ou comprimée dans le béton dans lequel la pression interstitielle se forme plus facilement, avec une sous-pression croissante. Si un barrage présente des sections à perméabilité différente, la pression interstitielle différera aussi entre les sections. Un cas particulier est celui où l'eau qui s'écoule rencontre le CO_2 à l'extrémité aval et que des « rideaux » de $CaCO_3$ plutôt serrés se forment, augmentant ainsi la pression interstitielle du béton.

La réaction alcali-granulat (AAR) : La réaction alcali-granulat (AAR) est une réaction entre les alcalis de la solution interstitielle et les granulats réactifs aux alcalis. Un gel se forme alors. Dans un béton à haute teneur en alcali, avec un agrégat réactif et une source externe d'humidité, la formation du gel peut suffire à provoquer une dilatation interne et une grave fissuration. La perméabilité est l'une des propriétés influençant l'apport en eau. Des références figurent dans le Bulletin ICOLD n° 79 de 1991 ("Alkali-aggregate reactions in concrete dams: review and recommendations").

Corrosion des armatures : A cause de la lixiviation, la valeur du pH chutera dans le béton autour des armatures, réduisant ainsi la passivité et augmentant le risque de corrosion.

7. WATER PERMEABILITY

7.1. INTRODUCTION

7.1.1. Influence of permeability on the dam behaviour

The permeability of concrete, or how readily water penetrates it, is usually regarded as the single most important property determining the durability of concrete in dams. The permeability has also other influences on the dam behaviour such as on the uplift forces. Some of the influences are mentioned below and also shown in Fig. 7.1.

Leaching: Highly permeable concrete is more vulnerable to leaching, i.e. water dissolving hydration products making the concrete even more permeable, softer, weaker and vulnerable to other attacks such as freeze-thawing. etc. Leaching phenomena are specifically dealt in the ICOLD Bulletin n° 71 of 1989 ("Exposure of dam concrete to special aggressive waters – Guidelines").

Aggressive constituents (e.g. sulphates, chlorides, carbon acid) can be conveyed more easily in concrete with higher permeability, and the effect of soft reservoir water is intensified.

Freeze-thawing: Freeze-thawing attacks are highly dependent on the content of moisture in the concrete. Higher permeability means more concrete parts with higher moisture content and a higher risk for freeze-thawing damages. Sometimes "curtains" of calcite are formed due to leaching on the downstream surface of dams and behind these curtains water are accumulated, which often lead to freeze-thawing damages. The frost resistance of concrete in dams is examined in this Bulletin, in the following Section 8.

Pore-pressure: In a concrete with high permeability, water is easier sucked or pressed into the concrete whereby the pore pressure more easily is built up, with increasing uplift pressure. If a dam has sections with different permeability, the pore pressure will also differ between the sections. A special case is when leaking water meets CO_2 at the downstream end and rather tight $CaCO_3$-curtains is formed, making pore pressure increase in the concrete.

Alkali-Aggregate Reaction (AAR): The alkali-aggregate reaction (AAR) is a reaction between alkali in the pore solution and aggregate reactive for alkali. A gel is formed. In concrete with high content of alkali, reactive aggregate and with an external source of humidity the formation of the gel may be sufficient to cause internal expansion and severe cracking. The permeability is one of the governing properties influencing the supply of water. References could be found in the ICOLD Bulletin n°79 of 1991 ("Alkali-aggregate reactions in concrete dams: review and recommendations").

Reinforcement corrosion: As a consequence of leaching the pH-value will drop in the concrete around embedded reinforcement bars, reducing the passiveness and increasing the potential for corrosion.

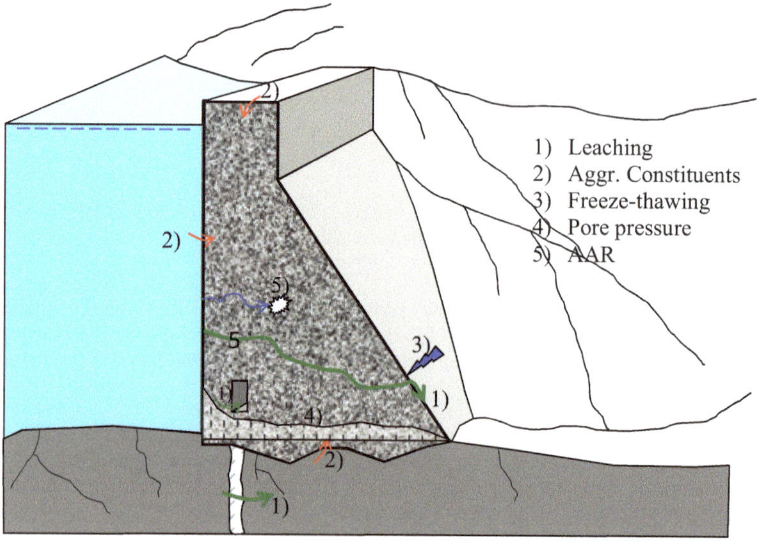

Fig. 7.1
Différents types d'agressions extérieures sur un barrage en béton

7.1.2. *Perméabilité du milieu poreux et du béton*

La perméabilité d'un milieu poreux permet de mesurer avec quelle facilité un fluide y pénètre. La perméabilité est souvent utilisée pour désigner un certain nombre de mécanismes de transfert de masse. La diffusion de l'humidité de l'eau, l'absorption ou la désorption de l'eau par les parois poreuses, le flux de liquide dû à l'aspiration capillaire et le flux de liquide en milieu non saturé ou saturé dû à la pression extérieure, ont tous été désignés dans la littérature comme perméabilité.

Cependant, la plupart du temps, la perméabilité est l'état de percolation stable et homogène de l'eau à travers le matériau saturé d'eau (flux de Darcy). La loi de Darcy bien connue est le moyen mathématique courant pour décrire cette perméabilité [7.1] :

$$q_w = k_w \cdot dP/dx \cdot A \qquad (7.1)$$

où :

q_w = écoulement d'eau (m^3/s);

k_w = coefficient de perméabilité (m/s);

dP/dx = gradient de pression (m/m);

A = section transversale (m^2).

Bien qu'il serait souhaitable de pouvoir trouver une grandeur géométrique pour caractériser la géométrie des pores en règle générale, ces derniers divergent et convergent et sont manifestement de dimension différente, ce qui les rend très difficiles à mesurer et à modéliser. Plus les pores sont petits, plus l'effet des parois poreuses sur les phénomènes hydrodynamiques est élevé. L'écoulement d'un fluide tend à se produire là où il peut le plus facilement s'écouler, c'est à dire dans les plus grands pores ou les fissures reliées.

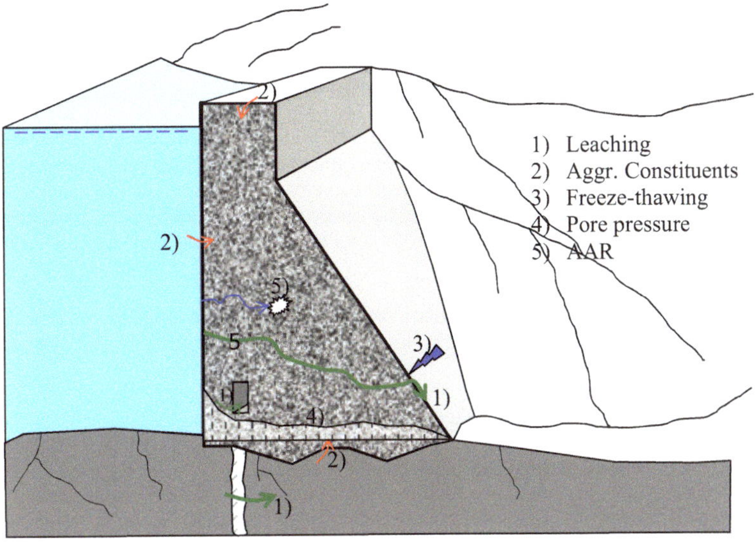

Fig. 7.1
Different types of environmental attacks on a concrete dam

7.1.2. Permeability in porous media and concrete

The permeability of a porous medium is a measure of how readily a fluid penetrates it. Water permeability is often used to denote a number of different mass transfer mechanisms. The diffusion of water moisture, the absorption or desorption of water on the pore walls, liquid flow due to capillary suction, and unsaturated or saturated liquid flow due to external pressure have all been referred to rather loosely in the literature as permeability.

However, permeability mostly refers to homogenous steady-state percolation of water through water-saturated material (Darcian flow). A common mathematical way to describe such permeability is by the well-known Darcy's law [7.1]:

$$q_w = k_w \cdot dP/dx \cdot A \tag{7.1}$$

where:

q_w = flow of water (m^3/s);

k_w = permeability coefficient (m/s);

dP/dx = pressure gradient (m/m);

A = cross section area (m^2).

Although it would be desirable to be able to find a geometric quantity for characterising the geometry of pores generally, they unfortunately diverge and converge as well as differing markedly in scale, making them very difficult both to measure and to model. The smaller the pores, the greater the effect of the pore walls on the hydrodynamic phenomena. The flux of a fluid tends to occur where it can flow most easily, i.e. in the larger connected pores or cracks.

Les canaux d'écoulement concernés peuvent énormément différer par leur forme et leur origine. Pendant la durée de vie du béton, des canaux d'écoulement peuvent être formés, modifiés et refermés. Plus le nombre de canaux d'écoulement est élevé dans le béton et plus les canaux d'écoulement sont grands, moins tortueux, plus réguliers et plus connectés, la résistance à la mobilité de l'eau est moindre et plus la quantité d'eau pouvant être transportée est importante.

L'écoulement d'eau dans un matériau poreux peut être caractérisé par un potentiel qui force l'eau à travers les pores, ainsi que par les forces résistantes qui ralentissent le débit. Dans le cas du transport capillaire, la force motrice et le coefficient de transport sont fonction de la géométrie de l'espace poreux, tandis que dans la perméabilité seul le coefficient de transport est fonction de la géométrie.

La perméabilité du béton dépend de la perméabilité de chaque phase du béton et donc de :

- la perméabilité de la pâte
- la perméabilité des granulats
- la perméabilité de la zone inter-faciale

Des essais de perméabilité ont historiquement été effectués aussi bien sur la pâte que sur le béton. Des essais de perméabilité sur le béton de masse comme dans les barrages épais en béton figurent dans la littérature technique depuis les années 20. Les recherches classiques sont : McMillan & Lyse, 1930 [7.2]; Ruettgers, 1935 [7.3]; Mary, 1936 [7.4]; Mather & Callan, 1950 [7.5], Nycander, 1954 [7.6], Sällström, 1968 [7.7].

7.1.3. L'eau dans le béton

Le béton est un matériau poreux avec une forte capacité à absorber l'eau du point de vue hygroscopique. Les pores du gel du béton ont une taille de $\approx 10^{-9}$ m, soit environ 4 à 5 fois supérieure à ceux d'une molécule d'eau. Les pores capillaires ont une taille inférieure à 10^{-6} m [7.8]. Ils peuvent être remplis d'eau par condensation capillaire.

L'eau contenue dans le béton est souvent classée comme eau non-évaporable (W_n) (appelée aussi eau liée chimiquement) et eau évaporable (W_e). L'eau évaporable est souvent classée comme eau absorbée par les parois poreuses (W_{gel}) et eau mobile (W_m). Comme l'indique son nom, l'eau mobile est principalement impliquée dans le transfert massique de l'eau. La manière dont l'eau se fixe au béton dépend de la géométrie du système poreux, du type de matériaux solides de la matrice, de l'humidité et de l'équilibre thermodynamique entre le système poreux et son environnement.

L'eau contenue dans le béton provient de différentes phases lors de sa fabrication et lors du durcissement. Par exemple,

$$W_{tot} = W_0 + W_{curing} - W_{hydr} + W_{forced} \tag{7.2}$$

où :

W_{tot} = eau totale

W_0 = eau de gâchage

W_{curing} = eau ajoutée pendant le durcissement

W_{hydr} = eau liée chimiquement présente lors de l'hydratation

W_{forced} = eau ayant pénétré dans le béton pendant son cycle de vie, c'est-à-dire par aspiration capillaire ou comme conséquence de la pression de l'eau imposée de l'extérieur.

The flow channels involved can differ very much in shape and origin. During the lifetime of concrete, flow channels can be formed, changed, and closed again. The greater the number of flow channels there are in the concrete and the broader, less tortuous, smoother, and more connected the flow channels are, the less the resistance is against water mobility and the greater amount of water can be transported.

The flow of water in a porous material can be characterised by a potential that forces water through the pores, and by the resistant forces that slow down the flow. In the case of capillary transport, both the driving force and the transport coefficient are a function of the geometry of the pore space, whereas in permeability the transport coefficient alone is a function of the geometry.

The permeability of concrete depends on the permeability of each phase of the concrete, and thus on

- the permeability of the paste
- the permeability of the aggregate
- the permeability of the interfacial zone

Permeability tests have historically been performed both on paste and concrete. Permeability tests on "mass" concrete as for thick concrete dams are found in the technical literature since the years 1920. Classical investigations are: McMillan & Lyse, 1930 [7.2]; Ruettgers, 1935 [7.3]; Mary, 1936 [7.4]; Mather & Callan, 1950 [7.5], Nycander, 1954 [7.6], Sällström, 1968 [7.7].

7.1.3. Water in concrete

Concrete is a porous material with a strong ability to bind water hygroscopically. The gel pores in concrete have a size of $\approx 10^{-9}$ m, about 4 to 5 times that of a water molecule. Capillary pores have a size of less than 10^{-6} m [7.8]. They can be filled with water by capillary condensation.

The water contained in concrete is often classified into non-evaporable water (W_n) (also denoted as chemically bound water), and evaporable water (W_e). The evaporable water is often classified into water adsorbed on pore walls (W_{gel}) and mobile water (W_m). As can be understood by its name, mobile water is mainly involved in the mass transfer of water. How the water is fixed within the concrete depends on the geometry of the pore system, the type of solid material in the matrix, the humidity, and the thermodynamic balance between the pore system and the surroundings.

The water contained in concrete stems from different phases of construction and curing. For example,

$$W_{tot} = W_0 + W_{curing} - W_{hydr} + W_{forced} \tag{7.2}$$

Where:

W_{tot} = total water;

W_0 = mixing water;

W_{curing} = water added during curing;

W_{hydr} = chemically bounded water present during hydration; and

W_{forced} = water forced into the concrete during its life cycle, e.g. by capillary suction or as a result of external water pressure being imposed.

L'eau liée au béton pendant l'hydratation, W_{hydr}, est généralement estimée en supposant que pour 1kg de ciment 0,25 kg d'eau est liée en moyenne à l'hydratation totale, soit :

$$W_{hydr} = C \cdot \alpha / 4 \tag{7.3}$$

où :

C = la quantité totale de ciment (kg)

α = ratio d'hydratation (-) voir aussi 7.2.5.

7.1.4. Perméabilité de la pâte de ciment

Dans une pâte de ciment exempte de défauts, le degré de perméabilité dépend du nombre, de la taille, de la forme et de la connectivité, ainsi que du taux d'humidité relative (HR) des pores. Plus la quantité d'eau de gâchage disponible est importante, plus les pores se développent au cours de l'hydratation. Au cours du processus d'hydratation, les pores sont remplis plus ou moins avec des produits d'hydratation qui entraînent une diminution de la porosité et de la connectivité et donc une réduction de la perméabilité.

La Fig. 7.2 présente les résultats d'une étude de Powers et al. [7.9] concernant la perméabilité de Darcy dans une pâte de ciment très bien hydratée (≈93%). La perméabilité augmente très rapidement lorsque certains niveaux du rapport eau/ciment ou de la porosité capillaire sont atteints. Le fait que la relation semble être la même dans les deux figures n'est pas surprenant, puisque la porosité capillaire dans le modèle structurel Powers est proportionnelle au rapport eau/ciment. L'augmentation la plus rapide de la perméabilité avec une porosité capillaire d'environ 30% est en partie due à de plus grands capillaires et à une inter- connectivité croissante entre les capillaires. Le débit de l'eau dans un canalicule est proportionnel à la puissance quatre du rayon, qui entraîne une augmentation très rapide du début si le rayon capillaire est élargi. Il semble clair que la perméabilité de la pâte de ciment est contrôlée par sa porosité capillaire.

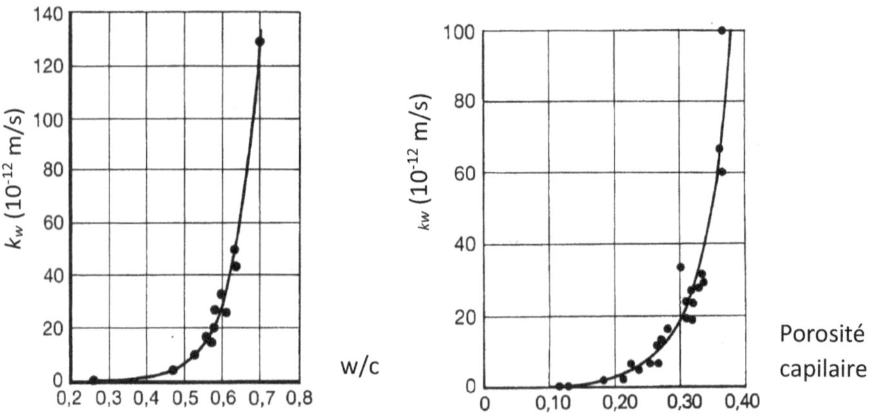

(a) Relation de la perméabilité kw et du ratio eau/ciment (b) Relation de la perméabilité et de la porosité capillaire

Fig. 7.2
Perméabilité de l'eau d'une pâte de ciment bien hydratée par rapport (a) au ratio eau/ciment et (b) à la porosité capillaire (Powers et al. 1954 [7.9], présenté par Fagerlund dans [7.10]).

The water bound in concrete during the hydration, W_{hydr}, is usually estimated on the assumption that 1kg cement in average binds 0.25 kg water at complete hydration. That is:

$$W_{hydr} = C \cdot \alpha/4 \tag{7.3}$$

where:

C = total amount of cement (kg); and

α = hydration ratio (-). See also 7.2.5.

7.1.4. Permeability of cement paste

In cement paste, which is free of defects, the degree of permeability depends on the number, size, shape, and connectivity, as well as the relative humidity (RH) of the pores. The greater the amount of mixing water available, the greater the extent to which pores are formed during hydration. During the hydration process, the pores are filled to varying degrees with hydration products which lead to a decrease in porosity and connectivity and thus to a drop in permeability.

Fig. 7.2 presents results of a study by Powers et al. [7.9] concerning Darcian permeability in cement paste that was very well hydrated (≈93%). The permeability increases very rapidly when certain levels of the w/c ratio or of capillary porosity are reached. The fact that the relation appears to be about the same in both figures is not surprising, since in the Powers structural model capillary porosity is proportional to the w/c ratio. The very rapid increase in permeability at a capillary porosity of about 30% is partly due to larger capillaries and an increasing interconnection between the capillaries. The flow of water in a flow channel is proportional to the fourth power of the radius, which results in a very rapid increase of flow if the capillary radius is enlarged. It seems clear that the permeability of cement paste is controlled by its capillary porosity.

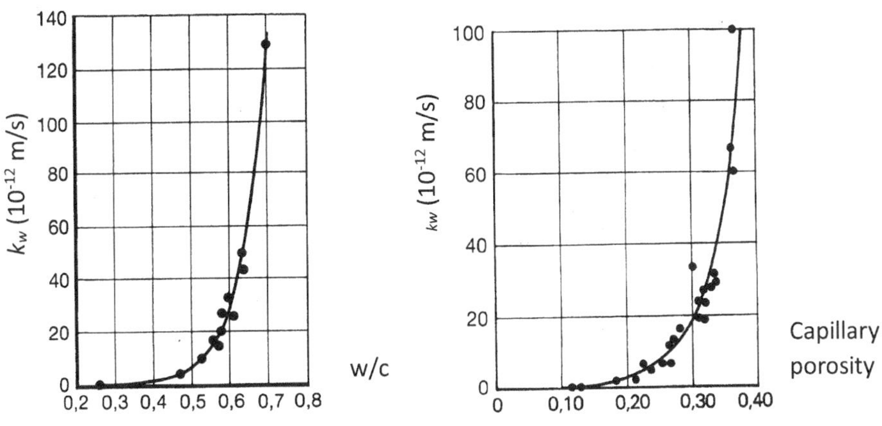

(a) Relation of permeability k_w to the w/c ratio (b) Relation of permeability to capillary porosity

Fig. 7.2
Water permeability of well hydrated cement paste in relation to (a) the w/c ratio and (b) capillary porosity (Powers et al. 1954 [8.9], presented by Fagerlund in [7.10]).

7.1.5. *Perméabilité des granulats*

En dépit de leur porosité généralement faible (en dessous de 3%), les granulats ont tendance à avoir le même niveau de perméabilité que la pâte de ciment [7.11] [7.12] (Tab. 7.1). Cela peut s'expliquer par la différence de taille typique entre les pores capillaires de la pâte (10 à 100 nm) et les granulats (supérieurs à 10 μm en moyenne) [7.12].

Table 7.1
Comparaison de la perméabilité des roches et de la pâte de ciment [7.11].

Type de roche	Permeabilité (m/s)	Rapport eau/ciment de la pâte de ciment mûre de même perméabilité
Quartzite diorite	$8.24 \cdot 10^{-14}$	0.42
Marbre	$2.39\text{-}57.7 \cdot 10^{-13}$	0.48-0.66
Granite	$5.35\text{-}15.6 \cdot 10^{-11}$	0.70-0.71
Grès	$1.23 \cdot 10^{-10}$	0.71

7.1.6. *La perméabilité du béton*

Cet examen de la perméabilité du béton est valable en particulier pour le béton de masse en tant que matériau et pas toujours valable pour les structures en béton de masse dans leur ensemble, comme les barrages par exemple. Les matériaux du béton de masse peuvent être considérés comme "sans défaut" tandis que les structures en béton de masse comme les barrages ont souvent des discontinuités artificielles, comme les joints de construction par exemple, ou des vides, comme les fissures dues à différentes causes.

Bien que la réduction de la surface d'écoulement (lorsque la porosité des granulats est inférieure à celle de la pâte de ciment), la segmentation des canalicules d'écoulement et l'allongement des canalicules efficaces suggèrent que la perméabilité du béton doit être inférieure à celle de la pâte de ciment, elle est en fait environ 100 fois plus élevée que celle de la pâte de ciment correspondante [7.13]. Cela s'explique essentiellement par le fait que l'ajout des granulats produit une interface poreuse entre les granulats et la pâte et que les microfissures se forment pendant l'hydratation [7.14].

La perméabilité de cette zone est régie principalement par la distribution de taille des pores à l'intérieur de la zone, les cristaux au sein de la zone (surtout $Ca\,(OH)_2$) et les microfissures de la zone. Les zones d'interfaces sont des points faibles relativement poreux et vulnérables aux déformations différentielles entre la pâte de ciment et les granulats, induites par le retrait, le retrait thermique et les charges appliquées de l'extérieur ; ces déformations entraînent des microfissures. Aucune mesure directe de la perméabilité de la zone d'interface n'est rapportée dans la littérature.

L'écoulement d'eau dans le béton est la somme de toutes les fuites d'eau à travers ce béton, allant du flux à grande échelle dans les grandes fissures ouvertes connectées et remplies d'eau (nids de graviers, granulats non adéquats, le long des barres d'armature, etc.) à de très faibles niveaux de diffusion de la vapeur à travers les pores capillaires. Dans le béton sans défaut, comme le béton de masse, l'écoulement se produit dans les pores capillaires et la couche de transition poreuse autour des granulats. Les défauts du béton, comme les fissures, peuvent avoir de nombreux niveaux de perméabilité aussi élevés que celle du béton lui-même, son niveau étant fonction de la taille des fissures et de la manière dont ils sont connectés dans le béton.

La quantité de pores présents dans la phase de la pâte de ciment est généralement de l'ordre de 35 à 50% du volume. Dans les granulats de granit ordinaire par exemple, les pores représentent environ 0,5 à 1% du volume. Dans l'ensemble du béton, c'est-à-dire y compris la pâte de ciment et les agrégats, la porosité est de l'ordre de 10 à 20%.

7.1.5. Permeability of aggregate

Despite its generally low porosity (below 3%), aggregate tends to have about the same level of permeability as cement paste [7.11] [7.12] (Table 7.1). This can be explained by the difference in typical size between the capillary pores in the paste (10 to 100 nm) and in aggregate (larger than 10 μm in average) [7.12].

Table 7.1
Comparison of the permeability of rocks and of cement paste [7.11].

Type of rock	Permeability (m/s)	W/c ratio of mature cement paste of the same permeability
Quartz diorite	$8.24 \cdot 10^{-14}$	0.42
Marble	$2.39\text{-}57.7 \cdot 10^{-13}$	0.48-0.66
Granite	$5.35\text{-}15.6 \cdot 10^{-11}$	0.70-0.71
Sandstone	$1.23 \cdot 10^{-10}$	0.71

7.1.6. The permeability of concrete

This discussion about concrete permeability is mainly valid for mass concrete material and not always valid for mass concrete structures as a whole, e.g. dams. Mass concrete materials can be thought of as "defect-free" whereas mass concrete structures, such as dams, often have manmade discontinuities, as for example construction joints, or cavities, for example cracks due to different causes.

Although the reduction in flow area (when the porosity is lower for the aggregate than for the cement paste), segmenting of the flow channels and lengthening of the effective flow channels, suggests that the permeability of concrete should be less that of cement paste, the permeability of concrete is in fact about 100 times as high as that of the corresponding cement paste [7.13]. The major explanation for this is that the addition of aggregate produces a porous interfacial zone between the aggregate and the paste and that micro-cracks are formed there during hydration [7.14].

The permeability of the interfacial zone is governed mainly by the pore size distribution within the zone, the crystals within the zone (mainly $Ca(OH)_2$) and micro-cracks within the zone. The interfacial zones are weak and relatively porous and are vulnerable to differential strains between the cement paste and the aggregate induced by drying shrinkage, thermal shrinkage and externally applied loads, such strains resulting in micro-crack. No direct measurements of the permeability of the interfacial zone can be found in the literature.

The flow of water through concrete is the sum of all leakage of water through it, ranging from large-scale flow in large connected and water-filled cracks and cavities (e.g. honey combing, beneath aggregate, along rebar, etc) to very low levels of vapour diffusion through the capillary pores. In defect-free concrete, such as mass-concrete, flow occurs in capillary pores and the porous transition layer around the aggregate. Defects in concrete, such as cracks, can have permeability many orders as high as that of the concrete itself, its level depending on the size of the cracks and on how connected they are within the concrete.

The number of pores present in the cement paste phase is typical in the order of 35-50% of the volume. In for example ordinary aggregate of granite the pores represent approximately 0.5-1% of the volume. Within the whole concrete, i.e. including both cement paste and aggregate, the porosity is on the order of 10-20 %.

Les moteurs potentiels de l'écoulement d'eau dans un barrage en béton exposé à l'eau d'un côté et à l'air ou à l'eau de l'autre côté sont schématiquement représentés dans la Fig. 7.3. Les conditions y sont présentées peu de temps après la mise en eau (Fig. 7.3 a) et longtemps après que le réservoir ait été rempli (Fig. 7.3 b). Le transport de l'eau est dû à un flux combiné de différents mécanismes comme la diffusion de la vapeur, l'aspiration capillaire dans le béton non saturé d'eau et la surpression externe du béton saturé.

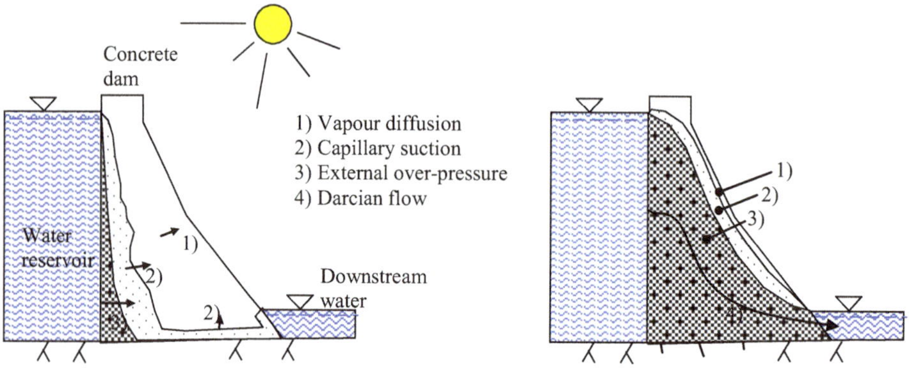

(a) Peu de temps après la mise en eau (b) Longtemps après la mise en eau

Fig. 7.3
Schéma des potentiels de circulation de l'eau dans un barrage en béton exposé à l'eau d'un côté et à l'air ou à l'eau de l'autre, où (a) représente les conditions existantes dans un temps relativement court après le remplissage du réservoir et (b) les conditions à long terme après remplissage.

La perméabilité i) de la pâte de ciment ordinaire, ii) de la phase de la pâte dans le béton et iii) du béton est indiquée dans la Fig. 7.4, sur la base de différentes études. La figure indique que la perméabilité diminue au fur et à mesure qu'augmente le ratio d'hydratation, et qu'elle augmente aussi lorsque des rapports eau/ciment plus élevés sont utilisés ainsi que pour le béton par rapport à la pâte de ciment ordinaire. Il apparaît aussi que la perméabilité augmente si des granulats de plus grandes tailles sont utilisés, ce qui est également montré par d'autres études [7.10]. En réalité, les mesures de perméabilité sont très dispersées, en fonction du type de durcissement, du type d'agrégat, de la taille du béton, etc., ce qui est illustré par la Fig. 7.5 montrant les différentes études sur la perméabilité de la pâte de ciment et du béton.

Selon Hearn [7.14], les résultats des différentes études ont montré une proportionnalité directe entre la perméabilité et le rapport eau/ciment, et ce même si les données de ces études affichent un degré élevé de dispersion les unes par rapport aux autres (Fig. 7.5). Cela est probablement dû à des différences de traitement des échantillons et des procédures d'essai, qu'il est important de garder à l'esprit en comparant les diverses études de perméabilité.

The driving potentials for water flow in a concrete dam exposed to water at the one side and either air or water at the other side is schematically shown in Fig. 7.3. In the figure the conditions are presented at a relative short time after impounding Fig. 7.3 a) and after long time after the reservoir has been filled (7.3 b). Water transport is due to a combined flow of different mechanisms such as vapour diffusion and capillary suction in not water saturated concrete and external over-pressure in saturated concrete.

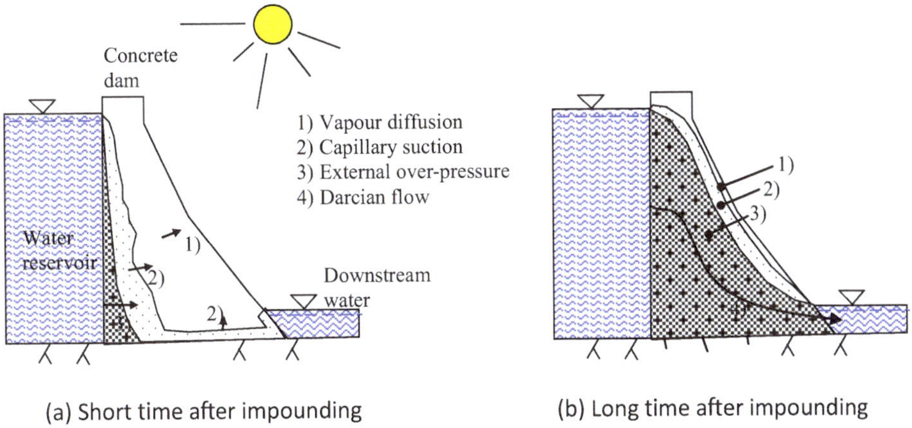

Fig. 7.3
Scheme of the driving potentials for the flow of water in a concrete dam exposed to water at the one side and either air or water at the other, where (a) shows the conditions found a relative short time after the reservoir has been filled and (b) the conditions long after the reservoir has been filled.

The permeability of i) plain cement paste, ii) the paste phase in concrete and iii) of concrete is shown in Fig. 7.4, on the basis of different studies. The figure indicates that permeability decreases as the hydration ratio increases, the permeability increases as higher w/c-ratios are used, and the permeability increases for concrete compared to plain cement paste. It is also shown that the permeability increases if bigger aggregate particles are used, which also other studies show [7.10]. In reality there is a large scatter in permeability measurements depending on type of curing, type of aggregate, size of the concrete, etc, which can be seen in Fig. 7.5, showing different studies of the permeability of cement paste and concrete.

According to Hearn [7.14], the results of individual studies have shown a direct proportionality between permeability and the w/c ratio, although the data for different studies show a high degree of scatter in relation to each other (Fig. 7.5). This is probably due to differences in specimen treatment and in test procedures, which is important to bear in mind when comparing different permeability studies.

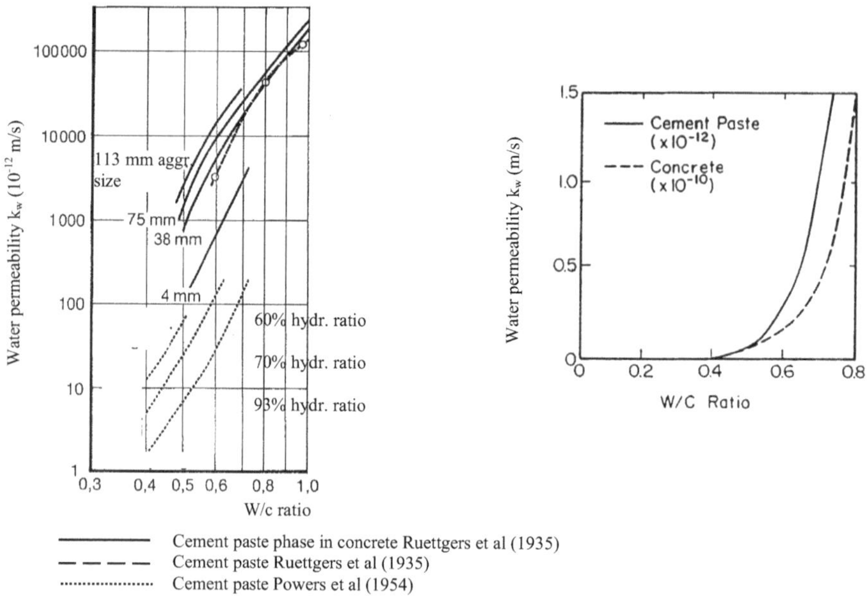

Fig. 7.4
(a) La perméabilité à l'eau de différentes pâtes de ciment et de la phase de pâte de ciment dans divers bétons [7.10]. Remarquer que la perméabilité affichée pour la "phase de pâte dans le béton" (en gras) n'a trait qu'à la phase de la pâte dans le béton, ce qui signifie que pour connaître la perméabilité du béton, les valeurs doivent prendre en compte la part de la pâte de ciment b) La perméabilité à l'eau de la pâte de ciment et du béton [7.13].

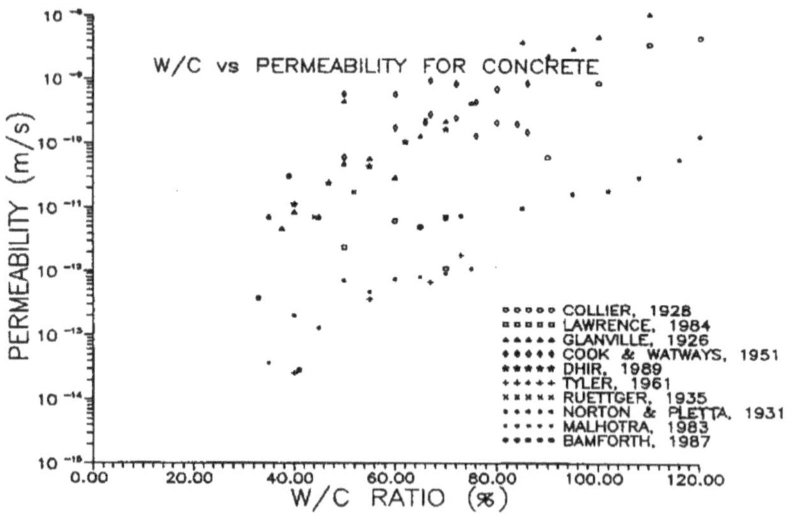

Fig. 7.5
Corrélation entre le rapport eau/ciment et la perméabilité du béton sur la base des données de différentes études [7.14]. Noter le degré élevé de dispersion, probablement dû aux différences de traitement des échantillons et des procédures d'essai.

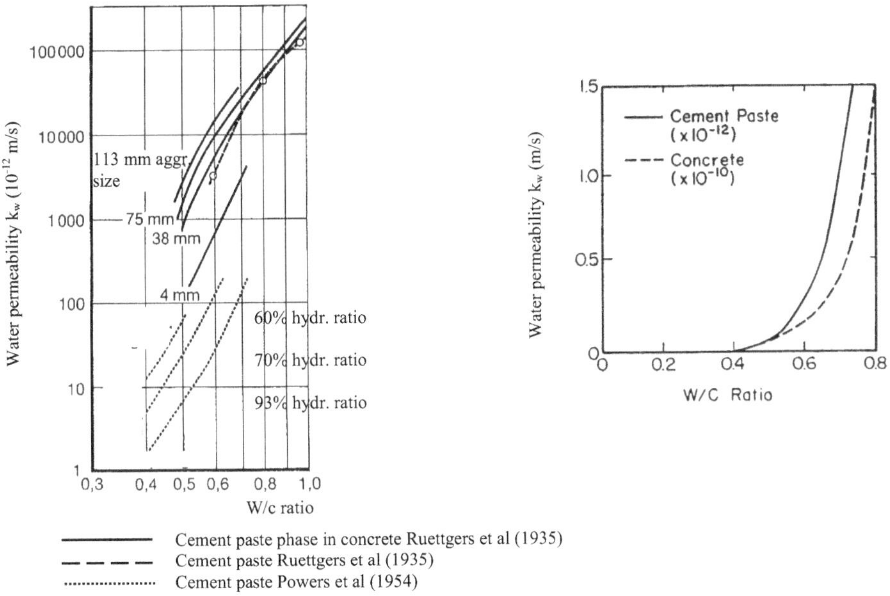

Fig. 7.4
(a) Permeability to water for various cement pastes and for the cement paste phase in various concretes [7.10]. Observe that the permeability shown for the "paste phase in concrete" (solid line) is for the paste phase in the concrete only, which means that for having the permeability for concrete the values should be multiplied with the share of cement paste. b) Water permeability for cement paste and for concrete [7.13].

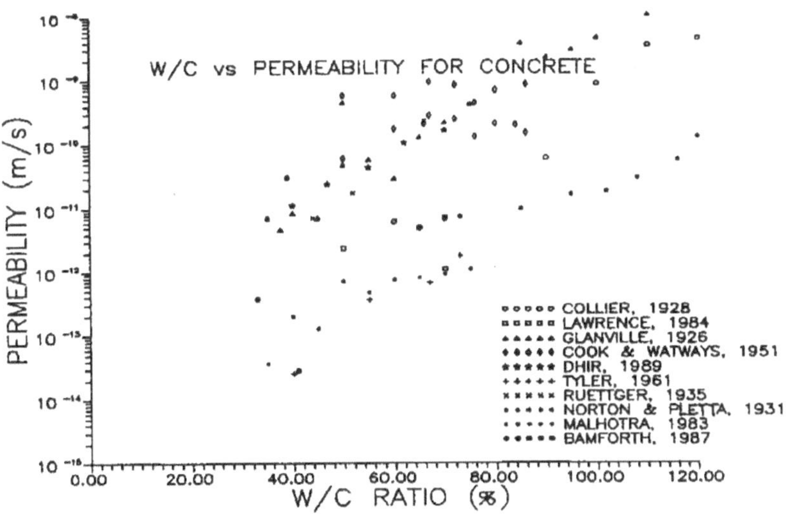

Fig. 7.5
Correlation between the w/c-ratio and the permeability of concrete on the basis of data from different studies [7.14]. Note the high degree of scatter, probably due to differences in specimen treatment and in test procedures.

7.2. FACTEURS INFLUANT SUR LA PERMEABILITE DU BETON A L'EAU

7.2.1. Général

La perméabilité du béton peut être répartie entre :

* La perméabilité mesurée en laboratoire

* La perméabilité du béton de masse d'un barrage

* La perméabilité de l'ensemble de la structure du barrage (notamment les joints et les interfaces)

En règle générale, il apparaît que tous les facteurs qui élargissent, connectent ou rendent moins sinueux les canaux d'écoulement existants ou qui créent de nouveaux canaux d'écoulement augmentent la perméabilité du béton. Etant donné que l'écoulement de l'eau dans les pores tubulaires peut être considéré comme proportionnel au diamètre des pores élevé environ à la puissance 4 et dans une fissure l'épaisseur élevée environ à la puissance 3, le débit augmente manifestement rapidement au fur et à mesure que les pores et les fissures sont plus larges et plus connectés.

7.2.2. Fissures ou cavités

Des fissures ou autres cavités peuvent se former en raison de divers facteurs: joints artificiels, vibration imparfaite, retrait thermique pendant la période de refroidissement après la coulée, retrait dû au séchage, canaux d'écoulement le long des ronds à béton à cause de la séparation de l'eau et du tassement de la masse de béton, fléchissement, variations saisonnières de température, déformation élastique et fluage et charges appliquées extérieurement. Les fissures se trouvent principalement dans la zone d'interface entre la pâte et les agrégats, mais se retrouvent aussi dans la pâte. Les microfissures sont toujours plus grandes que les pores capillaires. Elles se propagent d'une discontinuité à l'autre, en créant plus ou moins des canaux d'écoulement continus dans la matrice de ciment. La durée de la cure est particulièrement importante, étant donné que le séchage et le refroidissement produisent de grandes variations de contraintes dans le béton lorsqu'il n'a pas encore beaucoup gagné en résistance. Plus la cure de l'eau du béton démarre tôt, plus le béton gagne rapidement en résistance et plus les contraintes dues aux variations de température et à l'humidité sont petites. Dans le béton de masse des barrages, des fissures se forment facilement à cause des grandes différences de température pendant le durcissement et le long des joints de construction, à moins que des mesures appropriées (comme le refroidissement) soient entreprises pour empêcher les fissures de se former. La perméabilité est aussi plus élevée que dans le béton de masse, par exemple autour des bandes d'arrêt d'eau (« water-stop »), des butées des vannes, en béton ferraillé ou dans d'autres parties du barrage où la vibration du béton peut être insuffisante.

Les fuites à travers le béton fissuré peuvent être calculées approximativement grâce à la loi de Poiseuille et à l'introduction d'un coefficient de rugosité qui corrige les irrégularités et la tortuosité des fissures. La Fig. 7.6 montre un exemple de fuite potentielle supposant une fissure continue (ou une fuite du joint de reprise). Elle indique l'importance de la qualité du béton en amont (revêtement) pour éviter les fuites abondantes dans les galeries du barrage.

7.2. FACTORS INFLUENCING THE CONCRETE WATER PERMEABILITY

7.2.1. General

Permeability of concrete may be divided in:

* Laboratory tested permeability

* Permeability of mass concrete in a dam

* Permeability of the overall dam structure (including joints and interfaces)

It can be said generally that all factors that enlarge, connect, or straighten existing flow channels or create new flow channels increase the permeability of the concrete. Since the flow of water in tube-like pores can be said to be proportional to the pore diameter raised approximately to the power of 4 and in a crack the thickness raised approximately to the power of 3, the flow obviously increases rapidly as pores and cracks become wider and more connected.

7.2.2. Cracks or cavities

Cracks or other cavities can be formed due to various factors: man-made joints, imperfect compaction, thermal shrinkage during the cooling period after casting, shrinkage due to drying, flow channels along the reinforcement bars due to water separation and to settlement of the concrete mass, due deflection, due to seasonal changes in temperature, elastic strain, and creep and due to externally applied loads. The cracks are found mainly in the interfacial zone between paste and aggregate but are found in the paste as well. Micro-cracks are always larger than capillary pores. They propagate from one discontinuity to another, creating more or less continuous flow channels throughout the cement matrix. The curing period is particularly important, since drying and cooling produce large variations in stress in the concrete when it has not yet obtained any large degree of strength. The sooner the water curing of concrete starts, the more quickly the concrete gains in strength and the smaller the stresses due to differences in temperature and moisture are. In the massive concrete of dams, cracks are easily formed due to large temperature differences during hardening and along construction joints, unless suitable actions (such as cooling) are undertaken to prevent cracks from being formed. Around water-stopping bands in joints, around embedded steel for gate abutment or in other parts in dams where imperfect compaction may occur, the permeability is often higher than in the mass concrete.

Leakage through cracked concrete can be approximated by using Poiseuille's law and introducing a correcting roughness coefficient for irregularities and crack tortuosity. Fig. 7.6 shows an example for potential leakage assuming a continuous crack (or leaking lift joint). It indicates the importance of high quality (facing) upstream concrete in order to avoid excessive leakage into dam galleries.

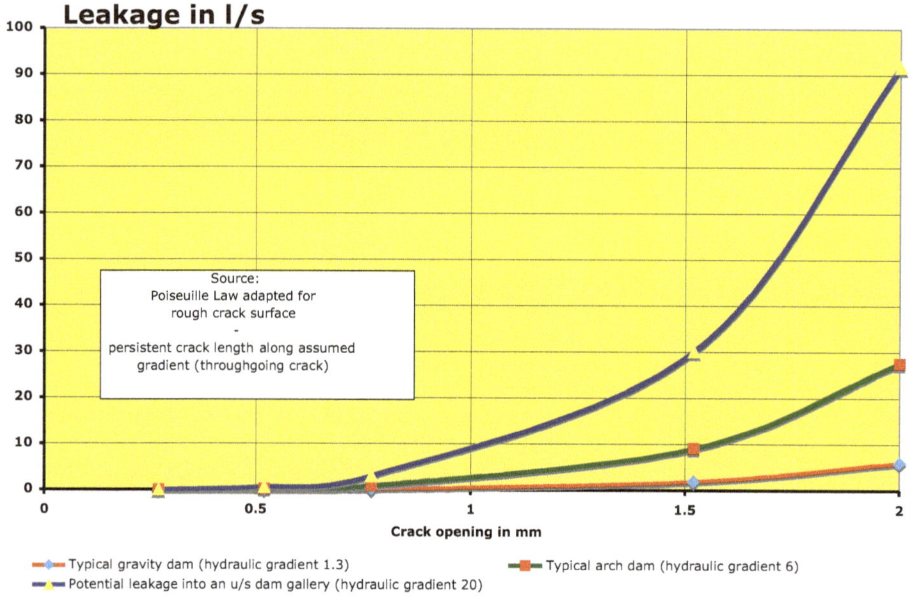

Fig. 7.6
Fuites le long d'un béton fissuré ou défaut des joints de reprise.

7.2.3. Humidité interne

L'humidité du béton influe considérablement sur la perméabilité à l'eau. La phase solide change à cause du retrait, du gonflement ou des réactions chimiques, ce qui entraîne des modifications de la géométrie du système poreux. La teneur en eau elle-même influe sur la mesure dans laquelle l'eau peut s'écouler à travers le système poreux.

Dans un barrage, il peut y avoir de nombreuses combinaisons des conditions d'humidité à travers la structure, l'écoulement d'eau dépendant de plusieurs types de mécanismes de circulation. Les Fig. 7.3 et Fig. 7.7 montrent en principe comment l'eau peut circuler à travers le béton soumis à l'eau d'un côté et à l'air de l'autre, c'est-à-dire comme dans un vrai barrage. Dans l'extrémité amont et aussi longtemps que le canal d'écoulement est rempli d'eau, l'écoulement est de type darcien. Par canal d'écoulement, il faut entendre tout pore capillaire, microfissure, joint, etc., dans lequel l'eau est transportée. Toutefois, plus près de l'extrémité aval, le canal devient plus sec et pas complètement rempli d'eau. A une humidité relative au-dessus d'environ 45%, des ménisques d'eau courbes se forment dans les passages étroits, conduisant à la condensation capillaire. Dans les parties remplies d'air, l'eau est transportée en tant que diffusion de vapeur le long du canal. Une partie de l'eau/vapeur peut être également absorbée par les parois du canal, être coincée dans les pores très étroits ou réagir chimiquement avec les composés des parois poreuses. Certains pores sont si isolés et si difficiles à atteindre par l'eau qu'ils se remplissent d'abord d'eau après une longue période d'aspiration de l'eau.

Dans les structures en béton épais avec un faible rapport eau/ciment, les parties situées à l'intérieur peuvent présenter une humidité inférieure à 100%, même si le béton est toujours recouvert d'eau. La raison en est que beaucoup d'eau est utilisée dans ces zones au cours de l'hydratation et que l'eau externe a des difficultés à atteindre ces parties.

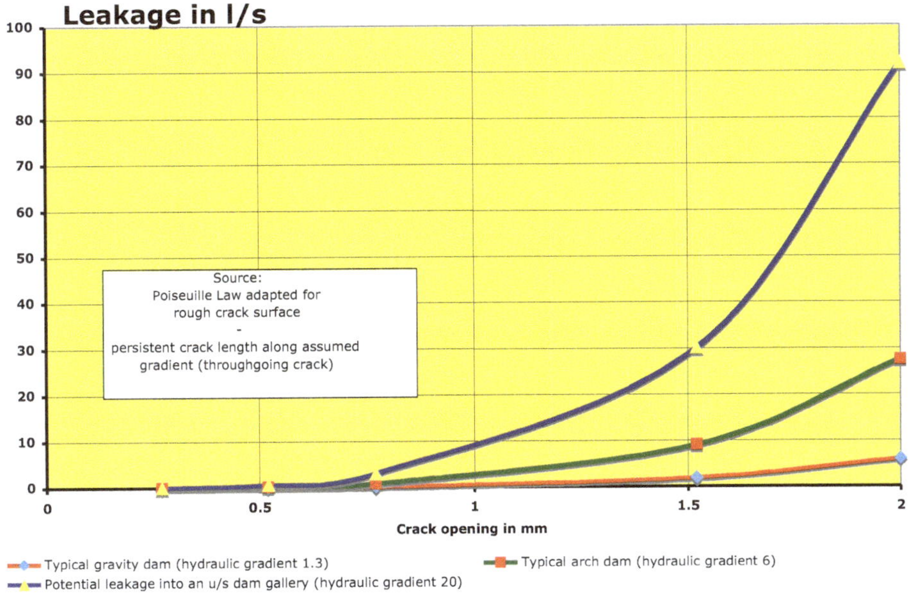

Fig. 7.6
Leakage along cracked concrete or defect lift joints.

7.2.3. Internal humidity

The humidity of the concrete has an important influence on the water permeability. The solid phase changes due to shrinkage or swelling or to chemical reactions, leading to changes in the geometry of the pore system. The moisture content itself influences the extent to which water can flow through the pore system.

In a dam there may be many combinations of moisture conditions throughout the structure, the flow of water being a function of many different types of transport mechanisms. Fig. 7.3 and Fig. 7.7 show in principle how water can be transported through concrete subjected to water on one side and air on the other, e.g. as in a real dam. In the upstream end and as long as the flow channel is filled with water the flow is of a Darcian type. By flow channel is meant any capillary pore, micro-crack, joint, etc, where water is transported in. However, coming closer to the downstream end the channel becomes dryer and not completely filled with water. At RH above about 45 % curved water menisci are formed in narrow passages, leading to capillary condensation. In air-filled parts the water is transported as vapour diffusion along the channel. Some of the water/vapour may also be adsorbed on the walls of the channel, are stuck in very narrow pores, or react chemically with compounds in the pore walls. Some pores are so isolated and difficult to reach by the water that they are filled with water first after a long period of water suction.

In thick concrete structures with a low w/c ratio there may be parts located in the interior, which have a humidity of less than 100 %, even if the concrete is always covered with water. The reason is that much water is used in these parts during the hydration and external water has difficulties to reach these parts.

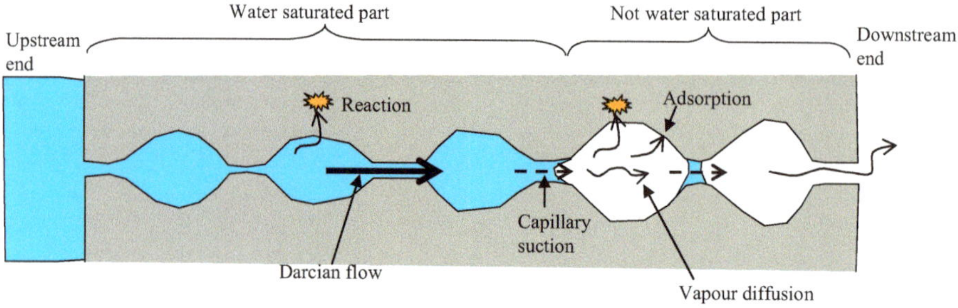

Fig. 7.7
Mouvements ou fixation des molécules d'eau dans les pores saturés ou secs du ciment.

7.2.4. Conditions de cure

Une cure en laboratoire diffère de celle sur le chantier, même si le principe est le même. Une perméabilité de laboratoire appropriée confirme une bonne structure des pores (formulation du mélange), mais ne tient pas compte de l'influence de l'exécution du travail et de la fissuration à un âge précoce (cure lors de la mise en place sur le chantier).

La cure du béton commencée très tôt et les conditions de traitement influent ultérieurement sur la perméabilité du béton due à la formation de micro-fissures. L'accès à l'eau et l'utilisation d'une température de cure appropriée sont d'une grande importance pour l'étanchéité du béton.

Les Fig. 7.8, Fig. 7.9 et Fig. 7.10 montrent les résultats en laboratoire de l'influence des différentes conditions de cure sur la perméabilité à l'eau du béton. La taille maximale des granulats était de 32 mm. La pression de l'eau a été appliquée à la surface des échantillons sur un diamètre de 170 mm (voir paragraphe 7.3.3). La Fig. 7.8 montre l'influence des différents temps de cure à l'eau sur la perméabilité à 28 jours. Si la cure a commencé un jour après le coulage et si elle dure 1 à 5 jours, la perméabilité est fortement réduite tandis qu'elle ne change quasiment pas avec des périodes de cure plus longues. La Fig. 7.9 montre qu'il est important de commencer la cure à l'eau aussitôt après le coulage. La Fig. 7.10 montre l'influence des différentes méthodes de cure sur la perméabilité.j

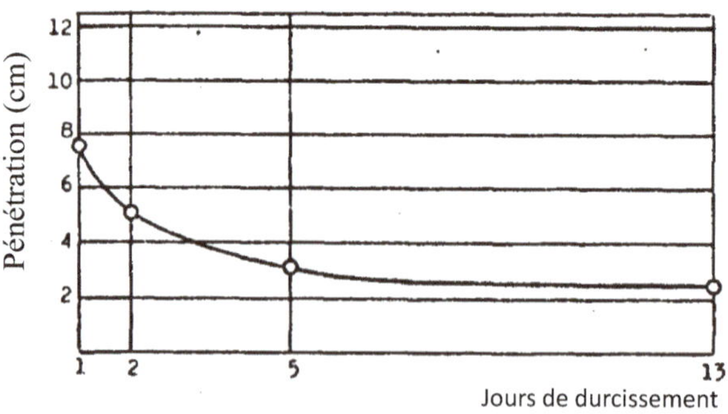

Fig. 7.8
L'influence de la durée de la cure à l'eau sur la perméabilité, si la cure a démarré après le coulage
Rapport eau/ciment du béton = 0,7. Age des échantillons au moment de l'essai = 28 jours [7.6].

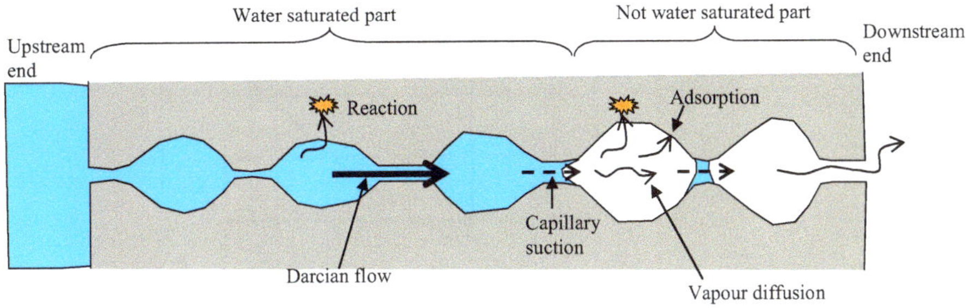

Fig. 7.7
Movements or fixation of water molecules in saturated or dry pores of cement.

7.2.4. Curing conditions

The same type of curing in laboratory and in field are of course different. Adequate laboratory permeability is confirming a good pore structure (mix design) but it does not take into account the influence of work execution and early-age cracking (field curing).

Both the curing of concrete at an early degree of hydration, and the treatment conditions, present at later stages, influence the permeability of the concrete as a result of the formation of micro-cracks. The access to water, and use of an appropriate curing temperature, are of great importance for the tightness of concrete.

Fig. 7.8, Fig. 7.9, and Fig. 7.10 show laboratory results of the influence of different curing conditions on the water permeability of concrete. The maximum size of the aggregate was 32 mm. The water pressure was applied to a surface of the specimens with a diameter of 170 mm (see Paragraph 7.3.3). Fig. 8.8 shows the influence of different water curing times on the 28-day permeability if curing is started one day after casting. If the curing last 1-5 days, the permeability is highly reduced while the permeability is almost not affected by longer curing times. Fig. 7.9 shows the importance of that curing with water begins as soon as possible after casting. Fig. 7.10 shows the influence of different methods of curing on the permeability.

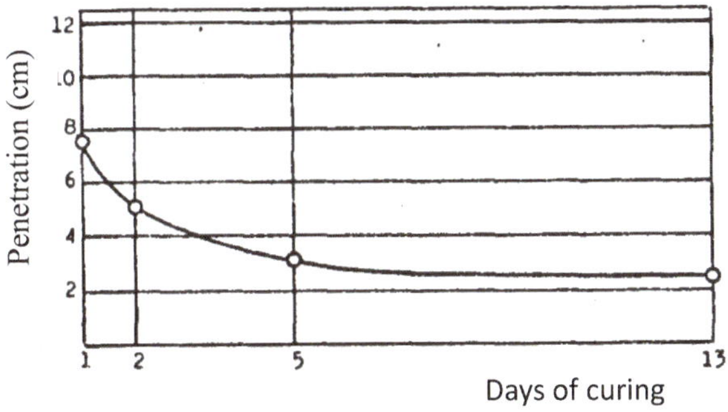

Fig. 7.8
influence of the duration of water curing on the permeability if curing has started day after casting. Concrete w/c ratio = 0.7. Age of specimens at time of test = 28 days [7.6].

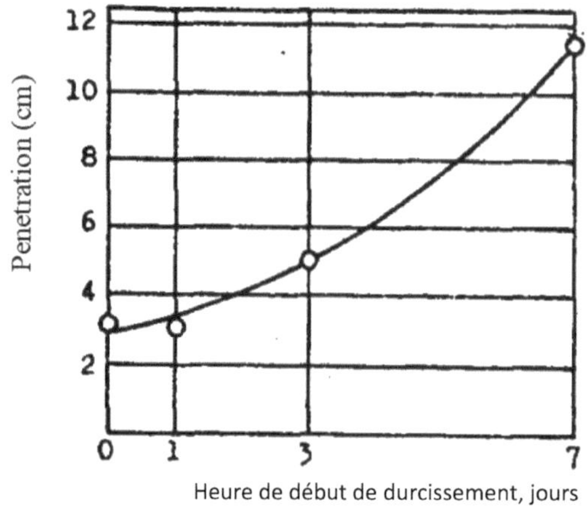

Fig. 7.9
L'influence de la date de démarrage de la cure à l'eau de cinq jours. Rapport eau/ciment du béton = 0,7. Age des échantillons au moment de l'essai = 28 jours [7.6].

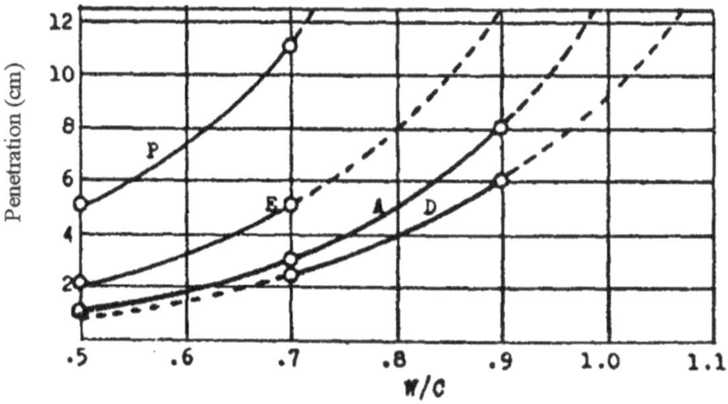

Fig. 7.10
L'influence des différents rapports eau/ciment et des conditions de cure sur la pénétration de l'eau dans le béton testé à 28 jours P = béton pendant 14 jours dans des moules étanches et ensuite à l'air du laboratoire ; E, A et D = béton respectivement pendant 2, 5 et 13 jours dans l'eau avant d'être exposé à l'air du laboratoire [7.6].

Powers et Copeland [7.9] ont montré par des expériences de laboratoire que même dans le cas d'un séchage très lent à 79%, par rapport à l'humidité relative et à la resaturation, le coefficient de perméabilité a augmenté de 70 fois. Vuorinen [7.15] a découvert que la perméabilité augmente de 100 fois dans les échantillons de laboratoire ayant initialement fait l'objet d'une cure au brouillard s'ils ont d'abord été séchés à + 105°C puis resaturés. Même une courte période de séchage après démoulage peut « détruire » l'étanchéité du béton, en raison de la formation de micro- fissures.

La distribution de la taille des pores de la pâte du béton est fortement influencée par la température de la cure. Les températures élevées augmentent le volume des pores dilatés [7,13] et donnent également lieu à des microfissures et ces deux facteurs entraînent des perméabilités plus élevées. Ekström [7.17] a constaté que si des échantillons de béton étaient chauffés à un âge d'hydratation précoce mais non séchés, la perméabilité initiale serait environ 100 fois plus élevée que pour les échantillons vierges, même s'ils étaient plus tard diminués d'un facteur d'environ 100, probablement en raison de l'hydratation continue.

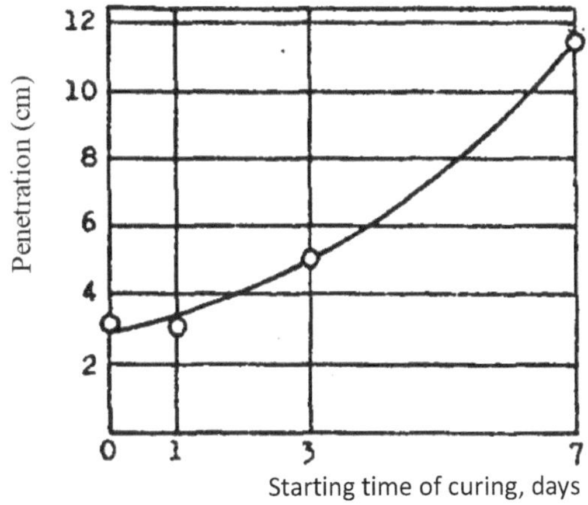

Fig. 7.9
The influence of the starting time for water curing of five day. Concrete w/c ratio = 0.7. Age of specimens at time of test = 28 days [7.6].

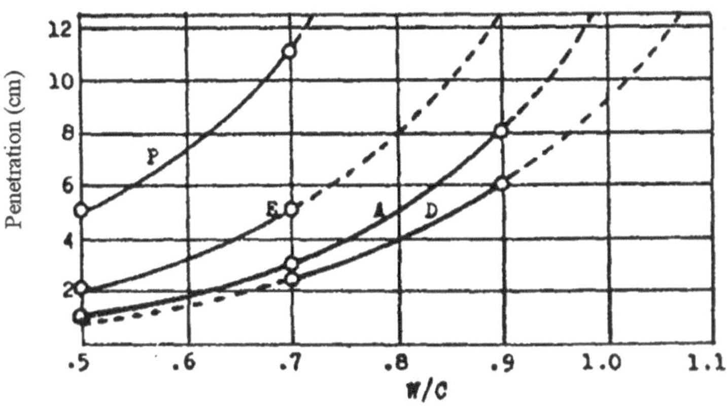

Fig. 7.10
The influence of different w/c ratios and curing conditions on the penetration of water in concrete tested at 28 days. P = concrete for 14 days in watertight moulds and afterwards in laboratory air; E, A and D = concrete for 2, 5 and 13 days respectively in water prior to its being in laboratory air [7.6].

Powers and Copeland [7.9] showed by laboratory experiments that even in the case of a very slow drying to 79 % RH and re-saturation the coefficient of permeability increased 70-fold. Vuorinen [7.16] found the permeability to increase 100 times in initially fog-cured laboratory specimens if they were first dried at +105°C and then re-saturated. Even a short period of drying after demoulding can "destroy" the tightness of concrete, due to the formation of micro-cracks.

The pore size distribution of the paste phase in concrete is strongly influenced by the curing temperature. High temperatures increase the volume of large pores [7.13] and also lead to micro-cracking, which both lead to higher permeabilities. Ekström [7.17] found that if concrete specimens were heated at an early hydration age but not dried, the initial permeability was about 100 times as high as for virgin specimens, although it later decreased by a factor of about 100, probably due to continued hydration.

7.2.5. *Degré d'hydratation*

La perméabilité du béton, du mortier et de la pâte de ciment est sensible au degré d'hydratation ou à l'âge auquel l'essai de perméabilité est démarré. La perméabilité est beaucoup plus grande lorsque l'essai a commencé à un âge précoce [7.2], [7.3] et [7.9] (Fig. 7.11). Le béton exposé à la pénétration de l'eau à un âge précoce peut s'étancher à cause de l'hydratation continue. Le degré d'hydratation (taux d'hydratation) est généralement d'environ 0,9 à 0,95 pour les bétons bien hydratés des barrages longtemps après. Cependant, le ratio d'hydratation dépend beaucoup de la disponibilité de l'eau. Plus l'humidité relative est basse, plus le taux d'hydratation s'affaiblit, et en dessous d'une humidité relative de 80% l'hydratation cesse [7.18]. Cela signifie que dans les structures en béton où il pourrait y avoir quelques parties sèches, comme certaines parties ayant un faible rapport eau/ciment ou à l'intérieur des barrages épais, le taux d'hydratation sera inférieur à 0,9, même après une longue période.

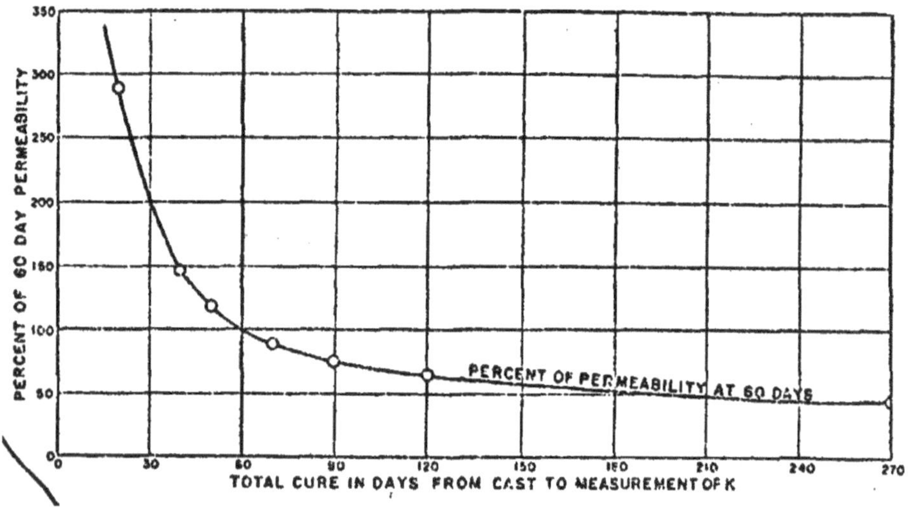

Fig. 7.11
Effets de la durée de la cure sur la perméabilité du béton [7.3].

7.2.6. *Rapport ciment-eau*

Plus le rapport eau/ciment est élevé, plus la perméabilité de la pâte de ciment et du ciment est élevée. La Fig. 7.5 présente les résultats de plusieurs études concernant la dépendance de la perméabilité du béton de l'eau/ciment. Les données de cette figure ne comprennent que les échantillons ayant subi une cure d'au moins 28 jours et testés sans aucun pré-conditionnement.

Si des superplastifiants sont utilisés, un faible rapport eau/ciment peut être utilisé avec la même souplesse d'utilisation que pour un rapport eau/ciment plus élevé. Un faible rapport E / C signifie une réduction de la perméabilité.

7.2.7. *Grands pores ou pores remplis d'air*

Le béton durci contient des vides qui se forment "naturellement" pendant le processus de vibration. Pour améliorer la résistance au gel-dégel, de nombreux autres vides d'air peuvent encore se former si des agents entraîneurs d'air sont intégrés dans le béton frais. Les vides d'air empêchent l'eau de pénétrer dans le béton, ce qui conduit à une plus faible perméabilité, tant qu'ils sont remplis d'air.

7.2.5. *Degree of hydration*

The permeability of concrete, mortar and cement paste is sensitive to the degree of hydration or age at which a permeability test is started. The permeability is much larger when testing is started at a young age [7.2], [7.3] and [7.9] (Fig. 7.11). Concrete exposed to penetrating water at an early age may seal due to continuous hydration. The degree of hydration (hydration rate) is typically around 0.9-0.95 for well hydrated concrete in dams after long time. However, the hydration ratio depends much on the availability of water. The lower the relative humidity (RH) the lower the hydration rate becomes and beneath RH 80% the hydration stops [7.18]. That means that in concrete structures where there might be somewhat dryer parts, as in parts with low w/c ratio or inside thick dams, the hydration ratio will be lower than 0.9 even after long time.

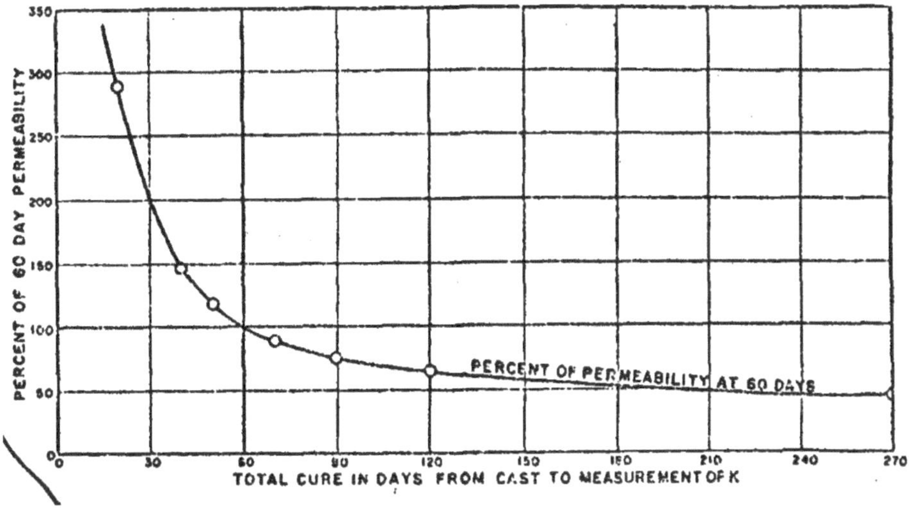

Fig. 7.11
Effects of length of cure on permeability of concrete [7.3].

7.2.6. *Water cement ratio*

The higher the w/c ratio, the higher the permeability of both the cement paste and the concrete is. Fig. 7.5 presents results of several investigations concerning the dependency of w/c on the permeability of concrete. The data in the figure include only specimens that were cured for at least 28 days and were tested without any pre-conditioning.

If superplasticizers are used a lower w/c ratio can be used for the same workability as a higher w/c ratio. A lower w/c ratio means a reduction of the permeability.

7.2.7. *Large air- or water-filled pores*

In hardened concrete there exist air-voids “naturally” made in the compaction process. To improve the freeze-thawing resistance even more air-voids can be made if air-entraining agents are mixed into the fresh concrete. Air-voids prevent water from penetrating the concrete, leading to a lower permeability, as long as they are filled with air.

Cependant, lorsque la pression de l'eau augmente, l'air se comprime, permettant éventuellement à l'eau de passer. La bulle d'air se remplira aussi progressivement d'eau. Plus la pression est élevée, plus il est facile pour l'air contenu dans les vides de se dissoudre dans l'eau. Cependant, beaucoup de temps est nécessaire avant que les vides d'air soient complètement remplis d''eau, ce qui permet d'augmenter la perméabilité. De nombreux auteurs [7.3] [7.19] [7.20] mettent l'accent sur la longue période de temps, peut-être des centaines d'années, qu'il faudrait avant que la pression de l'eau se stabilise à travers une grande section de béton, comme pour le barrage poids présenté dans la Fig. 7.12. L'eau est également aspirée dans le barrage par aspiration capillaire, augmentant ainsi le taux de saturation. Il faut néanmoins beaucoup de temps avant que la saturation soit terminée. En réalité, l'eau pénétrera plus rapidement si le barrage comporte des fissures ou d'autres cavités.

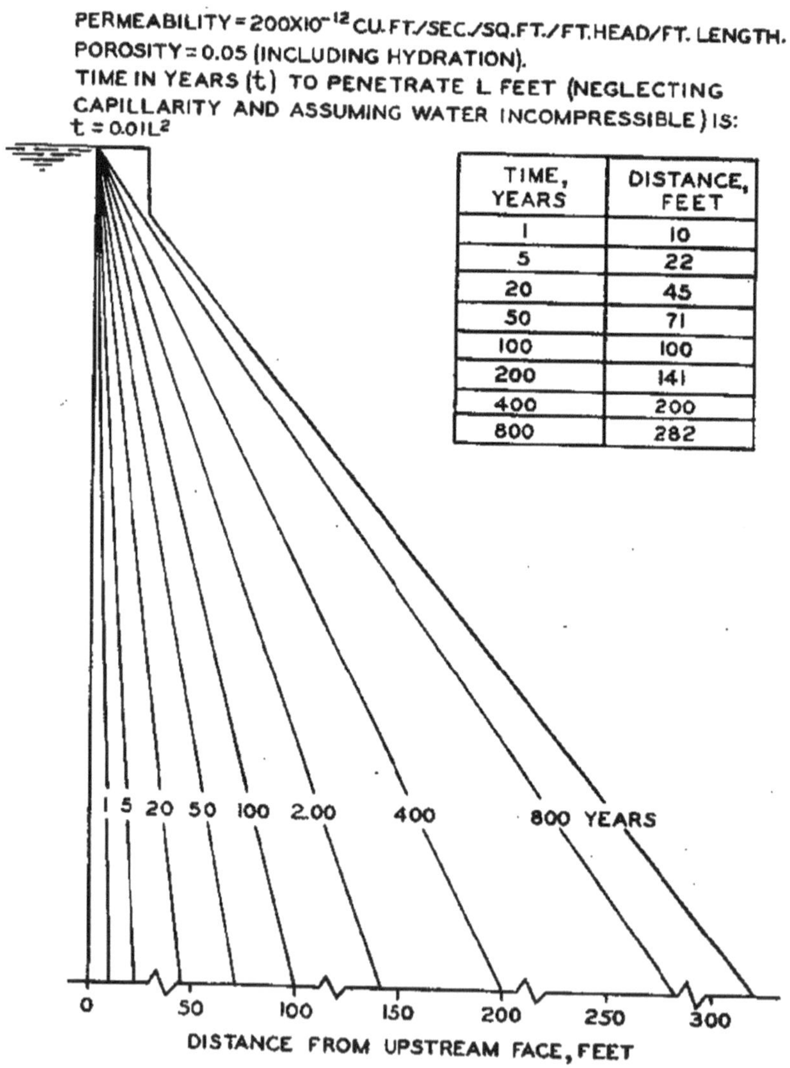

Fig. 7.12
Pénétration calculée de l'eau dans un barrage en béton de 122 m de large pour diverses durées de la charge hydraulique [7.19]. Perméabilité dans la figure = $200 \cdot 10^{-12}$ (ft/s)·0.305 (m/ft) = $6.1 \cdot 10^{-11}$ m/s.

However, as the water pressure increases, the air is compressed, possibly allowing the water to pass. Also, the air bubble will gradually be filled by water. The higher the pressure, the easier it is for the air in voids to be dissolved in water. However, a long time is required before the air voids are completely filled with water, permitting the permeability to increase. Many authors [7.3] [7.19] [7.20] emphasize the long period of time, possibly hundreds of years that may be required before the water pressure becomes steady across a wide concrete section, such as the gravity dam shown in Fig. 7.12. Water is also sucked into the dam by capillary suction, increasing the saturation rate. A long time is required, nevertheless, before saturation is completed. In reality, water will penetrate more quickly if there are cracks or other cavities in the dam.

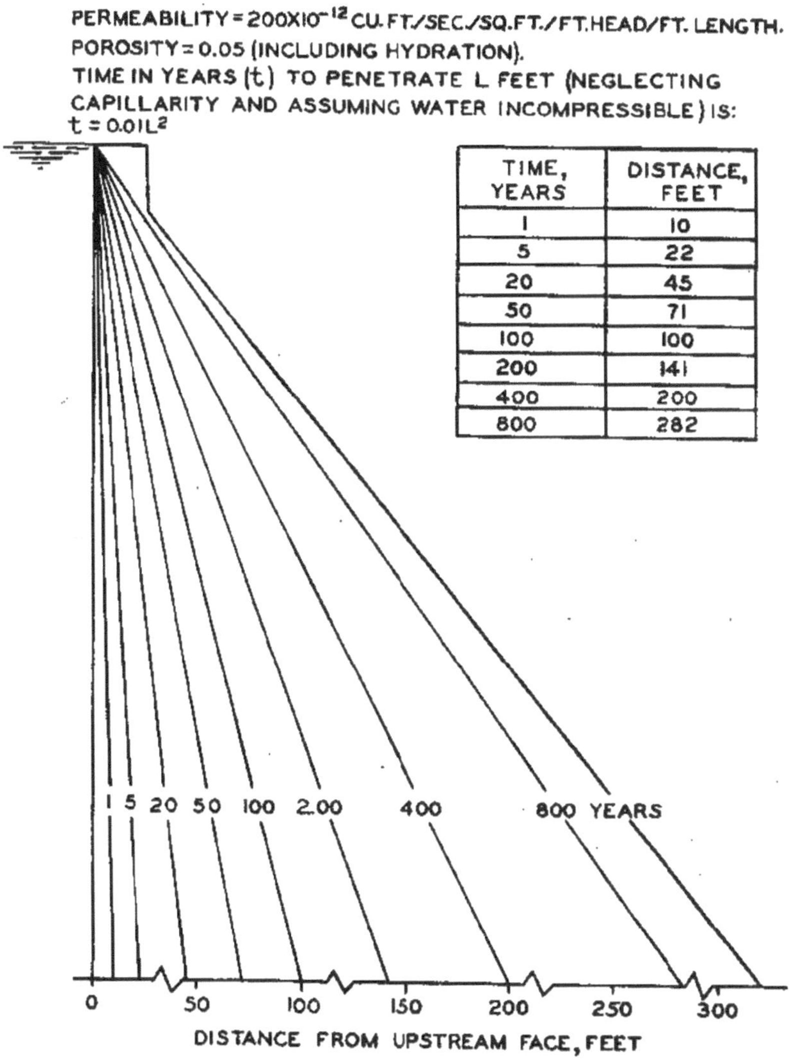

TIME, YEARS	DISTANCE, FEET
1	10
5	22
20	45
50	71
100	100
200	141
400	200
800	282

Fig. 7.12
Calculated penetration of water into a 400-ft (122m) wide concrete dam for various durations of hydraulic head [7.19]. Permeability in figure = $200 \cdot 10^{-12}$ (ft/s)·0.305 (m/ft) = $6.1 \cdot 10^{-11}$ m/s.

7.2.8. Porosité et distribution de la taille des pores

L'hydratation du ciment donne à la pâte de ciment du béton deux formes de pores : les pores du gel et les pores capillaires. Le principal écoulement d'eau passe dans les pores capillaires (ou les fissures s'il y en a) qui sont beaucoup plus grands que les pores du gel et dont la taille varie entre 10 nm et 1 μm. D'après Hearn [7.14], Peer [7.21] a montré que les pores ayant un diamètre inférieur à 10^{-7} m et un rapport longueur/diamètre de 2 ou moins ne contribuent pas sensiblement à la perméabilité à l'eau de la pâte de ciment en ce qui concerne l'eau. Avec l'augmentation du degré d'hydratation, le système poreux capillaire devient moins connecté et se remplit de produits d'hydratation. En dessous d'un rapport eau/ciment d'environ 0,7, les connections à l'intérieur du système poreux capillaire sont devenues largement bloquées, tandis qu'au-dessus d'un rapport eau/ciment de 0,7, aucun blocage total ne se produit [7.10].

En raison de la configuration très complexe du système poreux d'un matériau poreux, on ne trouve aucune relation simple entre la porosité et la perméabilité [7.22]. Nyame et Illston [7.23] [7.24] ont réalisé une étude de la relation entre la perméabilité de la pâte de ciment durcie et sa porosité et la distribution de la taille des pores en vue de mieux comprendre l'importance d'un diamètre seuil par rapport à la perméabilité. Les auteurs ont conclu que le rayon hydraulique du système poreux décrit plutôt bien la perméabilité mesurée (Fig. 7.13), excepté pour les tailles des pores proches des dimensions moléculaires. Ils ont constaté que la perméabilité n'est pas uniquement fonction de la porosité, mais qu'elle dépend aussi du rapport eau/ciment, comme indiqué dans la Fig. 7.14. Les auteurs ont supposé que l'hydratation continue sous-divise le système poreux en de nombreux pores non connectés. Ils ont suggéré que l'écoulement de l'eau se produit dans des canaux d'écoulement distincts.

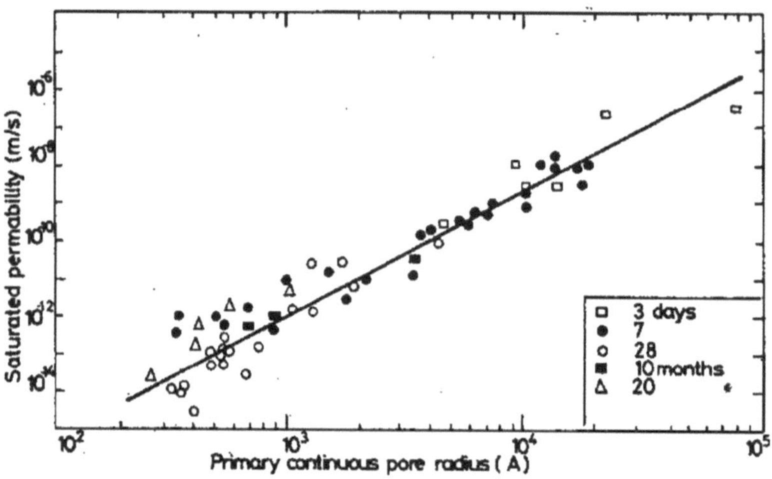

Fig. 7.13
La relation entre le "rayon de pore continu" et la perméabilité saturée de la pâte de ciment durci [7.23].

7.2.8. *Porosity and pore size distribution*

The hydration of cement results in cement paste in the concrete with two forms of pores: gel pores and capillary pores. The main flow of water goes in the capillary pores (or cracks if these are present), which are much larger than the gel pores, ranging from 10 nm up to 1 μm in size. According to Hearn [7.14], Peer [7.21] has shown that pores smaller than 10^{-7} m in diameter and with a length/diameter ratio of 2 or less do not contribute significantly to the water permeability of cement paste for water. With increasing degree of hydration, the capillary pore system becomes less connected, becoming filled with hydration products. Below a w/c ratio of approximately 0.7, the connections within the capillary pore system become largely blocked, whereas above w/c 0.7 no total blocking occurs [7.10].

Due to the highly complex pattern of the pore system in a porous material, no simple relation between porosity and permeability can be found [7.22]. Nyame and Illston [7.23] [7.24] conducted a study of the relationship between the permeability of hardened cement paste and its porosity and pore size distributions with the aim of gaining a better understanding of the significance of a threshold diameter in connection with permeability. The authors concluded that the hydraulic radius of the pore system describes the measured permeability rather well (Fig. 7.13), except for pore sizes of close to molecular dimensions. They found permeability not to be a unique function of porosity, but to be dependent upon the w/c ratio as well, as can be seen in Fig. 7.14. The authors assumed continued hydration to subdivide the pore system into many unconnected pores. They suggested water flow to occur in distinct flow channels.

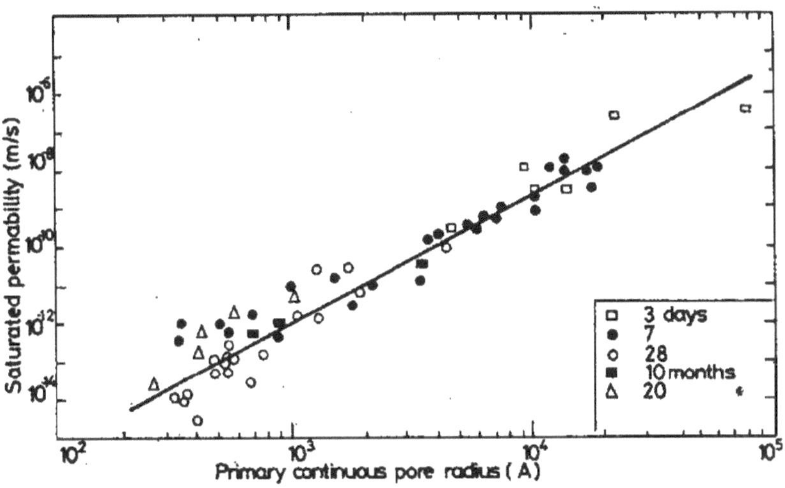

Fig. 7.13

The relationship between the “continuous pore radius” and the saturated permeability of hardened cement paste [7.23].

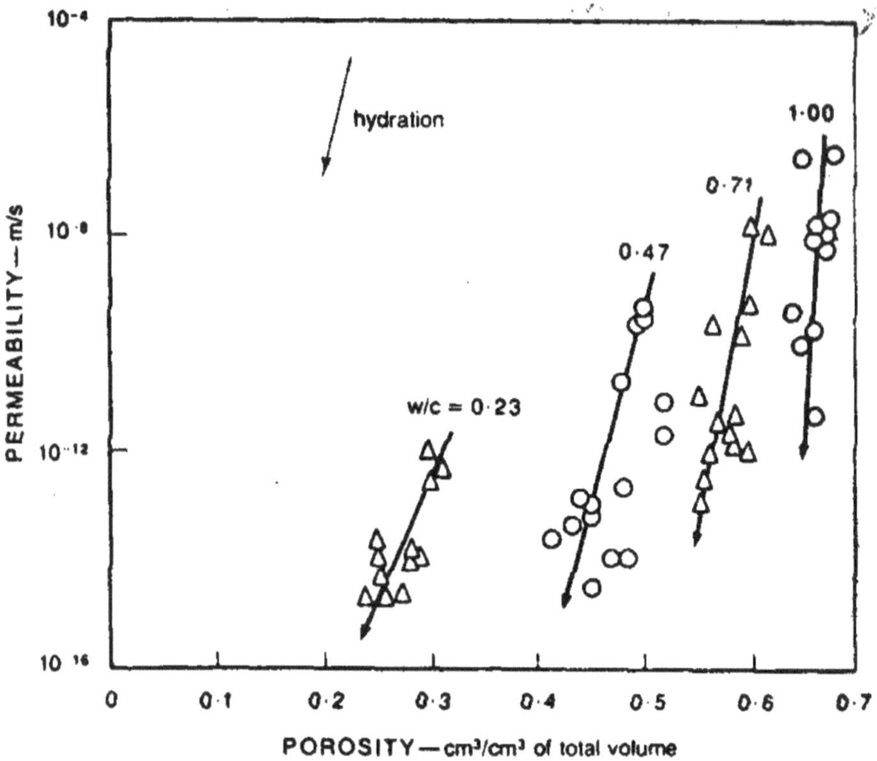

Fig. 7.14
La perméabilité de la pâte de ciment, fonction de la porosité totale [7.24] et du rapport eau/ciment.

7.2.9. Type, taille et quantité de granulats

Pour un rapport eau-ciment donné, le béton le plus étanche peut être obtenu en utilisant un agrégat avec une forme et une distribution de taille nécessitant un minimum d'eau de gâchage. L'agrégat doit avoir une courbe granulométrique étalée avec un bon remplissage entre les plus grandes particules et les plus petites, ce qui réduit la quantité de pâte de ciment. De mauvais mélanges conduisant à des modifications peuvent produire des canaux dans le béton et des cavités sous les gros éléments d'agrégat. Cela augmentera la perméabilité. La courbe granulométrique de l'agrégat doit être telle que des mélanges stables se produisent. L'utilisation de granulats plus grands et plus poreux rend le béton plus perméable.

Plus l'agrégat est gros, plus le risque de microfissures et la perméabilité augmentent [7.6]. Les travaux de Ruettgers et al. [7.3] ont indiqué que le béton est plus perméable avec l'utilisation de plus gros agrégats, (Fig. 7.4). Toutefois, d'autres chercheurs n'ont pas constaté qu'il y avait une bonne relation entre la granulométrie de l'agrégat et la perméabilité [7.4] [7.25]. La perméabilité n'augmente probablement pas si des agrégats plus grands sont utilisés et si le béton a fait l'objet d'une bonne vibration et d'une bonne cure. Cependant, si cela n'est pas le cas, le béton fabriqué avec de plus grands agrégats a probablement une perméabilité plus élevée car des microfissures et des vides peuvent se former autour des agrégats.

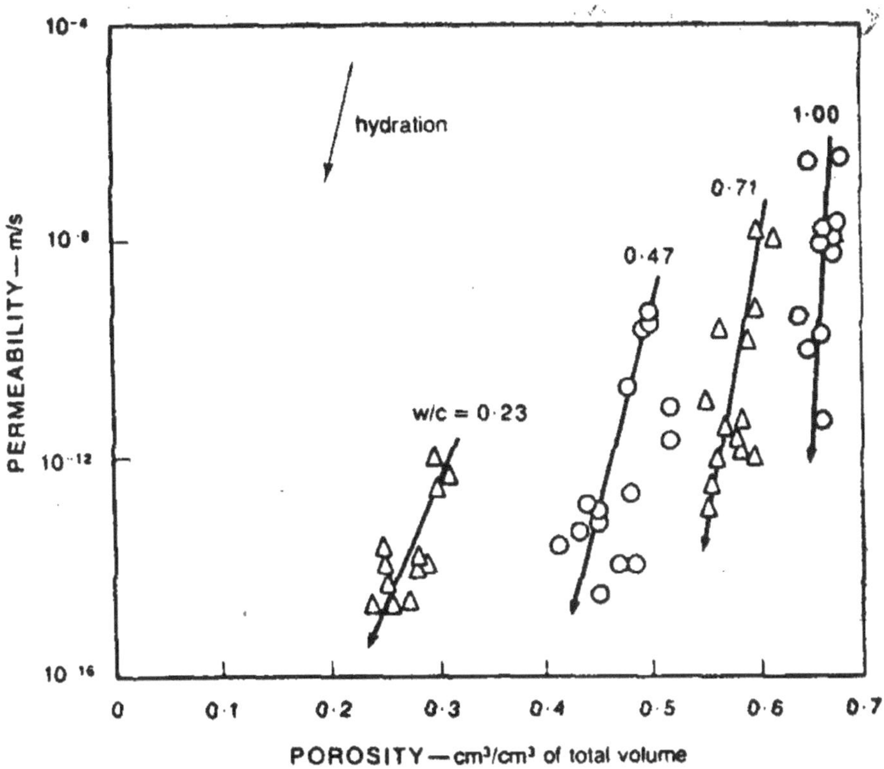

Fig. 7.14
Permeability of cement paste as a function of the total porosity [7.24] and the w/c ratio.

7.2.9. *Type, size and amount of aggregate*

For a given water-to-cement ratio, the tightest concrete can be achieved by use of such an aggregate, which has a shape and a size distribution that require a minimum of mixing water. The aggregate should have a grading curve with as much of the space between the larger particles as possible is filled with smaller particles, thus reducing the amount of cement paste. Unstable mixes leading to bleeding might produce channels in the concrete and cavities under big aggregate particles. This will increase the permeability. The grading curve of aggregate shall be such that stable mixes are produced. Use of larger and more porous aggregate makes the concrete more permeable.

The larger the aggregate, the greater the risk of microcracks and the permeability increasing [7.6]. The work of Ruettgers et al. [7.3] indicated that with the use of a larger aggregate the concrete was more permeable (Fig. 7.4). Other researchers, however, have not found there to be any strong relationship between the gradation of the aggregate and permeability [7.4] [7.25]. Probably, the permeability is not increased if larger aggregate is used if the concrete is well compacted and well cured. However, if this is not fulfilled, concrete with larger aggregate is probably of higher permeability because micro-cracks and cavities may be formed around the aggregate.

7.2.10. Type de ciment

Les ingrédients du ciment qui consomment de l'hydroxyde de calcium et forment des gels d'hydrates de silicate de calcium, comme le matériau pouzzolanique (cendres volantes, fumée de silice, scories de haut fourneau) diminuent généralement la perméabilité du béton au niveau microscopique. D'autre part, si des fissures se forment, leur étanchéité (paragraphe 7.2.11) pourrait diminuer.

Plus le ciment est finement broyé, plus le béton devient étanche [7.6]. En revanche, Powers et al [7.9] maintiennent qu'après un certain temps, les pâtes faites de ciment plus grossièrement broyé sont tout aussi imperméables que les pâtes faites de ciment plus fin. Tout impact de la finesse du ciment sur la perméabilité est lié aux rapports eau/ciment correspondants (requis pour la maniabilité appropriée), c'est-à-dire que le ciment plus fin réclame des rapports eau/ciment plus élevés, ce qui peut alors accroître la perméabilité à l'eau. Cependant, ce raisonnement n'est pas valable si la maniabilité du béton à ciment fin est améliorée par des adjuvants chimiques (super- plastifiants, agents entraîneurs d'air, etc.).

7.2.11. Lixiviation, auto-scellement ou dépôt de matériaux dans un barrage

La perméabilité du béton peut changer en raison de la disparition ou de la formation de composés à l'intérieur du béton ou sur les surfaces. La dissolution et la précipitation de l'hydroxyde de calcium peuvent par exemple conduire à une modification de la perméabilité.

Si le matériau solide est lessivé, la perméabilité augmente dans la zone en question. Dans [7.26], la perméabilité des échantillons de béton fabriqués et testés en laboratoire a souvent fortement augmenté après qu'ils aient été soumis à une percolation pendant un certain temps. Lorsque l'écoulement d'eau a rapidement augmenté, il est apparu que cette augmentation a eu lieu seulement dans les canaux d'écoulement qui avaient été élargis à travers le matériau lessivé loin des parois des canaux. Dans ces cas, l'écoulement ne peut pas être décrit comme un écoulement darcien stable, mais plutôt par un certain nombre de tubes d'écoulement décrits par la loi de Hagen-Poiseuille (paragraphe 7.4.2).

Si un matériau lessivé entre en contact avec le dioxyde de carbone de l'air ou si du bicarbonate entre en contact avec de l'hydroxyde de calcium, la précipitation de $CaCO_3$ qui en résulte peut diminuer la perméabilité de la zone concernée, le béton étant auto-scellé. La pâte de ciment du béton peut également se sceller à cause de l'hydratation continue, qui est examinée dans le paragraphe 7.2.4. La contribution du dioxyde de carbone à la lixiviation est la raison pour laquelle des siphons sont parfois utilisés à la sortie des drains, empêchant ainsi le dioxyde de carbone d'entrer dans le drain (Fig. 7.15).

7.2.10. Type of cement

Ingredients in the cement that consume calcium hydroxide and forms calcium-silica hydrates gels, such as pozzolanic material (fly ash, silica fume, blast furnace slag), usually decrease the permeability of concrete in the micro-scale level. On the other hand, if cracks are formed, the sealing of them (Paragraph 7.2.11) may be reduced.

The more finely the cement is ground, the tighter the concrete becomes [7.6]. On the other hand, Powers et al [7.9] maintain that after some time pastes made from coarsely ground cement are just as impermeable as pastes made of finer cement. Any impact of cement fineness on permeability is tied up with the corresponding w/c ratios (required for adequate workability), i.e. finer cement calls for higher w/c ratios, which, in turn may increase water permeability. However, this reasoning is not correct if the workability of fine cement concrete is improved by chemical admixtures (superplasticizers, air entraining agents, etc.).

7.2.11. Leaching, self-sealing or deposit of material inside a dam

The permeability of concrete may change due to the removal or the formation of compounds inside the concrete or on the surfaces. For an example, the dissolution and precipitation of calcium hydroxide may lead to a change in the permeability.

If solid material is leached away, the permeability in the area in question increases. In [7.26] the permeability of concrete specimens made and tested in laboratory often rose sharply after their being percolated for some time. When the flow of water rose rapidly, it appeared that the increase in flow took place in only a rather few individual flow channels that had been broadened through material being leached away from the channel walls. In such cases the flux could not be described in terms of a steady-state Darcian flow but rather by a number of flow tubes described by Hagen-Poiseuille's law (Paragraph 7.4.2).

If leached material comes in contact with carbon dioxide, or bicarbonate comes in contact with calcium hydroxide, the resulting precipitation of $CaCO_3$ may decrease the permeability in the area, the concrete is self-sealed. The cement paste in concrete may also seal due to continued hydration, which is discussed in the Paragraph 7.2.4. The backing of leaching by carbon dioxide is the reason why siphons are occasionally used at the exit of drains, hindering carbon dioxide to enter the drain hole (Fig. 7.15).

Fig. 7.15
Siphon dans une galerie des fondations d'un barrage destiné à éviter que la fuite d'eau au niveau d'une formation de calcaire soit exposée au dioxyde de carbone de l'air.

Dans les barrages de grande hauteur, la pression hydrostatique peut provoquer la rupture des pores et donc augmenter la durée des fuites continues. Cependant, le contraire aussi peut se produire, c'est-à-dire qu'une pression élevée peut bloquer les pores qui sont alors colmatés par des matériaux provenant du réservoir. Les taux de perméabilité après la première mise en eau peuvent donc ne pas être représentatifs du stade ultérieur du cycle de vie du barrage.

Les matériaux pouzzoloniques (cendres volantes, fumée de silice, scories de haut fourneau) diminuent la quantité d'hydroxyde de calcium libre de la solution poreuse et influent donc aussi sur la perméabilité (voir 7.2.10).

Selon Meyers [7.27], des matériaux peuvent facilement se déposer à l'intérieur d'un barrage de béton épais. $Ca(OH)_2$ et $CaCO_3$ sont tous deux plus solubles plutôt à des températures inférieures que supérieures et certains de ces matériaux seront précipités dans la partie centrale de la masse de béton ou dans les galeries du barrage (Fig. 7.16). Toutefois, dans la majorité des cas, les précipitations de $CaCO_3$ réduisent la perméabilité à cause du blocage et/ou de l'auto-colmatage à long terme.

Fig. 7.15
Siphon in a dam foundation gallery in order to avoid that the leaking water from a limestone formation is exposed to carbon dioxide of the air.

In high dams, the head of water may cause pore rupture and thus increase the length of continuous leakage paths. However, also the opposite may occur, namely that high pressure may block pores by its silting up with material from the reservoir. Permeability rates after first impounding may therefore not be representative for the dam's later life cycle.

Pozzolonic material (fly ash, silica fume, blast furnace slag) decrease the amount of free calcium hydroxide in the pore solution and thus also influence the permeability (see 7.2.10).

According to Meyers [7.27], material can readily deposit inside a thick concrete dam. Both $Ca(OH)_2$ and $CaCO_3$ are more soluble at lower than at higher temperatures and some of this material will be precipitated in the central portion of the concrete mass or in dam galleries (Fig. 7.16). However, in the majority of cases $CaCO_3$ precipitations reduce permeability due to blockage and/or long-term self-colmatation.

Fig. 7.16
Dépôt excessif de $CaCO_3$ – lixiviation du coulis de ciment – dans la galerie d'une fondation de barrage.

7.2.12. Maniabilité et placement

La maniabilité du béton est importante pour l'étanchéité. Le béton doit remplir le coffrage et comprendre les armatures. La granulométrie des agrégats est décisive pour la maniabilité, la consistance et la stabilité du béton. L'expérience montre qu'à rapport eau/ciment égal, une consistance rigide donne un béton moins étanche qu'un béton avec une consistance plus plastique [7.6]. Dans les vieux barrages réalisés avec du béton vibré, il y a un risque considérable que le béton ne soit pas étanche, surtout au niveau des joints entre différents dosages en ciment.

L'air emprisonné ou les nids de graviers (grands vides irréguliers dus à une mauvaise vibration) sont potentiellement préjudiciables même s'ils sont isolés et ne constituent pas des voies d'écoulement continu dans la matrice de ciment.

Un effet néfaste fréquemment observé sur la perméabilité est constitué par les nids de graviers le long des joints de reprise. La raison en est essentiellement due à une vibration incomplète car les vibrateurs sont facilement endommagés lorsque qu'ils touchent le béton durci de la surface de reprise. Afin d'éviter de tels dommages, les ouvriers ont tendance à retirer les vibrateurs avant d'atteindre cette surface.

Les modifications dues au départ de laitance ont des effets tout aussi graves, la formation de canalicules constituant des chemins d'écoulement continu et des petites poches d'eau en dessous des gros éléments de granulats [7.14].

7.2.13. La viscosité de l'eau

La résistance d'un liquide à l'écoulement est fortement tributaire de sa viscosité. Dans les grands canaux d'écoulement, la viscosité de l'eau dépend de la température. Dans de très petits canaux, comme les nombreux canaux des pores du béton, de grandes forces intermoléculaires se développent entre les différents ions de l'eau et entre les ions de l'eau et les ions des composés à la surface des parois poreuses. Lorsque ces forces intermoléculaires importantes sont dépassées, la viscosité devient plus grande. Bien que toutes les eaux évaporables des matériaux à base de ciment soient mobiles lorsqu'elles sont soumises à la pression hydrostatique, certaines d'entre elles présentent un degré élevé de viscosité. Powers [7.28] a calculé l'effet du rapport eau/ciment sur la viscosité (Tab. 7.2).

Fig. 7.16
Excessive deposit of $CaCO_3$ - leaching from cement grout - in a dam foundation gallery.

7.2.12. Workability and placing

The workability of concrete is important for tightness. The concrete needs to fill out the mould and enclose the reinforcement. The grading of aggregate is decisive for the workability, consistency, and stability of the concrete. Experience shows that, at equal w/c ratio, a stiff consistency results in concrete that is less tight than if the concrete has a more plastic consistency [7.6]. In old concrete dams made of stamped concrete, there is a considerable risk of the concrete not being tight, especially at joints between different batches of concrete.

Potentially, entrapped air or honeycombing (large irregular voids due to poor compaction) are damaging, even if they are isolated and do not form continuous flow paths in the cement matrix.

A frequently observed detrimental effect on permeability is honeycombing along lift joints. The reason is mainly incomplete compaction because vibrators are easily damaged when touching the hardened concrete of the lift surface. In order to avoid such damages, the workers tend to pull back the vibrators before they touch the lift surface.

Bleeding has equally serious effects; the formation of bleeding channels creates continuous flow paths and the deposition of water pockets underneath coarse aggregate particles" [7.14].

7.2.13. The viscosity of water

The flow resistance of a liquid is highly dependent on its viscosity. In large flowing channels, the viscosity of the water depends on the temperature. In very small channels, such as in many of the pores in concrete, large intermolecular forces develop between different ions in the water and between ions in the water and ions bounded in compounds in the pore walls. When strong intermolecular forces need to be exceeded, the viscosity becomes greater. Although all the evaporable water in cement materials is mobile when subjected to hydrostatic pressure, some of it has a high degree of viscosity. Powers [7.28] calculated the effect of w/c-ratio on the viscosity (Table 7.2).

Table 7.2
Viscosité relative calculée du fluide dans des pâtes de ciment saturé, sur la base de l'Équation 62 dans Powers [7.28].

Eau/ ciment	Porosité ε	Rayon hydraulique (Å)	Facteur d'augmentation de la viscosité
0.38	0.280	7.8	47 600
0.45	0.346	10	2 700
0.50	0.395	12	600
0.60	0.461	16	134
0.70	0.489	18	78

Powers a noté que la perméabilité est 5-6 fois aussi grande lorsque l'eau pure se répand dans une pâte de ciment que lorsque des sels, particulièrement NaOH et KOH, sont dissous dans l'eau. Powers et Copeland [7.9] ont également observé que la perméabilité augmentait lorsque les alcalis étaient retirés de la solution poreuse. Certains rapports signalent que la rugosité des parois des canaux transforme un écoulement laminaire en écoulement turbulent. La véritable viscosité inclut aussi la viscosité turbulente [7.28].

7.2.14. État de contrainte

Les expérimentations menées par Wisnicki et al. [7.30] ont montré que la perméabilité ne diminue pas sensiblement dans le cas où une contrainte bidimensionnelle en compression est appliquée. Une contrainte maximale de 75% de la résistance à la compression a été appliquée lors de l'expérience. Il est apparu que le principal effet de la contrainte sur la perméabilité du béton est celui de la fermeture des fissures importantes.

7.3. METHODES D'ESSAI DE LA PERMEABILITE DE L'EAU

7.3.1. Généralités

Mesurer la mobilité de l'eau dans le béton est généralement une tâche très difficile. L'eau peut pénétrer dans le béton insaturé au moyen d'un certain nombre de mécanismes différents tels que l'adsorption, la diffusion, les réactions chimiques, l'aspiration capillaire et l'écoulement visqueux provoqué par la surpression. Le système poreux peut changer de géométrie à cause de la formation ou de la lixiviation des composés ou du gonflement ou rétrécissement. Cependant la perméabilité du béton est un indicateur de la qualité du béton du barrage et elle doit être testée, les essais de perméabilité devant être choisis avec soin. La perméabilité à travers les joints ou les fissures, non abordée ici, concerne davantage l'ensemble de la structure que les matériaux du béton de masse (Paragraphe 7.1.6).

Les échantillons des essais prélevés sur des barrages réalisés sont particulièrement difficiles parce qu'ils ne sont souvent pas totalement saturés d'eau. S'ils sont saturés d'eau dans l'essai cette saturation peut plus ou moins détruire le système poreux, ce qui modifie la perméabilité.

La variation de la perméabilité du béton est considérablement plus élevée que les autres propriétés, comme la résistance par exemple. Une préparation défectueuse de l'échantillon ou des procédures d'essai inadéquates ou des échantillons confectionnés à des âges différents, peut donner lieu à de grandes différences de la perméabilité mesurée lors des essais. Le degré de saturation du béton est probablement la principale cause des écarts lorsqu'on compare les résultats des différents laboratoires.

Il y a divers avantages à utiliser le béton saturé dans les essais de perméabilité :

- Il n'y a qu'un écoulement laminaire, visqueuse d'eau dans ces conditions. Aucune absorption, diffusion d'humidité ou aspiration capillaire n'a lieu ;

Table 7.2
Computed relative viscosity of the fluid in saturated cement pastes, as based on Eq. 62 in Powers [7.28].

W/c	Porosity ε	Hydraulic radius (Å)	Factor for the increase in viscosity
0.38	0.280	7.8	47 600
0.45	0.346	10	2 700
0.50	0.395	12	600
0.60	0.461	16	134
0.70	0.489	18	78

Powers noted that the permeability is 5-6 times as great when pure water permeates a cement paste than when salts, particularly NaOH and KOH, are dissolved in the water. Powers and Copeland [7.9] also observed that the permeability increased when alkali was removed from the pore solution. Some reports mean that the roughness of the walls of the channels may extend through the laminar layer, causing turbulent flow. The true viscosity also includes the turbulent viscosity [7.29].

7.2.14. State of stress

Experiments conducted by Wisnicki et al. [7.30] indicated there to be no significant reduction in permeability due to 2-dimensional compressive stress being applied. A stress of maximally 75% of their compressive strength was applied in the experiment. It appeared that the main effect of stress upon the permeability of concrete was that of closing major cracks.

7.3. TEST METHODS FOR WATER PERMEABILITY

7.3.1. General

Measuring water mobility in concrete is generally a very difficult task. Unsaturated concrete can be penetrated by water by means of a number of different mechanisms such as adsorption, diffusion, chemical reactions, capillary suction and viscous flow caused by over-pressure. The pore system may change its geometry due to the formation or leaching of compounds or to swelling or shrinking. However concrete permeability serves as a quality indicator of the dam concrete and it needs to be tested, permeability tests being selected very carefully. Permeability through joints or cracks, not here referred, is related to the whole structure more than to the mass concrete materials (Paragraph 7.1.6).

Testing samples taken out from real dams is especially difficult because such samples are often not completely water saturated. If they are water saturated in the test this saturation may destroy the pore system, which changes the permeability.

The variation of permeability in concrete is considerably higher than other properties, for example strength. Alterations in preparation of the specimen, or in testing procedures, and different ages of the specimens when tested, can lead to large differences in the measured permeability. The degree of saturation of the concrete is probably the major cause of discrepancies when results from different laboratories are compared.

There are various advantages to use saturated concrete in permeability tests:

- there is only viscous laminar flow of water under such conditions. No absorption, moisture diffusion or capillary suction take place;

- L'écoulement peut être calculé en utilisant simplement la loi de Darcy, assumant un écoulement visqueux ;

- L'écoulement est stable avec le temps. L'entrée et la sortie de l'eau doivent être mesurées pour s'assurer de la présence de conditions d'équilibre ;

- Il n'y a ni retrait ni gonflement.

L'inconvénient de n'étudier le débit de Darcy que dans le cas d'un béton saturé, c'est que ce béton n'est pas très fréquent dans les structures réelles. Dans les barrages en béton de qualité raisonnablement bonne, le béton saturé est limité à une partie plutôt étroite près de la face amont. La face aval, exposée à l'air, a une humidité relative inférieure à 100%.

Les mesures de perméabilité souffrent d'un manque de standardisation. Il est généralement très difficile de comparer les résultats des divers essais de perméabilité à cause des différences dans la configuration et les procédures. Les causes de ces différents résultats peuvent être les suivantes :

- Différentes formulations du mélange du béton (notamment la taille maximum des granulats);

- Différentes méthodes de cure (séchage, chauffage, à l'air, à la vapeur, à l'eau) ;

- Différente qualité de la pénétration de l'eau ;

- Différents âges du béton ou différentes durées des essais ;

- Différentes pressions de l'eau appliquées ;

- Echantillons de différentes tailles ou fabriqués de différentes manières, coulés ou prélevés sur un plus gros bloc de béton.

Une méthode conventionnelle pour mesurer la perméabilité du béton saturé est décrite dans [7.31]. Dans une étude approfondie réalisée par Scherer et al [7.32] plusieurs procédures sont examinées comme l'essai de flexion des poutres, l'essai d'étanchéité, l'essai de thermo-perméamétrie et l'essai de pressurisation dynamique.

Il existe également un certain nombre de procédés conventionnels dans lesquels l'eau est contrainte dans un béton qui n'est pas totalement saturé d'eau. Après un certain temps et sous une certaine pression, selon la norme envisagée, l'échantillon est divisé en deux moitiés et la pénétration du front d'eau est mesurée. Une méthode est la SS 13 72 14 [7.33], illustrée dans la Fig. 7.20 (paragraphe 7.3.3). D'autres méthodes sont BS1881 [7.34], ACI-SP 108 [7.35], DIN 1048 [7.36], ONORM B 3303 [7.37] et ISO 7031 [7.38]. Comme le béton n'est pas totalement saturé, l'essai est en réalité un test de la combinaison de l'aspiration capillaire et de l'étanchéité de l'eau. Cependant, à la lumière d'autres recherches (voir paragraphe 7.3.6), les profondeurs de la pénétration sont transformées en un coefficient de perméabilité comparable au coefficient de perméabilité de la loi de Darcy.

L'équipement d'essai pour mesurer la perméabilité à l'eau se compose généralement de (p. ex. Fig. 7,17):

- Un dispositif de mise en charge exerçant une pression sur l'échantillon de l'essai ;

- Une cellule d'essai dans laquelle est placé l'échantillon ;

- Un dispositif de mesure à la sortie qui mesure le débit de l'eau pénétrant dans l'échantillon.

Toutes les pièces doivent être faites de matériaux résistants à la fois à des PH élevés et bas.

- the flow can be calculated with the simple use of Darcy's law, assuming viscous flow;
- the flow is steady over time. Both in-flow and out-flow need to be measured in order to ensure the presence of the equilibrium conditions;
- There is no shrinkage or swelling.

The disadvantage in only studying Darcian flow in saturated concrete is that such concrete is not very frequent in real structures. In dams of reasonable good concrete quality, saturated concrete is limited to a rather narrow portion near the upstream face. The downstream face, exposed to air, has relative humidity below 100%.

Permeability measurements suffer from a lack of standardization. It is usually very difficult to compare the results of different permeability tests due to differences in test setups and procedures. The causes for these different results can be the following:

- Different concrete mix designs (including the maximum size of aggregate);
- Different curing methods (drying, heating, in air, in vapour, in water);
- Different quality of the penetrating water;
- Different concrete ages or different duration time of the test;
- Different applied water pressures;
- Different sizes of test specimens or made on different ways, e.g. cast or drilled out from a larger block of concrete.

One standard method for measuring the permeability in saturated concrete is described in [7.31]. In a comprehensive study made of Scherer et al [7.32] several methods are reviewed such as beam-bending tests, pressure decay test, thermopermeametry test and dynamic pressurization test.

There are also a number of standard methods in which the water is forced into a concrete that are not completely water saturated. After a certain time and under a certain pressure, depending on the considered standard, the specimen is split in two halves and the penetration of the waterfront is measured. One method is SS 13 72 14 [7.33], shown later on in Fig. 7.20 (Paragraph 7.3.3). Other methods are BS1881[7.34], ACI-SP 108 [7.35], DIN 1048 [7.36], ONORM B 3303 [7.37] and ISO 7031 [7.38]. Because the concrete is not completely saturated the test is in reality a test of the combination of capillary suction and water tightness. However, based on other investigations (see Paragraph 7.3.6), the penetration depths are transformed to a permeability coefficient comparable to the permeability coefficient in Darcy's law.

The test equipment for measuring water permeability consists usually of (e.g. Fig. 7.17):

- A pressure side applying a pressure on the test specimen;
- A test cell in which the specimen is placed;
- A measuring device at the outlet that measure the flow of water penetrating the specimen.

All parts must be made of materials resistant to both high and low pH-values

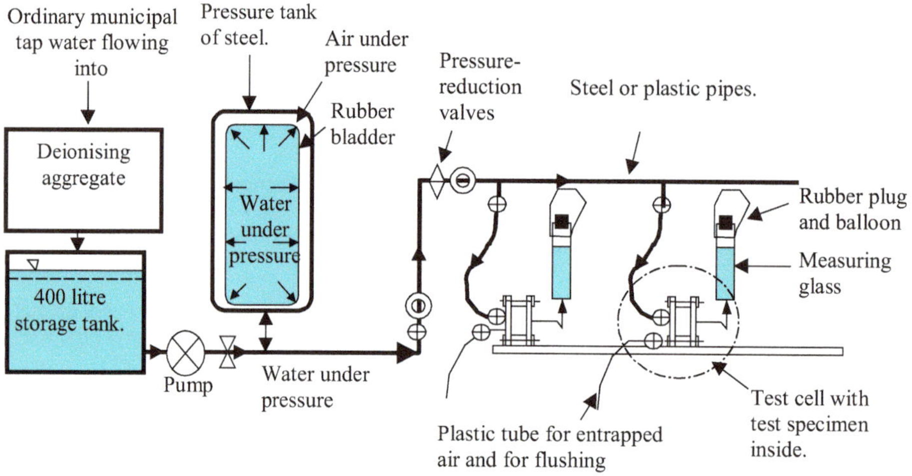

Fig. 7.17
Matériel d'essai de la perméabilité, comprenant un appareil de désionisation, une cuve de stockage, une pompe, une cuve de mis en pression, des valves de réduction de pression et un certain nombre de cellules d'essai contenant des échantillons de béton [7.26].

7.3.2. Préparation des échantillons

La tâche la plus importante est de décider du choix de la perméabilité la plus pertinente pour l'essai, par exemple :

- Perméabilité des échantillons vierges (jamais séchés, jamais chauffés) fabriqués en laboratoire.

- Perméabilité des échantillons fabriqués en laboratoire non vierges, par exemple séchés et/ou chauffés.

- Perméabilité des échantillons prélevés sur une structure réelle.

Pour les barrages, le premier essai est le plus courant et est utilisé comme un indicateur de la durabilité du mélange de béton. Les essais de perméabilité doivent par conséquent être des essais standards du programme d'essais préalable à la construction (voir Tableau 2.1, Section 2).

Pour parvenir à une véritable perméabilité darcienne, les échantillons doivent être de préférence saturés d'eau avant le début de l'essai. S'ils le sont déjà avant l'essai, comme les échantillons vierges, ils peuvent être directement placés dans le matériel d'essai. Si les échantillons ne sont pas totalement saturés, comme par exemple les échantillons non vierges fabriqués en laboratoire ou les carottes prélevées sur des barrages, l'air à l'intérieur de l'échantillon doit être injecté ou aspiré hors de l'éprouvette avant qu'un flux d'eau à l'état stable n'apparaisse. Cette opération peut prendre beaucoup de temps dont la durée dépend principalement de la teneur en humidité du système poreux, de la distribution de la taille des pores de l'échantillon, de l'historique du traitement de l'échantillon, des réactions d'hydratation continue, du gonflement, etc.

Saturer le béton sans en détruire la structure poreuse et changer la perméabilité est difficile. Deux principes essentiels sont couramment utilisés : injecter l'eau dans l'échantillon ou aspirer l'eau dans l'échantillon.

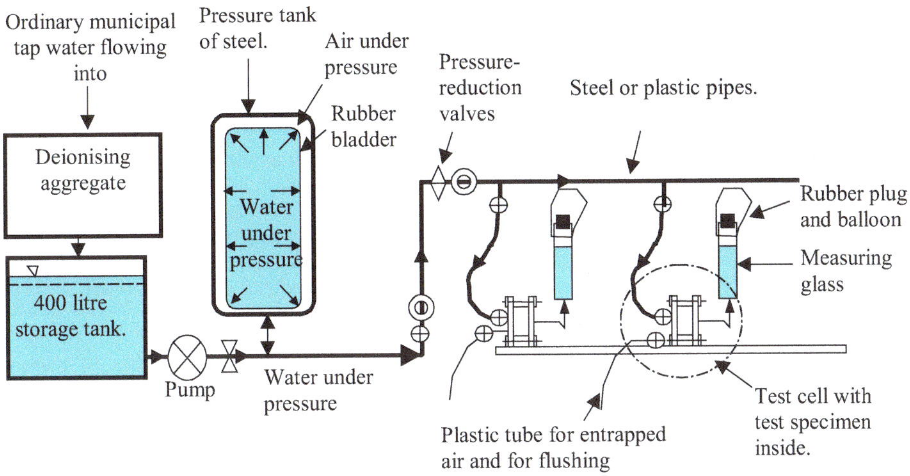

Fig. 7.17
Permeability equipment, consisting of a deionizing aggregate, a storage tank, a pump, a pressure tank, pressure reduction valves and a number of test cells containing concrete specimens [7.26].

7.3.2. Preparation of specimens

The most important task is to decide what the relevant permeability is for the test, for example:

- Permeability of virgin (never dried, never heated) specimens made in laboratory.
- Permeability of not virgin, e.g. dried and/or heated, specimens made in laboratory.
- Permeability of specimens taken out from a real structure.

For dams the first testing is most common and it is used as an indicator of the durability of the concrete mix. Permeability testing should therefore be a standard test in a pre-construction test program (see Table 2.1 in Section 2).

To achieve true Darcian permeability the test specimens preferably must be water saturated before the test starts. If the specimens already are saturated before the test, such as virgin specimens, they can be directly put into the test equipment. If the specimens are not fully saturated, for example laboratory made not-virgin specimens or cores drilled out from dams, the air inside the specimen must be forced or sucked out of the specimen before a steady-state water flow appears. This can take different long time depended mainly on the moisture content in the pore system, the pore size distribution of the specimen, the history of treatment of the specimen, continued hydration reactions, swelling, etc.

To saturate concrete without destroying the pore structure and changing the permeability is difficult. Two main principles are commonly used: Forcing water into the specimen or sucking water into the specimen.

Si l'échantillon est exposé à la pression d'eau externe suffisamment longtemps pour que l'écoulement soit stabilisé, l'échantillon peut être considéré comme étant saturé d'eau. Dans ce cas, une méthode d'essai comme celle décrite dans la Fig. 7.17 peut être utilisée. Les possibilités d'hydratation continue ou de lixiviation doivent cependant être examinées si l'état d'écoulement stable prend trop de temps.

Une méthode plus rapide pour saturer l'eau d'un échantillon est de saturer l'échantillon sous vide. Un procédé approprié est décrit dans NT Build 492 [7.39], point 6.3.2. Dans un autre procédé, les échantillons sont séchés au four avant le traitement sous vide. C'est une méthode plus rapide pour retirer tout l'air à l'intérieur des échantillons. En revanche, cette méthode modifiera beaucoup plus la distribution de la taille des pores et la porosité et augmentera donc également la perméabilité à court terme de l'échantillon. Dans les essais de longue durée, la perméabilité diminue souvent encore à cause de l'hydratation continue.

Compte tenu de ces difficultés, les tests de perméabilité à partir des carottes de béton de barrages existants n'ont de sens que si de graves défauts de perméabilité du matériau font l'objet de recherches.

7.3.3. La cellule d'essai

Une cellule d'essai comprend habituellement un cylindre en acier dans lequel est placé l'échantillon. Il doit y avoir un scellement entre l'échantillon et le cylindre pour éviter les fuites d'eau. Différents types de cellules d'essai uniaxiales sont présentés dans la Fig. 7.18 et la Fig. 7.19.

Un scellement passif est fait par exemple de bitume ou d'époxy mis à durcir dans l'espace entre la cellule et l'éprouvette (Fig. 7.18). Un scellement actif peut par exemple être une gaine en caoutchouc placée dans l'espace séparant la cellule de l'éprouvette remplie d'air à haute pression (Fig. 7.19a). Un autre exemple est l'éprouvette de forme conique entourée d'une membrane. L'éprouvette est poussée vers le bas par la pression appliquée et devient hermétique (Fig. 7.19b). La Fig. 7.20 montre une cellule d'essai utilisée dans le cadre de la méthode standard SS 13 72 14 [7.33] qui donne indirectement la perméabilité par le biais de la profondeur du front d'eau pénétré.

La cellule d'essai montrée dans la Fig. 7.19b a été utilisée dans une expérience décrite dans [7.17] pour les échantillons de béton d'une épaisseur de 50 mm et d'un diamètre de 150 mm. En ce qui concerne le béton utilisé dans de nombreux barrages, avec des granulats de 120 mm ou plus, de plus gros échantillons et des dispositifs de plus grande taille sont nécessaires. La règle générale est un diamètre au moins trois fois celui du plus gros granulat utilisé dans le béton. Un exemple de l'appareil de perméabilité approprié pour tester le béton de masse des barrages est présenté dans la Fig. 7.21.

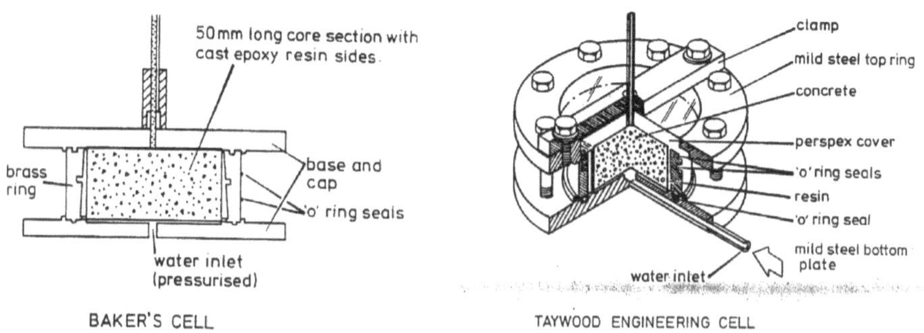

Fig. 7.18
Exemples de cellules uniaxiales avec scellement passif [7.14].

If the specimen is exposed to external water pressure such a long time that the flow becomes steady state, the specimen can be assumed to be water saturated. In such a case a test method like that described in Fig. 7.17 can be used. The possibilities of continuous hydration or leaching must however be regarded if it takes a long time reaching steady-state flow.

A faster method to water-saturate a specimen is to vacuum saturate the specimen. A suitable method is described in NT Build 492 [7.39], point 6.3.2. In another method, specimens are dried in oven before the vacuum treatment. This is a quicker method for withdrawing all air inside the specimens. On the other hand, this method will much more alter the pore size distribution and porosity and thereby also increase the short-term permeability of the specimen. In long lasting tests the permeability often decreases again due to continued hydration.

Given these difficulties, permeability testing from cores of existing dams is only meaningful if serious defects in material-permeability are found to be prone for investigations.

7.3.3. The test cell

A test cell consists usually of a steel cylinder in which the test specimen is placed. Between the specimen and the cylinder there must be some sort of sealing to avoid water leakage. Different types of uniaxial test cells are shown in Fig. 7.18 and in Fig. 7.19.

A passive sealing is made, for example, of bitumen or epoxy that is let to stiff in the gap between the cell and the specimen (Fig. 7.18). An active sealing can for example be a rubber tube in the gap between the cell and the specimen and which is filled with high-pressure air (Fig. 7.19a) Another example is when the specimen is made conical with a membrane around it. The specimen is pressed down by the applied pressure and becomes sealed (Fig. 7.19b). Fig. 7.20 shows a test cell used in the standard method SS 13 72 14 [7.33] that gives the permeability indirectly via the depth of the penetrated waterfront.

The test cell shown in Fig. 7.19b was used in an experiment described in [7.17] for concrete specimens with a thickness of 50 mm and a diameter of 150 mm. For concrete used in many dams, with aggregate of perhaps 120 mm or more, bigger specimens and larger devices are needed. A rule-of-thumb is a diameter three times as big as the biggest aggregate used in the concrete. Example of the permeability apparatus suitable for testing mass concrete from dams are shown in Fig. 7.21.

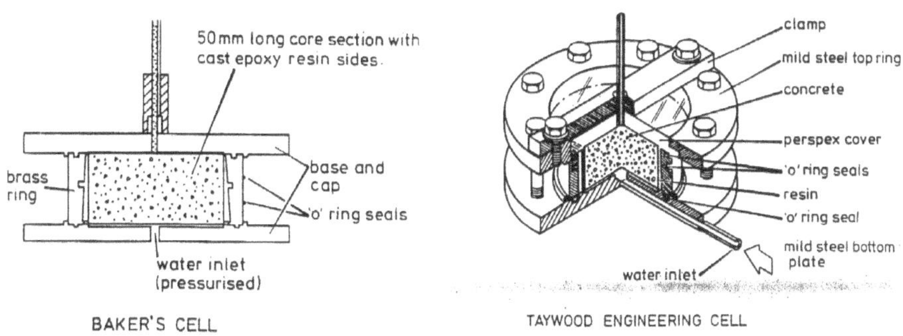

Fig. 7.18
Examples of uniaxial cells with passive sealing [7.14].

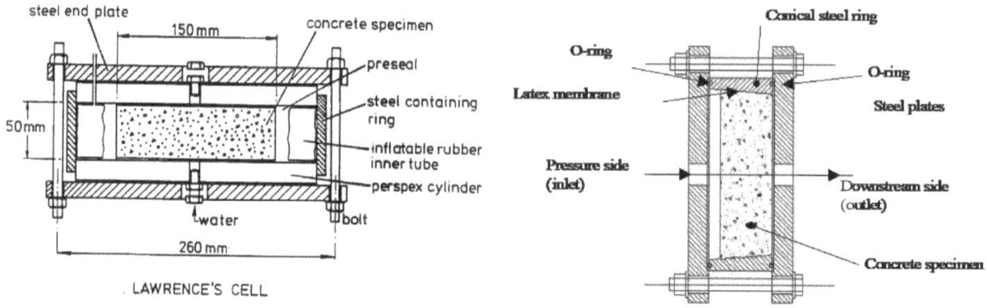

(a) (b)

Fig. 7.19
Exemples de cellules uniaxiales avec scellement actif de (a) [7.14] et (b) [7.17].

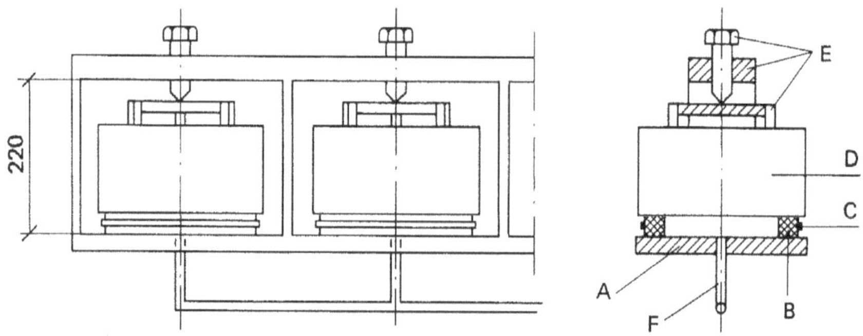

A Support plat, comme une table par exemple.
B Bague de serrage en caoutchouc d'un diamètre de 170 mm.
C Anneau d'appui en acier à l'extérieur de la bague en caoutchouc.
D Echantillon de béton.
E Cadre de support et de verrouillage.
F Entrée de l'eau sous pression.

Fig. 7.20
Mise en place de l'essai avec les cellules uniaxiales décrites dans la méthode standard SS 13 72 14 [7.33]. Dans l'essai, une pression d'eau de 0,8 +/- 0.03 MPa est appliquée pendant 24 +/- 2 heures, puis l'échantillon est ensuite immédiatement divisé en deux et le front de pénétration mesuré.

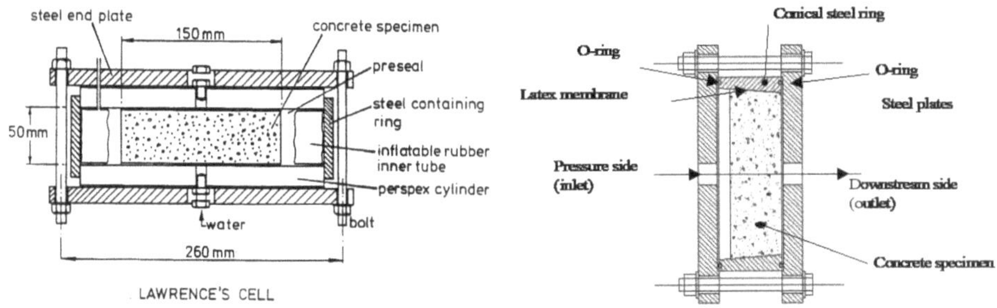

(a) (b)

Fig. 7.19
Examples of uniaxial cells with active sealing from (a) [7.14] and (b) [7.17].

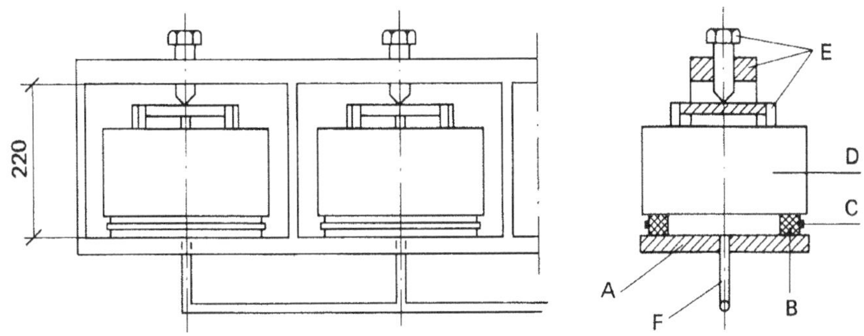

A Flat support, e.g. a table.
B Tightening ring of rubber with a diameter of 170 mm.
C Supporting ring of steel outside the rubber ring.
D Concrete specimen.
E Supporting and locking frame
F Pressurized water inlet.

Fig. 7.20
Text set-up with uniaxial cells described in the standard method SS 13 72 14 [7.33]. In the test a water pressure of 0.8 +/- 0.03 MPa is applied for 24 +/- 2 hours whereupon the specimen is immediately split in two halves and the penetration front is measured.

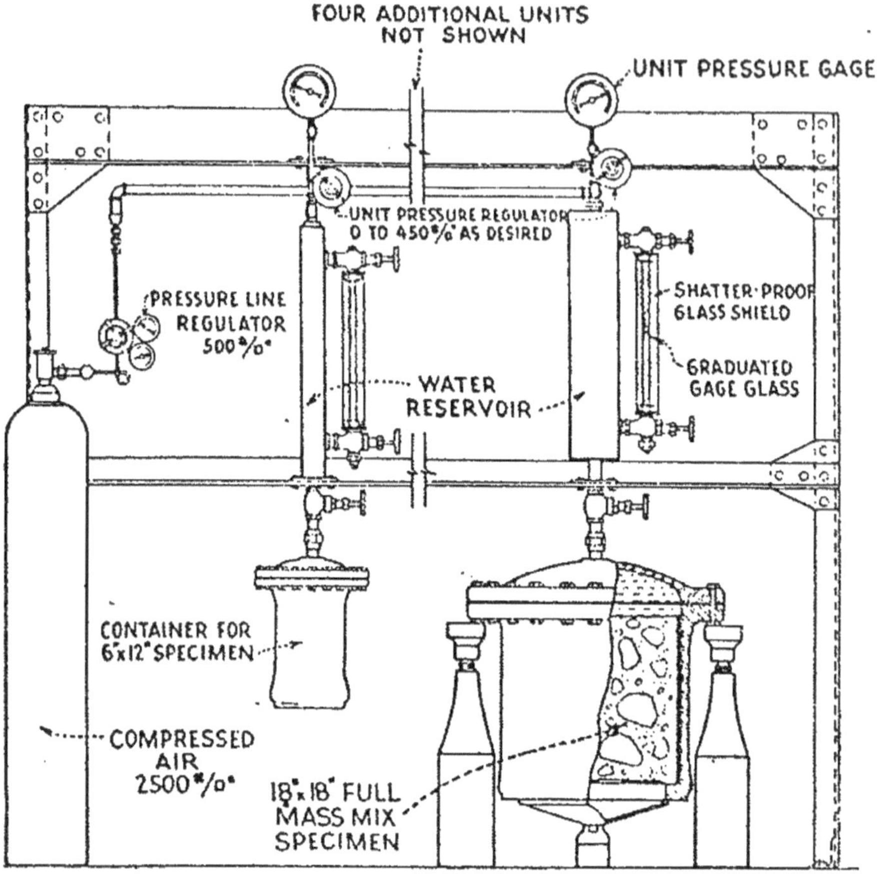

Fig. 7.21
Appareil de perméabilité utilisé pour tester le béton de masse [7.3].

En général, les essais de perméabilité sur les sites de barrage doivent utiliser une mise en place simple.

La Fig. 7.22 montre un dispositif utilisé pour les barrages pour tester la perméabilité sur site. La cuve de pression est utilisée tant pour les cylindres que pour les cubes. La pression est augmentée par étapes de 0,5 à 30 atm (ou moins pour les petits barrages). Chaque éventail de pression demeure constant pendant 24 heures et un protocole enregistre toute fuite. Généralement, un bon béton ne fuira pas du tout après les 10 cycles atteignant 30 atm. L'échantillon est ensuite écrasé et la profondeur de la pénétration de l'eau est mesurée et la valeur de Darcy correspondante calculée.

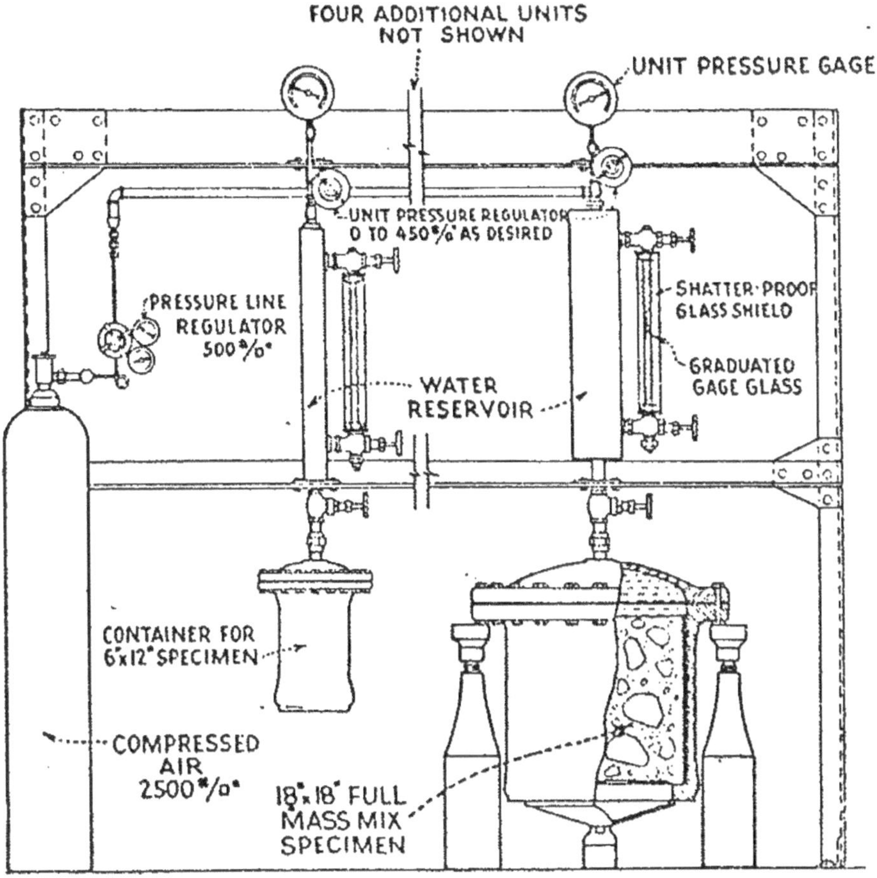

Fig. 7.21
Permeability apparatus used for testing mass concrete [7.3].

Generally, permeability testing at dam sites need to use a simple test set-up.

Fig. 7.22 shows a device used for dams to test permeability at site. The pressure vessel is used for both cylinders and cubes. The pressure is increased stepwise from 0.5 to 30 atm. (or less for small dams). Each pressure range is kept constant for 24 hours and a protocol records any leakage. Generally, good concrete will not leak at all after the 10 cycles reaching 30 atm. Then the specimen is crushed, and the water penetration depth is measured and a corresponding Darcy value calculated.

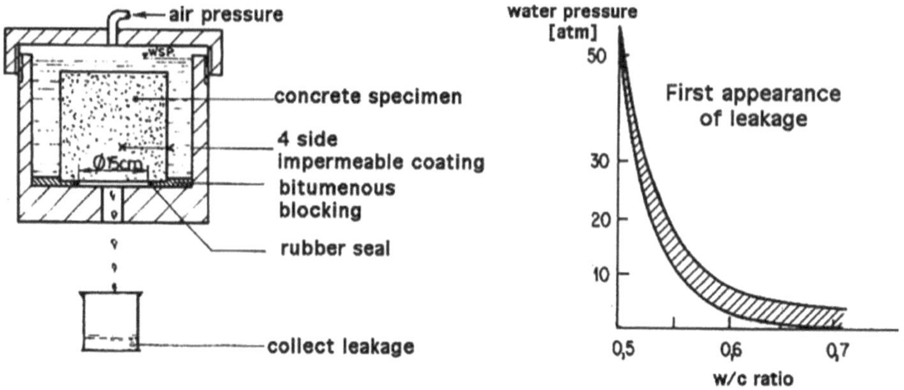

Fig. 7.22
Dispositif des essais de perméabilité des bétons pour les grands barrages.

7.3.4. La prise de pression

Les barrages poids ont un gradient de pression correspondant à une charge d'eau de 1,3 à 1,4 mètre par mètre de largeur de la structure (m/m), un barrage d'une hauteur de 100 m ayant traditionnellement 75 m de large à la base.

Les barrages voûtes peuvent avoir des gradients de pression allant jusqu'à 12 (m/m). Les barrages à contreforts peuvent avoir des gradients d'environ 30 à 40 (m/m) sur leurs têtes amont Le contrefort lui-même peut avoir un schéma plus complexe de gradients, cette complexité dépendant de la géométrie, des fissures éventuelles et des conditions d'humidité près du pilier.

La hauteur manométrique entre la pression du réservoir et les galeries du barrage proches du parement amont est particulièrement intéressante pour surveiller la perméabilité. Certains concepteurs préconisent un gradient ne dépassant pas 25.

Le moyen le plus courant d'obtenir une pression d'eau sur l'échantillon est le suivant : Le moyen le plus courant d'obtenir une pression d'eau sur l'échantillon est le suivant :

- Placer les cellules d'essai à l'intérieur d'un dispositif hydraulique et les relier à la source d'eau
- L'eau est mise en pression dans une cuve avec du gaz à haute pression
- Une pompe pressurise l'eau à l'intérieur de la cuve (Fig. 7.17)

7.3.5. Mesure du débit de l'eau

Le procédé pour mesurer le débit de l'eau sortant des échantillons doit satisfaire aux exigences suivantes.

L'extrémité de sortie de flux de l'échantillon doit être remplie d'eau afin d'éviter tout contact avec l'air avant que l'eau ne se soit échappée de l'échantillon.

La précision des mesures doit être adaptée à la quantité d'eau qui sort des échantillons. Certains bétons ont une perméabilité très faible et d'autres une perméabilité très élevée. Il doit être possible de lire la quantité d'eau de manière exacte, mais en revanche l'eau ne doit pas se déverser par-dessus le récipient de mesure.

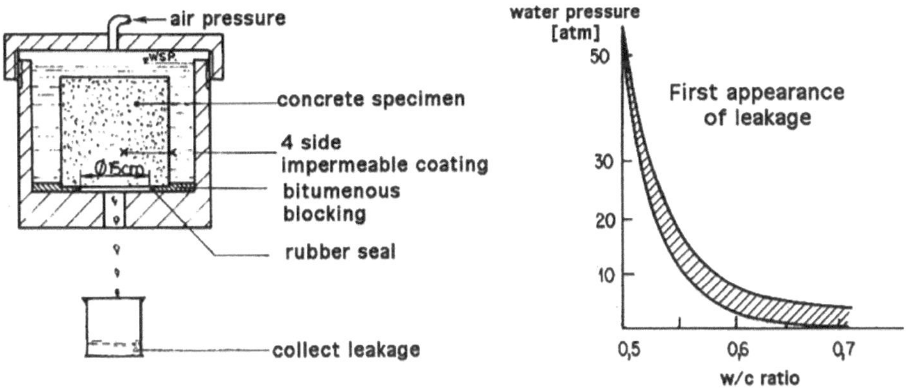

Fig. 7.22
Device for permeability testing of large concrete dams.

7.3.4. The pressure side

Gravity dams have a pressure gradient as low as 1.3-to-1.4-meter water head per meter of width of the structure (m/m), a 100 m high dam being traditionally 75 m wide at the base.

Arch dams can have pressure gradients of up to 12 (m/m). Buttress dams can have gradients of about 30 to 40 (m/m) over their front slabs. The buttress itself may have a more complex pattern of gradients, the complexity depending on the geometry, the possible cracks that leak water and the moisture conditions close to the pillar.

Of particular interest for controlling permeability is the pressure head between reservoir pressure and dam galleries close to the upstream face. Some designers stipulate a gradient not exceeding 25.

The most common ways to achieve a water pressure on the specimen is:

- Place the test cells inside a hydropower station and subjected to the headwater;
- The water is pressurised by a container with high pressure gas;
- A pump pressurises water inside a container (Fig. 7.17)

7.3.5. Water flow measuring

The method for measuring the flow of water coming out from the specimens must fulfil the following requirements.

The out-flow end of the specimen must be filled with water, in order to avoid any contact with air before water have percolated out from the specimen.

The measuring exactness must be suitable to the amount of water that comes out from the specimens. Some concrete has very low and some very high permeability. It should be possible to read the amount of water in an exact way, but on the other hand, the water shall not spill over the measuring vessel.

Les instruments de mesure ne laisseront pas l'air pénétrer ni l'humidité s'échapper. Si l'air pénètre, le CO_2 qu'il contient formera du $CaCO^3$ avec la solution infiltrée s'échappant de l'échantillon. Si l'humidité s'échappe, l'exactitude du volume d'eau mesuré ne sera pas correcte.

Il devrait y avoir des recherches minutieuses concernant une fuite éventuelle à travers le scellement. S'il existe un canal d'écoulement dans le scellement, le débit d'eau peut être très supérieur à celui qui passe à travers l'échantillon seul.

7.3.6. Expression des résultats

Lorsque le débit d'eau atteint un état stable, le coefficient de perméabilité est calculé comme (voir Equation dans 7.1.2) :

$$k_w = q_w \cdot L / dP_w / A \qquad (8.4)$$

où :

k_w = coefficient de perméabilité (m/s)

q_w = débit de l'eau (m^3/s)

dP_w = différence de pression (m) entre l'extrémité amont et aval de l'échantillon

L = longueur de l'échantillon (m)

A = zone transversale (m^2)

Pour les essais de pénétration, en l'occurrence pour les échantillons non totalement saturés, les profondeurs de pénétration peuvent être transformées en perméabilité darcienne. Sällström [7.7] a étudié les relations entre la méthode conventionnelle SS 13 72 14 [7.33] pour tester la pénétration de l'eau (Fig. 7.20) et une méthode pour tester la perméabilité à l'eau. Une relation est présentée dans la Fig. 7.23.

Le béton conventionnel de barrage possède généralement une perméabilité à l'eau intrinsèquement faible [7.40]. Les mélanges de béton bien dosés mis en place avec une bonne vibration et soumis à une cure adéquate, affichent normalement des valeurs de perméabilité de l'ordre de 10^{-10} à 10^{-13} m/s.

Dans le Tab. 7.3, les coefficients de perméabilité k_w sont indiqués pour certains barrages du Bureau of Reclamation. Les échantillons des barrages Dworshak et Lower Granite étaient des cylindres de 1500 x 1500 mm (6 x 6 in.) tandis que ceux des autres barrages énumérés dans le Tab. 7.3 étaient de 460 x 460 mm (18 x 18 in.). Les essais ont été effectués avec une pression de 2.8 MPa (400 psi).

The measuring vessels shall not let air in or moisture out. If air is let in, the CO_2 in it will form $CaCO_3$ with the percolated solution coming from the specimen. If moisture is let out, the correctness of measured volume of water will be wrong.

There should be careful investigations regarding possible leakage through the sealing. If there is any flow channel in the sealing, the flow of water may be very much higher than through the specimen only.

7.3.6. Expression of results

When steady state flow of water is reached, the permeability coefficient is calculated as (see Equation in 7.1.2):

$$k_w = q_w \cdot L / dP_w / A \tag{8.4}$$

where:

k_w = permeability coefficient (m/s)

q_w = water flow (m^3/s)

dP_w = difference in pressure (m) between upstream and downstream end of the specimen;

L = length of specimen (m);

A = cross section area (m^2).

For penetration tests, i.e. for not completely saturated specimens, the penetration depths may be transformed to Darcian permeability. Sällström [7.7] studied relations between the standard method SS 13 72 14 [7.33] for testing the water penetration (Fig. 7.20) and one method for testing water permeability. A relation is shown in Fig. 7.23.

Conventional dam concrete has generally a inherently low water permeability [7.40]. Good proportioned concrete mixes placed with good vibration and subjected to a suitable curing, usually show permeability values in the range of 10^{-10} to 10^{-13}m/s.

In Table 7.3 the permeability coefficients k_w is reported for some Bureau of Reclamation dams. Specimens for Dworshak and Lower Granite dams were 150 x 150 cm (6 x 6 in.) cylinders while specimens for the other dams listed in Table 7.3 were 460 x 460 mm (18 x 18 in.). The tests were carried out under a pressure of 2.8 MPa (400 psi).

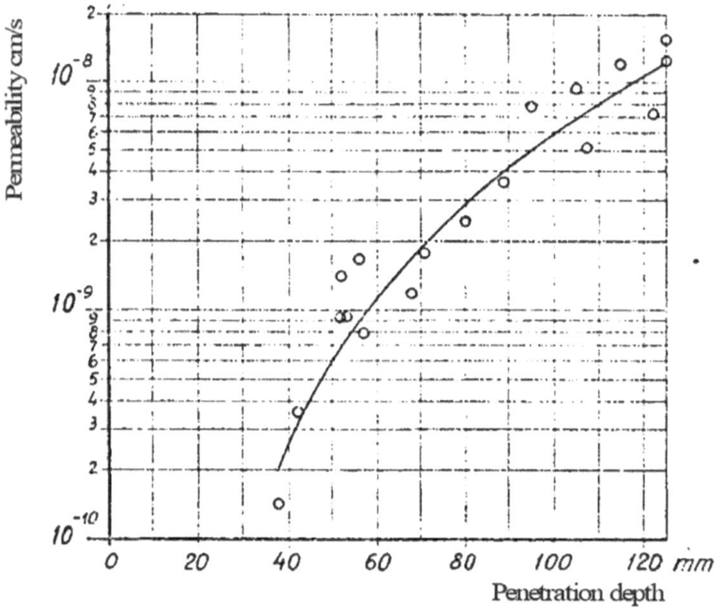

Fig. 7.23
Relation entre la perméabilité et la profondeur de pénétration pour le béton composé de ciment à faible chaleur d'hydratation et 4 à 6% d'air, une taille de granulat de 32 mm et divers rapports eau-ciment (0,55 à 0,82) [7.7].

Table 7.3
Perméabilité à l'eau du béton de masse [7.41]

Barrage	**Coefficient de perméabilité de l'eau k_w (m/s)**
Hoover	$5.99 * 10^{-13}$
Hungry Horse	$1.79 * 10^{-12}$
Canyon Ferry	$1.87 * 10^{-12}$
Monticello	$7.93 * 10^{-12}$
Glen Canyon	$1.75 * 10^{-12}$
Flaming Gorge	$1.07 * 10^{-11}$
Yellowtail	$1.90 * 10^{-12}$
Dworshak	$1.84 * 10^{-12}$
Lower Granite	$4.54 * 10^{-12}$
Anchor	$4.37 * 10^{-11}$

7.4. MODELISATION DE LA PERMEABILITE A L'EAU DU BETON SATURE

7.4.1. Introduction

Beaucoup de modèles décrivant la mobilité de l'eau dans un matériau poreux comme le béton ont été développés au fil des ans. Il convient de souligner que la complexité de la microstructure de la pâte de ciment, du mortier et du béton est si grande qu'il n'est pas possible de déduire leurs propriétés macroscopiques de simples lois d'écoulement à une micro-échelle sans déployer des efforts pour modéliser la structure elle-même [7.42]. Les effets de cette complexité dépassent ceux dus aux énormes différences d'échelle du matériau allant de 2 nm à environ 100 nm pour la taille du diamètre des pores et à la taille atomique des éléments qui sont difficiles à inclure dans un modèle.

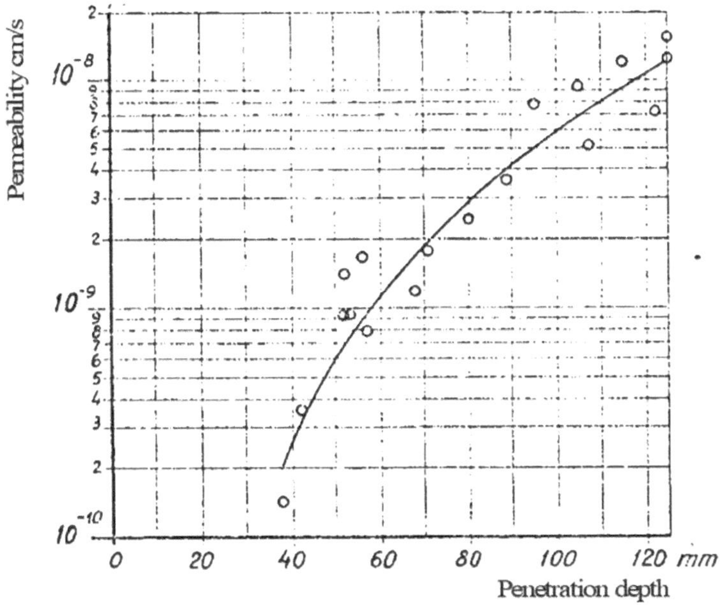

Fig. 7.23
Relation between permeability and penetration depth for concrete composed of low-heat cement and 4 to 6 percent air, 32 mm maximum aggregate size and various w/c-ratios (0.55 to 0.82) [7.7].

Table 7.3
Mass concrete water permeability [7.41]

Dam	Water permeability coefficient k_w (m/s)
Hoover	$5.99 * 10^{-13}$
Hungry Horse	$1.79 * 10^{-12}$
Canyon Ferry	$1.87 * 10^{-12}$
Monticello	$7.93 * 10^{-12}$
Glen Canyon	$1.75 * 10^{-12}$
Flaming Gorge	$1.07 * 10^{-11}$
Yellowtail	$1.90 * 10^{-12}$
Dworshak	$1.84 * 10^{-12}$
Lower Granite	$4.54 * 10^{-12}$
Anchor	$4.37 * 10^{-11}$

7.4. MODELING WATER PERMEABILITY IN SATURATED CONCRETE

7.4.1. Introduction

Many models describing the mobility of water in a porous material such as concrete have been developed through the years. It should be emphasized that the complexity of the microstructure of cement paste, mortar and concrete is so great that it is not possible to derive their macroscopic properties from simple flow rules on a micro-scale without efforts being made to model the structure itself [7.42]. It is above all the enormous scale differences in the material, ranging from a 2 nm to approximately 100 nm pore diameter size and to the atomic size of the elements that are difficult to include in a model.

Les méthodes de modélisation des mouvements des fluides sont généralement classées en deux groupes, les modèles microscopiques et les modèles macroscopiques.

Les modèles microscopiques décrivent le mouvement impliqué par chacun des petits conduits tubulaires du milieu poreux, en utilisant une approche statistique. Ces modèles permettent de réaliser des études plus détaillées concernant le transport de l'eau et d'autres composés comme l'air, les ions, etc. du béton à propriétés et géométries différentes. En revanche, la vérification des expériences est souvent très complexe et difficile et non adaptée à tous les essais standards du béton de masse des barrages. Un modèle microscopique peut être souvent utilisé pour les calculs macroscopiques, si des estimations sont faites sur les moyens d'examiner le modèle microscopique sur un volume plus important et dans plus d'une direction.

Les modèles macroscopiques décrivent le fluide comme une unité se déplaçant à une vitesse macroscopique moyenne, qui peut être donnée par la loi de Darcy par exemple. Ces modèles sont plus utiles pour l'estimation de la perméabilité de la masse de béton des structures réelles et peuvent être directement utilisés pour les structures bidimensionnelle et tridimensionnelle des barrages dans des modèles analytiques ou numériques et peuvent être vérifiés dans des essais de manière relativement facile.

Van Brakel [7.44] a divisé la modélisation du milieu poreux en deux autres principaux types : les modèles de l'espace poreux et les modèles de l'espace non-poreux. Les modèles de l'espace poreux peuvent impliquer la conception de tubes reliés ou de particules discrètes en une, deux ou trois dimensions. Ces modèles sont souvent appropriés pour examiner le comportement microscopique. Les modèles de l'espace non poreux peuvent être des corrélations empiriques (comme l'équation de Darcy), les modèles de particules discrètes, les modèles continus ou les modèles statistiques, souvent adaptés à l'analyse du comportement macroscopique. Van Brakel est d'avis que même les modèles de l'espace non poreux ont toujours besoin dans une certaine mesure d'être attachés à un modèle d'espace poreux. En ce qui concerne le transport du liquide capillaire en particulier, il considère comme discutable le recours à l'approche de continuum.

7.4.2. *Modèles macroscopiques (espace non-poreux) pour le béton de masse*

Les modèles macroscopiques, ou espaces non-poreux, sont souvent utilisés pour calculer la percolation homogène de l'eau dans un corps continu de béton, comme un barrage par exemple. Un modèle couramment utilisé est la loi de Darcy pour le béton saturé, mais d'autres modèles sont également utilisés, par exemple lorsque le béton est non saturé (équation de Richard) ou si la vitesse de l'eau à travers le béton est plutôt élevée (équation de Brinkman).

Darcy [7.1], en filtrant le sable dans un tube circulaire, a découvert la relation empirique suivante (loi de Darcy) concernant le flux homogène d'un milieu poreux saturé :

$$q_w = -k_w \cdot A_{tot} \cdot \frac{(h_2 - h_1)}{L} \tag{7.5}$$

où :

q_w = la quantité de fluide qui s'infiltre (m^3/s)

k_w = le coefficient de perméabilité globale, qui dépend à la fois du milieu poreux et du fluide (m/s)

A_{tot} = la surface transversale du lit filtrant (m^2)

h_1, h_2 = le liquide qui s'élève au-dessus d'un niveau arbitraire à l'extrémité d'entrée ou de sortie du lit filtrant (m)

L = la longueur du lit filtrant (m) (Fig. 7.26).

Methods for modelling fluid motion are usually classified into two groups, the one being microscopic models and the other macroscopic models.

Microscopic models describe the motion involved in terms of each of the small tubular conduits in the porous medium, using a statistical approach. By these models more detailed studies can be made regarding transport of water and other constituents as air, ions, etc. in concrete at different properties and geometry. On the other hand, the verification with experiments is often very complex and difficult, not suitable for any standard tests of mass concrete from dams. Often a microscopic model can be used for macroscopic calculations, if estimations are made of how to "smear out" the microscopic model on a larger volume and in more than one direction.

Macroscopic models describe the fluid as a unit moving at a macroscopic-average velocity, which can be given, for example, by Darcy's law. Macroscopic models are more useful for estimating the permeability for mass concrete in real structures and they can be used for 2- and 3-dimensional dam structures directly in analytical or numerical models and can be verified in tests in a relatively easily way.

Van Brakel [7.44] divided the modelling of porous media into two other main types: pore space and non-pore space models. Pore space models can involve the conception of connected tubes or discrete particles in one, two or three dimensions. These are often suitable for examining microscopic behavior. Non-pore space models can be empirical correlations (such as Darcy's equation), discrete particle models, continuum models or statistical models, often suitable for analyzing macroscopic behavior. Van Brakel is of the opinion that even non-pore space models need always to some extent to be attached to a pore space model. With respect to capillary liquid transport in particular, he regards the sensibility of using the continuum approach as being disputable.

7.4.2. Macroscopic (non-pore space) models for mass concrete

Macroscopic, or non-pore space, models are often used to calculate homogenous percolation of water in a continuous body of concrete, e.g. a dam. A commonly used model is Darcy's law for saturated concrete, but also other models are used for example when the concrete is not saturated (e.g. Richard's equation) or if the water velocity through the concrete is rather high (e.g. Brinkman equation).

Darcy [7.1], in filtrating water through sand in a circular tube, found the following empirical relationship (Darcy's law) concerning homogenous flow in saturated, porous media:

$$q_w = -k_w \cdot A_{tot} \cdot \frac{(h_2 - h_1)}{L} \qquad (7.5)$$

where:

q_w = the amount of the percolating fluid (m^3/s);

k_w = the bulk permeability coefficient, which depended on both the porous media and the fluid (m/s);

A_{tot} = the cross-sectional area of the filter bed (m^2);

h_1, h_2 = liquid that rises above an arbitrary level at the inlet or outlet end of the filter bed (m); and

L = the length of the filter bed (m) (Fig. 7.26).

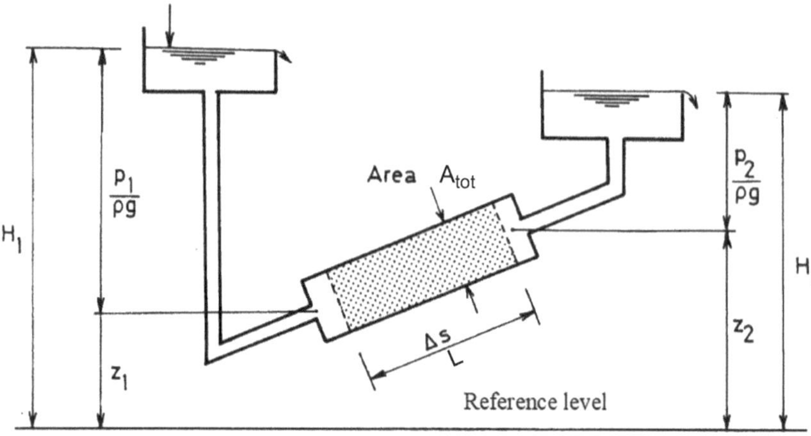

Fig. 7.24
Schéma de l'expérience de Darcy [7.45].

Dans sa forme originale, la loi de Darcy a négligé le flux hydrodynamique microscopique d'un système poreux compliqué. Cette loi établit des moyennes macroscopiques. L'approche macroscopique est couramment utilisée dans les travaux de modélisation et c'est peut-être la seule approche qui peut être vérifiée expérimentalement. Dans la pratique, c'est la valeur kw qui est habituellement mesurée et rapportée. Selon Collins et al. [7.46], il y a toutefois lieu de penser que l'écoulement d'eau à travers le béton saturé, le mortier et la pâte de ciment durci est très proche de la loi de Darcy [7.3] [7.11]. La loi de Darcy se limite à certains aspects. Elle est essentiellement valable pour [7.47] :

- L'écoulement permanent homogène en milieu poreux saturé
- Le coefficient de perméabilité k_w, qui dépend du fluide (il dépend de la viscosité)
- Les fluides incompressibles
- Les conditions isothermes
- L'écoulement laminaire avec de très faibles vitesses
- Le fluide newtonien
- L'écoulement à travers un milieu poreux relativement long, uniforme et isotrope
- Un faible niveau de conductivité hydraulique du milieu.

L'équation de Darcy peut être reformulée en termes de pression p et densité ρ du liquide. La pression aux deux extrémités (voir Fig. 7.26) peut être formulée comme suit [7.22]:

$$h_1 = p_1/(\rho \cdot g) + z_1;\ h_2 = p_2/(\rho \cdot g) + z_2 \tag{7.6}$$

where: $p/(\rho g)$ = hauteur manométrique (m); et z = hauteur au-dessus d'un niveau de référence arbitraire.

L'équation de Darcy est ensuite reformulée ainsi

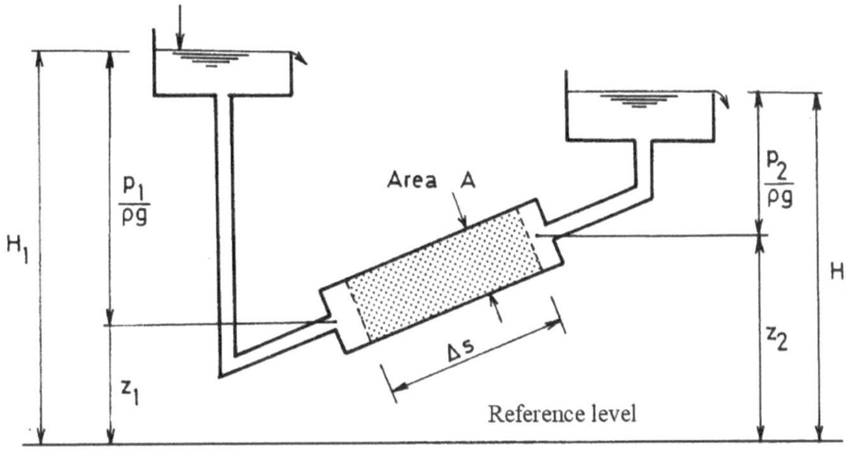

Fig. 7.24
A principal figure in Darcy's experiment [7.45].

In its original form, Darcy's law overlooked hydrodynamic microscopic flow in a complicated system of pores. The law is an averaging macroscopic one. The macroscopic approach is commonly used in modelling work and is the perhaps the only approach that can be verified experimentally. In practice, it is the value kw that is usually measured and reported. According to Collins et al. [7.46], there is evidence, however, that the flow of water through saturated concrete, mortar and hardened cement paste very closely approximates Darcy's law [7.3] [7.11]. Darcy's law is limited in some aspects. It is essentially valid for the following [7.47]:

- Homogenous, steady-state flux in saturated, porous media
- The permeability coefficient $k_{w,}$ which is fluid-dependent (it depends on the viscosity)
- Incompressible fluids
- Isothermal conditions
- Creeping, laminar flow (very low velocity)
- Newtonian fluid
- Flow through a relatively long, uniform and isotropic porous medium
- A low level of hydraulic conductivity in the medium

Darcy's equation can be restated in terms of the pressure p and the density ρ of the liquid. The pressure at the two ends (see Fig. 7.26) can be written as [7.22]:

$$h_1 = p_1/(\rho \cdot g) + z_1;\ h_2 = p_2/(\rho \cdot g) + z_2 \qquad (7.6)$$

where: $p/(\rho g)$ = pressure head (m); and z = height above an arbitrary reference level.

Darcy's equation is then reformulated to

$$q_w = -k_w \cdot A \cdot \frac{(\frac{p_2 - p_1}{\rho \cdot g} + z_2 - z_1)}{l} = -k_w \cdot A \cdot \frac{(\frac{\Delta p}{\rho g} + \Delta z)}{l} \qquad (7.7)$$

En formulant l'équation des longueurs infinies du filtre Δl en simplifiant en même temps avec l'introduction d'un potentiel hydraulique (parfois appelé hauteur piézométrique), $Pw = p/\rho g + z$, et en supposant qu'il n'y a aucune variation de k_w ou ρ, l'équation de Darcy devient :

$$v_w = -k_w \cdot \nabla P_w \qquad (7.8)$$

où : v_w = vitesse d'infiltration (m/s). Noter que la vitesse v_w doit être comprise comme la vitesse apparente et non pas comme la vitesse u dans un canal d'écoulement individuel. Pour un milieu poreux isotrope, la perméabilité devient un tenseur :

$$v_w = -\mathbf{k}_w \cdot \nabla P_w \qquad (7.9)$$

Un équilibre du volume d'eau peut être formulé comme suit

$$D \frac{\partial P_w}{\partial t} = \hat{c}_w - \nabla \cdot (v_w) \qquad (7.10)$$

où : D = damping; et $\hat{c}_w$ = source (e.g. l'hydratation) d'eau (m^3/s). A l'état d'équilibre, les dérivées partielles du temps et le terme source $\hat{c}_w$ disparaissent. Il convient de calculer l'équation (7.10) en utilisant la méthode des éléments finis.

7.4.3. Modèles microscopiques (espace poreux) pour des études plus détaillées

Des modèles microscopiques, ou espaces poreux, peuvent être directement utilisés pour calculer l'écoulement de l'eau dans des canaux d'écoulement distincts comme par exemple dans les fissures ou peuvent se transformer en percolation homogène d'eau dans un corps continu de béton.

Selon Scheidegger [7.22], l'écoulement à travers le milieu poreux semble se dérouler le long des canaux d'écoulement à la vitesse locale (pores), u. La vitesse v à la macro-échelle du fluide du filtre est plus petite que la vitesse locale, comme le décrit souvent l'équation de Dupuit-Forchheimer :

$$v = \Phi \cdot u \qquad (7.11)$$

où : v = vitesse (globale) du filtre du fluide (m/s); Φ = porosité (m^3/m^3); et u = vitesse locale du fluide dans les canaux d'écoulement (m/s).

La vitesse locale est supposée fluctuer à la fois entre les canaux et le long des canaux. Dans l'équation Fochheimer, v est une vitesse moyenne.

Un modèle d'espace poreux de l'écoulement d'un fluide à travers un milieu poreux est souvent fondé d'une certaine façon sur les équations de Navier-Stokes pour les fluides incompressibles.

$$\nabla \cdot \mathbf{u} = 0 \qquad (7.12)$$

$$\rho_W \frac{\partial \mathbf{u}}{\partial t} + \rho_W \mathbf{u} \cdot \nabla \mathbf{u} + \nabla p - \mu \ \nabla \cdot (\nabla \mathbf{u} + \nabla \mathbf{u}^T) + \rho_W \mathbf{g} = \mathbf{0} \qquad (7.13)$$

où : ρ_w = densité de l'eau (kg/m^3); u = vitesse locale de l'eau (m/s); p = pression hydrostatique (Pa); μ = viscosité dynamique (Pa·s); et g = accélération due à la gravité (m/s^2). Noter que la vitesse u est la vitesse à l'intérieur de chaque petit canal d'écoulement et non la vitesse globale du matériau.

$$q_w = -k_w \cdot A \cdot \frac{(\frac{p_2 - p_1}{\rho \cdot g} + z_2 - z_1)}{L} = -k_w \cdot A \cdot \frac{(\frac{\Delta p}{\rho g} + \Delta z)}{L} \quad (7.7)$$

Trying to write the equation for infinite filter lengths Δl and at the same time simplify by introducing a hydraulic potential (sometimes called a piezometric head), $Pw = p/\rho g + z$, and assuming no variation of kw or ρ, Darcy's equation becomes:

$$v_w = -k_w \cdot \nabla P_w \quad (7.8)$$

where: v_w = seepage velocity (m/s). Note that the velocity v_w is to be understood as the bulk velocity and not as the velocity u in an individual flow channel. For an isotropic porous medium, permeability becomes a tensor:

$$v_w = -\mathbf{k}_w \cdot \nabla P_w \quad (7.9)$$

A balance of the water volume can be written as

$$D \frac{\partial P_w}{\partial t} = \hat{c}_w - \nabla \cdot (v_w) \quad (7.10)$$

where: D = damping; and $\hat{c}_w$ = source or sink (e.g. hydration) of water (m^3/s). Under steady-state conditions, the partial time derivatives and source term $\hat{c}_w$ vanish. Equation suits well to be calculated using the Finite Element Method.

7.4.3. Microscopic (-pore space) models for more detailed studies

Microscopic, or pore space, models can be used directly for calculations of water flow in distinct flow channels as for example in cracks or they can be transformed to a homogenous percolation of water in a continuous body of concrete.

According to Scheidegger [7.22], flow through porous media appears to take place along flow channels at the local (pore) velocity, u. The macro scale filter velocity v of the fluid is smaller than the local velocity, as often described by the Dupuit-Forchheimer equation:

$$v = \Phi \cdot u \quad (7.11)$$

where: v = filter (bulk) velocity of the fluid (m/s); Φ = porosity (m^3/m^3); and u = local velocity of the fluid in the flow channels (m/s).

The local velocity is assumed to fluctuate both between channels and along channels. In the Fochheimer equation, v is an average velocity.

A pore space model of the flow of a fluid through a porous medium is often based in some way on the Navier-Stokes equations for incompressible fluids.

$$\nabla \cdot \mathbf{u} = 0 \quad (7.12)$$

$$\rho_W \frac{\partial \mathbf{u}}{\partial t} + \rho_W \mathbf{u} \cdot \nabla \mathbf{u} + \nabla p - \mu \ \nabla \cdot (\nabla \mathbf{u} + \nabla \mathbf{u}^T) + \rho_W \mathbf{g} = \mathbf{0} \quad (7.13)$$

where: ρ_w = density of water (kg/m^3); u = local velocity of water (m/s); p = hydrostatic pressure (Pa); μ = dynamic viscosity (Pa·s); and g = acceleration due to gravity (m/s^2). Note that the velocity u is the velocity within each small flow channel and not the bulk velocity of the material.

En supposant un écoulement stable, un tube cylindrique rectiligne, lisse et horizontal, un écoulement laminaire et la vitesse du fluide étant de zéro sur les parois du tube, l'écoulement Navier-Stoke se calcule avec l'équation de Hagen-Poiseuille :

$$u_{mean} = \frac{\phi^2}{32\mu} \cdot \frac{\Delta p}{L} \tag{7.14}$$

où : u_{mean} = vitesse moyenne dans le tube (m/s); Δp = gradient de pression (Pa); L = longueur du tube (m); d ϕ = diamètre du tube (m). On observe que dans les petits tubes/pores, l'eau sur les parois est confinée aux parois et n'est pas transportée, aussi le diamètre doit-il être réduit au diamètre auquel l'écoulement a lieu. L'écoulement total de l'eau à travers un tube grossier et tortueux dans le béton peut être estimé par

$$q_{w,tube} = r_w \cdot u_{mean} \cdot \frac{\Delta p}{L} \cdot A_{tube} = r_w \cdot \frac{d^2}{32\mu} \cdot \frac{\Delta p}{L} \cdot \frac{\pi \cdot d^2}{4} = r_w \cdot \frac{\pi \cdot d^4}{128 \cdot \mu} \cdot \frac{\Delta p}{L} \tag{7.15}$$

où : $q_{w,tube}$ = écoulement à travers le tube (m³/s); et r_w = facteur de réduction (-) compte tenu des réductions des tubes d'écoulement réels dans les matériaux à base de ciment du fait qu'ils s'écartent d'un grand cylindre droit et lisse (hypothèse dans l'équation de Hagen-Poiseuille). Les écoulements provoqués par les gradients de la charge hydraulique P_w (m) sont formulés par les mêmes équations que ci- dessus mais multipliés par la densité du fluide ρ_w et le coefficient de gravité g.

Avec ces mêmes conditions, l'intégration de Navier-Stoke pour l'écoulement des fluides à travers des fentes parallèles, pour une fissure réelle dans un barrage par exemple, donne :

$$q_w = r_w \cdot \frac{b \cdot w^3}{12 \cdot \mu} \cdot \frac{\Delta p}{L} \tag{7.16}$$

où : L = longueur du canal d'écoulement de la fissure (m); w = largeur de la fente (m); et b = longueur de la fente perpendiculaire à la direction de l'écoulement (m); r_w = "facteur de rugosité de surface", généralement environ 0.01-0.2.

Un modèle très simple d'écoulement capillaire dans un béton, suivant une direction est celui d'un faisceau de capillaires parallèles rectilignes de diamètre uniforme régit par l'équation de Hagen-Poiseuille.

$$q_a = -r_w \cdot \frac{n_a \ \phi_a^2}{32\mu} \cdot A_a \cdot \frac{\partial p}{\partial x} = -\frac{k_a}{\mu} \cdot A_a \cdot \frac{\partial p}{\partial x} \tag{7.17}$$

$$k_a = r_w \cdot \frac{n_a \ \phi_a^2}{32} \tag{7.18}$$

$$A_a = \frac{\pi \cdot \phi^2}{4} \tag{7.19}$$

où : q_a = écoulement d'eau dans tous les capillaires d'une taille spécifique a (m³/s); k_a = perméabilité particulière de tous les capillaires d'une taille spécifique a (m²); $\delta p/\delta x$ = le gradient de pression (Pa/m); n_a = le nombre de capillaires de diamètre ϕ_a le nombre de capillaires de diamètre (nos./m²); et μ = la viscosité dynamique (Ns/m²); r_w = facteur de réduction, voir Equation (7.15); et A_a = the cross-sectional area of one capillary of size a (m²).

Assuming steady-state flow, a straight, smooth and horizontal circular tube, laminar flow and the velocity of the fluid being zero on the walls of the tube allows Navier-Stoke flow to be integrated with the Hagen-Poiseuille equation:

$$u_{mean} = \frac{\phi^2}{32\mu} \cdot \frac{\Delta p}{L} \tag{7.14}$$

where: u_{mean} = mean velocity in the tube (m/s); Δp = pressure gradient (Pa); L = length of the tube (m); d ϕ = diameter of the tube (m). Observer that in small tubes/pores the water at the walls is hard bounded to the wall and not involved in the transport, so the diameter should be reduced to the diameter in which the flow take place. The total flow of water through a tortuous, rough tube in concrete may be estimated by

$$q_{w,tube} = r_w \cdot u_{mean} \cdot \frac{\Delta p}{L} \cdot A_{tube} = r_w \cdot \frac{d^2}{32\mu} \cdot \frac{\Delta p}{L} \cdot \frac{\pi \cdot d^2}{4} = r_w \cdot \frac{\pi \cdot d^4}{128 \cdot \mu} \cdot \frac{\Delta p}{L} \tag{7.15}$$

where: $q_{w,tube}$ = flow through the tube (m³/s); and r_w = reduction factor (-) taking account reductions for real flow tubes in cement materials due to deviation from a large, strait, and smooth cylinder (that the Hagen-Poiseuille equation assumes). Fluxes caused by gradients in hydraulic head P_w (m) are written in terms of the same equations as above but are multiplied by the fluid density ρ_w and the gravity coefficient g.

Under these same conditions the integration of Navier-Stoke for the flow of fluids through parallel slits, for example for a real crack in a dam, gives

$$q_w = r_w \cdot \frac{b \cdot w^3}{12 \cdot \mu} \cdot \frac{\Delta p}{L} \tag{7.16}$$

where: L = flow channel length of the slit (m); w = slit width (m); and b = slit length perpendicular to the flow direction (m); r_w = "surface roughness factor", generally about 0.01-0.2.

A very simple capillary model of flow in one direction in concrete is that of a bundle of straight parallel capillaries of uniform diameter together with the Hagen-Poiseuille equation.

$$q_a = -r_w \cdot \frac{n_a \phi_a^2}{32\mu} \cdot A_a \cdot \frac{\partial p}{\partial x} = -\frac{k_a}{\mu} \cdot A_a \cdot \frac{\partial p}{\partial x} \tag{7.17}$$

$$k_a = r_w \cdot \frac{n_a \phi_a^2}{32} \tag{7.18}$$

$$A_a = \frac{\pi \cdot \phi^2}{4} \tag{7.19}$$

where: q_a = water flow in all capillaries with a particular size a (m³/s); k_a = specific permeability of all capillaries with a particular size a (m²); $\delta p/\delta x$ = the pressure gradient (Pa/m); n_a = the number of capillaries of diameter ϕ_a per square meter cross section (nos./m²); and μ = the dynamic viscosity (Ns/m²); r_w = reduction factor, see equation ; and A_a = the cross-sectional area of one capillary of size a (m²).

7.4.4. *Écoulement d'eau combiné dans un "barrage réel"*

Dans une structure réelle exposée à la pression de l'eau d'un côté, l'écoulement d'eau est une combinaison du débit réel de Darcy (en milieu saturé) et du débit d'humidité en milieu non saturé [7.48]. La Fig. 7.25 montre un barrage en béton épais où il y a une pression hydrostatique sur le parement amont du barrage et où la parement aval est exposé à l'air. Le béton est saturé et la pression d'eau interne est hydrostatique vers le bas dans un point proche du parement aval, où l'humidité relative atteint 100%. Plus en aval, l'humidité relative interne décroît, les conditions climatiques prévalant sur le parement aval. Un jour d'été ensoleillé, l'humidité relative à la face aval peut atteindre à peine environ 30-40%. Le transport de l'eau est provoqué par une combinaison de la surpression, de l'aspiration et de la diffusion. Enfin, l'évaporation à l'air ambiant se produit sur le parement aval.

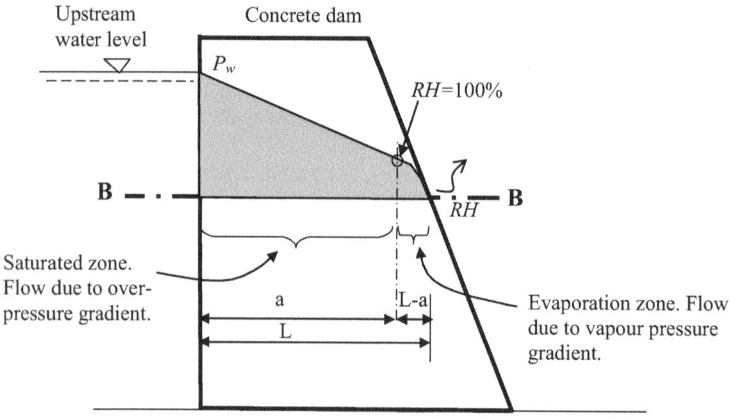

Fig. 7.25
Schéma d'un barrage en béton épais avec un écoulement d'eau combiné dans une section B-B. Dans cette section, la face amont est dans l'eau et la face aval dans l'air. La section a une zone saturée et une zone d'évaporation

Dans un transport combiné d'eau, l'écoulement d'eau dans la partie saturée en surpression est le même que l'écoulement d'humidité dans la partie non saturée. En supposant que la loi de Darcy soit valide, l'écoulement d'eau dans la partie saturée est :

$$v_w = B\frac{dp}{a} \tag{7.20}$$

où : v_w = écoulement d'eau (kg/(m^{2}s)); B = coefficient de perméabilité (s); dp = différence de pression (Pa); et a = distance au niveau de saturation (m) (Fig.7.25). Cette distance a avec l'endroit où le béton n'est plus saturé d'eau peut être formulée comme

$$a = \frac{k_w \cdot dp \cdot L}{v_{w<100\%RH} \cdot H_{<100\%RH} + k_w \cdot dp} \tag{7.21}$$

où : $v_{w<100\%RH}$ = écoulement d'eau mesuré en dessous de 100% d'humidité relative en laboratoire (kg/(m^{2}s)); $H_{<100\%RH}$ = épaisseur de l'échantillon testé en laboratoire (m); et L = épaisseur totale du barrage (m). En aval de ce niveau de saturation où l'humidité relative descend sous 100%, l'écoulement d'eau est mû par un gradient de pression de vapeur. Les données de certains types de béton tenant compte de l'équation (7.23) se trouvent dans Hedenblad [7.48].

7.4.4. *Combined water flow in a "real dam"*

In a real structure exposed to one side water pressure, the water flow is a combination of true Darcian flow (in saturated media) and moisture flow in not saturated media 7.48]. Fig. 7.25 shows a thick concrete dam where there is a hydrostatic pressure against the upstream face of the dam and the downstream face is exposed to air. The concrete is saturated, and the internal water pressure is hydrostatic down into a point near the downstream face, where the humidity reaches 100 % RH. Further downstream, the internal relative humidity decreases down to the current climatic condition at the downstream face. A sunny summer day, the relative humidity at the downstream face can reach as low as about 30-40 % RH. The water transport is caused by a combination of over-pressure, suction and diffusion. Finally, at the downstream face, evaporation to the surrounding air occurs.

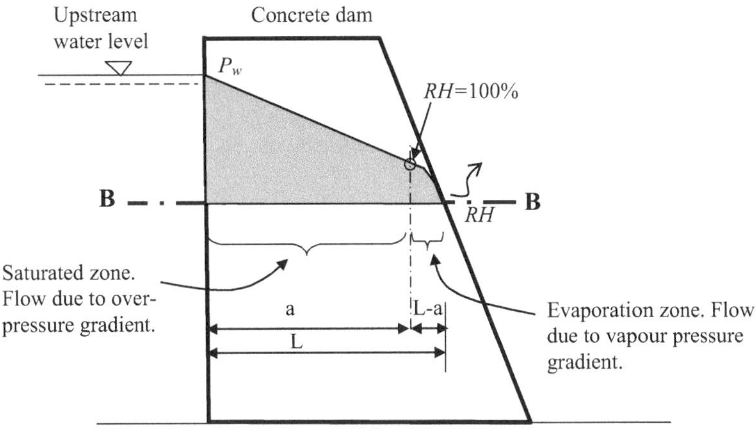

Fig. 7.25
A schematic of a thick concrete dam with a combined water flow in a section B-B. In this section the upstream face is in water and the downstream face is in air. The section has one saturated zone and one evaporation zone

In a combined transport of water, the flow of water in the over-pressure part is the same as the moisture flow in the not saturated part. Assuming Darcy's law to be valid the flow of water in the saturated part is:

$$v_w = B\frac{dp}{a} \tag{7.20}$$

where: v_w = water flow (kg/(m^{2}s)); B = permeability coefficient (s); dp = pressure difference (Pa); and a = distance to the saturation level (m) (Fig.7.25). This distance *a* to where the concrete is no longer *water saturated can be written as [7.49]:*

$$a = \frac{k_w \cdot dp \cdot L}{v_{w<100\%RH} \cdot H_{<100\%RH} + k_w \cdot dp} \tag{7.21}$$

where: $v_{w<100\%RH}$ = measured flux of water below 100 % RH in laboratory (kg/(m^{2}s)); $H_{<100\%RH}$ = the thickness of the specimen tested in laboratory (m); and L = the total thickness of the dam (m). Downstream this saturation level where RH goes below 100 % the flow of water is driven by a vapor pressure gradient. Data of some types of concrete considering Equation (7.23) can be found in Hedenblad [7.48].

Un autre cas d'écoulement d'eau combiné dans un barrage en béton avec une galerie d'inspection provient du parement amont de la galerie. L'humidité relative à 100% du point de saturation se produit un peu sur le parement amont de la galerie. Le point de saturation HR = 100% s'établit un peu dans béton en amont du tunnel. En amont de ce point, il y a un écoulement d'eau darcien et en aval de ce point dans l'air à l'intérieur du tunnel, il y a un flux de diffusion.

S'il y a de l'eau au parement aval, le débit ne dépendra bien entendu que de la pression hydrostatique tout au long du parement amont jusqu'au parement aval.

7.5. REFERENCES

[7.1] Darcy H. (1856), "Les fontaines publiques de la ville de Dijon", Dalmont, Paris.

[7.2] McMillan F.R., Lyse I. (1930), "Some permeability studies of concrete", Journal of the American Concrete Institute Nov. 1929 – June 1930.

[7.3] Ruettgers, A., Vidal, E. N., Wing, S. P. (1935), "An investigation of the permeability of mass concrete with particular reference to Boulder Dam", ACI Journal, Proceedings 1935(31):4, pp. 382-416.

[7.4] Mary, M. (1936), contribution to the discussion with Ruettgers, Proceedings of the ACI, vol. 32, pp. 125-129.

[7.5] Mather B., Callan E.J. (1950), "Permeability and Triaxial Tests of Lean Mass Concrete", Corps of Engineer.

[7.6] Nycander P. (1954), "The permeability of concrete", From the journal Concrete 1954 n° 2 (in Swedish), Swedish concrete association, Stockholm.

[7.7] Sällström S. (1968), "Watertightness of Dam concrete" (in Swedish), Nordisk Betong 1968:1, Stockholm.

[7.8] Powers T. C., Brownyard T. L. (1948), "Studies of the physical properties of hardened Portland cement paste. Chicago, Illionois. PCA Research Laboratories, Bulletin 22.

[7.9] Powers T.C., Copeland L.E. (1954), Hayes J.C., Mann H.M., (1958), J. ACI, Proc., Vol. 5, pp. 285-98.

[7.10] Fagerlund, G. (1980b), "Moisture-mechanical properties", (in Swedish), The concrete Handbook Material, Svensk Byggtjänst, Stockholm.

[7.11] Powers T.C. (1958), J. Am. Ceram. Soc., Vol. 4, No. 1, pp. 1-5.

[7.12] Mehta P.Kk. (1986), "Concrete – structure, properties and materials", Prentice-Hall, U.S.A.

[7.13] Young J.F. (1988), A review of the Pore Structure of Cement Paste and Concrete and its Influence on Permeability", Conference proc. Permeability of concrete, ACI.

[7.14] Hearn N. (1992), Saturated permeability of concrete as influenced by cracking and self-healing, Dissertation submitted to the University of Cambridge.

[7.15] Vuorinen J. (1985), "Applications of diffusion theory to permeability tests on concrete Part I: Depth of water penetration into concrete and coefficient of permeability", Imatran Voima OY, Finland.

[7.16] Ekström T. (2003), "Leaching of concrete – The leaching process and its effects", Doctoral thesis TVBM-1020, Div. of Building Materials, Lund Institute of Technology, Sweden.

[7.17] Fagerlund, G. (1994), "Structure and development of structure", (in Swedish), The concrete Handbook Material, Svensk Byggtjänst, Stockholm.

[7.18] Carlson R.W. (1950), "Permeability, pore pressure, and uplift in gravity dams", Appendix to "Permeability and Triaxial Tests of Lean Mass Concrete", Corps of Engineer.

[7.19] Bažant Z.P. (1975), "Pore pressure, uplift and failure analysis of concrete dams", Proc. of the Int. Symp. of "criteria and assumptions for numerical analysis of dams", 8-11 Sept., 1975, Swansea.

[7.20] Peer L. B. B. (1990), Water flow into unsaturated concrete, Ph. D., U. Of Cambridge.

[7.21] Scheidegger, A. E., (1960), "The physics of flow through porous media", 2nd ed., University of Toronto Press.

Another case of combined water flow in a concrete dam with an inspection tunnel is from the upstream surface to the tunnel. The saturation point RH=100% lays a little bit into the upstream wall of the tunnel. Upstream this point there is saturated Darcian water flow and downstream this point, and out in the air inside the tunnel, there is a diffusion flow.

If there is water at the downstream face, water flow will of course be depended only on hydrostatic pressure all the way from the upstream to the downstream face.

7.5. REFERENCES

[7.1] Darcy H. (1856), "Les fontaines publiques de la ville de Dijon", Dalmont, Paris.

[7.2] McMillan F.R., Lyse I. (1930), "Some permeability studies of concrete", Journal of the American Concrete Institute Nov. 1929 – June 1930.

[7.3] Ruettgers, A., Vidal, E. N., Wing, S. P. (1935), "An investigation of the permeability of mass concrete with particular reference to Boulder Dam", ACI Journal, Proceedings 1935(31):4, pp. 382-416.

[7.4] Mary, M. (1936), contribution to the discussion with Ruettgers, Proceedings of the ACI, vol. 32, pp. 125-129.

[7.5] Mather B., Callan E.J. (1950), "Permeability and Triaxial Tests of Lean Mass Concrete", Corps of Engineer.

[7.6] Nycander P. (1954), "The permeability of concrete", From the journal Concrete 1954 n° 2 (in Swedish), Swedish concrete association, Stockholm.

[7.7] Sällström S. (1968), "Watertightness of Dam concrete" (in Swedish), Nordisk Betong 1968:1, Stockholm.

[7.8] Powers T. C., Brownyard T. L. (1948), "Studies of the physical properties of hardened Portland cement paste. Chicago, Illionois. PCA Research Laboratories, Bulletin 22.

[7.9] Powers T.C., Copeland L.E. (1954), Hayes J.C., Mann H.M., (1958), J. ACI, Proc., Vol. 5, pp. 285-98.

[7.10] Fagerlund, G. (1980b), "Moisture-mechanical properties", (in Swedish), The concrete Handbook Material, Svensk Byggtjänst, Stockholm.

[7.11] Powers T.C. (1958), J. Am. Ceram. Soc., Vol. 4, No. 1, pp. 1-5.

[7.12] Mehta P.Kk. (1986), "Concrete – structure, properties and materials", Prentice-Hall, U.S.A.

[7.13] Young J.F. (1988), A review of the Pore Structure of Cement Paste and Concrete and its Influence on Permeability", Conference proc. Permeability of concrete, ACI.

[7.14] Hearn N. (1992), Saturated permeability of concrete as influenced by cracking and self-healing, Dissertation submitted to the University of Cambridge.

[7.15] Vuorinen J. (1985), "Applications of diffusion theory to permeability tests on concrete Part I: Depth of water penetration into concrete and coefficient of permeability", Imatran Voima OY, Finland.

[7.16] Ekström T. (2003), "Leaching of concrete – The leaching process and its effects", Doctoral thesis TVBM-1020, Div. of Building Materials, Lund Institute of Technology, Sweden.

[7.17] Fagerlund, G. (1994), "Structure and development of structure", (in Swedish), The concrete Handbook Material, Svensk Byggtjänst, Stockholm.

[7.18] Carlson R.W. (1950), "Permeability, pore pressure, and uplift in gravity dams", Appendix to "Permeability and Triaxial Tests of Lean Mass Concrete", Corps of Engineer.

[7.19] Bažant Z.P. (1975), "Pore pressure, uplift and failure analysis of concrete dams", Proc. of the Int. Symp. of "criteria and assumptions for numerical analysis of dams", 8-11 Sept., 1975, Swansea.

[7.20] Peer L. B. B. (1990), Water flow into unsaturated concrete, Ph. D., U. Of Cambridge.

[7.21] Scheidegger, A. E., (1960), "The physics of flow through porous media", 2nd ed., University of Toronto Press.

[7.22] Nyame B.K., Illston J.M. (1980), “Capillary pore structure and permeability of hardened cement paste”, 7th Int. Symp. on the Chemistry of Cement paste”, Paris, 1980, vol. III.

[7.23] Nyame, B. K., Illston, J. M. (1981), ”Relationships between permeability and pore structure of hardened cement paste”, Magazine of Concrete Research, Vol. 33, No. 116.

[7.24] Markestad A. (1977), “An investigation of concrete in regard to permeability problems and factors influencing the results of permeability tests”, Norwegian Institute of Technology, STF 65 A 77027.

[7.25] Ekström T. (2003), “Leaching of concrete – The leaching process and its effects”, Doctoral thesis TVBM-1020, Div. of Building Materials, Lund Institute of Technology, Sweden.

[7.26] Meyers S.L. (1935), “Discussion of a paper by Messrs. Ruettgers, Vidal and Wing” (see Ruettgers et al 1935), ACI Journal, Proceedings Nov. – Dec. 1935.

[7.27] Powers T.C. (1969), “Physical properties of cement paste”, Proc. 4th Int. Symp. on the Chemistry of Cement, Washington D.C.

[7.28] Kou S. (1996), “Transport phenomena and material processing”, University of Wisconsin, John Wiley & Sons, U.S.A.

[7.29] Wisnicki B.P., Balbi R., Hula J., Matsuba D., Gutstein D., Lachnit F. (1969), “ State of stress and permeability in concrete“, University of British Columbia, Vancouver.

[7.30] Ekström T., Jonsson G. (2006), “ Water permeability of water saturated concrete“, Nordic Innivation Centre, Oslo.

[7.31] Scherer G.W., Valenza J.J., Simmons G. (2006), “ New methods to measure liquid permeability in porous materials“, Cement and Concrete Research 37 p. 386-397.

[7.32] Swedish Standards Institution, SS 13 72 14, Concrete testing – Hardended Concrete – Impermeability.

[7.33] British Standard Institution (1996), BS 1881, part 208, Initial surface absorption Test.

[7.34] American Concrete Institute, ACI SP-108: Permeability of Concrete

[7.35] DIN 1048 (1972), Test Methods for Concrete – Impermeability to Water, pp. 10.

[7.36] Osterreichisches Normungsinstutitut (Austria) - ONORM B-3303 Testing of Concrete

[7.37] ISO/DIS 7031, (1983). Concrete hardened - Determination of the depth of penetration of water under pressure.

[7.38] North Test Methods (1999), NT Build 492, Concrete, mortar and cement-based repair materials, Chloride migration coefficient from non-steady-state migration experiments.

[7.39] ACI Manual of Concrete Practice, (1994) « Mass Concrete », ACI 207.1R

[7.40] Bureau of Reclamation, (1961) « Properties of mass concrete in Bureau of Reclamation dams », Concrete Laboratory report n° C-1009.

[7.41] Breysse & Gérard (1997), “Modelling of permeability in cement-based materials ; Part 1 uncracked medium “

[7.42] Van Brakel J. (1975), ”Pore space models for transport phenomena in porous media – Review and evaluation with special emphasis on capillary liquid transport”, Powder Technology, 11, 205-236, Elsevier Sequoia S.A., Lausanne.

[7.43] Cederwall K., Larsen (1979), “Hydraulics for civil engineers” (in Swedish), Liber läromedel, Malmö.

[7.44] Collins et al (1986), “Permeability of concrete mixtures”, Civil Engineering for practicing and design engineers, vol. 5, USA.

[7.45] Lage J.L. (1998), “ The fundamental theory of flow through permeable media from Darcy to turbulence”, Presented in “Transport phenomena in porous media”, edited by Ingham & Pop, Elsevier Science Ltd, U.K.

[7.46] Hedenblad, G. (1993), Moisture Permeability of Mature Concrete, Cement Mortar and Cement Paste, report TVBM-1014, Div. of Building Materials, Lund Institute of Technology.

[7.47] Fagerlund G. (1996), Service life prediction of concrete structures, (in Swedish), report TVBM-3070, Lund.

[7.22] Nyame B.K., Illston J.M. (1980), "Capillary pore structure and permeability of hardened cement paste", 7th Int. Symp. on the Chemistry of Cement paste", Paris, 1980, vol. III.

[7.23] Nyame, B. K., Illston, J. M. (1981), "Relationships between permeability and pore structure of hardened cement paste", Magazine of Concrete Research, Vol. 33, No. 116.

[7.24] Markestad A. (1977), "An investigation of concrete in regard to permeability problems and factors influencing the results of permeability tests", Norwegian Institute of Technology, STF 65 A 77027.

[7.25] Ekström T. (2003), "Leaching of concrete – The leaching process and its effects", Doctoral thesis TVBM-1020, Div. of Building Materials, Lund Institute of Technology, Sweden.

[7.26] Meyers S.L. (1935), "Discussion of a paper by Messrs. Ruettgers, Vidal and Wing" (see Ruettgers et al 1935), ACI Journal, Proceedings Nov. – Dec. 1935.

[7.27] Powers T.C. (1969), "Physical properties of cement paste", Proc. 4th Int. Symp. on the Chemistry of Cement, Washington D.C.

[7.28] Kou S. (1996), "Transport phenomena and material processing", University of Wisconsin, John Wiley & Sons, U.S.A.

[7.29] Wisnicki B.P., Balbi R., Hula J., Matsuba D., Gutstein D., Lachnit F. (1969), " State of stress and permeability in concrete", University of British Columbia, Vancouver.

[7.30] Ekström T., Jonsson G. (2006), " Water permeability of water saturated concrete", Nordic Innivation Centre, Oslo.

[7.31] Scherer G.W., Valenza J.J., Simmons G. (2006), " New methods to measure liquid permeability in porous materials", Cement and Concrete Research 37 p. 386-397.

[7.32] Swedish Standards Institution, SS 13 72 14, Concrete testing – Hardended Concrete – Impermeability.

[7.33] British Standard Institution (1996), BS 1881, part 208, Initial surface absorption Test.

[7.34] American Concrete Institute, ACI SP-108: Permeability of Concrete

[7.35] DIN 1048 (1972), Test Methods for Concrete – Impermeability to Water, pp. 10.

[7.36] Osterreichisches Normungsinstutitut (Austria) - ONORM B-3303 Testing of Concrete

[7.37] ISO/DIS 7031, (1983). Concrete hardened - Determination of the depth of penetration of water under pressure.

[7.38] North Test Methods (1999), NT Build 492, Concrete, mortar and cement-based repair materials, Chloride migration coefficient from non-steady-state migration experiments.

[7.39] ACI Manual of Concrete Practice, (1994) « Mass Concrete », ACI 207.1R

[7.40] Bureau of Reclamation, (1961) « Properties of mass concrete in Bureau of Reclamation dams », Concrete Laboratory report n° C-1009.

[7.41] Breysse & Gérard (1997), "Modelling of permeability in cement-based materials ; Part 1 uncracked medium "

[7.42] Van Brakel J. (1975), "Pore space models for transport phenomena in porous media – Review and evaluation with special emphasis on capillary liquid transport", Powder Technology, 11, 205-236, Elsevier Sequoia S.A., Lausanne.

[7.43] Cederwall K., Larsen (1979), "Hydraulics for civil engineers" (in Swedish), Liber läromedel, Malmö.

[7.44] Collins et al (1986), "Permeability of concrete mixtures", Civil Engineering for practicing and design engineers, vol. 5, USA.

[7.45] Lage J.L. (1998), " The fundamental theory of flow through permeable media from Darcy to turbulence", Presented in "Transport phenomena in porous media", edited by Ingham & Pop, Elsevier Science Ltd, U.K.

[7.46] Hedenblad, G. (1993), Moisture Permeability of Mature Concrete, Cement Mortar and Cement Paste, report TVBM-1014, Div. of Building Materials, Lund Institute of Technology.

[7.47] Fagerlund G. (1996), Service life prediction of concrete structures, (in Swedish), report TVBM-3070, Lund.

8. LA RÉSISTANCE AU GEL

(M. Berra - ITALIE)

8.1. GÉNÉRAL

Dans un barrage, la détérioration du béton peut être attribuée à une série de causes chimiques et physiques (internes et externes). La quasi-totalité d'entre elles sont liées à la perméabilité du béton qui constitue le paramètre technique le plus important pour évaluer la durabilité du béton. De ce point de vue, la présence de fissures et de défauts influent également de façon importante sur la surface des joints de construction et des joints des entre plots verticaux.

Les eaux agressives des réservoirs sont la cause la plus fréquente de la détérioration chimique externe tandis que l'attaque alcaline des agrégats peut être considérée comme une attaque chimique à l'intérieur du béton. Ces facteurs ont été spécifiquement traités dans des numéros ad hoc d'ICOLD comme le Bulletin n° 71 ("Exposure of dam concrete to special aggressive waters ") et le Bulletin n° 79 ("Alkali-Aggregate Reaction in concrete dams").

Le gel-dégel est l'attaque physique externe la plus courante sous les climats tempérés et est spécifiquement traité dans la présente section. Une cause fréquente, physique interne de détérioration du béton comme l'augmentation de la température du béton due à l'hydratation du ciment a déjà été examinée et discutée dans la Section 6 – Les propriétés thermiques.

8.2. LA RÉSISTANCE AU GEL, MÉCANISMES ET EFFETS

La détérioration par l'action du gel (cycles de gel et de dégel) d'un béton saturé est liée à la phase de transition de l'eau en glace à l'intérieur du béton et à l'augmentation correspondante du volume (environ 9%). Si le degré de saturation (% de pores remplis d'eau) est inférieur à 80-90%, cette augmentation de volume peut être acceptée par le béton sans aucun dommage. Au contraire, si le degré de saturation atteint ces pourcentages de seuil, la formation de glace peut induire un état de contrainte interne de traction pouvant conduire à la détérioration du béton, avec fissuration et écaillage (Fig. 8.1 et Fig. 8.2).

Selon certains auteurs, une valeur inférieure à 90% doit être considérée comme valeur seuil pour le degré de saturation [8.1].

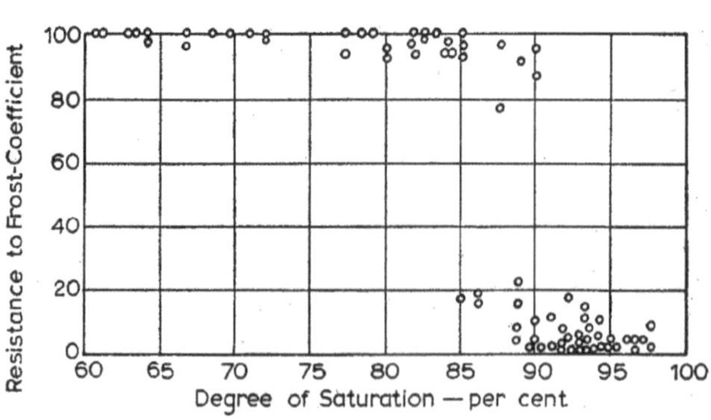

Fig. 8.1
Influence du degré de saturation sur la résistance du béton au gel [8.2]

8. FROST RESISTANCE

8.1. GENERAL

The deterioration of the concrete in a dam can be ascribed to a series of chemical and physical causes (both internal and external). Almost all of them are related to the permeability of concrete which represents the most important engineering parameter for evaluating the concrete durability. From this point of view an important influence is also played by the presence of cracks and defects on the surface of construction joints and on vertical block joints.

The aggressive waters in the reservoirs are the most common cause of external chemical deterioration while the alkali-aggregate attack can be considered a chemical attack from within the concrete. They have been specifically dealt with in "ad hoc" ICOLD Bulletins such as Bulletin n° 71 ("Exposure of dam concrete to special aggressive waters ") and Bulletin n° 79 ("Alkali-Aggregate Reaction in concrete dams").

Freezing and thawing is the most common external physical attack in moderate climates, and it is specifically treated in this Section. A frequent internal physical cause for concrete deterioration, such as the rise in concrete temperature due to the cement hydration, has already been examined and discussed in the previous Section 6 – Thermal Properties.

8.2. FROST RESISTANCE, MECHANISMS AND EFFECTS

The deterioration by frost action (freezing and thawing cycles) on a saturated concrete is related to the transition phase from water to ice, inside the concrete, and to the correspondent increase of volume (around 9%). If the degree of saturation (% of water filled pores) is less than 80 to 90% this increase of volume could be sustained by the concrete without any damage. On the contrary if the degree of saturation reaches these threshold percentages, the ice formation is able to induce an internal tensile stress state that can lead to concrete deterioration, with cracking and spalling (Fig. 8.1 and Fig. 8.2).

According to some authors a value less than 90% should be considered as threshold value for the degree of saturation [8.1].

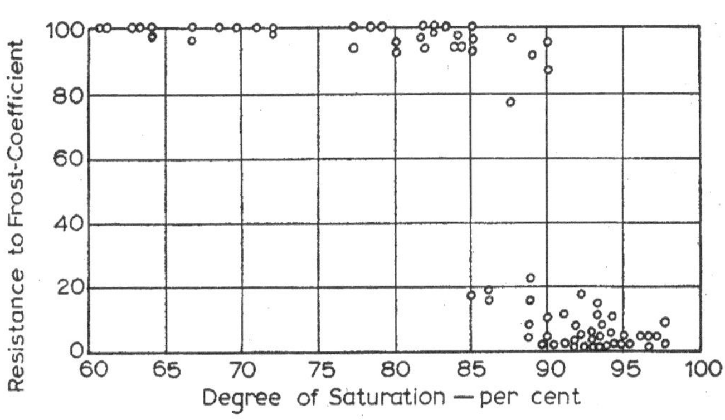

Fig. 8.1
Influence of the degree of saturation on the frost resistance of concrete [8.2]

Fig. 8.2
Écaillage du béton d'un pilier de déversoir [8.3]

Le gel commence dans les plus grands pores capillaires et s'étend progressivement aux plus petits dès que la température diminue. Compte tenu de la large gamme de rayons des pores de la pâte de ciment, seulement environ 1/3 des eaux interstitielles seront gelées à une température de -30°C et seulement 2/3 à -60°C [8.3]. L'eau des pores gélifs ne gèle pas au-dessus de -78°C. Cela explique pourquoi davantage de glace se forme et des dégâts bien plus importants sont induits à des températures inférieures. Des cycles répétés de gel et de dégel impliquent naturellement une détérioration plus grave par effet cumulatif.

Pendant le gel, un processus de diffusion se développe également : l'eau des pores plus petits qui n'est pas encore gelée tend à se déplacer vers les plus grands pores où le gel est déjà possible (Fig. 8.3). Cela favorise le remplissage des plus grands pores par la glace. Tout écoulement d'eau ultérieur provoque une pression hydraulique interne dont l'ampleur dépend de plusieurs facteurs comme la possibilité pour l'eau de trouver "une issue de secours" (par exemple des bulles d'air à proximité, fournies de façon adéquate par les agents entraîneurs d'air), la perméabilité à l'eau de la pâte de ciment et la vitesse à laquelle la glace se forme [8.4] [8.5].

Fig. 8.2
Concrete spalling on a spillway pier [8.3]

Freezing starts in the largest capillary pores and, as soon as the temperature decreases, gradually extends to the smaller ones. Due to the wide range of pore radii in the cement paste, it is only about 1/3 of pore water, which will be frozen at a temperature of – 30° C, and only 2/3 will be frozen at – 60 °C [8.3]. Water in gel pores does not freeze above – 78°C. This explains why at lower temperatures more ice is formed and a greater damage is induced. Repeated cycles of freezing and thawing naturally involve a more severe deterioration through a cumulative effect.

During freezing a diffusion process is also developed: not yet frozen water in the smallest pores tends to move towards the larger ones, where freezing is already possible (Fig. 8.3). This favours the filling of larger pores with ice. Any subsequent water flow causes an internal hydraulic pressure whose magnitude depends on several factors as the possibility of water to find "an escape way" (for example nearby air bubbles, suitably provided by air entraining agent), the water permeability of the cement paste and the rate at which ice is formed [8.4] [8.5].

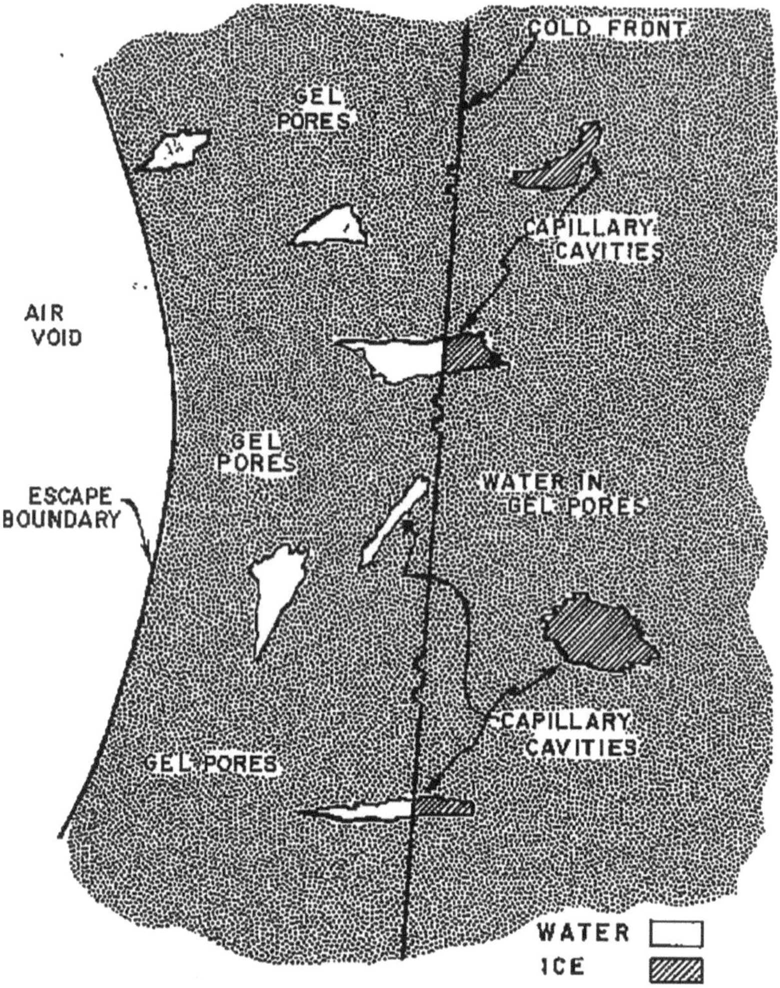

Fig. 8.3
Schéma de la pâte de ciment et des bulles d'air dans un béton avec des pores capillaires où l'eau gèle et où le front froid avance vers la limite d'évacuation représentée par la surface du système de vide d'air [8.4].

Si la dilatation du système exposé au gel et à la pression hydraulique interne qui s'en suit est de nature à générer des contraintes de traction supérieures à la résistance en traction du béton, la détérioration se produit alors. Elle peut apparaître sous plusieurs formes.

La plus courante est la fissuration qui peut être si largement étendue qu'elle peut provoquer le détachement d'une partie du béton ("écaillage - Fig. 8.2 - et "éclatements").

Des fissures peuvent parfois apparaître dans les dalles ou les blocs de béton parallèlement aux joints ou aux interfaces, en prenant une forme en D appelée "fissuration D". Si l'agrégat n'est pas résistant au gel, des éclatements peuvent apparaître, à commencer par le gravier.

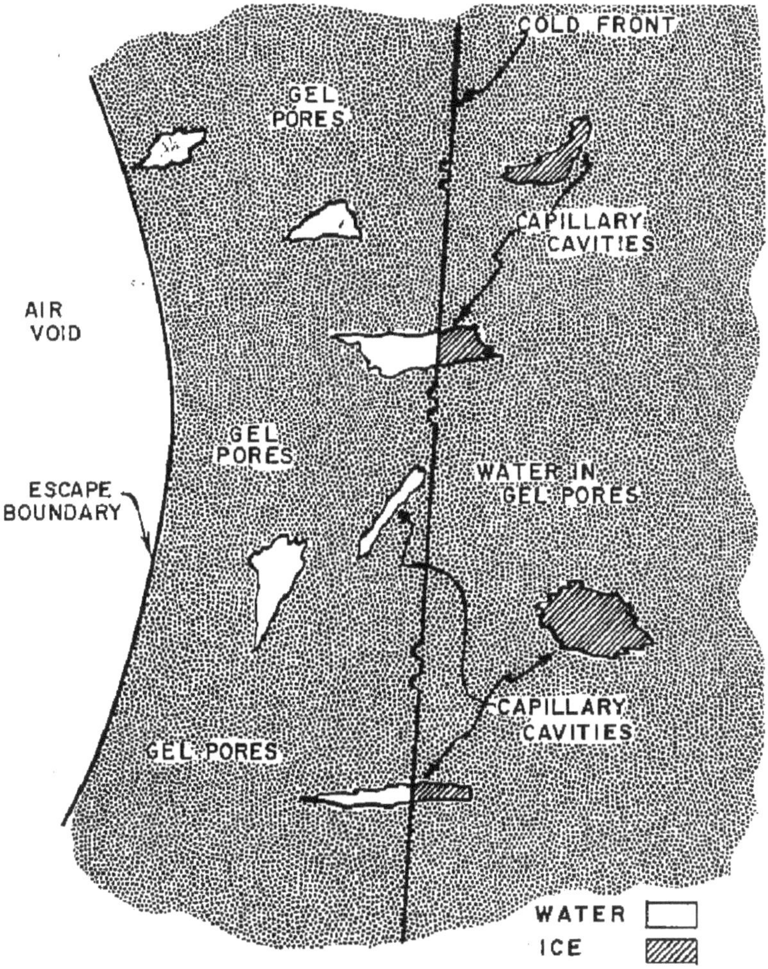

Fig. 8.3
Scheme of the cement paste and air void in a concrete with capillary pores where the water is freezing and the cold front running to the escape boundary represented by the surface of the air void system [8.4].

If the expansion of the system exposed to freezing and to the consequent internal hydraulic pressure, is such as to generate tensile stresses higher than the concrete tensile strength, then deterioration takes place. It can appear in several forms.

The most common is cracking that can be so widely extended as to cause part of the concrete be detached ("spalling" - Fig. 8.2 - and "pop-outs").

In concrete slabs or blocks cracks can sometimes appear with a course parallel to the joints or to the boundaries, assuming a D-like shape called "D-cracking". If the aggregate is non-frost-resistant pop-outs can appear, starting from the pebble itself.

En présence de sels de dégivrage, comme dans le cas des routes situées au-dessus d'un barrage, où ces sels sont utilisés pour abaisser le point de congélation de l'eau et donc réduire le risque de formation de glace, le mécanisme de détérioration et le scenario de gel sont encore plus compliqués [8.6] [8.7]. (voir Fig. 8.8 et Fig. 8.9 au Paragraphe 8.3.2)

8.3. FACTEURS INFLUANT SUR LA RESISTANCE AU GEL

La détérioration du béton par le gel et le dégel est influencée par plusieurs facteurs, dont certains peuvent être liés aux conditions d'exposition externe et certains autres à la qualité du béton (pâte de ciment et agrégat).

8.3.1. Conditions d'exposition externe

Les principaux facteurs liés à l'environnement extérieur sont :

- la teneur en humidité à l'intérieur du béton pendant le gel
- le nombre de cycles gel-dégel, la température la plus basse et le taux de gel
- la présence éventuelle de sels de dégivrage.

Ce dernier facteur est une situation typique pour les routes et autres structures en béton, mais pas pour les barrages. Il ne sera donc pas traité dans la présente Section.

8.3.1.1. La teneur en humidité à l'intérieur du béton pendant le gel

La teneur en humidité à l'intérieur du béton (degré de saturation) dépend de sa teneur intrinsèque en eau et des conditions d'exposition des éléments en béton. Les zones les plus critiques sont celles qui favorisent la préservation des conditions de saturation lors du gel en tant que parties des structures hydrauliques en contact avec l'eau et les surfaces horizontales exposées à l'environnement extérieur.

Parmi les éléments les plus vulnérables des ouvrages hydrauliques, il faut citer les parements amonts (dans la zone de fluctuation des réservoirs), les déversoirs, les entrées et les sorties des galeries Et également les surfaces horizontales typiques des éléments en béton exposés à l'environnement extérieur que sont la crête du barrage et les parties de structures annexes (piliers des déversoirs, toits de la chambre des vannes) qui ne sont pas toutes en béton de masse comme pour le barrage. Les surfaces verticales du béton simplement exposées à la pluie sont à peine touchées par le gel, à moins d'être soumises à une charge d'eau.

À basse température, le béton peut facilement atteindre des conditions de saturation s'il est exposé à des flux d'humidité et à l'air chaud.

8.3.1.2. Le nombre de cycles gel-dégel, la température la plus basse et le taux de gel

Le nombre de cycles gel-dégel est habituellement plus élevé au début et à la fin de l'hiver et leur nombre total dépend de l'emplacement géographique de la structure, de son altitude au-dessus du niveau de la mer et des conditions d'exposition au soleil. En outre, comme cela a déjà été mentionné, plus la température atteinte pendant les cycles de gel est basse, plus les effets du gel sont importants - atteignant même l'eau des plus petits pores. Par ailleurs, la vitesse du gel a une influence significative sur la résistance au gel. Certains auteurs [8.8] ont rapporté que le taux de gel à l'intérieur du béton exposé à des cycles naturels dépasse rarement 4 à 6°C/h, mais qu'il peut être beaucoup plus élevé à la surface du béton.

In the presence of de-icing salts, as in the case of roads running on the top of a dam, where salts are used to lower the water freezing point and therefore to reduce the risk of ice formation, the deterioration mechanism and freezing pattern is further complicated [8.6] [8.7]. (see Fig. 8.8 and Fig. 8.9 in paragraph 8.3.2)

8.3. FACTORS AFFECTING THE FROST RESISTANCE

Freezing and thawing deterioration of concrete is affected by several factors, some of which can be related to the external exposure conditions and some other to the quality of concrete (cement paste and aggregates).

8.3.1. Conditions of external exposure

The main factors related to the external environment are:

- the humidity content inside the concrete during freezing
- the number of freezing-thawing cycles, the lowest temperature and the freezing rate
- the eventual de-icing salt presence.

This last is a typical condition for roads and relative concrete structures but not for dams. Therefore, it will not be treated in this Section.

8.3.1.1. The humidity content inside the concrete during freezing

The humidity content inside the concrete (degree of saturation) depends on the intrinsic water content and on the exposure conditions of the concrete elements. The most critical zones are those that favour the preservation of the saturation conditions during freezing as parts of the hydraulic structures in contact with water and the horizontal surfaces exposed to the external environment.

Among the more susceptible elements in the hydraulic structures the upstream faces can be quoted (in the zone of reservoir fluctuations), the spillways, the inlets and the exits of galleries. Typical horizontal surfaces of concrete elements exposed to the external environment are the dam crest and parts of appurtenant structures (spillway piers, valve chamber roofs), all not a part of the dam's proper mass concrete. The vertical surfaces of concrete simply exposed to the rain are hardly affected by freezing, unless subject to a water load.

Concrete at low temperatures can easily reach the saturation conditions if exposed to flows of damp and warm air.

8.3.1.2. The number of cycles of freezing-thawing cycles, the lowest temperature and the freezing rate

The number of freezing and thawing cycles is usually higher at the beginning and at the end of the winter and the total number depends on the geographical location of the structure, its altitude above the sea level and the exposure conditions to the sun. Besides, as already mentioned, the lower the temperature reached during the frost cycles, the larger the freezing effects - reaching even water in smallest pores. Furthermore, the freezing rate has a significant influence on the frost resistance. Some authors [8.8] have reported that the rate of freezing inside concrete exposed to natural cycles rarely exceeds 4 to 6 °C/h but on the concrete surface it can be much higher.

8.3.2. *Qualité du béton*

Parmi les caractéristiques du béton, la structure des pores de la matrice de ciment et la perméabilité revêtent une importance particulière en ce qui concerne la résistance au gel. Elles sont strictement liées aux formulations du mélange de béton et à la technique de mise en place.

8.3.2.1. Structure des pores du béton

La structure des pores est caractérisée par le type de pores et leur répartition dimensionnelle à l'intérieur de la pâte de ciment. En ce qui concerne le type de pores, des pores isolés ou interconnectés peuvent être trouvés : la porosité interconnectée est naturellement d'une importance primordiale car elle permet le transport de l'eau à l'intérieur du béton.

La dimension des pores dans la pâte de ciment hydraté comprend différents ordres de grandeur : de 10^{-2} m à 10^{-10} m (Angström) microns de rayon. La classification suivante est possible :

- macro-pores (et cavités)
- pores capillaires
- micro-pores (pores du gel).

Les macro-pores ont un rayon supérieur à 100/10 microns. Dans cette gamme se trouvent les bulles d'air produites artificiellement pour résister aux cycles de congélation et de décongélation. Le pore capillaire englobe la gamme qui va de 100/10 microns jusqu'à 0,1/0,01 micron. Enfin, les micro-pores sont ceux qui sont plus petits que 0,1/0,01 micron. Seuls les macro-pores et les pores capillaires interconnectés présentent un intérêt par rapport à la résistance au gel du béton. Plus la présence de macropores et de pores capillaires dans les pâtes de ciment est faible, plus la résistance au gel du béton est élevée.

Une étude sur des carottes de béton de parement déposé par air, menée sur trois barrages suisses, a montré que le pourcentage de tous les pores qui ne peuvent pas être remplis d'eau est un bon critère de résistance au gel. Il a été constaté qu'un degré critique de saturation se situe entre 70 et 80% [8.9]. Parmi les bétons de barrage dont la résistance au gel est insuffisante, la raison la plus probable est la sur-vibration.

Des essais effectués par la US Portland Cement Association indiquent que la fréquence de vibration a généralement des effets préjudiciables sur la stabilité du système de bulles d'air artificielles, en particulier avec des rapports eau/ciment plus élevés [8.10].

Les Fig. 8.4 et 8.5 montrent des sections minces de béton résistant au gel et de béton endommagé par le gel.

8.3.2. ***Quality of concrete***

Among the concrete characteristics, the pore structure in the cement matrix and the permeability are of particular importance in relation to the frost resistance. They are strictly related to the concrete mix design and to the casting technique.

8.3.2.1. Pore structure in the concrete

The pore structure is characterised by the type of pore and its dimensional distribution inside the cement paste. As for the type of pore, isolated or interconnected pores can be found: the interconnected porosity is naturally of main interest as it allows the water transport inside the concrete.

The dimensional range of the pores in the hydrated cement paste embraces different orders of greatness: from 10+4 to 10-4 microns as radius. A possible classification is as follows:

- macro-pores (and cavities)
- capillary pores
- micro-pores (the gel's pores).

The macro-pores have a size larger than 10 to 10+2 microns. In this range falls the air bubbles artificially produced for withstanding the freezing and thawing cycles. The capillary pore embrace the range that goes from 10/10+2 microns down to a 10-1/10-2 microns. Finally the micro-pores are those smaller than 10-1/10-2 microns. Only the macro-pores and the interconnected capillary pores are of interest in relation to the concrete frost resistance. The lower is the presence of macro and capillary pores in the cement pastes and the higher is the concrete frost resistance.

Tests by the US Portland cement Association indicate that vibration frequency generally has a detrimental effect on the stability of the air-entrained void system, particularly at higher water/cement ratios [8.9].

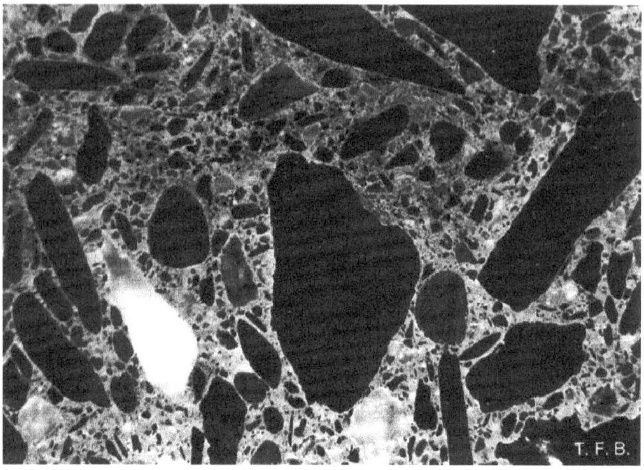

Fig. 8.4
Specimen after 10 frost/thawing cycles (test without salt) without any micro-structural damage, hence frost resistant

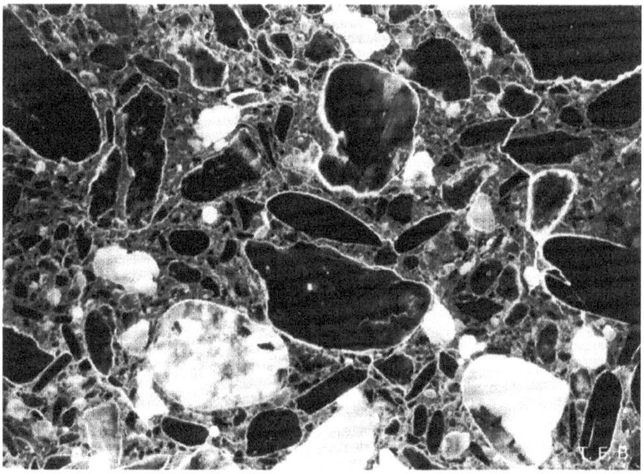

Fig. 8.5
Specimen from the same mix as above after 10 frost/thawing cycles (test with salt) showing damaged contact between paste and aggregates indicating insufficient frost resistance.

8.3.2.2. Perméabilité du béton

La perméabilité représente le principal paramètre technique touchant la résistance au gel du béton. Elle dépend non seulement de la porosité des macro-pores et des pores capillaires interconnectés (perméabilité intrinsèque de la pâte de ciment), mais aussi de la porosité de l'interface entre le ciment et l'agrégat [8.10].

8.3.2.2. Concrete permeability

The permeability represents the main engineering parameter affecting the concrete frost resistance. It depends not only on the macro- and capillary interconnected porosity (intrinsic permeability of cement paste) but also on the porosity of the interface between cement and aggregate [8.10].

Furthermore, the presence of cracks and discontinuities (like lift joints) can produce important changes in the water flow conditions inside the mass concrete, affecting considerably its permeability. The reduction of the permeability is to be considered as the first provision to adopt for the protection of the concrete from frost damages. The test methods for its evaluation have been presented and discussed in the previous Section 7.

8.3.2.3. Concrete mix design

Provision of escape boundaries in the cement paste and refinement of its pore structure are the two parameters that should be assured through a proper concrete mix design [8.4] [8.5].

It is generally accepted that for withstanding the frost action a minimum volume of air bubbles (A), suitably sized and homogeneously distributed in the cement pastSe, is to be present in the concrete. This air volume is related to the maximum size aggregates (MSA) and, for mass concrete, the values suggested by the American Concrete Institute [8.11] are those reported in Tab. 8.1. Because this amount of air is usually not formed inside the concrete, a suitable air bubble system is to be induced and entrapped through the use of special air-entraining admixtures, during mixing.

Table 8.1
Volume of air required versus the maximum size of aggregate (MSA)

Maximum Size of Aggregate (mm)	Volume of required air (%)
150	3.0
70	3.5
50	4.0
40	4.5

If the value of air formed in the concrete is less than prescribed in Tab. 8.1, the concrete is not to be considered frost resistant. If, on the contrary, the air value is satisfactory, then the other parameters of the air bubble system are to be evaluated: micro-bubbles average diameters (D) and their mutual distance (L). The average diameter of the air micro-bubbles has to be in the range of approximately 20 and 100 μ while their mutual distance should not be larger than 100 – 200 μ. This last value defines in practice the sphere of action of every micro-bubble, acting as escaping way for the internal hydraulic pressure. The influence of the "spacing factor" L on the concrete frost resistance, quantified through the durability factor (D.F.), as defined by the ASTM C666 (paragraph 8.4) is shown in Fig. 8.4. The influence of air-entraining agents on the frost resistance is clearly documented in Fig. 8.5, where the freezing and thawing performance of different concretes, with and without air-entraining agents, is reported and compared [8.12].

As for the pore structure of a hardened concrete is concerned, the water/cement ratio and the degree of cement hydration are the main factors involved [8.4] [8.5]. For a given degree of cement hydration, the higher the water/cement ratio the higher will be the volume of the pore system and then the amount of freezable water that resides in the large pores (Fig. 8.3 and Fig. 8.6).

En outre, la présence de fissures et de discontinuités (comme les joints de reprise) peut produire des changements importants dans les conditions d'écoulement de l'eau à l'intérieur du béton de masse, ce qui a des répercussions considérables sur sa perméabilité. La réduction de la perméabilité doit être considérée comme la première disposition à prendre pour la protection du béton contre les dégâts dus au gel. Les méthodes d'essai pour l'évaluation de la perméabilité ont été présentées et discutées dans la Section 7 précédente.

8.3.2.3. Formulation du mélange de béton

La prévision de limites d'évacuation dans la pâte de ciment et l'amélioration de la structure poreuse de celle-ci sont les deux paramètres qui doivent être assurés par une formulation appropriée du mélange de béton [8.4] [8.5].

Il est généralement admis que pour résister à l'action du gel un volume minimum de bulles d'air (A), de taille convenable et réparti de façon homogène dans la pâte de ciment, doit être présent dans le béton. Ce volume d'air est lié aux granulats de taille maximale (MSA) dont les valeurs suggérées par l'American Concrete Institute [8.12] pour le béton de masse sont affichées dans le Tab. 8.1. Cette quantité d'air ne se formant généralement pas à l'intérieur du béton, un système approprié de bulles d'air doit être induit et piégé par l'utilisation d'adjuvants spéciaux entraîneurs d'air pendant le mélange.

Table 8.1
Volume d'air requis par rapport à la taille maximale des granulats (MSA)

Taille maximale des granulats (mm)	**Volume d'air requis (%)**
150	3.0
70	3.5
50	4.0
40	4.5

Si la valeur du volume d''air formé dans le béton est inférieure à celle prescrite dans le Tableau 8.1, le béton ne doit pas être considéré comme résistant au gel. Si au contraire la valeur de l'air est satisfaisante, les autres paramètres du système de bulles d'air doivent alors être évalués : micro-bulles de diamètres moyens (D) et leur distance mutuelle (L). The average diameter of the air micro-bubbles has to be in the range of approximately 100 and 200 μ while their mutual distance should not be larger than 200–300 μ. Cette dernière valeur définit dans la pratique la sphère d'action de chaque micro-bulle agissant pour échapper à la pression hydraulique interne. L'influence du "facteur d'espacement" L sur la résistance au gel du béton, quantifiée par le facteur de durabilité (DF), telle que définie par la norme ASTM C666 (paragraphe 8.4) est présentée dans la Fig. 8.6. L'influence des agents entraîneurs d'air sur la résistance au gel est clairement décrite dans la Fig. 8.7 où la performance du gel et du dégel des différents bétons, avec et sans agents entraîneurs d'air, est signalée et comparée [8.13].

En ce qui concerne la structure des pores d'un béton donné, le rapport eau/ciment et le degré d'hydratation du ciment sont les principaux facteurs impliqués [8.4] [8.5]. Pour un degré donné d'hydratation du ciment, plus le rapport eau/ciment est élevé, plus le volume du système poreux sera d'abord élevé, suivi par la quantité d'eau sujette au gel qui réside dans les grands pores (Fig. 8.3 et Fig. 8.8).

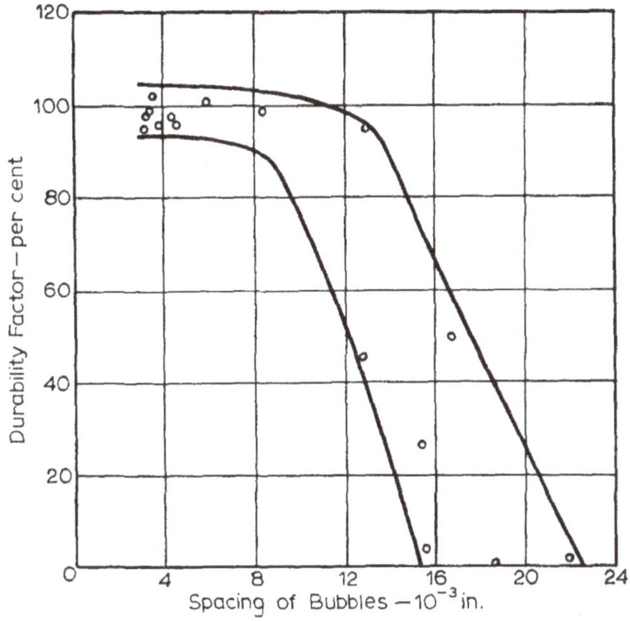

Fig. 8.4
Influence of the spacing factor on the frost resistance evaluated through the durability factor [8.2].
1 inch = 24.5 mm)

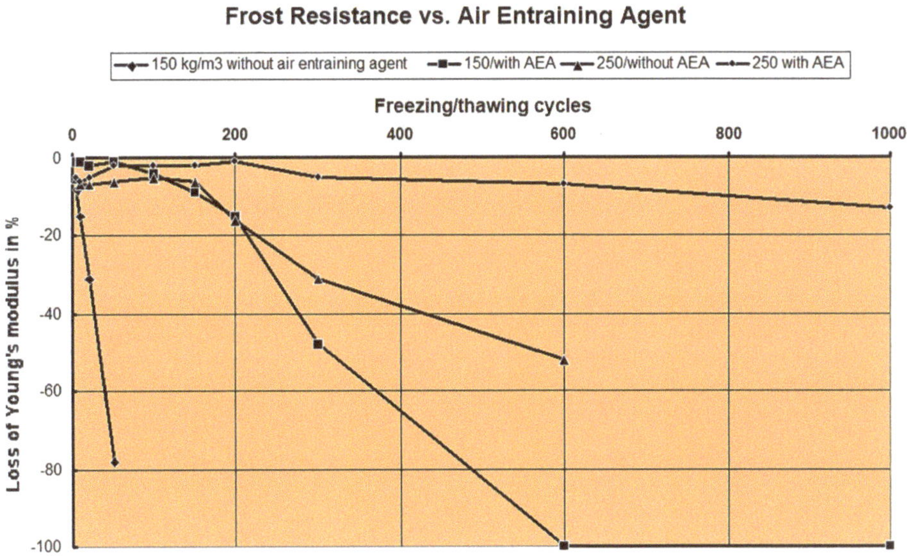

Fig. 8.5
Concrete frost resistance related to the presence of air-entraining agents [8.12]

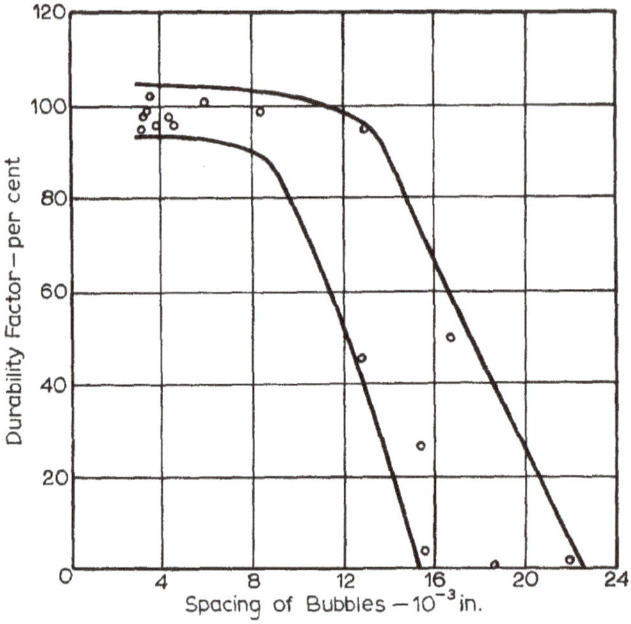

Fig. 8.6
Influence du facteur d'espacement sur la résistance au gel évaluée par le biais du facteur de durabilité [8.2]. 1 inch = 24.5 mm)

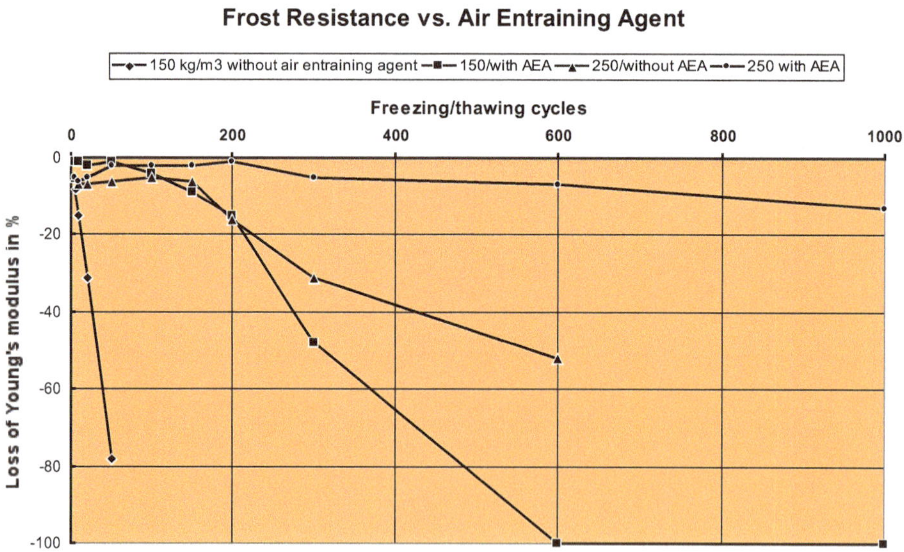

Fig. 8.7
Résistance du béton au gel liée à la présence d'agents entraîneurs d'air [8.12]

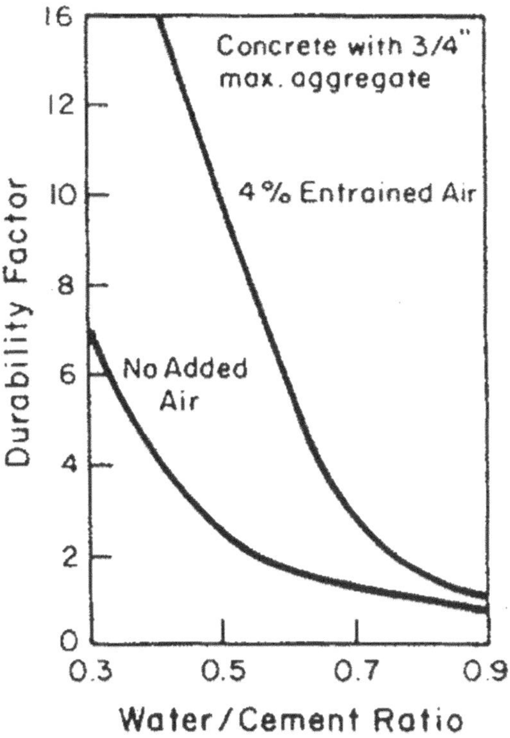

Fig. 8.6
Example of the water/cement effect on the concrete frost resistance [8.13]

The importance of the water/cement ratio on the freezing and thawing resistance is recognised by the standard. For example, for concrete subjected high saturation without deicers as in exposure classes XF3 (High saturation without deicers) of EN 206 [8.14] (that is the most common case for dam concrete) the Standards requires a maximum water/cement ratio of 0.5, together with a minimum cement content and entrapped air.

High water/cement ratio means large capillary pores and voids that could act as "escape way" for the water under pressure due to the cold front. However, this high non-uniformly distributed porosity is the cause of high permeability and high degree of saturation that are predominant factors in concrete decay.

Fig. 8.7 is showing the influence of maximum size of aggregate (MSA) to frost resistance [8.12]: at equal cement content, the Young modulus of concrete specimens with lower MSA is subjected to a more fast freezing and thawing deterioration. The behaviour of concrete with 250 kg/m3 cement content is better than the other (175 kg/m3) because of the better-quality mix and lower permeability. Contradictory results are however reported by other authors [8.15]. However, numerous test results confirm that larger MSA-concrete needs less air content than concrete with smaller MSA to achieve frost resistance, the difference being approximately 1% of air content between MSA=150 mm as compared to MSA=30 mm [8.12].

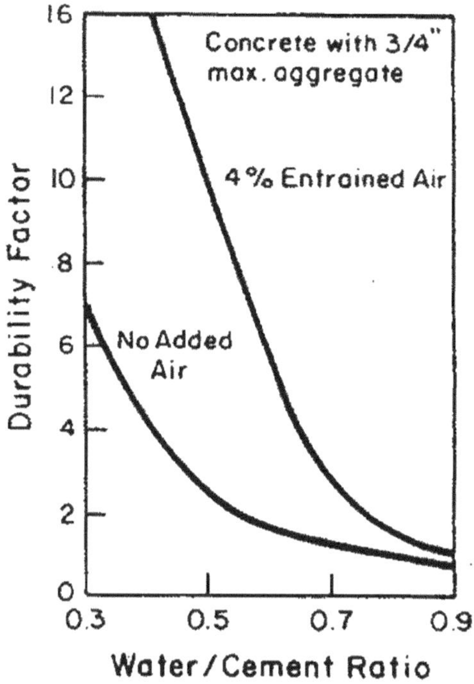

Fig. 8.8
Exemple de l'effet du rapport eau/ciment sur la résistance du béton au gel [8.13]

L'importance du rapport eau/ciment pour la résistance au gel et au dégel est reconnue par la norme. Pour le béton à saturation élevée sans agents de déverglaçage comme dans les classes d'exposition XF3 (haute saturation sans agents de déverglaçage) de la norme EN 206 [8.15] (c'est le cas le plus courant pour les barrages en béton) les normes requièrent par exemple un rapport maximal eau/ciment de 0,5, avec une teneur minimale en ciment et air piégé.

Un rapport eau/ciment élevé signifie de grands pores capillaires et des vides qui pourraient agir comme "issue de secours" pour l'eau sous pression à cause du front froid. Cependant cette porosité élevée non uniformément répartie est la cause de la perméabilité élevée et du haut degré de saturation qui sont des facteurs prédominants dans la dégradation du béton.

La Fig. 8.9 montre l'influence de la taille maximale des granulats (MSA) sur la résistance au gel [8.13] : à teneur en ciment égale, le module d'Young des échantillons de béton avec une taille maximale des granulats (« MSA ») inférieure est soumis à une détérioration plus rapide due au gel et au dégel. Le comportement du béton avec une teneur en ciment de 250 kg/m^3 est meilleur que l'autre (175 kg/m^3) en raison d'un mélange de meilleure qualité et d'une faible perméabilité. Des résultats contradictoires sont cependant signalés par d'autres auteurs [8.16].

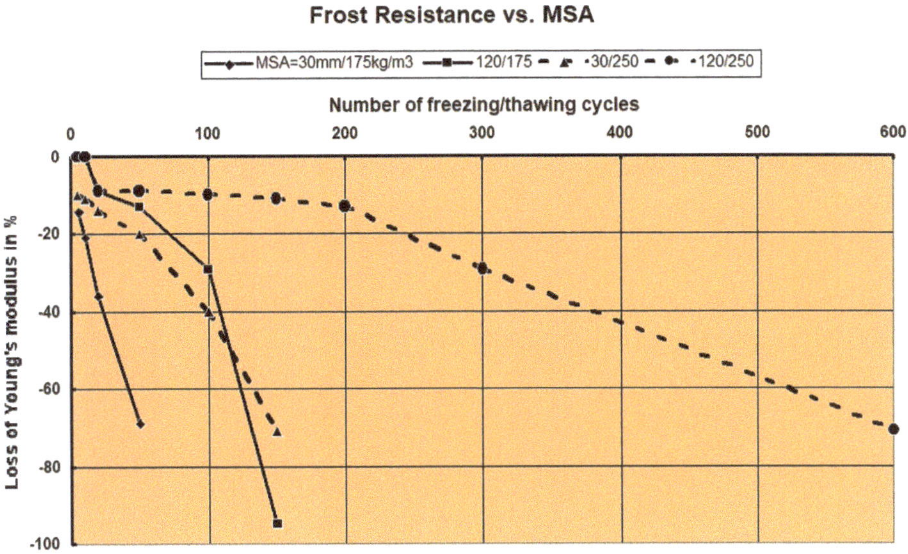

Fig. 8.7
Concrete frost resistance related to the maximum size of aggregate (MSA) [8.12]

Porous and permeable aggregate are not suitable for concrete to be used in frost sensitive structures. The mechanism of the aggregate deterioration by freezing and thawing is similar to that of cement paste, already described in this Section (paragraph 8.2). The stress on aggregates depend, among other factors, on the degree of water saturation, as well as the rate of cooling. Suitable test methods for assessing the aggregate resistance to this form of weathering are reported in national standards for concrete aggregates.

For example in the European Standard (EN1367-1) the aggregates, having been soaked in water at atmospheric pressure, are subjected to 10 freezing-thawing cycles. This involves cooling to –17.5 °C under water and then thawing in a water bath at about + 20°C. After completion of cycles, the aggregates are examined for any changes (crack formation, loss in mass and changes in strength).

Well documented is also the influence on frost resistance when blending Portland cements with mineral admixtures (pozzolans, slag, fly ash). This can be concluded from a changed decline of the modulus of elasticity during frost-thaw cycles when replacing part of ordinary Portland cement by the above admixtures [8.12], [8.13],[8.16]. However, whatever composite is used, the beneficial influence very much depends on the adequacy of the air-void system within the concrete (use of an air-entraining agent) and the curing conditions. Some investigations also showed that pozzolans seem to enhance frost resistance more than fly ash and slag [8.17], [8.18], [8.19], [8.20].

8.3.2.4. Casting technique

The concrete pore system is related not only to the concrete mix design but also to the casting technique and in particular to the type of vibration. Low vibration can induce large pores and cavities that are detrimental, as above explained, for the concrete frost resistance. But also, excessive vibration of concrete during placing, with the consequence of reducing air bubbles generated through the use of air-entrainment admixtures, has a detrimental influence on the frost resistance.

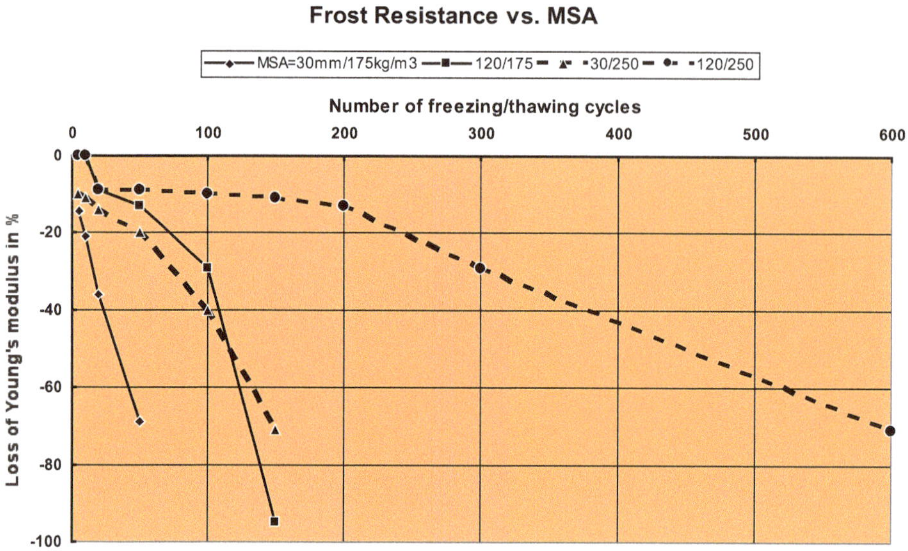

Fig. 8.9
Résistance du béton au gel liée à la taille maximale des granulats (MSA) [8.13]

Les granulats poreux et perméables ne sont pas adaptés au béton pour être utilisés dans des structures sensibles au gel. Le mécanisme de détérioration des granulats par le gel-dégel est similaire à celui de la pâte de ciment, déjà décrit dans la présente Section (Paragraphe 8.2). La contrainte sur les granulats dépend entre autres facteurs du degré de saturation en eau, ainsi que de la vitesse de refroidissement. Des méthodes d'essai appropriées pour évaluer la résistance des granulats à cette forme d'altération sont signalées dans les normes nationales des agrégats de béton.

Dans la norme européenne (EN1367-1), les granulats sont par exemple soumis à 10 cycles de gel-dégel après avoir été trempés dans l'eau à la pression atmosphérique. Il s'agit d'un refroidissement à -17,5°C sous l'eau, puis d'un dégel dans un bain d'eau à environ +20°C. A la fin des cycles, les granulats sont examinés pour déterminer tout changement (formation de fissures, perte de masse et changements dans la résistance).

L'influence sur la résistance au gel lors du mélange de ciments Portland avec des adjuvants minéraux (pouzzolanes, scories, cendres volantes) est également bien documentée. Il est permis de tirer une conclusion sur la base d'une baisse du module d'élasticité au cours des cycles de gel-dégel en remplaçant une partie du ciment Portland ordinaire par les adjuvants cités ci-dessus [8.13], [8.14], [8.17]. Cependant, quel que soit les composants utilisés, l'influence bénéfique dépend beaucoup de l'adéquation du système de vides d'air dans le béton (utilisation d'un agent entraîneur d'air) et des conditions de cure. Certaines recherches ont également montré que les pouzzolanes semblent renforcer la résistance au gel plus que les cendres volantes et les scories [8.18] [8.19] [8.20] [8.21].

8.3.2.4. Technique de mise en place

Le système poreux du béton est lié non seulement à la formulation du béton, mais aussi à la technique de mise en place et en particulier au type de vibrations. De faibles vibrations peuvent induire de grands pores et cavités qui sont néfastes, pour la résistance au gel du béton, comme expliqué ci-dessus. Mais des vibrations excessives pendant la mise en place du béton, en réduisant les bulles d'air générées par l'utilisation d'adjuvants entraîneurs d'air, ont également une influence néfaste sur la résistance au gel.

Measurements on concretes from some Swiss dams [8.21] showed that the air content, as measured in the laboratory, decreased considerable when measured much later (after 20 years) from cores. For example, at their Moiry and Sambuco dams the initial laboratory air content value of 3.6% decreased down to 1.1% and 1.5% respectively in the concrete cores. An evaluation of frost resistance by the method of "critical degree of saturation" (paragraph 8.4) of the 20-year-old dams concrete showed then also insufficient frost resistance because of a low percentage of "not fillable" pores (1.2 to 2.3%).

8.4. METHODS FOR EXPERIMENTAL DETERMINATION OF THE CONCRETE FROST RESISTANCE

Different test methods have been proposed by National or International Standards for the experimental determination of the frost resistance of concrete, both with and without de-icing salts. Some of them are here presented, with reference to the case without de-icing salts, more frequent for the concrete dams.

Most of the tests include placing the concrete specimen, after an initial curing period, in a freezing chamber where nominal freezing-thawing cycles are applied. They consist in alternatively lowering the temperature of the specimens from about +5°C to about – 20/25 °C, in a period of time sufficient to freeze to centre of the specimens, and then rising it from – 20/25 °C to + 5 °C. The rate of temperature changes varies between 5 and 15 °C/h. The specimens are repeatedly subjected to these cycles until visual observed or objective damages are assessed. For example, the length change and the weight loss of the specimen is measured and the static or dynamic modulus of elasticity of the concrete is calculated. The frost resistance is quantified by the number of cycles at which the concrete properties show an appreciable variation. A concrete expansion of 0.1% or a reduction of the modulus of elasticity to about 50-60% of the value of the start of the freezing-thawing test are usually considered to represent concrete failure as this degree of disintegration is associated to loss of structural usefulness and concrete integrity [8.22]. Examples of results of this test are reported in Fig. 8.5 and in Fig. 8.7

Usually, this test is not intended to provide a quantitative measure of the length of service that may be expected from a specific type of concrete; satisfactory freeze-thaw resistance is considered as a indicator for durable concrete. Therefore freeze-thaw testing is also meaningful for climates without sub-zero temperatures.

In fact, the freezing process in the real structures is different and affected by a large number of factors and local conditions not represented in the test. For example, in the real structures the cold front normally proceeds in an unique direction form outside to inside, while in the text the cold front proceeds from all the surfaces of concrete at the same time [8.23].

In the ASTM C666 Standard test method ("Resistance of concrete to rapid freezing and thawing") two different procedures are proposed: Procedure A, rapid freezing and thawing in water and Procedure B, rapid freezing in air and thawing in water". Procedure B is considered less severe and less like nature as it acts on hydraulic structures than Procedure A [8.24].

According to the ASTM C666, a Durability Factor (DF) can be calculated as follows:

$$DF = P*N / M$$

Where:

P = relative dynamic modulus of elasticity at N cycles, %

N = number of cycles at which P reaches the specified minimum value for discontinuing the test or the specified number of cycles at which the exposure is to be terminated

M = Specified number of cycles at which the exposure is to be terminated (300)

Les mesures des bétons de certains barrages suisses [8.22] ont montré que la teneur en air, mesurée en laboratoire, diminuait considérable lorsqu'elle est mesurée beaucoup plus tard (après 20 ans) sur les carottes prélevées. Par exemple, dans les barrages de Moiry et de Sambuco, la valeur initiale de la teneur en air au laboratoire avait baissé de 3,6% à 1,1% et 1,5% respectivement dans les carottes de béton. Une évaluation de la résistance au gel par la méthode de "degré critique de saturation" (Paragraphe 8.4) du béton de barrage âgé de 20 ans a alors aussi montré une résistance au gel insuffisante à cause d'un faible pourcentage de pores susceptibles d'être remplis (1,2 à 2,3%).

8.4. MÉTHODES DE DÉTERMINATION EXPÉRIMENTALE DE LA RÉSISTANCE DU BÉTON AU GEL

Différentes méthodes d'essais ont été proposées par les normes nationales ou internationales pour la détermination expérimentale de la résistance du béton au gel, à la fois avec et sans sels de déverglaçage. Certaines d'entre elles présentées ici, en référence au cas sans sel de déverglaçage, sont plus fréquentes pour les barrages en béton.

La plupart des essais consistent à placer l'échantillon de béton, après une période initiale de cure, dans une chambre de congélation où des cycles de gel-dégel nominaux sont appliqués. Elles consistent à abaisser la température des éprouvettes d'environ +5°C à environ -20/25°C, en une période de temps suffisant pour geler le centre des éprouvettes, puis de la monter de -20/25°C à +5°C. Le taux de changement de température varie entre 5 et 15°C/h. Les échantillons sont soumis à plusieurs reprises à ces cycles jusqu'à évaluation des dégâts visuellement observés ou des dégâts objectifs. La modification de la longueur et la perte de poids de l'échantillon sont par exemple mesurées et le module statique ou dynamique d'élasticité du béton est calculé. La résistance au gel est quantifiée par le nombre de cycles au cours desquels les propriétés du béton affichent une variation notable. Une dilatation du béton de 0,1% ou une réduction du module d'élasticité d'environ 50 à 60% de la valeur du début de l'essai de gel-dégel est généralement considérée comme représentative de la rupture du béton vu que ce degré de désintégration est associé à une perte d'efficacité de la structure et de l'intégrité du béton [8.23]. Des exemples de résultats de cet essai sont présentés dans la Fig. 8.7 et la Fig. 8.9.

Habituellement, cet essai n'est pas destiné à fournir une mesure quantitative de la longévité d'exploitation attendue d'un type spécifique de béton ; une résistance satisfaisante au gel-dégel est considérée comme un indicateur de béton durable. Par conséquent les essais de gel-dégel sont également pleins d'enseignements pour les climats sans températures négatives. Habituellement, cet essai n'est pas destiné à fournir une mesure quantitative de la longévité d'exploitation attendue d'un type spécifique de béton ; une résistance satisfaisante au gel-dégel est considérée comme un indicateur de béton durable. Par conséquent les essais de gel-dégel sont également pleins d'enseignements pour les climats sans températures négatives [8.24].

En fait, le processus de gel dans les structures réelles est différent et influencé par un grand nombre de facteurs et de conditions locales non représentés dans l'essai. Par exemple, dans les structures réelles le front froid avance normalement dans une direction unique de l'extérieur vers l'intérieur, alors que dans l'essai le front froid provient de toutes les surfaces de béton en même temps [8.25].

Selon la norme ASTM C666, un facteur de durabilité (DF) peut être calculé comme suit:

$$DF = P*N / M$$

où :

P = module d'élasticité dynamique relative à des cycles N, %

N = nombre de cycles auxquels P atteint la valeur minimale prescrite pour cesser l'essai ou nombre prescrit de cycles auxquels il doit être mis fin à l'exposition

M = nombre prescrit de cycles auxquels il faut mettre fin à l'exposition (300)

Among the other types of test methods proposed for assessing the frost resistance of concrete, the critical degree of saturation method [8.25] is worthwhile to be quoted. The test is based upon the existence of critical degrees of saturation at freezing, where degree of saturation is defined as:

$$S = V_w/V_p$$

Where V_w is the total water volume evaporable at 105 °C and Vp is the total open volume before freezing. In V_p are also included the air entraining air bubbles, the compaction pores and the aggregate pores. Hence S = 1 corresponds to a complete waterfilling of all pore space in the concrete.

The frost resistance is defined as

$$F = S_{CR} - S_{ACT}$$

Where S_{CR} is the critical and S_{ACT} is the actual degree of saturation. S_{CR} is supposed to be independent of outer climatic conditions. It can, therefore, be regarded as a material characteristic analogous to the "compressive strength". At moisture contents higher than S_{CR}, the concrete will be seriously damaged by freezing and thawing. Below SCR no damage occurs even after a large number of freezing and thawing cycles.

S_{ACT} is the moisture content prevailing in the concrete at the actual instant. S_{ACT}, for a certain concrete, will be a function of the way the concrete is used, of the environment and of time. Hence S_{ACT} is dependent on environmental and construction factors only and is therefore analogous to the "actual stress".

The test is divided into two parts:

- part 1: a freezing and thawing test for determining S_{CR}
- part 2: a moisture absorption test for determining S_{ACT}.

Even if this last test method appears as a promising test, it still remains in the research field [8.26].

Some guidance criteria for the test methods to be highly accurate and reliable are reported in reference [8.27].

8.5. LABORATORY DIAGNOSTIC INVESTIGATIONS

The best method to avoid frost damage to concrete is to prevent it from absorbing water and this is most effectively achieved with low water permeability. To this aim the good practice for concrete designing, mixing, transporting and placing is to be followed [8.28]. For example, over vibration reduces the content of air voids and is therefore detrimental to frost resistance.

Among the suggested actions to be taken, the use of air-entraining admixtures able to produce air micro-bubbles is strongly suggested [8.29]. Some investigations show that best frost resistance is obtained when the pore diameter is within a range of 20 to 100 microns. Is the pore structure coarser, frost resistance declines, is it finer initial frost resistant concrete might lose it with time [8.12].

However, the only presence in the cement paste of these air bubbles cannot guarantee the concrete frost resistance. In fact, if the volume of the entrapped air is insufficient or if the mutual distance among the air bubbles ("spacing factor") is leaving non protective zones, because too much distant, then the concrete can be at risk of damage.

Other investigations on cores from air-entrained facing concrete of three Swiss dams showed that a criterion for frost resistance is the % of all pores, which cannot be filled with water. It was found that a critical degree of saturation lies between 70 and 80% [8.30]. Among the dam concrete, found to have insufficient frost resistance, the most likeable reason given is over-vibration.

Fig. 8.8 and Fig. 8.9 show thin sections of frost resistance and frost damaged concrete.

Parmi les autres types de méthodes proposées pour évaluer la résistance du béton au gel, le degré critique de la méthode de saturation [8.26] mérite d'être cité. L'essai est basé sur l'existence de degrés critiques de saturation au gel, où le degré de saturation est défini comme :

$$S = V_w/V_p$$

où : V_w est le volume total d'eau évaporable à 105 °C et V_p le volume total ouvert avant le gel. V_p inclut également les bulles d'air entraîneuses d'air, les pores dus à la vibration et les pores des granulats. Par conséquent, S = 1 correspond à un remplissage intégral de tout l'espace poreux du béton par l'eau.

La résistance au gel est définie comme

$$F = S_{CR} - S_{ACT}$$

où : S_{CR} est le degré critique et S_{ACT} est le degré réel de saturation.

S_{CR} est censé être indépendant des conditions climatiques extérieures. Il peut donc être considéré comme une caractéristique du matériau analogue à la "résistance à la compression". Avec des teneurs en humidité supérieures à S_{CR} le béton sera gravement endommagé par le gel et le dégel. En dessous de S_{CR} aucun dégât ne survient même après un grand nombre de cycles de gel-dégel.

S_{ACT} est la teneur en humidité prévalant dans le béton à l'instant réel. S_{ACT}, pour un certain béton, sera fonction de la manière dont le béton est utilisé, de l'environnement et du temps. En conséquence, S_{ACT} dépend des facteurs environnementaux et de construction et est par conséquent analogue à la "contrainte réelle".

L'essai se divise en deux parties :

- partie 1 : un test de gel-dégel pour déterminer S_{CR}
- partie 2 : un test d'absorption d'humidité pour déterminer S_{ACT}.

Même si cette dernière méthode d'essai semble prometteuse, elle relève encore du domaine de la recherche [8.27].

Des orientations pour que les méthodes d'essai soient d'une grande précision et d'une grande fiabilité sont indiquées en référence [8.28].

8.5. RECHERCHES POUR UN DIAGNOSTIC EN LABORATOIRE

La meilleure méthode pour éviter les dommages causés par le gel au béton est de l'empêcher d'absorber de l'eau, ce qui est plus efficace si la perméabilité à l'eau est faible. Dans ce but, les bonnes pratiques pour la conception, le mélange, le transport et la mise en place du béton doivent être suivies [8.29]. Parmi les mesures à prendre, l'utilisation d'adjuvants entraîneur d'air capables de produire des micro-bulles d'air est fortement suggérée [8.30]. Cependant, la seule présence dans la pâte de ciment de ces bulles d'air ne peut garantir la résistance du béton au gel. En effet, si le volume de l'air emprisonné est insuffisant ou si la distance mutuelle entre les bulles d'air ("facteur d'espacement") est telle qu'il reste des zones non protégées, car trop éloignées, alors le béton risque d'être endommagé

8.5.1. Diagnostic investigations

Des recherches pour établir un diagnostic sont recommandées pour vérifier la microstructure du système de bulles d'air à l'intérieur de la pâte de ciment et en particulier le volume d'air total et le facteur d'espacement (distance moyenne entre les bulles) [8.31]. Ces recherches conviennent à la fois pour les échantillons confectionnés en laboratoire ou les carottes prélevées sur la structure.

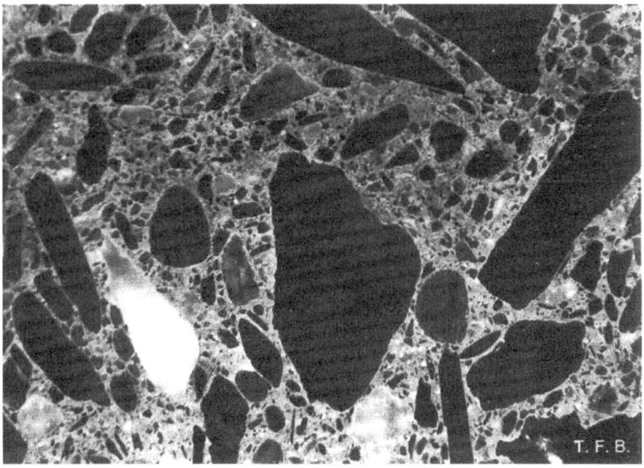

Fig. 8.8
Specimen after 10 frost/thawing cycles (test without salt) without any micro-structural damage, hence, frost resistant.

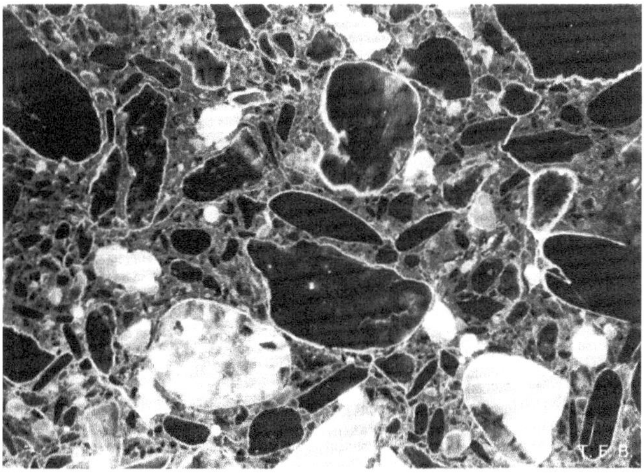

Fig. 8.9
Specimen from the same mix as above after 10 frost/thawing cycles (test with salt) showing damaged contact between paste and aggregates indicating insufficient frost resistance.

8.5.1. Diagnostic investigations

Diagnostic investigations are therefore advisable to ascertain the microstructure of the air bubbles system inside the cement paste and in particular the total air volume and the spacing factor (average distance between bubbles) [8.31]. These diagnostic investigations are suitable for both laboratories poured specimen or cores drilled from the structure.

La méthode généralement adoptée pour la caractérisation du système d'air est celle proposée par la norme ASTM C457 ("Détermination au microscope des vides d'air et des paramètres du réseau de vides d'air dans le béton durci). Cette méthode se base sur les mesures du réseau de vides d'air au microscope selon des procédures prescrites sur des parties de sections sciées et de sections intactes provenant de l'intérieur d'échantillons ou d'éprouvettes de béton. Les vides de 10 μ de diamètre doivent être nettement distingués avec un grossissement de 50. Cependant une bonne expérience de laboratoire est nécessaire pour distinguer les bulles contenant l'air emprisonné par les adjuvants entraîneurs d'air des vides d'air piégés accidentellement pendant le mélange et des vides non encore remplis d'eau.

Les paramètres suivants du système d'air peuvent être calculés à partir des données recueillies pendant les observations :

A = teneur en air

D = diamètre moyen des micro-bulles d'air

L = facteur d'espacement

A/p = rapport air-pâte de ciment

L'analyse d'images automatique [8.32] peut être également utilement adoptée pour déterminer les vides d'air dans des échantillons de béton.

8.6. GEL ET DÉGEL DANS LES BARRAGES EN BÉTON

Sous les climats tempérés, les barrages sont des structures très exposées aux cycles de gel et également en contact avec l'eau d'un côté sur de longues périodes. Par conséquent, le gel et le dégel sont des causes fréquentes de détérioration des barrages en béton, selon à la fois la qualité des matériaux et les conditions d'exposition. Certains barrages construits au début du XXe siècle, avec la technologie utilisée à cette époque (béton mis en place à la goulotte), qui se caractérisaient par une médiocre qualité de béton, ont affiché d'importants dégâts dus au gel déjà au bout d'un laps de temps assez court. Avec les progrès réalisés dans la technologie du béton, l'utilisation d'adjuvants entraîneurs d'air dans les mélanges de béton des barrages construits après la Seconde Guerre mondiale a réduit les effets du gel et du dégel, grâce à l'introduction de pores artificiels dans le béton. Néanmoins, ce phénomène concerne également les barrages les plus récents.

Habituellement, la zone la plus touchée se trouve sur le parement amont, le long de la ligne d'eau, sur une épaisseur qui peut atteindre jusqu'à environ 40 cm, mais les évacuateurs de crues et ouvrages annexes sont également souvent impliqués. La Fig. 8.10 montre les variations de température enregistrées certains jours d'hiver au barrage en béton d'Upper Glendevon, situé en Ecosse (Royaume-Uni) à une altitude de 335 m au-dessus du niveau de la mer, à trois endroits différents : 1) l'air ; 2) la surface de béton ; 3) 45 cm sous la surface [8.33].

Les taux les plus rapides des changements de température de surface mesurés étaient de 10°C/h dans la phase de refroidissement et de 8°C/h dans la phase de réchauffement. Il a été observé que les taux les plus rapides de changement de température à la surface du béton se produisent par un ciel clair sur les faces exposées au soleil lorsque le réchauffement en plein soleil est suivi par la perte rapide de rayonnement la nuit (et vice versa).

The method generally adopted for the characterisation of the air system is that proposed by the ASTM Standard C457 ("Microscopical Determination of Air-Void Content and Parameters of the Air-Void System in Hardened Concrete). It is based upon measurements of the air void system by prescribed microscopical procedures on sawed and ground sections intersecting portions of the interior of samples or specimens of concrete. Voids of 10 μ diameters should be well distinguished at 50 times magnification. However, a good laboratory experience is necessary for distinguishing the air bubbles of air entrapped through the air-entraining admixtures by the voids of air accidentally entrapped during the mixing and still by the voids of water.

From the data collected during observations the following parameters of the air-system can be calculated:

A = air content

D = average diameter of the air micro-bubbles

L = spacing factor

A/p = ratio between air and cement paste

Automatic Image Analysis [8.32] can also be usefully adopted for air void determination on samples of hardened concrete.

8.6. FREEZING AND THAWING ON CONCRETE DAMS

Dams in moderate climates are structures extremely exposed to frost cycles and also in contact with water on one side over long periods of time. Therefore, freezing and thawing is a frequent case of deterioration of concrete dams, depending both on the quality of the materials and on the exposure conditions. Some dams that were constructed at the beginning of the XXth century, with the technology in use at that time (fluid chuted concrete), were characterised by low quality concrete and then showed significant frost damage already after a short period. With the progress in concrete technology, the use of air-entraining admixtures in the concrete mixes of dams built after World War II has reduced the freezing and thawing effects, by introducing artificial pores into concrete. Nonetheless, the phenomenon also concerns the more recent dams.

Usually, the most affected zone is on the upstream face, along the water line, for a thickness which may reach up to about 40 cm but also spillways and appurtenant works are often involved. Fig. 8.10 shows the temperature variations registered during some winter days at Upper Glendevon concrete dam in Scotland (U.K.), at an altitude of 335 m above sea level, in three different positions: 1) air; 2) concrete surface; 3) 45 cm below surface [8.33].

The fastest rates of surface temperature changes measured were 10 °C/h in the cooling phase and 8 °C/h in the heating phase. It was observed that the most rapid rates of temperature change at the concrete surface occur with clear skies on faces exposed to the sun when warming in direct sunlight is followed by rapid radiation loss at night (and vice versa).

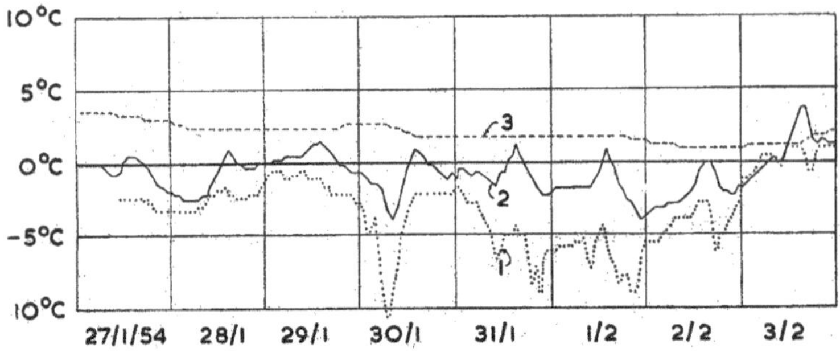

Fig. 8.10
Barrage de Glendevon (Ecosse), Températures côté amont face à l'ouest [8.33]

a. Température de l'air

b. Température à la surface du béton

c. Température du béton 45 cm sous la surface

Une recherche approfondie a été réalisée au Japon en vue de trouver une corrélation entre la résistance au gel d'un barrage existant en béton et la résistance au gel de petits échantillons de béton dans des conditions d'essai en laboratoire [8.34].

Des blocs de béton de 1,0 x 1,0 x 1,0 m ont été placés à six endroits différents de barrages disséminés dans tout le Japon et exposés à des conditions météorologiques naturelles sévères pendant quelques décennies, depuis 1964. La Fig. 8.11 montre le barrage Okuniikappu avec des blocs de béton sur la rive droite en amont. Ces blocs ont été tour à tour immergés dans l'eau et exposés à l'air pendant une longue période [8.34].

Fig. 8.11
Localisation de blocs de béton sur la rive droite en amont d'Okuniikappu [8.34]

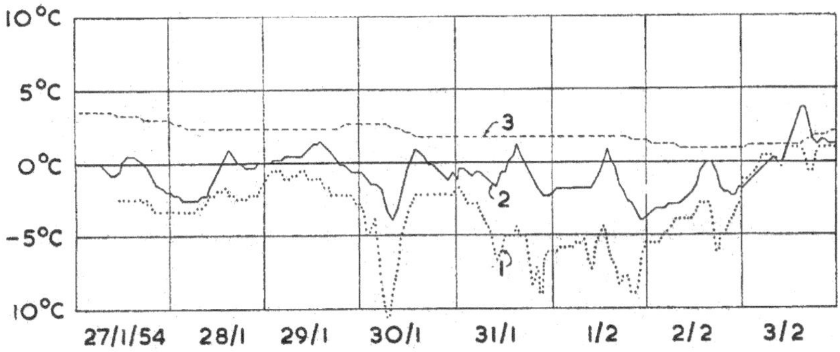

Fig. 8.10
Temperatures at Glendevon dam, Scotland, upstream face facing west [8.33].

1. Air temperature -

2. Concrete surface temperature

3. Concrete temperature 45 cm below surface

An extensive research have been carried out in Japan with the aim to find a correlation between frost resistance on the real dam concrete in field environment and frost resistance on small concrete specimens in laboratory testing conditions [8.34].

1.0 x 1.0 x 1.0 m concrete blocks were placed at six different dam locations scattered throughout Japan and exposed to severe natural weather conditions for some decades, starting from 1964. In Fig. 8.11 the Okuniikappu dam is shown, with the concrete blocks on upstream right bank. They were alternately submerged in water and exposed in air for a long term [8.34].

Fig. 8.11
Location of concrete blocks on upstream right bank of Okuniikappu [8.34]

Des éprouvettes de petite taille (cylindres de 15 x 30 cm par exemple) ont également été préparées, avec les mêmes proportions de béton que celles utilisées pour les grands blocs, du béton projeté par voie humide de25 mm et testé au gel-dégel en laboratoire (300 cycles de +5 ° à -18°C). Des paramètres comme le rapport eau/ciment, les cendres volantes et la teneur en entraîneurs d'air ont été examinés. (300 cycles de +5° à –18°C).

Les variations du module dynamique d'élasticité ont été mesurées et comparées aux mesures in situ. Ces dernières incluent l'augmentation du module d'élasticité due au processus d'hydratation, les observations ayant démarré à l'âge d'un an.

Il a été généralement constaté que toute détérioration du béton se produit si le rapport eau/ciment est maintenu en dessous de 0,60 et si la mise en place et la vibration sont minutieuses. L'efficacité de l'entraînement d'air a été également vérifiée dans les grands blocs de béton et les substitutions dans le ciment par des cendres volantes allant jusqu'à 25% en poids se sont révélées aussi extrêmement efficaces. Noter que cela n'est pas compatible avec un grand nombre de résultats de la littérature cités dans le paragraphe sur la formulation du mélange (8.3.2.3).

Les indices du facteur de durabilité des essais accélérés de laboratoire sur de petits échantillons, après 300 cycles tels que définis au paragraphe 8.4, ont été comparés à près de 40 années d'essais sur de grands blocs laissés in situ. Même si une nouvelle confirmation des résultats est nécessaire, à cause de la dispersion des données, les variations du module dynamique de ces blocs peuvent être liées aux indices du facteur de durabilité si le nombre total de cycles naturels de gel et de dégel (baisse de température en dessous du point de congélation) est de 2 500 ou plus [8.34]. La comparaison des blocs de béton à certains endroits des barrages est illustrée par la Fig. 8.12. Au stade d'environ 250 cycles ou moins (partie gauche de la figure), le module dynamique d'élasticité est supérieur à 100% dans tous les blocs de béton pris en considération et le béton n'est pas détérioré. Une tendance similaire a été trouvée avec 2000 cycles. Cependant, à partir de 2500 cycles (partie droite de la figure) pour les blocs de béton situés à l'emplacement du barrage, le module d'élasticité commence à diminuer, si les indices du facteur de durabilité sont inférieurs à une certaine valeur.

Enfin, sur la base de ces données sur les conditions d'exposition naturelles depuis des décennies, une méthode de prédiction de la détérioration du béton de barrage due aux cycles de gel et de dégel a également été proposée. Des informations plus détaillées figurent en référence [8.35].

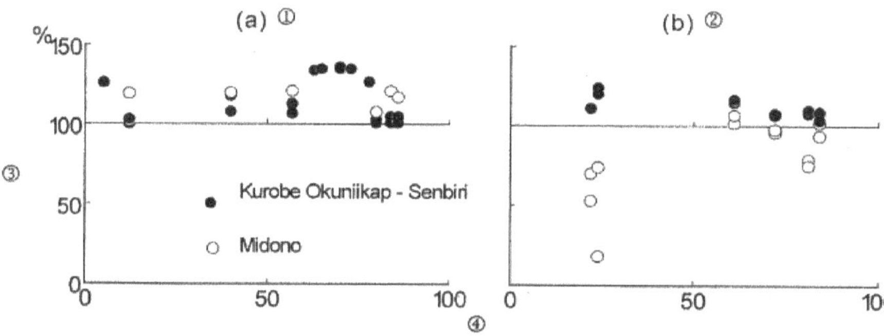

① 250 cycles
② 2 500 cycles
③ Relative dynamic modulus of elasticity (%)
④ Durability factor

① *250 cycles*
② *2 500 cycles*
③ *Module d'élasticité dynamique relatif (%)*
④ *Facteur de durabilité*

Fig. 8.12
Relations entre le facteur de durabilité de petits échantillons soumis aux essais de laboratoire et module dynamique d'élasticité relative de béton de barrage dans un environnement naturel [8.34].

Small size specimens (for example 15 x 30 cm cylinders) were also prepared, with the same concrete proportions as those used for larger blocks, by wet-screened at 25 mm, and tested through laboratory freezing and thawing (300 cycles at +5° to −18°C). parameters as water/cementitious ratio, fly ash and air entrainment content were considered.

Variations in dynamic modulus of elasticity were monitored and compared with field measurements. These last included moduli of elasticity increase due to hydration process, as the observations started at one year age.

It was generally noticed that any deterioration of concrete occurs provided that water/cementitious ratio is kept below 0.60 and carefully placed and consolidated. The effectiveness of air entrainment was verified also in large concrete blocks and fly ash cement substitutions up to 25% by weight were found highly effective. Note that this is not consistent with a lot of literature results quoted in the paragraph on mix design (8.3.2.3).

The Durability Factor Indexes from laboratory accelerating testing on small specimens, after 300 cycles as defined in paragraph 8.4, were compared with almost 40 years of natural testing on large blocks. Even if a further confirmations of results are needed, because of data scattering, dynamic modulus changes of these blocks can be related to DFI if the total number of natural freezing and thawing cycles (temperature falling below freezing point) are 2500 or more [8.34]. In Fig. 8.12 the comparison for the concrete blocks at some dam locations is illustrated. At the stage of about 250 cycles or less (left part of the figure) the dynamic modulus of elasticity is higher than 100% in all considered concrete blocks and concrete is not deteriorated. A similar trend has been found at 2000 cycles. However, at 2500 cycles (right part of figure) for the concrete blocks at on dam location, the elasticity modulus begins to decrease, if the DFI are lower than a certain value.

Finally, based on these data of natural exposure conditions for decades, a prediction method of dam concrete deterioration from cycling freezing and thawing has also been proposed. Details can be found in the reference [8.35]

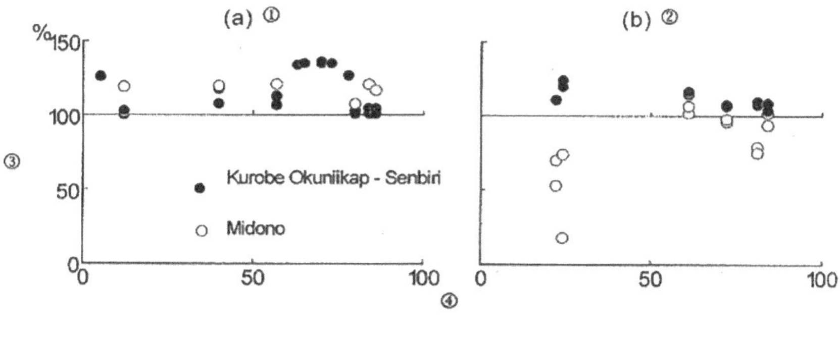

①	250 cycles	①	*250 cycles*
②	2 500 cycles	②	*2 500 cycles*
③	Relative dynamic modulus of elasticity (%)	③	*Module d'élasticité dynamique relatif (%)*
④	Durability factor	④	*Facteur de durabilité*

Fig. 8.12
Relations between durability factor of small specimens subjected to laboratory testing and relative dynamic modulus of elasticity in dam concrete in natural environment [8.34]

8.7. RÉFÉRENCES

[8.1] Fagerlund, G., RILEM, "The critical degree of saturation method of assessing the freeze/thaw resistance of concrete", Materials and constructions, p. 217-229, July-August 1977.

[8.2] Neville, A.M., "Properties of Concrete", Sir Isaac Pitman & Sons LTD., p. 350, 1963.

[8.3] Berra M., "Manuale – Diagnosi e scelta dei materiali da ripristino per le strutture in calcestruzzo degradate dall'azione dei cicli di gelo e disgelo", Enel – Polo Idraulico e Strutturale Internal Report n° 5944, 1999. (in Italian).

[8.4] Cordon, W. A. "Freezing and Thawing of Concrete Mechanisms and Control ", ACI Monograph n° 3, pag. 28, 1966.

[8.5] Metha, P. K. "Concrete structure, properties and materials", Prentice-Hall, Inc., Englewood Cliffs, New Jersey 070632, 1986.

[8.6] CEB (Comité Euro-International du Béton), "Draft CEB-Guide to durable concrete structures", Bulletin d'information n° 166, 1985.

[8.7] CEB (Comité Euro-International du Béton), "Durability of concrete structures- State-of-the-art report", Bulletin d'information n° 148, 1982.

[8.8] Pigeon, M., Prévost, J. And Simard, J.M., "Freeze-Tauw durability versus freezing rate", Aci Journal, p. 684-690, September-October 1985.

[8.9] Bitterli K. et al., "Zusammenhänge zwischen Betonporosität und Frostbeständigkeit" (Relation between concrete porosity and frost resistance), Schweizer Ingehieur & Architekt, 25/85, 628-636.

[8.10] Stark D.C.,"Effect of Vibration on the Air-Void System and Freeze-Thaw Durability of Concrete", Portland Cement Association (RD092.01T) 1886.

[8.11] Tognon, G. and Cangiano, S., "Sulla gelività del calcestruzzo", Manutenzione, riparazione e durabilità delle strutture in cemento armato – Collana di Ingegneria Strutturale n°6 – International Centre for Mechanical Sciences CISM, Udine, p.66-80, 1986. (In Italian).

[8.12] American Concrete Institute, ACI Building Code 318,

[8.13] Hess R. E., "Künstliche Luftporen im Beton" [Artificial air entrained in Concrete], Gazettenverlag Zurich (Switzerland).

[8.14] U.S. Bureau of Reclamation, "Concrete Manual », 8th edition, 1975

[8.15] European Standard EN 206, "Concrete, Performance, Production, Placing and Compacting Criteria", 2002.

[8.16] Macinis, C., Lau, e.C., « Maximum Aggregate Size effect on frost resistance of concrete, ACI Journal, pag. 144-149, 1968.

[8.17] Kennedy T.B.,"Investigations of pozzolanic and other materials to replace part of the Portland cement in mass concrete dams", ICOLD Proc. 6th Congress, New York, 1958, Q.23, R120.

[8.18] Ammann A.,"Research on the influence of pozzolan and other admixtures on the frost-resistance of concrete", ICOLD Proc. 6th Congress, New York, 1958, Q.23, R105.

[8.19] Gebler S.H., Klieger P.,"Effect of Fly Ash on the Durability of Air-Entrained Concrete", Portland Cement Association (RD090.01T), ACI Publication SP-91, 1986.

[8.20] ACI 232-1R-94, "Use of Natural Pozzolans in Concrete".

[8.21] ACI 233R-03, "Slag Cement in Concrete and Mortar".

[8.22] Kreuzer, H. Personal communication, 2001

[8.23] Verbeck, G., "Non destructive tests for deterioration of concrete specimens subjected to frost action", Fifth Congress on Large Dams, Q.19, R.70, paper n°3, 1955.

[8.24] Roulet, C.A., "Effet du gel", Durabilitè dubéton armé – Origin des dégats, Prévention, Assainissement – SIA Documentation n°89, Lausanne, p.23-27, 1985.

[8.25] Malhotra, V.M., "Mechanical properties and freezing and thawing resistance of non-air-entrained, air entrained, and air-entrained superplasticized concrete using ASTM test C 666, Procedures A and B", Cement, Concrete and Aggregates, p. 3-23, Summer 1982.

8.7. REFERENCES

[8.1] Fagerlund, G., RILEM, "The critical degree of saturation method of assessing the freeze/thaw resistance of concrete", Materials and constructions, p. 217-229, July-August 1977.

[8.2] Neville, A.M., "Properties of Concrete", Sir Isaac Pitman & Sons LTD., p. 350, 1963.

[8.3] Berra M., "Manuale – Diagnosi e scelta dei materiali da ripristino per le strutture in calcestruzzo degradate dall'azione dei cicli di gelo e disgelo", Enel – Polo Idraulico e Strutturale, Internal Report n° 5944, 1999. (in Italian).

[8.4] Cordon, W. A. "Freezing and Thawing of Concrete Mechanisms and Control ", ACI Monograph n° 3, pag. 28, 1966.

[8.5] Metha, P. K. "Concrete structure, properties and materials", Prentice-Hall, Inc., Englewood Cliffs, New Jersey 070632, 1986.

[8.6] CEB (Comité Euro-International du Béton), "Draft CEB-Guide to durable concrete structures", Bulletin d'information n° 166, 1985.

[8.7] CEB (Comité Euro-International du Béton), "Durability of concrete structures- State-of-the-art report", Bulletin d'information n° 148, 1982.

[8.8] Pigeon, M., Prévost, J. And Simard, J.M., "Freeze-Thaw durability versus freezing rate", Aci Journal, p. 684-690, September-October 1985.

[8.9] Stark D.C., "Effect of Vibration on the Air-Void System and Freeze-Thaw Durability of Concrete", Portland Cement Association (RD092.01T) 1886.

[8.10] Tognon, G. and Cangiano, S., "Sulla gelività del calcestruzzo", Manutenzione, riparazione e durabilità delle strutture in cemento armato – Collana di Ingegneria Strutturale n°6 – International Centre for Mechanical Sciences CISM, Udine, p.66-80, 1986. (In Italian).

[8.11] American Concrete Institute, ACI Building Code 318,

[8.12] Hess R. E., "Künstliche Luftporen im Beton" [Artificial air entrained in Concrete], Gazettenverlag Zurich (Switzerland).

[8.13] U.S. Bureau of Reclamation, "Concrete Manual », 8th edition, 1975

[8.14] European Standard EN 206, "Concrete, Performance, Production, Placing and Compacting Criteria", 2002.

[8.15] Macinis, C., Lau, e.C., « Maximum Aggregate Size effect on frost resistance of concrete, ACI Journal, p. 144-149, 1968.

[8.16] Kennedy T.B., "Investigations of pozzolanic and other materials to replace part of the Portland cement in mass concrete dams", ICOLD Proc. 6th Congress, New York, 1958, Q.23, R120.

[8.17] Ammann A.,"Research on the influence of pozzolan and other admixtures on the frost-resistance of concrete", ICOLD Proc. 6th Congress, New York, 1958, Q.23, R105.

[8.18] Gebler S.H., Klieger P.,"Effect of Fly Ash on the Durability of Air-Entrained Concrete", Portland Cement Association (RD090.01T), ACI Publication SP-91, 1986.

[8.19] ACI 232-1R-94, "Use of Natural Pozzolans in Concrete".

[8.20] ACI 233R-03, "Slag Cement in Concrete and Mortar".

[8.21] Kreuzer, H. Personal communication, 2001

[8.22] Verbeck, G., "Non destructive tests for deterioration of concrete specimens subjected to frost action", Fifth Congress on Large Dams, Q.19, R.70, paper n°3, 1955.

[8.23] Roulet, C.A., "Effet du gel", Durabilitè du béton armé – Origine des dégats, Prévention, Assainissement – SIA Documentation n°89, Lausanne, p.23-27, 1985.

[8.24] Malhotra, V.M., "Mechanical properties and freezing and thawing resistance of non-air-entrained, air entrained, and air-entrained superplasticized concrete using ASTM test C 666, Procedures A and B", Cement, Concrete and Aggregates, p. 3-23, Summer 1982.

[8.25] Setzer, M.J., RILEM, "RILEM 117-FDC: Freeze-Thaw and deicing resistance of concrete – Report", Materials and constructions, p. 3-6, Supplement March 1997.

[8.26] Setzer, M.J., RILEM, "RILEM 117-FDC: Freze-Thaw and deicing resistance of concrete – Report", Materials and constructions, p. 3-6, Supplement March 1997.

[8.27] Giulietti, P., Tognon, G.P. "Il metodo del grado di saturazione critico per la prova della resistenza al gelo del calcestruzzo, a confronto con il metodo UNI 7087-72: prime considerazioni sulla base di risultati sperimentali", AITEC Conference – La durabilità delle opere in calcestruzzo, Padova, p. 231-238, 8-9 October 1987 (in Italian).

[8.28] Fagerlund, G., RILEM, "The critical degree of saturation method of assessing the freeze/thaw resistance of concrete", Materials and constructions, p. 217-229, July-August 1977.

[8.29] Orchard, D.F., "Concrete Technology Vol.1 Properties of Materials", Applied Science, London, 1979.

[8.30] American Concrete Institute, "Guide to Durable Concrete – ACI 201.2R-77", ACI Manual of Concrete Practice, Part 1, Detroit, MI, USA, 1991.

[8.31] Hulshizer, A.J., "Air-Entraining Control or Consequences", Concrete International, p. 38-40, July 1997.

[8.32] Concrete Society, "Analysis of Hardened concrete", Concrete Society Technical Report n° 32, London, 1989.

[8.33] Lee, C.R., "Surface temperatures in concrete dams subjected to frost", Fifth ICOLD Congress on Large Dams, Q.19, R.70, paper n°6, 1955.

[8.34] Kokubu, M., Kobayashi, M., "Long term observations on frost damage to da concrete using large test blocks", 20th ICOLD Congress on Large Dams, Q.78, R.61, Beijing, 2000.

[8.35] Ihii, K., Egawa, K., Tsutsumi. T., Noguchi, H., "Prediction of concrete deterioration by cyclic freezing and thawing", Concrete library of JSCE, n° 31, June 1998.

[8.26] Giulietti, P., Tognon, G.P. "Il metodo del grado di saturazione critico per la prova della resistenza al gelo del calcestruzzo, a confronto con il metodo UNI 7087-72: prime considerazioni sulla base di risultati sperimentali", AITEC Conference – La durabilità delle opere in calcestruzzo, Padova, p. 231-238, 8-9 October 1987 (in Italian).

[8.27] Fagerlund, G., RILEM, "The critical degree of saturation method of assessing the freeze/thaw resistance of concrete", Materials and constructions, p. 217-229, July-August 1977.

[8.28] Orchard, D.F., "Concrete Technology Vol.1 Properties of Materials", Applied Science, London , 1979.

[8.29] American Concrete Institute, "Guide to Durable Concrete – ACI 201.2R-77", ACI Manual of Concrete Practice, Part 1, Detroit, MI, USA, 1991.

[8.30] Bitterli K. et al., "Zusammenhänge zwischen Betonporosität und Frostbeständigkeit" (Relation between concrete porosity and frost resistance), Schweizer Ingehieur & Architekt, 25/85, 628-636.

[8.31] Hulshizer, A.J., "Air-Entraining Control or Consequences", Concrete International, p. 38-40, July 1997.

[8.32] Concrete Society, "Analysis of Hardened concrete", Concrete Society Technical Report n° 32, London, 1989.

[8.33] Lee, C.R., "Surface temperatures in concrete dams subjected to frost", Fifth ICOLD Congress on Large Dams, Q.19, R.70, paper n°6, 1955.

[8.34] Kokubu, M., Kobayashi, M., "Long term observations on frost damage to da concrete using large test blocks", 20th ICOLD Congress on Large Dams, Q.78, R.61, Beijing, 2000.

[8.35] Ihii, K., Egawa, K., Tsutsumi. T., Noguchi, H., "Prediction of concrete deterioration by cyclic freezing and thawing", Concrete library of JSCE, n° 31, June 1998.